区域环境气象系列丛书

丛书主编：许小峰

丛书副主编：丁一汇　郝吉明　王体健　柴发合

陕西 环境气象观测与研究

主编：赵奎锋　李星敏

内容简介

本书系统总结了作者近年来在陕西环境气象观测与研究方面的成果。基于陕西省地面气象观测网和中国气象局秦岭气溶胶与云微物理野外科学试验基地的气溶胶、辐射观测与研究，介绍了以西安为代表的关中地区气溶胶光学参数的反演计算方法及气溶胶光学物理特性的变化特征；阐述了边界层高度、风速、风向、逆温、湿度等气象因子在关中特殊地形的影响下，对关中地区大气污染形成的作用，边界层气象条件对大气污染过程的影响和相互作用机制；介绍了陕西省本地化静稳指数的构建方法，探讨了颗粒物污染对环境气象要素长期变化的影响。本书最后介绍了 2015 年以来陕西阶段性霾天气概况及其气象条件，给出了霾天气过程分析评估示例。可供大气环境、大气物理等领域的科研、教学和业务工作者阅读及参考。

图书在版编目（CIP）数据

陕西环境气象观测与研究 / 赵奎锋，李星敏主编
. -- 北京 : 气象出版社，2021.8
（区域环境气象系列丛书 / 许小峰主编）
ISBN 978-7-5029-7535-7

Ⅰ. ①陕… Ⅱ. ①赵… ②李… Ⅲ. ①环境气象学—研究—陕西 Ⅳ. ①X16

中国版本图书馆CIP数据核字(2021)第168685号

陕西环境气象观测与研究
Shaanxi Huanjing Qixiang Guance yu Yanjiu

出版发行： 气象出版社
地　　址： 北京市海淀区中关村南大街 46 号　**邮政编码：** 100081
电　　话： 010-68407112（总编室）　010-68408042（发行部）
网　　址： http://www.qxcbs.com　**E-mail：** qxcbs@cma.gov.cn
责任编辑： 黄红丽　**终　　审：** 吴晓鹏
责任校对： 张硕杰　**责任技编：** 赵相宁
封面设计： 博雅锦
印　　刷： 北京建宏印刷有限公司
开　　本： 787 mm×1092 mm　1/16　**印　　张：** 15
字　　数： 381 千字
版　　次： 2021 年 8 月第 1 版　**印　　次：** 2021 年 8 月第 1 次印刷
定　　价： 140.00 元

陕西环境气象观测与研究

编写组

主　　编：赵奎锋　李星敏

副 主 编：董自鹏　彭　艳

编写人员：赵奎锋　李星敏　董自鹏
彭　艳　杜川利　陈　闯
董　妍　卢　娣

丛书前言

打赢蓝天保卫战是全面建成小康社会、满足人民对高质量美好生活的需求、社会经济高质量发展和建设美丽中国的必然要求。当前，我国京津冀及周边、长三角、珠三角、汾渭平原、成渝地区等重点区域环境治理工作仍处于关键期，大范围持续性雾/霾天气仍时有发生，区域性复合型大气污染问题依然严重，解决大气污染问题任务十分艰巨。对区域环境气象预报预测和应急联动等热点科学问题进行全面研究，总结气象及相关部门参与大气污染治理气象保障服务的经验教训，支持国家环境气象业务服务能力和水平的提升，可为重点区域大气污染防控与治理提供重要科技支撑，为各级政府和相关部门统筹决策、适时适地对污染物排放实行总量控制，助推国家生态文明建设具有重要的现实意义。

面对这一重大科技需求，气象出版社组织策划了“区域环境气象系列丛书”（以下简称“丛书”）的编写。丛书着重阐述了重点区域大气污染防治的最新环境气象研究成果，系统阐释了区域环境气象预报新理论、新技术和新方法；揭示了区域重污染天气过程的天气气候成因；详细介绍了环境气象预报预测预警最新方法、精细化数值预报技术、预报模式模型系统构建、预报结果检验和评估成果、重污染天气预报预警典型实例及联防联动重大服务等代表性成果。整体内容兼顾了学科发展的前沿性和业务服务领域的实用性，不仅能为相关科技、业务人员理论学习提供有益的参考，也可为气象、环保等专业部门认识和防治大气污染提供有效的技术方法，为政府相关部门统筹兼顾、系统谋划、精准施策提供科学依据，解决环境治理面临的突出问题，从而推进绿色、环保和可持续发展，助力国家生态文明建设。

丛书内容系统全面、覆盖面广，主要涵盖京津冀及周边、长三角、珠三角区域以及东北、西北、中部和西南地区大气环境治理问题。丛书编写工作是在相关省（自治区、直辖市）气象局和环境部门科技人员及相关院所的全力支持下，在气象出版社的协调组织下，以及各分册编委会精心组织落实下完成的，凝聚了各方面的辛勤付出和智慧奉献。

丛书邀请中国工程院丁一汇院士（国家气候中心）和郝吉明院士（清华大学）、知名大气污染防治专家王体健教授（南京大学）和柴发合研究员（中国环境科学研究院）作为副主编，他们都是在气象和环境领域造诣很高的专家，为保证丛书的学术价值和严谨性做出了重要贡献；分册编写团队集合了环境气象预报、科研、业务一线专家约260人，涵盖各区域环境气象科技创新团队带头人和环境气象首席预报员，体现了较高的学术和实践水平。

丛书得到中国工程院院士徐祥德（中国气象科学研究院）和中国科学院院士张人禾（复旦大学）的推荐，第一期（8册）已正式列入2020年国家出版基金资助项目，这是对丛书出版价值和科学价值的极大肯定。丛书的组织策划得到中国气象局领导的关心指导和气象出版社领导多方协调，多位环境气象专家为丛书的内容出谋划策。丛书编辑团队在组织策划、框架搭建、基金申报和编辑出版方面贡献了力量。在此，一并表示衷心感谢！

丛书编写出版涉及的基础资料数据量和统计汇集量都很大，参与编写人员众多，组织协调工作有相当难度，是一项复杂的系统工程，加上协调管理经验不足，书中难免存在一些缺陷，衷心希望广大读者批评指正。

许小峰

2020年6月

许小峰，正高级工程师，博士生导师，中国气象局原副局长，现任中国气象事业发展咨询委员会常务副主任。

本书序

党的十八大以来，党中央高度重视大气环境污染，国务院发布的《大气污染防治行动计划》明确指出，“大气环境保护事关人民群众根本利益，事关经济持续健康发展，事关全面建成小康社会，事关实现中华民族伟大复兴中国梦”。

霾是大气颗粒物污染与气象条件共同作用的结果，2018 年汾渭平原被确定为与京津冀及周边地区、长三角地区并列的国家大气污染防治的重点区域，陕西关中地区是汾渭平原的主要组成部分。因此，研究这一区域气象因子在大气污染形成、维持及变化中的作用，客观分析气象条件对污染过程和减排措施的影响，对于科学应对大气污染具有重要作用。

陕西省气象局认真贯彻落实国务院和陕西省大气污染防治计划，2012 年陕西的环境气象工作者开始在秦岭北部的关中平原开展气溶胶与辐射的长期观测与研究，经过 10 年努力耕耘，掌握了太阳光度计、激光雷达、多滤波旋转遮光带辐射仪及气溶胶粒径谱等观测仪器的性能及反演算法，创新性地提出了一个检验 Langley 定标结果可靠性的客观方法（本书第 2.1 节）；利用关中盆地与南部秦岭、北部黄土高原的地势差异，通过卫星、气象和气溶胶观测资料，分析发现了吸收性气溶胶和大气边界层之间相互作用的独特“印记”，即大气边界层底部和顶部的气溶胶消光系数、能见度与气溶胶光学厚度变化趋势相反，进一步揭示了气溶胶与边界层的相互作用（本书第 3 章）。利用关中平原站与秦岭高山站长期观测资料，研究了气溶胶、温室气体和城市热岛对气温序列的影响（本书第 7.1 节）等，取得了一批可喜的优秀成果。气象条件对关中大气污染形成与扩散影响的研究，为开展环境气象服务起到了积极有效的支撑作用。本书即是这些成果的集中体现。

在全球变暖的气候变化背景下，导致污染的天气条件总的来讲是不利的，容易导致雾/霾不断加重。这也给我们环境气象研究工作提出了更多需要研究的课题，希望陕西的环境气象团队在现有的研究基础上进一步深入研究雾/霾产生的机理，深化规律性的认识，为区域大气污染防治提供更加精准有效的科学参考。

张小曳

2021 年 6 月

本书前言

近年来，频繁出现的雾/霾，给人们的生产生活和健康带来了很大影响，加快改善空气质量，是人民群众的迫切愿望，是可持续发展的内在要求。雾/霾是大气颗粒物污染与气象条件共同作用的结果，陕西关中地区是汾渭平原大气污染防治重点区域的主要组成部分，其特殊地形使大气污染物“易堆积、难扩散”，气象条件对大气污染物的堆积、扩散及传输的影响显得极为重要，充分认识气象因子在大气污染形成、维持及变化中的作用，客观分析气象条件对污染过程和减排措施的影响，对于减轻重污染影响、科学应对大气污染具有重要科学价值，对于推动生态文明建设、增强人民群众的蓝天幸福感具有重要意义。

2012 年陕西省气象局开始在西安市长安区秦岭大气科学试验基地（2018 年被批准为中国气象局首批野外科学试验基地，命名为“中国气象局秦岭气溶胶与云微物理野外科学试验基地”）开展气溶胶综合观测，组建了关中城市群环境气象研究创新团队。在观测的基础上，开展了以西安为代表的关中地区气溶胶光学参数的反演计算及气溶胶光学物理特性研究，分析了边界层高度、风速风向、逆温、湿度等气象因子对关中地区大气污染形成的作用，颗粒物污染对环境气象要素长期变化的影响等，揭示了边界层内气象因子对大气污染过程的影响和相互作用机制，确定了影响污染发生、发展及扩散的关键气象因子。这些研究结果，通过各级气象部门和汾渭平原环境气象预报预警中心的环境气象决策服务专报报送给各级政府部门，为开展大气污染气象服务提供科学参考。

本书主要集成了国家自然科学基金（41375155、41905016）、中国气象局气候变化专项（CCSF201327）、陕西省重点研发计划（2019SF-269）、陕西省自然科学基础研究计划（2018JM4024、2017JM4010）等项目的研究成果，全书共分 8 章。第 1 章，陕西省地形、气候、社会经济及空气质量概况，由赵奎锋编写；本章概述了陕西地形特征及其对大气污染的影响，给出了陕西省气候特征、社会经济及大气环境概况。第 2 章，陕西关中地区气溶胶光学物理特性研究，第 1～3 节由董自鹏、卢娣编写，第 4 节由杜川利编写，第 5 节由彭艳编写，第 6 节由彭艳、赵奎锋编写，第 7 节李星敏编写；本章提出了一个检验 Langley 定标结果的可靠性检验方法，给出了气溶胶光学特性的反演计算方法及其季节变化特征、气溶胶直接辐射强迫及消光系数的垂直变化特征、黑碳气溶胶浓度变化特征、颗粒物数谱的变化特征、新颗粒物生成及其与气象条件的关系、新颗粒物生成过程与 $PM_{2.5}$ 污染形成的关系。第 3 章，气溶胶与边界层相互作用研究，由董自鹏编写；本章研究了关中地区气溶胶对地面的冷却作用，给出了吸收性气溶胶和 PBL 之间相互作用的独特“印记”。第 4 章，基于 MODIS 的陕西省气溶胶光学厚度变化趋势与成因分析，由董自鹏编写；本章给出了陕西省气溶胶光学厚度的分布特征及其变化趋势、人类经济活动对气溶胶光学厚度的影响。第 5 章，陕西省雾与霾分布特征，第 1、2 节和第 4 节由李星敏编写，第 3 节由董妍编写；本章讨论了霾的判识方法对陕西省霾判识的影响，给出了霾日和雾日的分布变化特征。第 6 章，气象条件对关中大气污染的影响，第 1 节由杜川利编写，第 2～7 节由李星敏、董自鹏、陈闯编写；本章给出了关中地区大气边界层高度、风速风向、相对湿度等气象要素的变化特征及其对大气颗粒物分布与扩散的影响、臭氧污染形成与气象条件的关系、陕西省本地化静稳指数的构建。第 7 章，气溶胶对气象要素长期变化的可能影响，第 1 节和第 5 节由杜川利编写，第 2～4 节和第 6 节由彭艳编写，第 7 节由李星敏编写；本章给出了气溶胶对陕西省气温、降水、日照、太阳辐射、云量及能见度等气象要素长期变化的可能影响。第 8 章，2015 年以来陕西省主要霾天气概况及评估，由赵奎锋编写；本章主要介绍了 2015 年以来阶段性霾天气概况及其气象条件，给出了霾天气过程分析评估示例。本书由赵奎锋、李星敏设计总体框架，由赵奎锋、李星敏、陈闯统稿，书中涉及的气溶胶观测和研究工作编写组成员均有参加。

本书是编写组集体智慧的结晶，希望书中的技术方法、观点和成果，能为从事环境气象科研、业务和管理工作者提供借鉴和帮助。

本书在编写过程中，得到了陕西省气象局领导和陕西省气象局观测处、科技预报处、陕西省气象科学研究所、陕西省气象台、陕西省气候中心的支持与帮助，在此表示感谢。感谢陕西省气候中心胡琳、王娜，陕西省气象台郑小华、刘环，陕西省农业遥感与经济作物气象服务中心周辉等专家提供的帮助。感谢张小曳院士为本书作序。

尽管编写组悉心观测、深入细致地分析研究，力争做好每一环节工作，然而对一些科学问题的认识还有不足，需要不断深入研究，书中的疏漏和不足之处，敬请读者指正。

赵奎锋

2021 年 6 月

目 录

第1章 陕西省地形、气候、社会经济及空气质量概况

1.1 陕西地形地貌特征与大气污染

陕西省位于我国西北地区东部，东经 105°29′～111°15′，北纬 31°42′～39°35′之间，总面积 20.56 万 km^2；东邻山西、河南，西连宁夏、甘肃，南抵四川、重庆、湖北，北接内蒙古。

1.1.1 地形地貌特征

陕西省地势南北高、中间低，由高原、山地、平原和盆地等多种地貌构成，从北向南可分为陕北黄土高原区、关中平原区和陕南山区（陕西省农牧厅 等，1987）。

（1）陕北黄土高原区

本区东以黄河为界，西、北以省界为限，南以“北山”（凤翔、铜川、韩城一线灰岩为主的石质山地的统称）与关中相隔，本区的主要地貌特征为黄土梁峁丘陵和沟谷深切的黄土塬，根据地形特征和主要外营力的差别，可分为 4 个亚区。①长城沿线风沙、滩地区。本亚区位于陕西最北部长城沿线以北，与内蒙古鄂尔多斯市的沙地连成一片，南接黄土高原，西连宁夏沙区，东至神木窟野河。本区地势坦阔，略倾东南，地表沙丘绵延不断，地面完整。②黄土梁峁丘陵沟壑区。本亚区北连风沙高原区，南至富县北界，是黄土高原梁峁丘陵沟壑发达的典型地区。相对高差多在 100～150 m 之间，少数可达 200 m，坡度以 15°～20°为最普遍。③渭北黄土高原沟壑区。本亚区位于富县、宜川县以南，南以“北山”为界，地处泾河及北洛河中游地区。主要是黄土高原沟壑，海拔 800～1500 m，沟壑面积约占总面积的 55%以上，是陕西重要的农业生产基地之一。④南部土石中低山区。本亚区指“北山”一带，南接关中平原，海拔高度约为 1000～2000 m，经长期剥蚀形成暴露于黄土之上的山丘，上覆薄层黄土。

（2）关中盆地区

本区介于陕北黄土高原与陕南山地之间，是三面环山向东敞开的河谷盆地。东西长约 360 km，西窄东宽，本区可分为渭河阶地、黄土台塬、山前洪积扇地 3 个亚区。①渭河阶地区。本亚区是由横贯盆地中部和渭河河道运动而形成的阶地平原，为关中平原的主体，即富饶的“八百里秦川”，是关中平原中最肥沃的川地，地面平坦，是陕西省最重要的粮棉油生产基地。②黄土台塬区。本亚区分布在渭河及其支流中、下游两岸，面积约占平原总面积的 2/5。③山前洪积扇地区。位于关中平原的两侧即黄土台塬的后缘，为洪积冲积扇形地，以南侧秦岭峰北麓为典型，是关中平原主要林果产区和水稻种植区。

(3)陕南山区

本区包括关中盆地以南的秦岭、大巴山地及其间分布的大小山间盆地。秦岭大部海拔一般为1500～2500 m,大巴山地海拔一般为1000～2000 m。本区亦可分为4个亚区。①北秦岭高山中山区。本亚区位于秦岭主峰脊线以北,与关中盆地的山前洪积冲积扇带相接,东西长约400～500 km,南北最宽不足40 km。海拔多超过2000 m,最高峰为太白山,海拔3376 m,自然景观垂直分布明显。②南秦岭中山区。本亚区位于秦岭山脊线以南,属秦岭山脉的南坡,东西长约400～500 km,坡度较缓,坡长100～1200 km,平均海拔1100～2000 m,相对高差约500～1000 m。③汉江河谷平坝区。本亚区介于秦岭与大巴山之间,地势西高东低,海拔250～700 m,大致以1000 m等高线与山区分界,汉江横贯中部,形成以汉中、安康为中心的河谷念珠形盆地,是陕南主要的工农业生产区,本区包括低山、丘陵、冲积平原、峡谷等地貌类型。④大巴山地中山区。本亚区位于汉江谷地以南到川陕交界之间,东西长约300 km,平均海拔约2000 m。大巴山可分为东西两段,任河以西为米仓山,是大巴山较低的一段,任河以东叫大巴山,是大巴山较高的一段。

1.1.2 地形对大气污染的影响

关中平原位于陕西省中部,海拔大部分在500 m以下,北部是陕北黄土高原,南部为陕南秦岭山地,平原西窄东宽,形状像是向东开口的喇叭形,且东部主要盛行东北风或东风,气流进入关中平原后,受地形阻挡污染物不易扩散,较易成为污染堆积区,使该地区气溶胶光学厚度值高于周边地区(Dong et al.,2013),成为全国雾/霾多发地区之一。2018年国家《打赢蓝天保卫战三年行动计划》中将汾渭平原(关中平原为其主要组成部分)列为国家大气污染防治的重点区域。

有研究表明(胡淘 等,2020),关中盆地内各测站主导风向与位置和地形密切相关,且季节性变化不大。盆地中央的主导风向是沿着地形走向的东北风和西南风,盆地四周测站的主导风向都表现出顺着盆地地形向中央汇流的趋势。关中盆地的大气风场,全年约74.7%的天数是局地环流型风场,对应关中盆地风速较小,山谷风的局地环流及日夜循环特征明显,这种风场十分有利于污染物在盆地内停滞累积,且局地环流型风场在冬季出现最多、春季最少,这与大气污染浓度的季节变化有密切关系。

1.2 陕西省主要气候特征

陕西省位于西北内陆、中纬度地区,从北向南横跨四个气候带,即陕北北部长城沿线的中温带、渭北"北山"以北到陕北长城以南黄土高原的北暖温带、关中和秦岭山区(北坡100 m、南坡800 m以上)的南暖温带及秦岭南坡800 m以下至大巴山区的北亚热带(陕西省气象局《陕西气候》编写组,2009)。气候类型多样,根据各地的干湿状况,可将陕西省划分为九个气候区:长城沿线干旱、半干旱气候区,延安—长城高原丘陵沟壑半干旱气候区,渭北—延安黄土高原丘陵沟壑半湿润气候区，关中东部半干旱气候区，关中平原半湿润气候区，商洛丹江河谷半湿润气候区，秦岭山地湿润气候区，汉中—安康汉江河谷盆地湿润气候区，米仓山—大巴山地过湿润气候区。

以秦岭为界，南北气候差异显著。春季气温回升快而不稳，降水少，陕北多大风天气；夏季炎热多雨，降水集中，多雷阵雨、暴雨，间有"伏旱"；秋季凉爽，气温下降快，关中、陕南多阴雨天气；冬季寒冷干燥，气温低、雨雪少。

1.2.1 气温

陕西省年平均气温总的分布特点是南高北低，东高西低，随海拔的升高逐渐降低。陕西各地年平均气温 6.9(华山)～16.3 ℃(旬阳)(1991—2020 年国家气象站观测记录，以下同)，陕南汉江河谷 14.9～16.3 ℃，是年平均气温最高的地区；其次为关中平原及大巴山、秦岭南坡河谷丘陵地区，年平均气温 12.0～14.6 ℃；关中北山以北及陕北黄土高原区8.5～12.1 ℃；秦岭中高山区气温随海拔高度的增加而递减，华山站海拔 2065 m，年平均气温仅 6.9 ℃。

1 月，为一年中温度最低的月份，全省各地 1 月平均气温－8.1～4.2 ℃，以秦岭为界，以北气温大部在 0 ℃以下，随纬度的增加而降低。秦岭以南汉江谷地和大巴山区海拔较低的地方，1 月平均气温可达 3.0 ℃以上，是陕西冬季最暖的地区。

7 月，是一年中气温最高的月份。全省各地 7 月平均气温 18.1～27.5 ℃。其中，陕北 22～26 ℃，东高西低，东部黄河沿岸平均气温在 24.0 ℃以上；关中除海拔较高的华山、太白外，大部地区 21.5～27.5 ℃，中东部的平原地区是全省 7 月平均气温最高的地方，在 27.0 ℃以上；陕南 7 月平均气温为 22.5～27.5 ℃，汉江谷地最高为 25.6～27.5 ℃。

陕西各地气温年内变化的主要特点是春、秋季升、降温特别迅速。气温变化以 3—4 月升温最快，秋季 10—11 月降温最快。

1.2.2 风速

陕西地形复杂多样，地形对风的影响明显。陕西年平均风速大值区主要有两个，一个分布在陕北北部长城沿线一带，年平均风速大于 2 m/s，最大值定边为 2.9 m/s；另一个分布在延安洛川以南，渭南北部的大荔、富平及咸阳的淳化以北地区，年平均风速大于 2 m/s，最大宜君为 2.6 m/s。由于地形影响，有一些局地风速较大的地区，如：陕南的商县、镇坪，关中西部的宝鸡、凤翔年平均风速也在 2 m/s 以上；华山，海拔 2064.9 m，山高风大，年平均风速为 4.4 m/s。

陕西年平均风速较小的区域主要有 3 个：一个位于陕北黄土高原，测站多位于沟谷之中，地形对风的阻挡作用明显，年平均风速为 1.2～1.5 m/s；第二个位于关中盆地西部，受周边地形阻挡，盆地内风速较小，年平均风速 0.9～2.0 m/s；第三个是陕南汉江河谷，年平均风速多在 0.9～1.5 m/s。

各季平均风速的空间分布与年平均风速的分布特征基本一致，春季风速较大，秋季风速较小，受地形影响，不同地区风速的年变化略有差异，如华山站的风速最大值出现在冬季，最小值出现在夏季。

陕西年平均风速的日变化比较明显，大约在早上 08—09 时，风速逐渐增大，至 14—16 时达到最大，随后逐渐减小，至夜间达到最小并维持低值；由于年内日出和日落时间不同，风速开始增大和减小的时间，在不同季节略有不同。

1.2.3 相对湿度

相对湿度主要受气温和空气中水汽含量影响，陕西省年平均相对湿度为 50.3%～80.0%，自南向北逐步减小。陕北黄土高原是全省相对湿度最小的地方，北部相对湿度在 50.3%～59.3%之间，南部在 58.1%～65.3%之间；关中平原相对湿度在 58.7%～73.0%之间，其中，渭南北部部分地方较低在 58.7%～62.1%之间，关中中西部渭河沿岸部分地方在 70%以上；陕南东部相对湿度在 65.9%～71.0%之间，其余地区在 70.0%～80.0%之间，是陕西省相对湿度最大的地区，这里气候温暖湿润，水汽充足，因而相对湿度较大。

各季相对湿度分布与年相对湿度的分布趋势基本一致，相对湿度的年变化主要与气温变化和干湿季节更替有关，陕北北部相对湿度的年变化主要表现为春季低夏秋高，月平均相对湿度的最高值出现在 8、9 月，最低值出现在 3、4 月；关中大部分地区月平均相对湿度最高值出现在 9 月，最低值 1—4 月和 6 月均有出现，高山上有所不同，如华山月平均相对湿度最高值出现在 8 月，最低值出现在 12 月。陕南大部分地区月平均相对湿度最高值出现在 9 月、10 月，低值出现在 1—4 月，68%的测站出现在 3 月。

相对湿度的日变化与气温的日变化密切相关，最低相对湿度出现在午后最高气温出现时段，而相对湿度的最高值出现在清晨最低气温出现的时段。

1.2.4 年日照时数

陕西省年平均日照时数在 1292～2907 h 之间，受地形影响显著，由北向南随纬度呈递减趋势，陕北北部年日照时数 2600～2907 h，是全省日照时数的高值区，陕北南部次高为 2300～2560 h；关中北部和东部年日照时数 2045～2454 h，关中其余地区为 1610～2050 h；陕南是全省年日照时数的低值区，为 1292～2000 h，其中汉江河谷及米仓山和大巴山山区不足 1600 h。由于受坡度、坡向和地形遮蔽的影响，山区日照时数的空间差异比较明显。

全省各月日照时数分布和年日照时数分布特征基本相似，北高南低，最高值一般在陕北长城沿线地区，最低值在陕南秦巴山地；日照时数的年变化为单峰型，最高值大多出现在 5 月、7 月，最小值出现在秋冬季。

1.2.5 降水量

陕西省各地年平均降水量为 347～1255 mm，南北差异较大。陕北大部属半干旱气候区，年降水量 347～596 mm，自南向北递减；陕北北部长城沿线年降水量最少，为 347～438 mm，子长、安塞、志丹以及宝塔区以南各地年降水量在 500 mm 以上。

关中地区年降水量为 484～737 mm，西部多于东部。渭北黄土高原的宜君，由于地形的作用，形成一个多雨区，年降水量达 676 mm，由于这一带降水充沛，植被长势较好。关中盆地为一相对少雨区，少雨区主要位于关中盆地中东部的咸阳大部、渭南中部，年降水量 484～583 mm。关中盆地南缘到秦岭山脉北麓，年平均降水量在 600 mm 以上，太白和华山各为一个多雨中心，年降水量在 700 mm 以上。

陕南年平均降水量 669～1255 mm。秦岭南麓至汉江大部地区 685～936 mm，其中商洛大部以及汉中汉台区以北、安康东部的部分地区是陕南的相对少雨区，降水量不足800 mm，米仓山、大巴山地区年降水量 936～1255 mm，是陕西省年降水量最多的地方。

各季降水量空间分布特征与年降水量分布基本相似，冬季，雨雪稀少，气候干燥，绝大部分地方冬季降水量占年降水量不到 6%。春季，降水量较冬季明显增加，但少于秋季。夏季，为陕西多雨时节，降水集中，但降水变率较大，旱涝气候特征明显。秋季，降水少于夏季，但多于春季，关中、陕南往往产生阴雨连绵的秋霖天气。

1.3 陕西省社会经济发展现状

据《陕西省统计年鉴—2020》(陕西省统计局 等，2020) 2019 年陕西省生产总值(GDP) 25793.17 亿元，比上一年增长 7.7%；其中，第一产业增加值 160.74 亿元，增长 8.8%；第二产业增加值 765.48 亿元，增长 6.8%；第三产业增加值 925.07 亿元，增长 8.5%。陕西省 2019 年三次产业贡献率分别为：5.9∶45.4∶48.7。全年全省工业增加值比 2018 年增长 5.1%。

陕西省规模以上工业企业中，黑色金属冶炼和压延加工业总产值比上一年增长 18.7%，医药制造业总产值增长 2.1%，汽车制造业总产值增长 8.9%，石油和天然气开采业增长 2.2%，家具制造业工业总产值增长 6.2%。

全年陕西省能源生产总量比上一年增长 0.6%，其中原煤下降 0.3%，原油增长 0.6%，天然气增长 4.1%，水电、风电及其他能发电增长 17.3%。

2019 年全省大气环境 SO_2 排放量比上一年下降 8.3%，大气环境氮氧化物排放量增加 3.4%，大气环境烟(粉)尘排放量下降 20.3%。

截至 2019 年年末，全省民用汽车保有量 681.89 万辆，其中私人汽车拥有量 614.08 万辆，私人载客汽车 564.25 万辆，私人载货汽车 48.18 万辆。2019 年底全省常住人口 3876 万人，比上一年末增加 12 万人；常住人口中，城镇人口 2304 万人，比重为 59.43%。

2019 年，陕北全区域生产总值(GDP)5800.17 亿元，比上一年增长 7.9%；其中，第一产业增加值 30.68 亿元，增长 8.3%；第二产业增加值 265.53 亿元，增长 7.8%；第三产业增加值 130.37 亿元，增长 8.3%；工业增加值 250.93 亿元，增长 7.6%。陕北 2019 年三次产业贡献率分别为：6.9∶63.6∶29.5，规模以上工业总产值比上一年增长 8.0%。截至 2019 年年末，陕北民用汽车保有量 111.60 万辆，其中私人汽车 101.08 万辆，私人载客汽车 88.48 万辆，私人载货汽车 12.20 万辆。全区常住人口 567.99 万人，比上年末增加 0.27 万人。年末全区户籍人口 618.69 万人。

关中为陕西省主要经济区，全区域生产总值(GDP)占全省 60%以上，为 16090.29 亿元，比上一年增长 7.6%；其中，第一产业增加值 85.27 亿元，增长 8.2%；第二产业增加值 351.71

亿元，增长 5.9%；第三产业增加值 697.25 亿元，增长 8.8%；工业增加值 115.99 亿元，增长 3.6%。关中 2019 年三次产业贡献率分别为：7.0∶39.4∶53.6，规模以上工业总产值比上一年增长 4.2%。截至 2019 年年末，关中全区民用汽车保有量 504.94 万辆，其中私人汽车 454.29 万辆，私人载客汽车 423.57 万辆，私人载货汽车 29.60 万辆。全区常住人口 2459.12 万人，比上年末增加 10.97 万人。年末全区户籍人口 2498.18 万人。

陕南全区域生产总值(GDP)3566.86 亿元，比上一年增长 9.1%；其中，第一产业增加值 44.8 亿元，增长 10.6%；第二产业增加值 236.01 亿元，增长 17.4%；第三产业增加值 116.11 亿元，增长 8.4%；工业增加值 110.23 亿元，增长 9.4%。陕南 2019 年三次产业贡献率分别为：13.1∶44.7∶42.2。规模以上工业总产值比上一年增长 8.0%。截至 2019 年年末，全区民用汽车保有量 63.84 万辆，其中私人汽车 58.70 万辆，私人载客汽车 52.20 万辆，私人载货汽车 6.39 万辆。全区常住人口 849.1 万人，比上年末增加 0.58 万人。年末全区户籍人口 934.86 万人，比上年末增加 0.58 万人。

1.4 陕西省空气质量概况

从 2013 年起，陕西省坚决落实党中央生态环境保护重大决策部署和国家“大气十条”，相继实施了《陕西省“治污降霾·保卫蓝天”五年行动计划(2013—2017 年)》和《陕西省铁腕治霾打赢蓝天保卫战三年行动方案(2018—2020 年)》，2018 年国务院印发的《打赢蓝天保卫战三年行动计划》中将汾渭平原列入了大气污染防治的重点区域，关中作为汾渭平原的主要组成部分，已被国家纳入大气污染防治的重点区域，经过一系列有效治理和防治措施，大气污染状况得到明显改善。

1.4.1 主要污染物浓度年际变化

2015—2020 年，陕西省陕北(榆林、延安)、关中(铜川、宝鸡、咸阳、西安、渭南)、陕南(汉中、安康、商洛)10 个市大气监测的 6 项主要污染物 $PM_{2.5}$、PM_{10}、SO_2、CO、NO_2和 O_3的质量浓度(O_3质量浓度为日最大 8 h 平均质量浓度)，除 O_3外均呈现明显的下降趋势；2020 年与 2015 年相比，$PM_{2.5}$下降 9.8%～38.5%，其中，延安、铜川、汉中、安康、商洛下降幅度超过21.1%(平均下降幅度)；PM_{10}下降 15.6%～38.4%，其中，西安、宝鸡、铜川、安康、商洛下降幅度超过 25.9%(平均下降幅度)；SO_2下降1.22%～76.6%，其中，延安、西安、渭南、咸阳、安康、商洛下降幅度超过 50.1%(平均下降幅度)；NO_2除榆林、咸阳、安康略有上升外，其余地区下降 4.2%～21.1%，其中，延安、宝鸡、汉中、商洛下降幅度超过 10%；CO 下降 29.5%～65.1%，其中，榆林、延安、西安、宝鸡、安康、商洛下降幅度超过 47.3%(平均下降幅度)；O_3浓度除陕南汉中、安康、商洛三市下降外，陕北关中各市与 2015 年相比均为上升，关中升高幅度超过 10.6%，咸阳最大，达到 24.3%。

由于陕西省大气污染的首要污染物夏季主要是 O_3，其他季节大多是 $PM_{2.5}$，以下仅分析

$PM_{2.5}$和 O_3 质量浓度的变化情况。

1.4.2　$PM_{2.5}$质量浓度分布与变化

2015—2020 年陕西省年平均 $PM_{2.5}$ 质量浓度陕北最低为 34.2～38.1 μg/m³，关中 50.7～67.0 μg/m³，陕南 35.2～48.8 μg/m³。各地市 $PM_{2.5}$ 质量浓度的最大值出现在1月，陕北为 53.2～58.0 μg/m³、关中 96.8～144.3 μg/m³、陕南 63.8～111.8 μg/m³，其次为 12 月和 2 月；最低值出现在 6—8 月，为 20.8～30.7 μg/m³，6—9 月各地市 $PM_{2.5}$ 质量浓度的均值均不超过 35 μg/m³。

2020 年与 2015 年相比，各季 $PM_{2.5}$ 质量浓度均呈下降趋势（图 1.1），夏季下降幅度最大，其次，大部分地区为冬季下降幅度较大，延安、咸阳和汉中为春季下降幅度较大。春季（3—5 月），$PM_{2.5}$ 质量浓度下降 11.3%～33.6%，其中，延安、咸阳、铜川、安康、商洛下降幅度超过 24.2%（平均下降幅度）；夏季（6—8 月），$PM_{2.5}$ 质量浓度下降 25.3%～46.0%，其中，延安、西安、宝鸡、汉中、安康和商洛下降幅度超过 37.0%（平均下降幅度）；秋季（9—11 月），$PM_{2.5}$ 质量浓度变化幅度为 −27.7%～1.3%，其中，延安、咸阳、宝鸡、汉中、安康和商洛下降幅度超过 16.3%（平均下降幅度）；冬季（12—次年 2 月），$PM_{2.5}$ 质量浓度下降幅度为 12.5%～37.8%，其中，宝鸡、铜川、安康和商洛下降幅度超过 25.6%（平均下降幅度）。

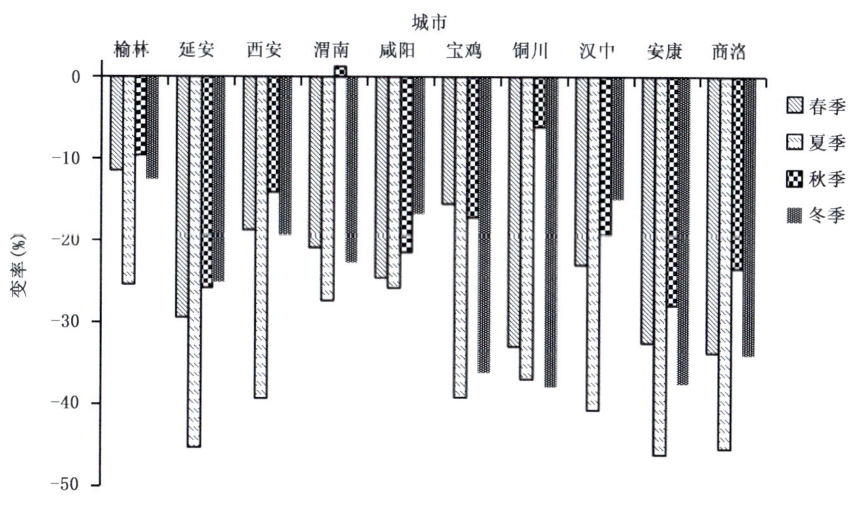

图 1.1　2020 年陕西各地市 $PM_{2.5}$ 质量浓度与 2015 年相比变化

1.4.3　O_3 质量浓度分布与变化

2015—2020 年陕西省年平均 O_3 质量浓度（指日最大 8 h 平均质量浓度）陕北为 89.9～99.83 μg/m³，关中 85.4～99.0 μg/m³，陕南 80.0～92.6 μg/m³。各地市 O_3 质量浓度的最大值陕北出现在 6 月，为 133.2～149.2 μg/m³；关中出现在 6、7 月，为 122.2～147.5 μg/m³；陕南的最大值汉中、安康出现在 5 月，分别为 115.8 μg/m³ 和 106.7 μg/m³，商洛出现在 6 月，为 119.8μg/m³；各地市最低值均出现在 12 月，为 29.5～55.2 μg/m³；1—2 月、10—12 月各地市

O_3质量浓度较低，月平均浓度不超过 92.7 μg/m³。

2020 年与 2015 年相比，各地 O_3质量浓度变化不同（图 1.2），春季（3—5 月），除安康外，其余地区比 2015 年同期上升 2.8%～25.5%，最大为西安，咸阳、宝鸡 O_3质量浓度上升在 20%以上。夏季（6—8 月），渭南、咸阳、宝鸡比 2015 年同期上升 15.1%～18.6%，其余地区下降 0.3%～19.4%，陕南三市下降超过 10%以上。秋季（9—11 月），延安和关中 5 市 O_3质量浓度比 2015 年同期上升 7.2%～30.3%，最大为咸阳，西安、铜川上升幅度在 20%以上；榆林和陕南三市 O_3质量浓度比 2015 年同期下降 0.4%～10.6%，下降最多为安康，汉中、商洛下降超过 3.1%。冬季（12 月—次年 2 月），虽然 O_3质量浓度是一年中的低值时段，但与 2015 年同期相比，除铜川、安康、商洛下降 3.3%～10.3%外，其余地市上升 1.7%～28.9%，关中上升幅度较大在 13.4%以上。

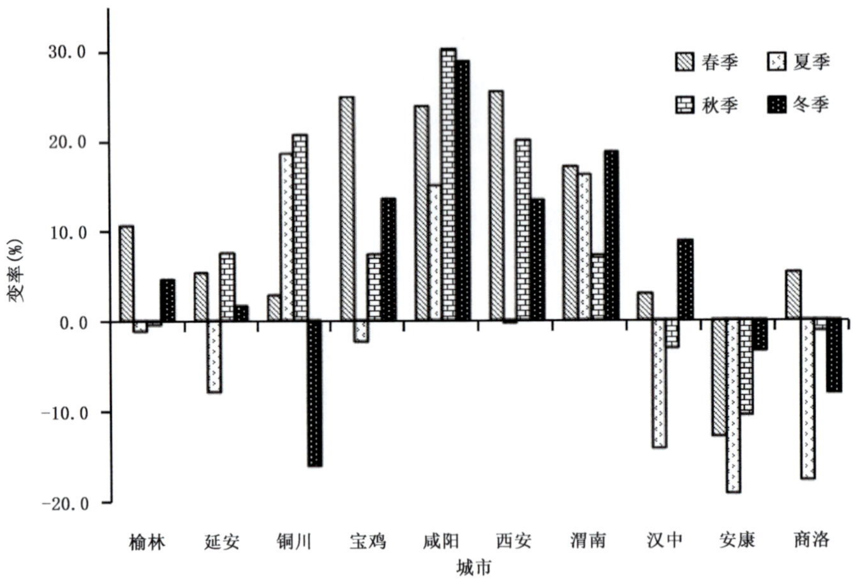

图 1.2 2020 年陕西各地市 O_3 质量浓度与 2015 年相比变化

1.5 陕西省环境气象观测站网

1.5.1 气象观测站网

陕西省气象局拥有 99 个国家地面气象观测站，配有整套气象观测仪器和设备，拥有 1700 多个温度、湿度、风等区域气象观测点，形成了地面气象观测网；拥有延安、西安泾河、汉中和安康 4 个高空气象观测站，在西安方新城市站、西安泾河、长安、临潼、渭南、宝鸡、杨凌、宁陕和延安建有 9 部微波辐射计，在西安方新城市站、临潼建有 2 部激光测风雷达，形成了气象要素的垂直观测网(图 1.3)。在秦巴山区建有由 19 个自动气象观测点组成的太白剖面观测带和 14 个自动气象观测点组成的华山剖面观测带,站点最低海拔 680 m,最高海拔 3385 m,海拔超过 2000 m 的站点有 9 个;2019 年,在秦岭太白山拔仙台(海拔 3730 m)建成首个 8 要素(温、压、湿、风向、风速、雨量、辐射、紫外线)生态自动气象站,为青藏高原以东最高气象观测站。在西安灞桥建有风云三号、风云四号卫星地面接收站,由地面和高空垂直探测组成的立体观测网为开展环境气象研究和业务服务提供了丰富的气象观测资料。

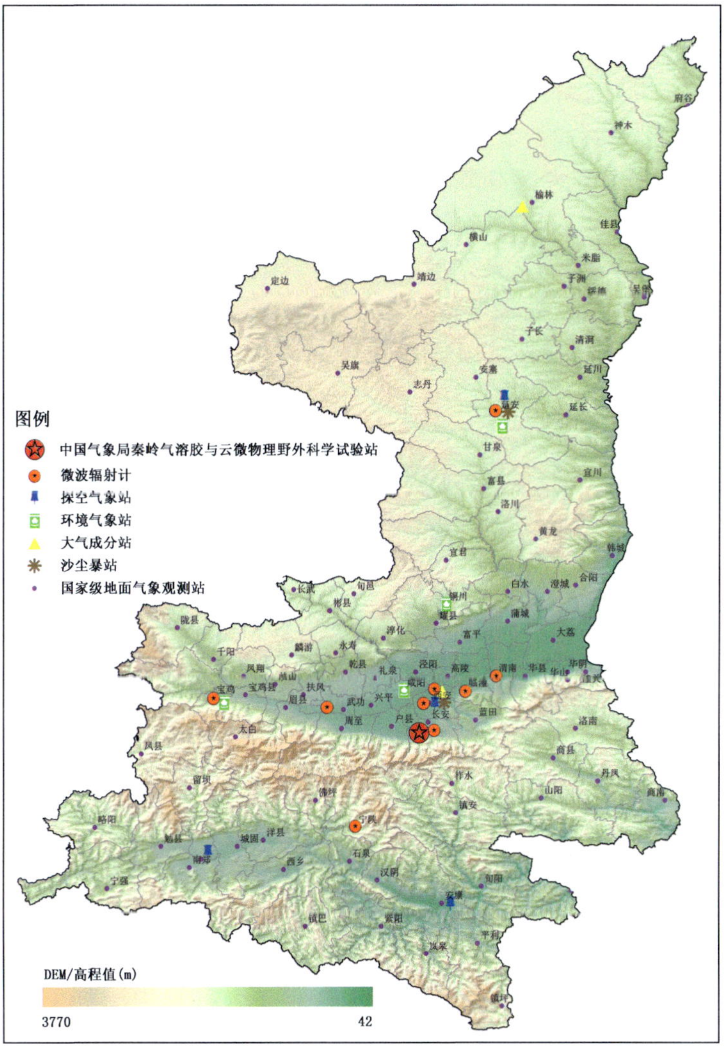

图 1.3　陕西省国家气象观测站和环境气象观测站分布示意图

1.5.2　大气成分观测站

为了观测沙尘暴的光学特性及验证其卫星遥感监测结果,自 2002 年开始,中国气象局在中国北方地区 20 个站点架设了 CE318 太阳光度计进行观测,2004 年 1 月开始业务化运行。

2005 年，中国气象局在沙尘暴观测站网的基础上，拓展建立大气成分观测网，形成了由 30 个站点组成的 CARSNET(China Aerosol Remote Sensing Netwrok)观测网，其中，沙尘暴站 12 个，大气成分站 11 个，全球大气本底站 1 个、区域大气本底站 6 个。随着气象服务的深入，CARSNET 观测网不断扩充，站点不断增多，目前已成为研究中国不同地区气溶胶光学特性和验证卫星反演和气溶胶数值模式的重要资源。在 CARSNET 观测网中陕西省的延安、西安为沙尘暴观测站，榆林、西安为大气成分观测站。

延安观测项目有 PM_{10}、大气浑浊度、土壤水分、总悬浮颗粒物(TSP)质量浓度和大气降尘；其中 PM_{10} 采用美国 R&P 公司生产的 R&P 1400a 大气颗粒物质量浓度监测仪测量，气溶胶散射系数采用澳大利亚 ECOTECH 公司的 M9003 积分式浊度仪监测。

西安观测项目有大气气溶胶光学厚度、气溶胶吸收特性、颗粒物质量浓度/数浓度、便携式气溶胶采样和土壤水分；榆林观测项目有大气气溶胶光学厚度、气溶胶吸收特性、颗粒物质量浓度/数浓度。榆林、西安的大气光学厚度采用法国 CIMEL 公司制造的 CE318 型太阳光度计测量，气溶胶吸收特性采用美国玛基科学公司(Magee Scientific Co.)生产的 AE31 型 Aethalometer 在线测量；颗粒物质量浓度/数浓度采用德国 Grimm 公司生产的 GRIMM 180 颗粒物监测仪测量，该仪器可以实时在线测量 31 个粒径段的气溶胶数浓度，并计算出 PM_{10}、$PM_{2.5}$ 和 PM_1 的质量浓度。气溶胶采样使用美国 Airmetrics 公司生产的 MiniVol 便携式气溶胶采样器采样。

为进一步提高环境气象的监测与服务能力，2015 年陕西省气象局在延安、宝鸡、铜川和咸阳气象站设立了 PM_{10} 和 $PM_{2.5}$ 气溶胶质量浓度观测，采用 β 射线法观测，使用仪器为安徽蓝盾光电子股份有限公司生产的 LGH-01B 型 PM_{10} 监测仪、LGH-01E 型 $PM_{2.5}$ 监测仪。

1.5.3 野外科学试验基地气溶胶观测

为贯彻落实陕西省委、省政府提高城乡防灾减灾能力和为经济社会可持续发展提供保障服务的要求，全面提升陕西大气科学综合气象观测系统建设与服务能力，2009 年陕西省气象局开始在长安建设秦岭大气科学试验基地，2010 年启动秦岭大气科学试验基地气溶胶观测系统及其实验室建设，2012 年年底建设完成，2013 年 5 月投入观测。2018 年初该基地被批准列入中国气象局首批野外科学试验基地，命名为“中国气象局秦岭气溶胶与云微物理野外科学试验基地”。基地主站位于西安市长安区黄良乡黄良镇，与长安国家气象站(108.92°E，34.15°N，433 m)共处一地。该站北距西安市中心 15 km，南距秦岭 12 km。基地所在地为秦岭山地与关中盆地过渡区，地势平坦，四面均为农田，周围五百米范围内无影响探测环境的高大建筑物。

依托该基地，陕西省气象局关中城市群环境气象研究创新团队针对关中地区环境气象开展了大量研究工作，2013 年 5—6 月携带仪器在北京中国科学院大气物理研究所香河大气综合观测试验站，参加了 973 项目“云、气溶胶及其气候效应的观测与模拟研究”联合观测试验。该基地气溶胶光学物理特性与辐射观测仪器见表 1.1，气溶胶光学和物理特性观测仪器安装在气溶胶观测仓房中，环境样本采集系统安装在仓房顶上，采样头距离地面约 4 m；辐射测量仪安装在观测场内的支架上，支架高度距离地面 1.5 m。

表 1.1　野外科学试验基地气溶胶与辐射观测仪器型号、主要功能和技术参数

类别	仪器名称	型号	产地	功能和技术参数
气溶胶光学物理特性	空气动力学粒径谱仪	APS-3321	美国	测量 0.5～20 μm 气溶胶的空气动力学粒径谱。采样频率每 10 min 1 次
	扫描电迁移率粒径谱仪	SMPS-3034	美国	测量 10～487 nm 气溶胶扫描电迁移率粒径谱。采样频率每 10 min 1 次
	扫描电迁移率粒径谱仪	SMPS3938L89	美国	测量 10～1000 nm 气溶胶扫描电迁移率粒径谱。采样频率每 10 min 1 次
	积分浊度仪	IN-3563(三波段)	美国	测量 450、550、700 nm 气溶胶光散射系数。采样频率每 5 min 1 次
	浊度仪	Aurora3000	澳大利亚	测量 450、525 和 635 nm 气溶胶散射系数。采样频率每 10 min 1 次
	黑碳仪	AE33	斯洛文尼亚	测量 370、470、520、590、660、880 和 950 nm 黑碳气溶胶吸收系数。采样频率每 10 min 1 次
	太阳光度计	CE318-TS9	法国	用于 340、380、440、500、675、870、937、1020、1640 nm 的辐亮度观测。采样频率每 15 min 1 次
	激光雷达(带偏光)	MPL-4B	美国	用于大气气溶胶、云、大气边界层探测。测量波段为 532 nm,每 30 s 探测 1 次
辐射类	多滤波旋转遮光带辐射仪	MFR-7	美国	测量 415、500、615、673、870 和 940 nm 太阳辐照度。采样频率每 min 1 次
	短波辐射计	CMP21	荷兰	用于太阳短波辐射的测量。采样频率每 min 1 次
	光合有效辐射计	PAR-LITE	荷兰	用于光合有效辐射的测量。采样频率每 min 1 次
	直接辐射	Model NIP	美国	用于太阳直接辐射的测量。采样频率每 min 1 次
	黑白总辐射	Model 8-48	美国	用于测量全球短波总辐射测量。采样频率每 min 1 次
	红外辐射计	Model PIR	美国	用于长波辐射测量。采样频率每 min 1 次
	短波辐射计	Model PSP	美国	用于太阳短波辐射测量。采样频率每 min 1 次
	紫外辐射	Model TUVR	美国	用于紫外辐射测量。采样频率每 min 1 次
垂直探测	微波辐射计	MWP967KV	中国	用于 0～10 km 大气温度、水汽密度、相对湿度和液态水垂直廓线探测。采样频率每 2 min 1 次

1.6 本章小结

本章主要介绍了陕西省地形地貌特征及地形对大气污染的影响,陕西省主要气候特征、2019 年社会经济发展现状和 2015 年以来空气质量概况。

介绍了陕西省环境气象观测站网,目前陕西省气象部门已建成了由中国气象局秦岭气溶

胶与云微物理野外科学试验基地的气溶胶综合观测站、大气成分观测站、环境气象观测站及微波辐射计、风廓线雷达、探空等由地面和高空垂直探测组成的立体观测网，为开展环境气象研究和业务服务提供了丰富的观测资料。

第2章 陕西关中地区气溶胶光学物理特性研究

2.1 太阳光度计 Langley 定标及其可靠性检验

仪器定标是太阳光度计遥感气溶胶光学厚度(AOD)最大的不确定性来源(Alexandrov et al.,2008)。受光度计灵敏度衰减较快的影响,对仪器进行周期性定标非常必要(Alexandrov et al.,2002,2009)。目前应用最为广泛的 Langley 定标法通常需要在晴好、稳定、无云的天气条件下进行(辛金元 等,2006),这在大气污染较重的中国地区难以实现(Lee et al.,2010),且定标结果可能会超出误差允许范围(杨志峰 等,2008)。为有效解决 Langley 定标不确定性所引起的 AOD 反演误差问题,本节提出一个客观检验太阳光度计 Langley 定标结果可靠性的方法。

2.1.1 Langley 定标及其条件限定

根据朗伯-比尔定律,在非水汽吸收通道,通过大气到达地面的波长 λ 处太阳直射辐照度 $E_{(\lambda)}$ 为:

$$E_{(\lambda)} = E_{0(\lambda)} R^{-2} \exp(-m\tau_{(\lambda)}) \tag{2.1}$$

式中,$E_{0(\lambda)}$ 为大气外界太阳直射辐照度,R 为日地距离校正因子,m 为太阳天顶角余弦倒数,即大气相对质量,$\tau_{(\lambda)}$ 为大气总光学厚度,由瑞利散射(τ_R)、吸收气体(τ_g)和气溶胶光学厚度(τ_a)三部分组成:

$$\tau_{(\lambda)} = \tau_{a(\lambda)} + \tau_{R(\lambda)} + \tau_{g(\lambda)} \tag{2.2}$$

对于分光观测仪器而言,无论其输出的是电压信号(如 CE318 型太阳光度计),或是经辐射定标后的分光辐照度信号,如多滤波旋转遮光带辐射计(MFRSR),都与探测到的太阳辐射成正比。将仪器输出信号一律记作 V,并假定 $V_{0(\lambda)}$ 是对应于 $E_{0(\lambda)}$ 的大气外界仪器输出信号,式(2.1)可以写成:

$$V_{(\lambda)} = V_{0_{(\lambda)}} R^{-2} \exp(-m\,\tau_{(\lambda)}) \tag{2.3}$$

式(2.3)两边同求对数可以转化为如下形式:

$$\ln(V_{(\lambda)} R^2) = \ln(V_{0_{(\lambda)}}) - \tau_{(\lambda)} m \tag{2.4}$$

对 m 和 $\ln(V_{(\lambda)} R^2)$ 进行线性拟合得到的截距即为 $\ln(V_{0_{(\lambda)}})$,由此求出 $V_{0_{(\lambda)}}$,这一过程称为 Langley 定标。由于一天中大气状况可能发生较大变化,因此,对每天上、下午的 m 和 $\ln(V_{(\lambda)} R^2)$ 分别进行拟合,并循环剔除偏离拟合线最严重的点,仅当剩余数据量>70%且相关系数 r^2>0.99 时,由拟合截距求出 $V_{0_{(\lambda)}}$ 并计算大气总光学厚度 $\tau_{(\lambda)}$。半天内 $\tau_{(\lambda)}$ 均值<0.5、标准偏差<

0.05 的情况下，进行 $\tau_{(\lambda)}$ 和 m 线性相关检验，若两者线性拟合斜率绝对值<0.02 且相关系数 r<0.5，即认为 Langley 定标成功，不满足上述任意条件则认为相应的上、下午数据不符合 Langley 定标条件，相应的流程见图 2.1 左半部分。定标过程中对 $\tau_{(\lambda)}$ 和 m 进行相关性检验是为了防止出现 $\tau_{(\lambda)}$ 随 m 线性变化的情况：

$$\tau_{(\lambda)} = am + b \tag{2.5}$$

将式(2.5)带入式(2.4)有：

$$\ln(V_{(\lambda)}R^2) = \ln(V_{0_{(\lambda)}}) - am^2 - bm \tag{2.6}$$

在 $a \ll b$ 时，式(2.6)中 m 和 $\ln(V_{(\lambda)}R^2)$ 线性相关系数 r^2 仍能满足>0.99 的条件，但是求出的 $V_{0_{(\lambda)}}$ 误差非常大，造成 Langley 定标结果不可信。

对于水汽吸收极强的 937 nm 通道，由于水汽透过率与水汽含量之间不符合朗伯-比尔定律，文中采用改进 Langley 法对该通道进行定标，定标及水汽反演步骤参见文献(毕研盟 等，2011；Zhou et al.，2011)，这里不再赘述。

经过上述过程，可以获得一系列大气外界仪器定标值。

2.1.2 Langley 定标结果可靠性检验方法

根据式(2.2)和(2.3)，大气气溶胶光学厚度 $\tau_{a(\lambda)}$ 可以表述为：

$$\tau_{a(\lambda)} = \frac{1}{m}\ln(V_{0(\lambda)}) - \frac{1}{m}\ln(V_{(\lambda)}R^2) - \tau_{R(\lambda)} - \tau_{g(\lambda)} \tag{2.7}$$

那么，若大气外界仪器真实输出值和 Langley 定标值分别为 $V_{0(\lambda)}$、$V'_{0(\lambda)}$ 时，由定标引起的 AOD 误差 $\varepsilon_{(\lambda)}$ 为：

$$\varepsilon_{(\lambda)} = \tau'_{a(\lambda)} - \tau_{a(\lambda)} = \frac{1}{m}\ln\left(\frac{V'_{0(\lambda)}}{V_{0(\lambda)}}\right) \tag{2.8}$$

由于每次 Langley 定标得到的 $V_{0(\lambda)}$ 都不完全相同，且在重污染地区偏差较大，因此需要从这些定标结果中筛选出最合理的若干组用于 AOD 反演。

晴空条件下，影响地面太阳直接辐射的主要因素有太阳高度角、日地距离以及大气柱大气分子、吸收气体和气溶胶总含量，而与地表反射率、气溶胶粒子形状(Mishchenko et al.，1997)以及气溶胶的垂直分布情况几乎无关(Meloni et al.，2005)，并且不依赖于气溶胶单次散射反照率和不对称因子等光学特性，因此，在太阳高度角、日地距离和吸收气体含量已知的情况下，地面太阳直接辐射变化仅取决于 AOD，向辐射传输模式中输入的 AOD 越精确，模拟得到的地面直接辐射就越接近于实测值，通过判断模拟值与实测值相对误差是否小于设定阈值，进而能够判断出 Langley 定标结果的合理性。值得注意的是，由于直接辐射表观测的是宽带积分辐射，因此，模式模拟值与观测值吻合仅能代表整个光谱的积分辐照度相同，而每个波段 AOD 或 Langley 定标是否准确却不一定。假如某些波段定标值偏大，而另一些波段定标值偏小，模式计算的总太阳直射辐照度与辐射表测量值可能会很接近，这时判定 Langley 定标合理则导致定标结果不准确。因此，上述现象是否发生决定着方法的可行性，需要进行细致分析。为了方便讨论，首先假定能够获得太阳直接辐射表波段范围内光谱分辨率为 dλ 的 Langley 定标结果，在 dλ 足够小的情况下，任一波长 Langley 定标出现误差，不会影响其相邻波段 AOD 反演精度。根据式(2.1)和(2.2)，若在波长 λ 处 AOD 反演误差为 $\varepsilon(\lambda)$，则其引起的地面直射辐照度变化为：

$$\Delta E_{(\lambda)}\mathrm{d}\lambda = [E'_{(\lambda)} - E_{(\lambda)}]\mathrm{d}\lambda = E_{0_{(\lambda)}} R^{-2}\{\mathrm{e}^{-m[\tau_{(\lambda)}+\varepsilon_{(\lambda)}]} - \mathrm{e}^{-m\tau_{(\lambda)}}\}\mathrm{d}\lambda \tag{2.9}$$

此时，若 n 个波段的 AOD 反演均出现偏差，为了使光谱积分辐照度不变，则需要：

$$\sum\nolimits_{i=1}^{n} \Delta E_{(\lambda i)}\mathrm{d}\lambda = 0 \tag{2.10}$$

其中，λi 代表第 i 个波段的波长。将式(2.9)代入式(2.10)，可以求得：

$$\varepsilon_{(\lambda 1)} = -\frac{1}{m}\ln\left\{1 + \sum\nolimits_{i=2}^{n} \frac{E_{0(\lambda i)}}{E_{0(\lambda 1)}}\mathrm{e}^{m\tau_{(\lambda 1)} - m\tau_{(\lambda i)}}[1 - \mathrm{e}^{-m\varepsilon_{(\lambda i)}}]\right\} \tag{2.11}$$

联合式(2.8)和式(2.11)，最终得到：

$$\frac{V'_{0(\lambda 1)}}{V_{0(\lambda 1)}} = \left\{1 + \sum\nolimits_{i=2}^{n}\left[\frac{E_{0(\lambda i)}}{E_{0(\lambda 1)}}\mathrm{e}^{m\tau_{(\lambda 1)} - m\tau_{(\lambda i)}}\left(1 - \frac{V_{0(\lambda i)}}{V'_{0(\lambda i)}}\right)\right]\right\}^{-1} \tag{2.12}$$

由式(2.12)可知，若要使光谱积分辐照度不变，至少需要有一个通道的定标误差随大气斜程和大气总光学厚度光谱分布的变化而变化。由此可以证明：正、负偏差兼有的 Langley 定标结果，仅能够使辐射传输模式计算的总太阳直接辐射与观测值在某些瞬间非常接近或吻合，但随着太阳高度角、气溶胶类型等的变化，模拟值与观测值便会偏离。事实上，由于光度计仅能反演若干个固定波段上的 AOD，因此，若某一波段的定标出现偏差，则将会影响其前、后波段范围内所有的 AOD 插值结果，如此便会进一步扩大模拟值与观测值之间的差异。AOD 插值是指依据观测获得的 AOD 对波长的响应关系，求取观测仪器所不具备的波段上的 AOD。根据 Ångström 公式，气溶胶光学厚度与波长关系可以表述为：

$$\tau_{a(\lambda)} = \beta\lambda^{-\alpha} \tag{2.13}$$

式中，α 为气溶胶波长指数，其值大小与气溶胶粒径大小呈反比，β 为浊度系数。对于多通道观测而言，$\ln(\tau_{a(\lambda)})$ 和 $\ln\lambda$ 线性拟合斜率的相反数即为 α。为了与被广泛应用的 AERONET (Holben et al.，1998)440～870 nm 波长指数保持一致，本节采用波长介于 440～870 nm 之间的 500、615、675 和 870 nm 四个波段的 AOD 及波长按公式求取 α 值。

式(2.12)和个例分析均表明，对于正、负偏差兼有的 Langley 定标结果，其引起的辐射偏差随 α 和 AOD 的变化而剧烈变化，导致不同 AOD 和 α 分组下直接辐射模拟值和观测值拟合斜率相差较大。因此，通过同时判别地面直射辐射观测值与模拟值间的整体差异以及在 AOD 和 α 分组下两者拟合斜率差值的大小进行 Langley 定标结果是否合理的判定是可行的，但是需要选择足够长的时间以保证气溶胶类型和大气污染程度的变化。具体步骤为：首先，对太阳光度计观测到的直射辐射数据进行初步 Langley 定标，并依据每组 Langley 定标结果反演出其前、后 6 个月的 AOD 和大气可降水量(PWV)；其次，将 AOD 和 PWV 反演值、卫星观测的臭氧含量以及地面气压数据共同输入到辐射传输模式，模拟获得对应于该次 Langley 定标结果的地面直接辐射值；最后，将每组 Langley 定标结果对应的地面直接辐射模拟值与地面观测值进行整体对比，同时，按 AOD 和 α 大小对两者进行分档对比，若两者整体偏差不超过设定阈值，并且，在不同 AOD 和 α 组合下两者拟合斜率最大值与最小值之差也不超过设定阈值，则判定该组 Langley 定标系数合理并予以保留，否则予以舍弃，相应的检验流程见图 2.1 右半部分。

SBDART(Santa Barbara DISORT Atmospheric Radiative Transfer)辐射传输模式被广泛应用于气溶胶辐射效应评估，该模式对宽波段辐照度模拟误差＜3%，能够很好地再现地面直接辐射和总辐射(Xia et al.，2007a，2007b)，本节即采用该模式进行辐射传输运算，由于观测

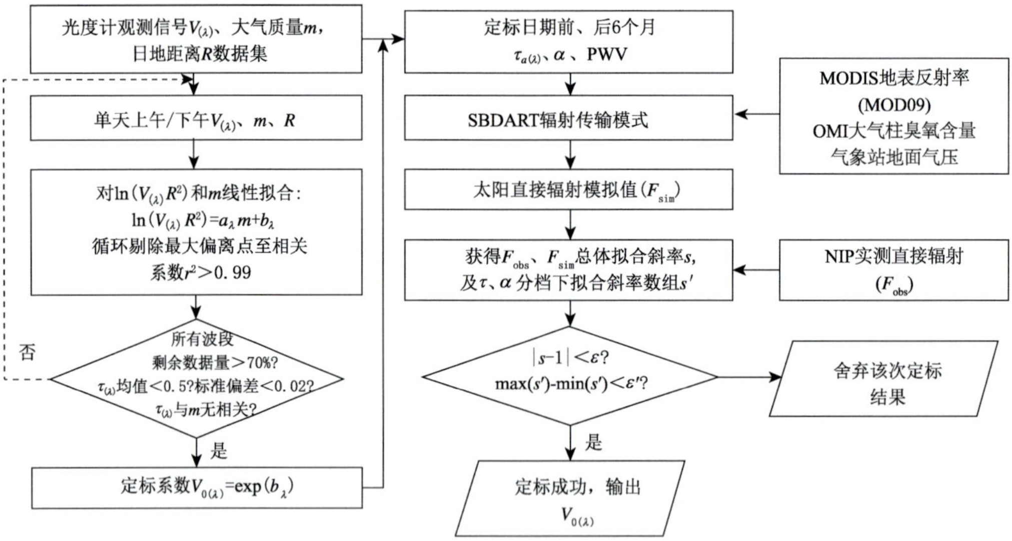

图 2.1　Langley 定标及其结果检验流程图

站点周围没有探空资料，运算中在冬半年采用“中纬度冬季”大气模式、夏半年采用“中纬度夏季”大气模式来代替真实大气状态。模式中所需的辅助数据主要包括 OMI 卫星观测的臭氧含量(https://aura.gsfc.nasa.gov/omi.html[2018-10-16])以及气象站观测的地面气压，由于大气可降水量、臭氧含量和气压均采用实测值，在模式中利用中纬度冬季和夏季大气模型代替真实大气状态对直接辐射模拟结果的影响不大。在气溶胶输入模块上，采用自定义气溶胶类型，同时向 SBDART 输入仪器所有的观测波长和相应波长上的 AOD，并输入 440～870 nm 的波长指数，使模式在整个光谱范围内依照实测 AOD 对波长的响应关系进行 AOD 插值，确保模式中 AOD 波段变化与实际观测一致。

2.1.3　Langley 定标结果及不确定性分析

长安站 MFRSR 自安装后未进行过绝对辐射定标，而 NIP 分别于 2012、2015 年进行了绝对辐射定标，且两次定标系数相差<1.8%，表明 NIP 观测结果稳定可靠，因此，首先利用 NIP 判断 MFRSR 灵敏度衰减情况，结果如图 2.2 所示，2013 年 6 月—2015 年 12 月两者观测数据具有极显著的相关性($r^2=0.992$)，但斜率(0.923)与 1 偏离较大，两者辐照度观测值偏差 7.7%，表明 MFRSR 灵敏度在 2.5 年观测期内衰减较为严重，对 MFRSR 进行 Langley 定标非常必要。此外，两者均方根误差约为绝对误差两倍，这可能与辐射表的水平状况有关，观测人员对辐射表的水平状态调整周期约为一个月左右，对观测精度有一定影响。

用 Langley 法对长安站 MFRSR 6 个窄波段通道 V_0 进行定标，经过严格的定标条件判断后，在 2.5 年观测时段内共得到 12 组定标结果。表 2.1 给出了 12 组 Langley 定标的日期及其对应的大气污染状况，由于西安颗粒物质量浓度(PM)和能见度数据分别开始于 2013 年年底和 2014 年年初，因此，前 3～4 次定标无对应数据。定标期间，西安 $PM_{2.5}$ 和 PM_{10} 浓度均值分别为 32 和 86 μg/m³，远低于 Wang 等(2015a)报道的多年均值 93.6 和 135.4 μg/m³，表明

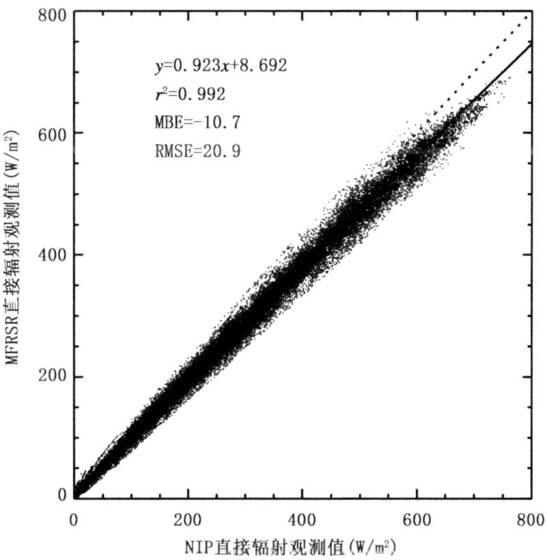

图 2.2 NIP 和 MFRSR 观测的太阳直接辐射对比

文中给出的 Langley 定标判据能够将定标时段限定在相对清洁的天气。即便如此，与 24 个 CAWNET 站点(Wang et al.，2015a)相比，定标期间西安 $PM_{2.5}$ 均值仍超过包括拉萨城区站和上海郊区站在内的 6 个(25%)CAWNET 站点，并与南宁城区站(38.4 μg/m³)和武汉郊区站(33.6 μg/m³)等站点相当，而 PM_{10} 平均浓度则超过了 18 个(75%)CAWNET 站点，相对于全国而言，定标期间西安市大气污染程度仍然较重。此外，能见度和相对湿度(RH)数据显示，2014 年 12 月 21 日(第 8 次定标)长安站发生轻微霾(RH≤80%，5 km≤能见度<10 km)，2014 年 11 月 5 日(第 7 次定标)和 2015 年 2 月 12 日(第 9 次定标)发生轻度霾(RH≤80%，3 km≤能见度<5 km)，在拥有器测能见度数据的定标天数中，霾日占 33.3%。图 2.3 给出了不同波段定标系数随时间的演变情况，除 870 nm 通道 V_0 波动较小以外，其他通道 V_0 均波动较大，表明在我国污染地区很难得到稳定的 Langley 定标系数，这与已有的大量研究结果一致。需要指出的是，MFRSR 直射辐射并非直接测量获得，而是通过其测量的半球总辐射减去遮挡太阳后的散射辐射得到，因此，里面引入了两次测量误差；此外，MFRSR 在遮挡太阳的同时还遮挡了部分天空，虽然仪器通过额外观测遮挡太阳主平面±9°天空后的辐射进行修正运算，但仍然存在部分太阳遮挡误差，所以，MFRSR 总的测量误差比直接跟踪太阳的太阳光度计(如 CE318，POM02)要大，这也可能是造成图 2.3 中不同日期定标起伏大的原因之一。表 2.2 给出了 12 组定标结果的统计特征，每个通道 V_0 最大值和最小值之间都相差甚大，这将在 AOD 反演过程中引入显著的误差。长安站一年中太阳天顶角最小值为 10.62°，对应的大气质量 m 为 1.017。若将每个通道 V_0 均值作为真值，在 $m=1.017$ 的情况下，根据式(2.8)可以求得 V_0 最小值造成 MFRSR 415～870 nm 5 个通道 AOD 反演误差分别为：−0.136、−0.114、−0.092、−0.082 和−0.065，V_0 最大值造成的 AOD 反演误差分别为：0.112、0.082、0.060、0.084 和 0.070，上述误差远大于理想 Langley 定标误差范围(0.01～0.02)，因此，在重污染地区对 Langley 定标结果的合理性进行检验非常必要。

表 2.1　Langley 定标日期及其对应的大气污染状况

Langley 定标编号	日期	西安 $PM_{2.5}$($\mu g/m^3$)			西安 PM_{10}($\mu g/m^3$)			长安能见度(km)		
		日均值	最小值	最大值	日均值	最小值	最大值	日均值	最小值	最大值
1	2013-05-12	/	/	/	/	/	/	/	/	/
2	2013-06-28	/	/	/	/	/	/	/	/	/
3	2013-11-30	/	/	/	/	/	/	/	/	/
4	2013-12-09	31	18	58	82	45	124	/	/	/
5	2014-07-14	41	35	47	88	71	103	26.1	10.3	35.0
6	2014-09-03	22	10	33	60	27	83	22.5	12.0	35.0
7	2014-11-05	44	16	103	89	39	218	16.0	4.5	30.5
8	2014-12-21	23	12	54	69	40	137	19.6	7.3	35.0
9	2015-02-12	44	16	76	142	56	224	13.8	3.5	35.0
10	2015-04-13	21	14	32	73	40	131	26.7	15.5	35.0
11	2015-04-27	32	24	42	86	66	113	14.3	5.8	26.4
12	2015-06-04	28	13	48	81	44	138	18.8	1.8	35.0
平均值	/	32	18	55	86	48	141	19.7	7.6	33.4

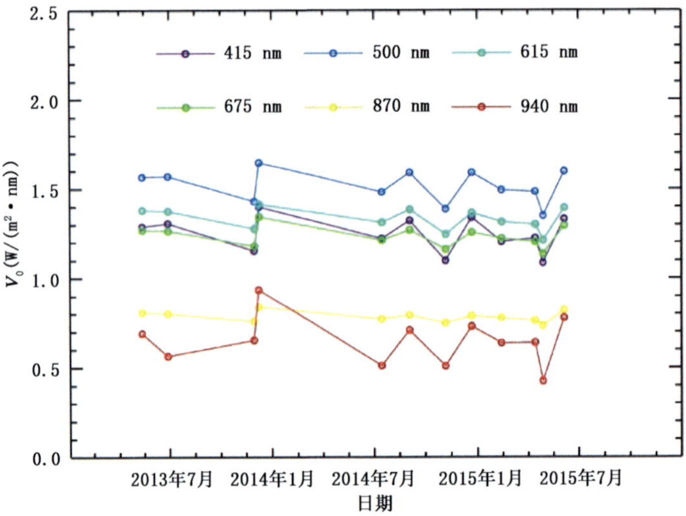

图 2.3　MFRSR 不同波段 Langley 定标系数时间序列

表 2.2　Langley 定标结果统计特征

MFRSR 通道	V_0(W/(m²·nm))			
	均值	标准偏差	最小值	最大值
415 nm	1.250	0.100	1.088	1.401
500 nm	1.517	0.093	1.351	1.649
615 nm	1.332	0.064	1.213	1.416
675 nm	1.236	0.060	1.137	1.346
870 nm	0.786	0.031	0.736	0.844
940 nm	0.650	0.137	0.426	0.937

2.1.4　Langley 定标结果客观检验

在得到 12 组 Langley 定标系数之后，利用式(2.7)可以反演得到每组定标系数所对应的 AOD，其中，第 3 组、第 7 组和第 11 组定标系数在用于反演过程中多次出现 AOD<0 的情形，表明定标系数明显偏小，予以舍弃。利用剩余 9 组 Langley 定标系数分别反演得到定标日期前、后 6 个月的 AOD 和 PWV，并采用 Alexandrov 等(2004)提出的方法检测和剔除含云数据，将质量控制之后的 AOD、PWV 数据结合卫星观测的臭氧和气象站气压资料输入 SBDART 进行辐射传输运算，模拟得到的地面太阳直接辐射与 NIP 实测值比对情况见图 2.4，所有模拟结果与实测数据拟合截距相差不大，集中在 $-6.4\sim-4.1$ W/m^2 之间，但斜率相差较大：斜率最小值为 0.936，表明模拟值比实测值偏小 6.4%，AOD 反演结果偏大；斜率最大值为 1.074，表明模拟值比实测值偏大 7.4%，AOD 反演结果偏小。以 NIP 两次定标系数差异(<1.8%)作为判断阈值，9 组太阳直接辐射模拟结果中共有 3 组落在该阈值以内，分别对应于第 1 组、第 6 组和第 8 组 Langley 定标系数。图 2.5 给出了不同 AOD 和 α 分组下直接辐射模拟值和观测

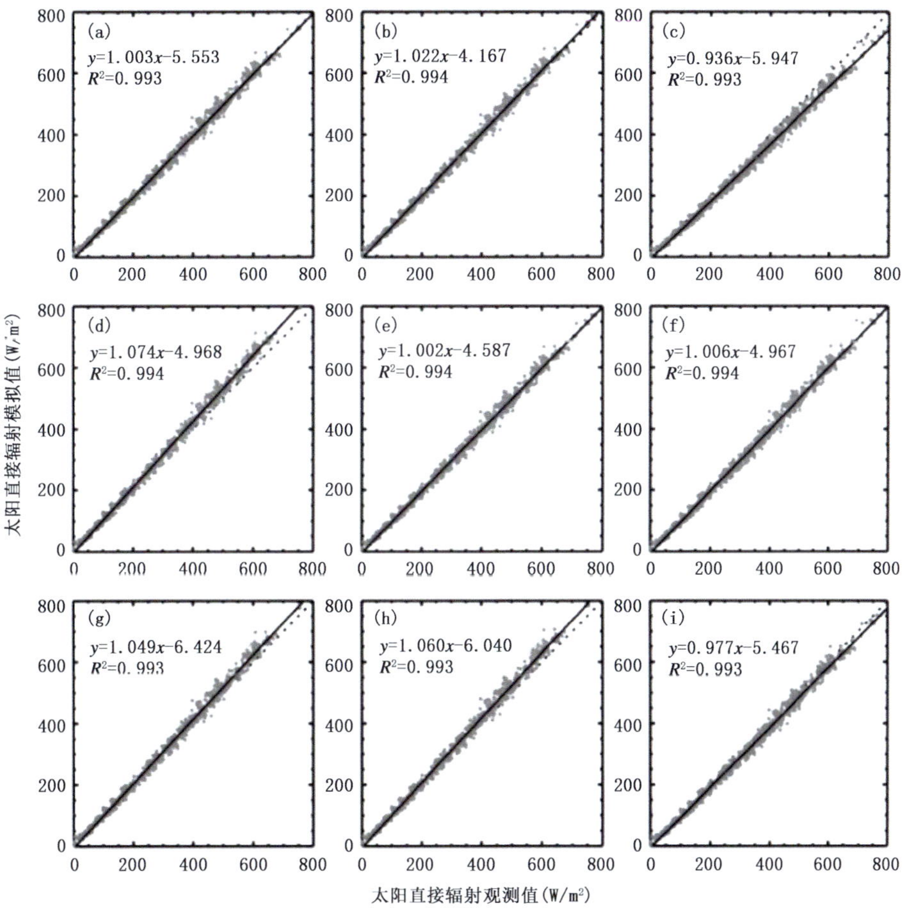

图 2.4　太阳直接辐射 SBDART 模拟值与 NIP 观测值对比

(a)～(i)分别对应于表 2.1 中第 1、2、4、5、6、8、9、10 和 12 次 Langley 定标

值拟合斜率的变化情况，并标示出了最大斜率（S_{max}）与最小斜率（S_{min}）之差。在综合考虑PWV误差和NIP定标系数偏移影响的情况下，以2.16%作为$S_{max}-S_{min}$判断阈值较为合理（设定依据见下文误差分析部分），9组Langley定标结果中仅有第6组和第8组满足这一条件，表明两者在每个通道上的定标系数均接近于真值。结合图2.4和图2.5可知，虽然第1组定标结果能使直接辐射模拟值与观测值在整体上吻合较好，但$S_{max}-S_{min}$值较大，表明该组定标系数在某些通道误差较大，并且可能正、负偏差兼有。为了验证这一推测，以拟合斜率接近于1且$S_{max}-S_{min}$最小的第8组定标系数作为最优定标结果，将12组Langley定标系数分别除以第8组定标系数进行归一化，结果如图2.6所示。显而易见，第1、2、6和12组定标系数都是正、负偏差兼有的情况，这4组定标系数对应的直接辐射拟合斜率与1偏离相对较小（−2.3%～2.2%，图2.4a、图2.4b、图2.4e和图2.4i）；第4组定标系数整体偏高，引起所有波段AOD偏大，使直接辐射模拟值远小于实测值，两者拟合斜率为0.936（图2.4c）；第5、9和10组定标系数整体偏低，引起所有波段AOD偏小，因此，直接辐射模拟值远大于实测值，拟合

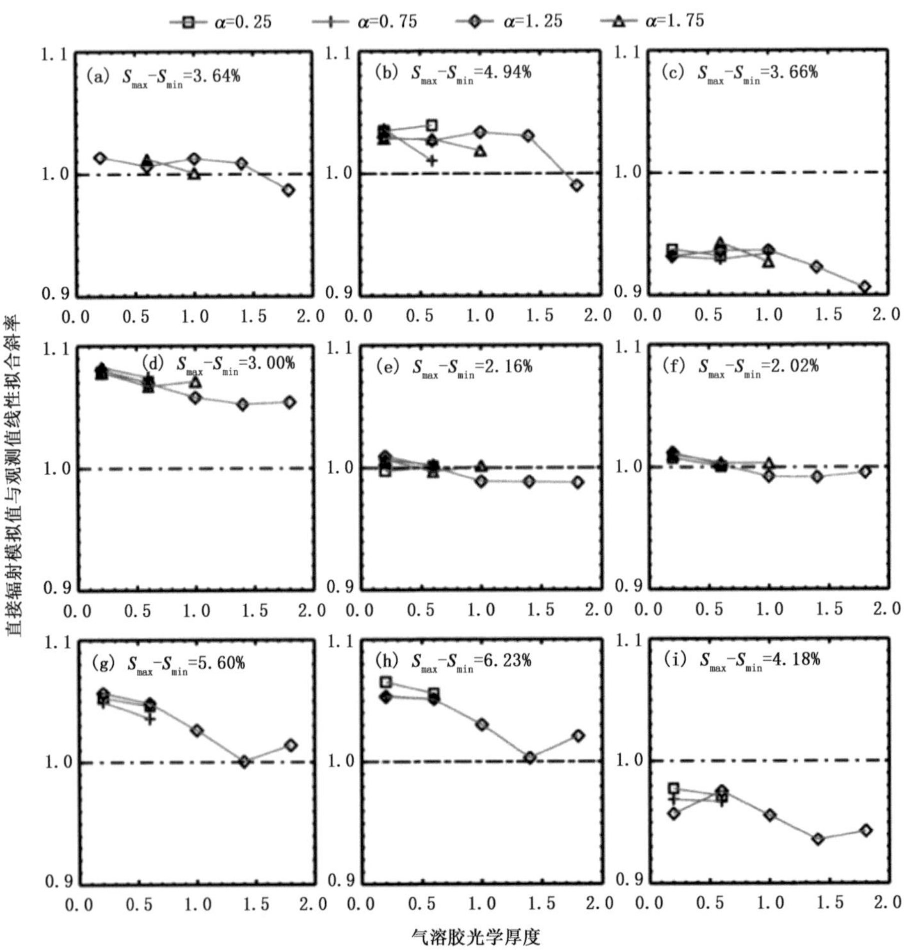

图2.5　不同AOD和α分组下太阳直接辐射模拟值与观测值线性拟合斜率
（(a)—(i)分别对应于表2.1中第1、2、4、5、6、8、9、10和12次Langley定标，
S_{max}和S_{min}分别表示斜率最大值和最小值）

斜率分别为 1.074、1.049 和 1.060(图 2.4d、图 2.4g 和图 2.4h)，而第 3、7 和 11 组定标系数由于严重偏小，在进行 AOD 反演的过程中已被剔除。图 2.6 中，归一化之后的第 6 组定标系数最小值和最大值分别为 0.988 和 1.014，根据式(2.8)，若以第 8 组定标系数为真值，则其能够引起的最大 AOD 反演误差为 0.0139；同理，与第 8 组 Langley 定标系数较为接近的第 1、2、12 组定标系数对应的最大 AOD 反演误差分别为−0.039、−0.025 和 0.030。上述 4 组定标系数中，仅第 6 组被判定为合理，表明若单通道 AOD 最大反演误差>0.025，则其对应的错误 Langley 定标结果便可被识别出来，因此，利用辐射传输模式结合地面太阳直接辐射观测数据检验 Langley 定标系数是否合理具有可行性，并且能将最大定标误差控制在 0.025 以内。

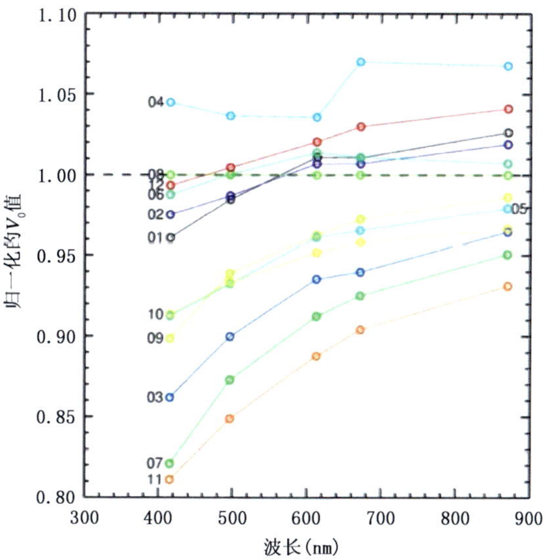

图 2.6　与第 8 组 Langley 定标系数相除所得归一化定标系数

2.1.5　潜在误差分析

直接辐射表观测误差、辐射传输模式中输入参数的误差以及模式本身的计算误差均可以影响到直接辐射模拟值与观测值的对比结果，对这些误差及其可能造成的影响进行探讨非常有必要。严格来说，NIP 测量的直射辐射包含了进入仪器视场角(FOV)内的前向小角度散射辐射，而 SBDART 模拟值则是不包括前向散射的直射辐射，因此，两者理论上有一定差异。对于直接辐射表而言，进入仪器 FOV 内的散射辐射随 AOD、气溶胶单散射反照率、0-FOV/2 散射角内前向散射强度和 FOV 的增大而增加(Box，1981；Kinne et al.，1997；Russell et al.，2003)。晴空条件下，由于气溶胶引起的前向散射峰值较小，进入仪器 FOV 内的散射辐射可以忽略(Shiobara et al.，1994)，比如，在太阳天顶角≤80°(大气质量约为 5.76)、AOD 为 0.5、仪器视场角为 3°的情况下，进入多波段辐射表 FOV 内的散射辐射量小于仪器观测值的 2％(Shaw et al.，1973)。随着波长由可见光移向近红外波段，气溶胶的尺度参数将持续减小，其引起的前向小角度散射强度逐渐下降，进入 FOV 内的散射辐射进一步降低。对于覆盖近红外波段的 NIP 而言，进入 FOV 的散射辐射量约占观测值的 0.1％(Halthore et al.，1997)，因此，文中在利用 SBDART 模拟值和 NIP 观测值进行对比时，忽略这一微小差异。由于 NIP 光谱响应范围涵盖了臭氧和水汽吸收带，因此，SBDART 对 NIP 观测的宽波段直接辐射模拟精度与大气柱臭氧含量以及可降水量反演精度有关。利用地面和航测数据对 OMI-TOMS 大气柱臭氧含量进行验证的众多工作表明，在全球和单站点尺度上，OMI-TOMS 反演误差分别<1.0%和<3.0%，且这一反演误差不依赖于纬度、云量和臭氧含量本身大小(Balis et al.，2007；Kroon et al.，2008；Ialongo et al.，2008；Mcpeters et al.，2008；Antón et al.，2009)。与之相反，太阳光度计对 PWV 的反演误差取决于 PWV 大小和大气相对质量，但绝大多数情况下<10%(Han et al.，1997)。Alexandrov 等(2006)利用 AERONET、GPS 和微波辐射计 PWV 数据与 MFRSR 反演结果进行对比，发现 MFRSR 与前两者偏差分别小于 2%和 3%，MFRSR 对 PWV 反演精度与 CE318 型太阳光度计和 GPS 相当。基于以上验证工作，此处设定大气柱臭氧含量反演误差为 3%，PWV 误差随大气相对质量和 PWV 量值变化并按 Han 等(1997)计算结果插值，取值范围为 5.83%～23.07%。图 2.7 给出了不同太阳天顶角、550nm AOD 和气溶胶波长指数下，由臭氧和水汽误差引起的直接辐射模拟值相对误差。显而易见，由于臭氧反演误差固定为 3%，其引起的直接辐射误差随臭氧含量上升而上升，但总体上对直接辐射影响<0.04%，可以忽略不计。水汽引起的直接辐射模拟误差随 PWV 先上升、后下降，并在 PWV 为 0.18 cm 时达到最大值，总体上，PWV<0.4 cm 时，水汽引起的误差较大，PWV>0.4 cm 时，水汽引起的误差较小。极端情况下，在 AOD 和波长指数均为 1.5 的重污染天气，由水汽引起的 75°太阳天顶角直接辐射最大误差约为 1.5%，而利用 MFRSR 资料反演的长安地区 AOD、波长指数和 PWV 年均值分别为 0.54、1.06 和 1.37 cm，因此，水汽引起的误差在大多数情况下<1.0%。此外，臭氧和水汽引起的直接辐射误差均随太阳天顶角的增加而增加，不同的是，臭氧引起的误差随 AOD 上升而下降，水汽引起的误差随 AOD 上升而上升，这是由于在 NIP 光谱范围内，臭氧和水汽分别吸收短波和近红外辐射，而气溶胶的散射和吸收作用使短波辐射在总辐射中所占比重下降，从而削弱臭氧的影响并扩大水汽的影响。根据误差分析理论，水汽和臭氧对直接辐射模拟误差 δF_{dir} 综合影响可以表述为(Halthore et al.，2000；Bevington et al.，2003)：

$$\delta F_{\mathrm{dir}} = \left[\sum_i \left(\frac{\partial F_{\mathrm{dir}}}{\partial \chi_i} \right)^2 \delta \chi_i^2 \right]^{1/2} \tag{2.14}$$

式中，χ_i 代表第 i 个输入参数，$(\partial F_{\mathrm{dir}}/\partial \chi_i)$表示 F_{dir}对第 i 个输入参数的敏感度，即保持其他参数不变，χ_i 每变化一个单位引起的 F_{dir}变化量，$\delta\chi_i$ 为第 i 个参数的观测误差。

由于臭氧的影响非常小且可以忽略不计(图 2.7)，因此 δF_{dir}与由水汽单独引起的误差几乎没有差异。除了上述输入参数引起的误差以外，SBDART 本身计算误差也会对直接辐射精度产生影响，而 NIP 的观测误差则会影响模拟值与观测值的对比结果，Halthore 等(1997)对此进行了细致分析，认为模式和观测本身的误差分别为 1.8%和 0.67%，两者引起的总误差约为 1.9%。而 Barnard 等(2002)发现在 PWV 观测不确定性为 0.07 cm 且将大气柱臭氧含量设为常量 350 Du 情况下，将 MFRSR AOD 输入到 SBDART 中计算得到的直接辐射与 NIP 观测值偏差<1%，表明在臭氧、水汽、SBDART 模式和 NIP 观测本身均存在一定误差的情况下，直接辐射模拟值与观测值差异仍能控制在 1%以内。因此，对于仪器运行状态良好的站点，可以将 1.5%作为直接辐射模拟值和观测值整体偏差的判断依据。在长安站点，由于 NIP 两次定标间隔 3 年，因此，文中将直接辐射模拟值和观测值整体偏差的判断阈值设定为两次定标系数偏移量(1.8%)，该值与 Halthore 等(1997)计算的观测和模式总误差 1.9%相当。

在按 AOD 和 α 大小对直接辐射模拟值与观测值进行分组对比时，由于每一组数据均受到模式计算和观测误差的影响，因此，不同分组间拟合斜率相减可大致消除这些影响。需要注意的是，AOD、波长指数和 PWV 都具有较明显的季节性变化（张玉香 等，2006；Xin et al.，2007；Che et al.，2015），且 PWV 对气溶胶消光能力影响较大（Xin et al.，2016），因此，按 AOD 和波长指数对数据分组后，不同组对应的观测时间和 PWV 均存在一定差异，这就需要考虑 NIP 定标偏移以及 PWV 误差对辐射拟合结果的影响。从图 2.7b 可知，水汽引起的模拟误差对 AOD 和 PWV 本身大小具有较强依赖性，在 SZA＜75°时，最大值和最小值相差 1.2％。同时，在 2.5 年观测时段内，NIP 定标系数偏移 1.8％，根据式（2.14）可知，PWV 和 NIP 定标偏移引起的总不确定性为 2.16％，因此，该值可作为不同 AOD 和 α 组合下，直接辐射模拟值与观测值拟合斜率最大差异的判定阈值。对于直接辐射表定标系数偏移不大的站点，则可以将该值设定的更加严格。

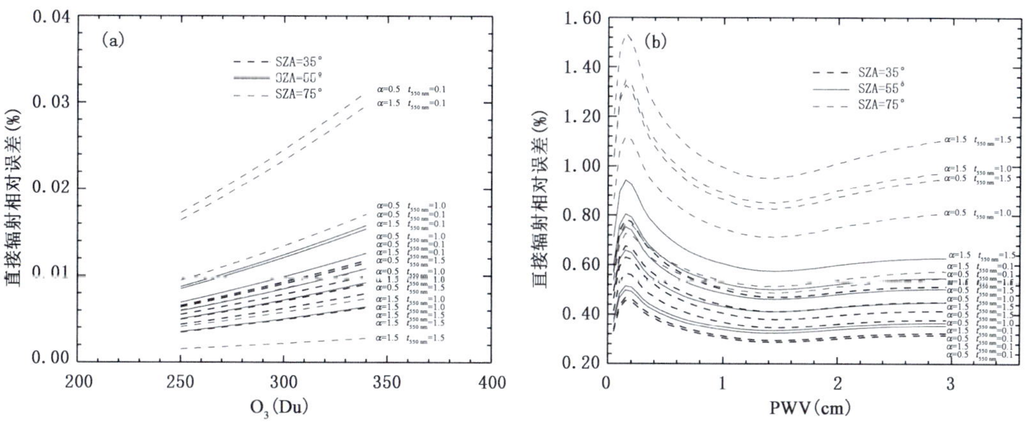

图 2.7　不同太阳天顶角、550 nm AOD 和波长指数条件下臭氧（a）和水汽（b）引起的 SBDART 直接辐射相对误差

2.1.6　结论与讨论

利用西安 2013 年 6 月—2015 年 12 月 MFRSR 和 NIP 观测资料对污染地区 Langley 定标引起的 AOD 反演误差进行了探讨，并提出了一个利用辐射传输模式结合地面太阳直接辐射观测数据检验 Langley 定标系数合理性的方法。主要结论如下。

（1）基于西安 2.5 年的 MFRSR 观测资料共得到 12 组 Langley 定标结果，除 870 nm 通道定标系数波动较小以外，其他通道定标系数均波动较大，由 Langley 定标造成的 AOD 反演误差远大于理想误差范围（0.01～0.02），表明在我国污染地区很难得到稳定的 Langley 定标系数。

（2）利用 SBDART 辐射传输模式和地面直接辐射观测值对观测期间的 12 组 Langley 定标结果合理性进行了检验，其中有 2 组定标系数反演得到的 AOD 符合要求，且两组间 AOD 反演结果最大相差＜0.014，表明采用筛选后的 Langley 定标系数反演得到的 AOD 是趋于一致的，该方法能够有效降低 Langley 定标不确定性所引起的 AOD 反演误差，利用辐射传输模式结合地面太阳直接辐射观测数据检验 Langley 定标系数具有可行性。

2.2 气溶胶光学特性及直接辐射效应

大气气溶胶通常是指悬浮在大气中的直径小于 100 μm 的微粒，这些微粒主要来源于工业活动、交通运输、化石燃料燃烧等人为源以及海盐泡沫、森林大火和沙尘等自然源。作为大气的重要成分之一，气溶胶可以散射和吸收太阳辐射，直接影响地气系统的辐射收支平衡，同时能够改变云的微物理特性和大气化学过程，间接地影响气候。大气气溶胶在地气系统能量收支平衡以及全球气候变化中起着重要作用，但由于其理化性质的高度时空可变性和观测资料的匮乏(邱金桓 等，2003)，其辐射强迫和气候效应始终未得到有效解决，气溶胶成为气候变化预测和气候评估中最大的不确定因子(Li et al.，2007a；Kahn，2012；Crippa et al.，2016)。在全球范围内，尤其是在受人为活动影响较大的重污染地区开展长期而系统的气溶胶观测研究，对降低气溶胶辐射效应的不确定性至关重要。为了了解关中地区气溶胶与辐射的相互作用，本研究建立了利用 MFRSR 反演气溶胶多个光学参数的方法并开展了辐射闭合试验，进而评估了其直接辐射强迫。

2.2.1 气溶胶光学特性反演方法

(1)气溶胶光学厚度和波长指数反演

MFRSR 经过严格的 Langley 定标和定标系数合理性检验后，采用式(2.7)反演气溶胶光学厚度，采用式(2.13)及 500～870 nm 的 AOD 计算气溶胶波长指数。

(2)气溶胶单次散射反照率(SSA)和不对称因子反演

虽然 MFRSR 绝对定标精度有限，然而，由于采用单一探测器同时对散射辐射和直接辐射进行测量，其获得的散射—直接辐射比(DDR)相对准确(Halthore et al.，2004)，且不依赖于仪器的绝对定标(Meloni et al.，2005；Kassianov et al.，2005)。因此，通过向辐射传输模式中循环输入不同气溶胶光学参数，直至模拟 DDR 与实测 DDR 吻合的方法(简称为 DDR 法)被广泛应用于气溶胶光学特性的反演。Pace 等(2006)研究发现，AOD 和不对称因子(g)的不确定性对该方法的 SSA 反演精度有较大影响，而地表反照率的影响相对较弱。因此，利用 DDR 方法对 g 和 SSA 进行同时反演比在反演过程中假定 g 值更为合理，为此，需要对气溶胶粒子谱分布和折射率进行一定的假设。这里假定气溶胶体积谱符合如下双对数正态分布：

$$\frac{\mathrm{d}V(r)}{\mathrm{d}\ln r}=\frac{C_f}{\sqrt{2\pi}\,\sigma_f}\exp\left[-\frac{(\ln r-\ln R_f)^2}{2\,\sigma_f^2}\right]+\frac{C_c}{\sqrt{2\pi}\,\sigma_c}\exp\left[-\frac{(\ln r-\ln R_c)^2}{2\,\sigma_c^2}\right] \tag{2.15}$$

式中，r 代表粒子粒径，C、R 和 σ 分别为体积浓度、体积中值粒径和方差，角标 c 和 f 代表粗模态和细模态气溶胶。

给定复折射指数、R_f 和 σ_f 的情况下，波长 λ 处的细模态气溶胶光学厚度 $\tau_{f(\lambda)}$ 与 C_f 成正比，若将细模态体积浓度为 1 时求得的 AOD 记为 $\tau_{f(\lambda,C=1)}$，那么，C_f 对应的细模态气溶胶光学厚

度 $\tau_{f(\lambda)}=C_f * \tau_{f(\lambda,C=1)}$。同理，粗模态气溶胶光学厚度 $\tau_{c(\lambda)}=C_c * \tau_{c(\lambda,C=1)}$，总光学厚度 $\tau_{(\lambda)}=C_f * \tau_{f(\lambda,C=1)}+C_c * \tau_{c(\lambda,C=1)}$。进一步地，若使 $\rho=C_c/C_f$，则 $\tau_{(\lambda)}=C_f *(\tau_{f(\lambda,C=1)}+\rho * \tau_{c(\lambda,C=1)})$，显然地，当 ρ 固定时，$\tau_{(\lambda)}$ 大小随 C_f 线性变化，但其对波长的依赖关系不变，亦即气溶胶波长指数恒定。因此，对于给定的 R_f、σ_f、R_c 和 σ_c，只需改变 ρ 而不需同时改变 C_c、C_f 两个值，即可获得所有情形的 AOD 光谱变化，从而大幅降低运算所需时间。设定 ρ 的取值范围为 0.001～1000.0，R_f、σ_f、R_c 和 σ_c 以及复折射指数取值范围如表 2.3 所示，据此建立气溶胶光学参数（AOD、SSA、g）查算表（LUT）。

表 2.3　气溶胶粒子谱分布和复折射指数

参数	最小值	最大值	步长
R_f(μm)	0.08	0.40	0.01
σ_f	0.32	0.88	0.02
R_c(μm)	1.34	5.00	0.02
σ_c	0.30	0.88	0.02
复折射指数实部	1.40	1.55	0.05
复折射指数虚部	0.0005	0.0550	0.0005

若 MIE 理论计算的 AOD 与 MFRSR 实测 AOD 最大偏差小于 AOD 反演不确定度（0.02～0.025）（Mitchell et al.，2003；Pace et al.，2006），将其对应的 SSA、g 和 MFRSR 实测 AOD 输入到 SBDART 辐射传输模式（Ricchiazzi et al.，1998）计算相应的 DDR，其他输入参数还包括：中分辨率成像光谱仪（MODIS）卫星地表反射率，OMI 大气柱臭氧含量和 MFRSR 大气可降水量。如果所有波段 DDR 模拟值与实测值的最大偏差＜8%，则将 SSA 和 g 输入到一个中间文件，待查算表（LUT）遍历完成后，取 DDR 最小偏差对应的 SSA 和 g 作为最终反演结果，绝大多数情况下，DDR 模拟和测量值相差不超过 5%。值得指出的是，这一方法可以同时反演 5 个波段的 SSA 和 g，这与以前仅针对单波段或双波段 SSA（Pace at al.，2006；Corr et al.，2009）的反演方法有较大提高。图 2.8 给出了方法的具体流程。

为了对 SSA 反演精度进行检验，文中采用 SBDART 进行辐射闭合试验，将 MFRSR 反演结果作为气溶胶模块的输入参数，分别模拟宽波段总辐射、直接辐射和散射辐射，并与短波辐射表 CMP21、直接辐射表 NIP 和遮光球遮挡的 B&W 辐射表观测结果进行对比。已有的模式检验工作表明，SBDART 对短波总辐射模拟结果的不确定性＜3%（Barnard et al.，2002；Halthore et al.，2005），具有较好的模拟精度。

2.2.2　气溶胶光学特性的季节变化特征

图 2.9 给出了利用秦岭气溶胶与云微物理野外科学试验基地 MFRSR 2013 年 6 月—2016 年 9 月观测资料反演计算的关中 550 nm AOD，415～870 nm Ångström 波长指数（AWE）和 500 nm SSA 的季节统计特征，三者年均值分别为 0.54、0.98 和 0.83。长安 AOD 远高于全球均值 0.17（Lee et al.，2013），但 SSA 低于中国大部分地区，如长江三角洲地区的太湖（440 nm SSA 为 0.90）和杭州（440 nm 为 0.91，550 nm SSA 为 0.87）（Xia et al.，2007b，2016；Che et al.，2018），华北平原的香河（440 nm 为 0.92，500 nm 为 0.90，550 nm 为 0.87）、

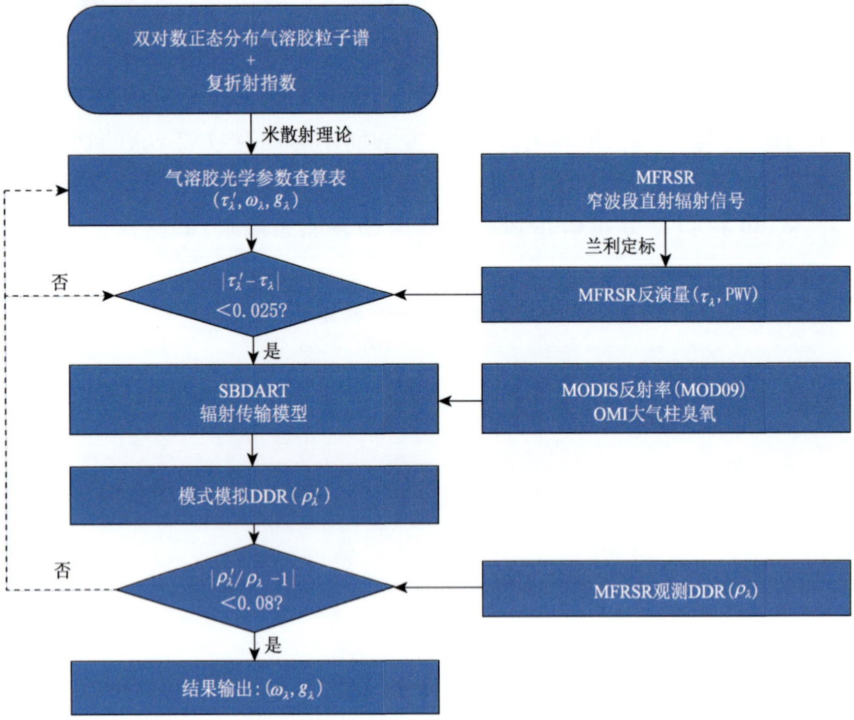

图 2.8　气溶胶单次散射反照率反演流程图

北京(440 nm 为 0.90,550 nm 为 0.89)和徐州(440 nm 为 0.91～0.92)(Li et al.,2007b;Zhao and Li,2007;Gong et al.,2014;Xia et al.,2016;Qin et al.,2018)、珠江三角洲的番禺(550 nm 为 0.90)和东莞(440 nm 为 0.97)(Xia et al.,2016;Mai et al.,2018)以及中国中部的武汉(440 nm 为 0.87～0.93)(Zhang et al.,2018),但与中国西北地区的兰州(550 nm SSA 为 0.83)相当(Xia et al.,2016),并且与 Lee 等(2007) 结合地面 AOD 和卫星在大气层顶(TOA)反射率反演所得的 470 nm SSA(0.84)较为一致,表明关中地区大气污染严重、气溶胶吸收组分比例极高。接近于 1.0 的 AWE 表明关中地区气溶胶受工业污染和自然源沙尘的影响都较大,这与关中地区既含有大量人为源 $PM_{2.5}$(Huang et al.,2014),又含有大量来源于地面扬尘、建筑工地和附近沙尘源区的沙尘粒子相吻合(Cao et al.,2005b)。AOD、AWE 和 SSA 三者均具有明显的季节变化,其中,AOD 冬季最大(0.67),秋(0.58)、春(0.52)次之,夏季最小(0.46);AWE 夏季最大(1.11),秋(1.01)、冬(1.00)次之,春季最小(0.74);SSA 夏季最大(0.88),秋(0.83)、春(0.82)次之,冬季最小(0.77)。AWE 年均值及其季节变化规律与 Che 等(2015)在 2002—2013 年对西安泾河的观测结果一致,表明整个关中地区气溶胶类型的季节变化相对稳定,而关中地区极低的 SSA 与煤炭能源的大量使用有关。地面测量显示,西安黑碳(BC)和有机碳(OC)浓度在中国十几个大型城市中最高,其 2006—2007 年的 OC 和 BC 平均浓度分别为 42.6 和 12.7 $\mu g/m^3$(Zhang et al.,2012a)。与 2006—2007 年相比,2013 年的 OC 和 BC 略有下降,但仍是全国最高,分别为 34 和 11 $\mu g/m^3$(Zhang et al.,2015)。基于泾河大气成分观测站 AE31 和 GRIMM180 资料,图 2.10 给出 2013 年非降水时段 $PM_{2.5}$、BC 及两者比值的季节变化,其中,$PM_{2.5}$ 和 BC 年均值分别为 92.7 和 9.2 $\mu g/m^3$,前者与 Wang 等(2015b)观测结果相近,后者略低于 Zhang 等(2015)。$PM_{2.5}$ 和 BC 具有相同的季节变化特征,均在冬季最高，秋、春次之，夏季最低，这是由于地面颗粒物浓度与边界层高度显著负相关（李星敏 等，2018），而夏季较强的辐射以及春季较大的风速有利于边界层充分发展（Guo et al.，2016），进而使地面污染浓度较低。在华北平原开展的研究表明，元素碳（EC）在 $PM_{2.5}$ 中占比为 6％时，对应的干环境下 SSA 为 0.85～0.95（Ding et al.，2018）。泾河观测显示，西安地区 BC 在 $PM_{2.5}$ 占比接近 10％，并且季节变化正好与 SSA 相反，从春季至冬季的比值依次为 10.4％、8.0％、8.5％和 11.8％，表明 SSA 与 BC 含量关系密切。

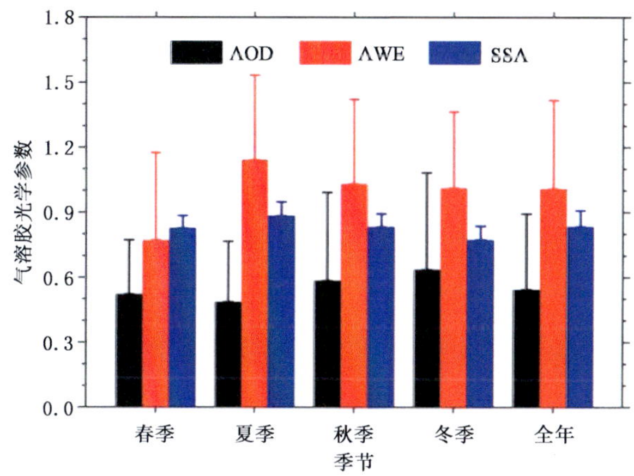

图 2.9　关中地区气溶胶光学厚度、波长指数和单次散射反照率的季节变化
（竖线表示标准偏差）

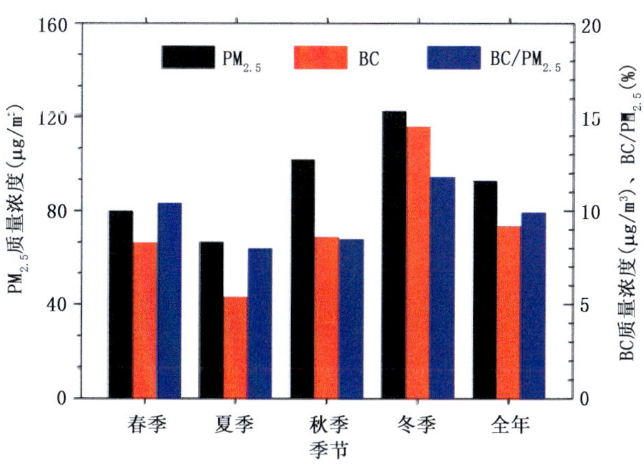

图 2.10　2013 年泾河大气成分观测站 $PM_{2.5}$、BC 及两者比值的季节变化

2.2.3　气溶胶直接辐射强迫

为了评估气溶胶光学特性反演精度，对散射辐射、直接辐射和总辐射分别进行辐射闭合试验。图 2.11 给出了利用秦岭气溶胶与云微物理野外科学试验基地 2013 年 6 月—2015 年 12 月短波总辐射、直接辐射和散射辐射的模拟值和观测值的对比情况。模拟过程中输入的参数

包括 MFRSR 反演的 AOD、SSA、AWE、不对称因子(g)和大气可降水量(PWV),MODIS 地表反射率以及 OMI 大气柱臭氧含量。如图 2.11 所示,模拟和观测获得的直接辐射、散射辐射和短波总辐射一致性较好,模拟值与观测值的相关系数均超过 0.99,两者间的平均偏差(MBE)分别为−4.02、−4.25 和−1.48 W/m²。与平均偏差相比,均方根误差(RMSE)相对较大,但仍在模型和测量的不确定性范围内,这与我国基于 CE318 太阳光度计开展的研究结果相似(Xia et al.,2007c;Bi et al.,2013),表明文中对气溶胶光学性质反演结果具有较高的可信度。值得指出的是,Sanchez 等(2016)在地中海地区基于 MFRSR AOD 和 SMARTS2 模式开展的直接辐射闭合试验显示,直接辐射模拟值与观测值间的平均偏差和均方根误差分别为 5.9 W/m² 和 23 W/m²,两者均大于本节结果,表明本节对 AOD 的反演精度较高,这证明了 2.1 章节中 Langley 定标检验方法的有效性。

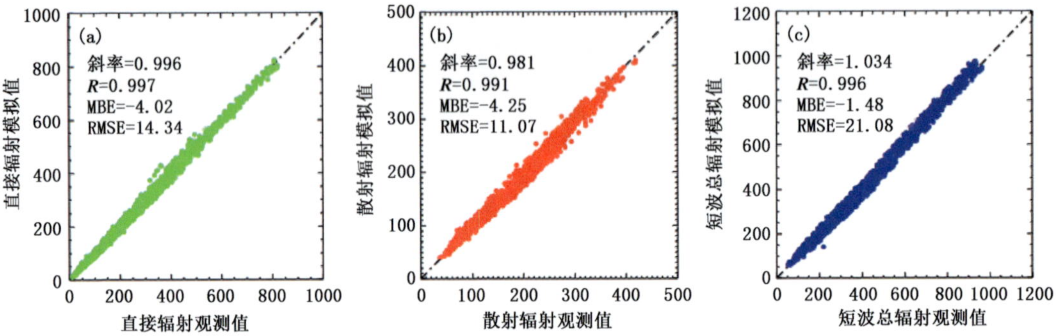

图 2.11 SBDART 太阳直接辐射(a)、散射辐射(b)和总辐射(c)模拟值和辐射表观测值对比

气溶胶直接辐射强迫(ADRF)指的是在晴空条件下,考虑气溶胶和不考虑气溶胶时计算得到的短波净辐射通量的差异。参照 Li 等(2010)的方法,本研究首先以 15 min 的时间间隔计算瞬时 ADRF,再通过对一天内的瞬时 ADRF 积分求均计算日均 ADRF。对于没有 SSA 反演结果的日期,在辐射传输模式中使用相同时间间隔的月均值代替。图 2.12 给出 ADRF 在地表($ADRF_{SFC}$)、大气顶($ADRF_{TOA}$)和大气中($ADRF_{ATM}$)的季节变化。关中 $ADRF_{SFC}$、$ADRF_{TOA}$和 $ADRF_{ATM}$的年平均值分别为−43.99、−13.75 和 30.24 W/m²。ADRFATM 大约是 Li 等(2010)给出的全国平均值 16.0 W/m² 的两倍,并且远高于长江三角洲地区 26.7 W/m²(Liu et al.,2012a)。$ADRF_{SFC}$几乎是全国平均值(15.7 W/m²)的 3 倍,略高于长江三角洲地

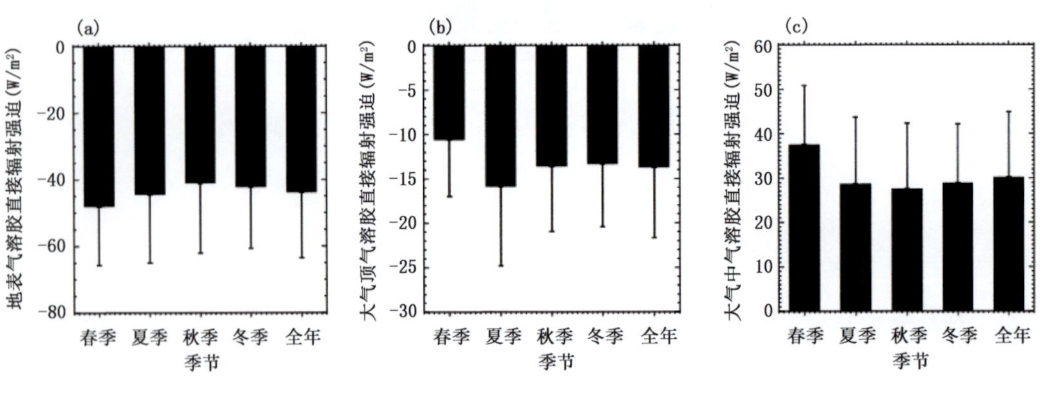

图 2.12 地表(a)、大气顶(b)和大气中气溶胶直接辐射强迫(c)的季节统计特征

区的－34.8～－38.4 W/m²(Xia et al.,2007b;Li et al.,2010;Liu et al.,2012a)和中国北方的 32.8 W/m²(Xia et al.,2007d),表明关中地区气溶胶直接辐射效应对地表和大气温度将产生重要影响。

瞬时 ADRF 与 AOD 的比值称为气溶胶直接辐射效率,从图 2.13 中可以看出,气溶胶直接辐射效率强烈依赖于 SSA。在 SSA 较大时(红色),气溶胶在地面和大气中造成的辐射强迫较小,而在大气顶引起强烈的冷却作用,SSA 较小时则反之。总体上,关中地区气溶胶在地表、TOA 和大气中的直接辐射强迫效率分别为－117.59、－41.46 和 54.88 W/m²。其中,气溶胶在地表的直接辐射强迫效率与 Tian 等(2018)给出的我国污染—沙尘混合型气溶胶的辐射强迫效率吻合,而关中地区 AWE 年均值为 0.98,同样符合污染—沙尘混合型气溶胶的特征。

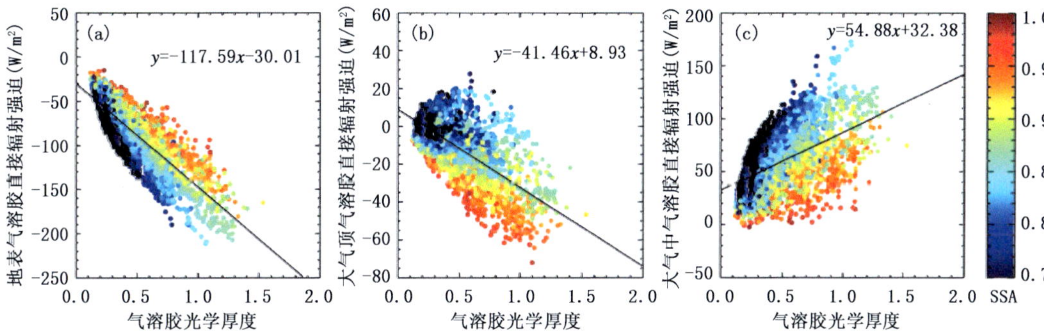

图 2.13　地表(a)、大气顶(b)和大气中气溶胶直接辐射强迫(c)对 AOD 的响应关系

2.3 气溶胶垂直分布特征

气溶胶垂直分布不仅关系着辐射强迫的量值和符号(Haywood et al.,1998),还影响着边界层热力结构以及由之决定的大气稳定度和垂直对流能力演变(陶昕宇 等,2020),进而影响到区域环流(Zhang et al.,2013),开展气溶胶垂直观测对于理解其区域辐射强迫机制、全球物质循环、区域污染传输以及气候环境影响,探析关中地区重霾污染的形成原因具有重要意义。

2.3.1 气溶胶消光系数廓线反演方法

理想状态下,激光雷达接收到的高度 z 处的后向散射信号 $S(z)$ 为:

$$S(z)=\frac{CE}{z^2}\beta(z)\times\exp\left[-2\int_0^z\sigma(z')\mathrm{d}z'\right] \tag{2.16}$$

式中,C 为激光雷达的系统常数,E 为脉冲能量(μJ),$\beta(z)$ 和 $\sigma(z)$ 分别为高度 z 处的后向散射系数($\mathrm{km^{-1}\cdot sr^{-1}}$)和消光系数($\mathrm{km^{-1}}$)。真实情况下,激光雷达在接收后向散射信号的过程受到重叠因子、死时间、后脉冲以及背景噪声的影响,需对这些影响进行订正:

$$S(z)=\frac{O(z)\frac{CE}{z^{2}}\beta(z)\times\exp\left[-2\int_{0}^{z}\sigma(z')\mathrm{d}z'\right]+A(z)+B}{D_{S(z)}}\tag{2.17}$$

式中，$O(z)$为重叠因子校正参数，$A(z)$为后脉冲校正参数，$D_{S(z)}$为死时间校正因子，B为背景噪声。

将式(2.17)订正项移至左边，有：

$$S_r(z)=\frac{S(z)\times D_{S(z)}-A(z)-B}{O(z)E}z^{2}=C\beta(z)\times\exp\left[-2\int_{0}^{z}\sigma(z')\mathrm{d}z'\right]\tag{2.18}$$

式中，$S_r(z)$称为激光雷达的归一化相对后向散射系数，该值仅与z处的后向散射系数及激光雷达至z处的透过率有关。

将后向散射系数和消光系数分为气溶胶(A)和瑞利散射(R)两部分，有：

$$S_r(z)=C[\beta_R(z)+\beta_A(z)]\times\exp\left\{-2\int_{0}^{z}[\sigma_R(z')+\sigma_A(z')]\mathrm{d}z'\right\}\tag{2.19}$$

气溶胶、瑞利散射的消光系数可表述为后向散射系数的函数：

$$\begin{cases}\sigma_A(z)=R_A(z)\beta_A(z)\\ \sigma_R(z)=R_R(z)\beta_R(z)\end{cases}\tag{2.20}$$

式中，$R_A(z)$为气溶胶消光后向散射比，又称激光雷达比；$R_R(z)$为瑞利散射消光后向散射比，其值为$8\pi/3$。

假定单条观测廓线中$R_A(z)$不随高度变化，有：

$$\begin{aligned}S_r(z)=C[\beta_R(z)+\beta_A(z)]\times\exp\left[-2R_R\int_{0}^{z}\beta_R(z')\mathrm{d}z'\right]\\ \times\exp\left[-2R_A\int_{0}^{z}\beta_A(z')\mathrm{d}z'\right]\end{aligned}\tag{2.21}$$

根据 Fernald(1984)，上述方程的解为：

$$\beta_A(x-1)=\frac{S_r(x-1)\psi(x-1,x)}{\frac{S_r(x)}{\beta_A(x)+\beta_R(x)}+R_A[S_r(x)+S_r(x-1)\psi(x-1,x)]\Delta z}-\beta_R(x-1)\tag{2.22}$$

式中，

$$\psi(x-1,x)=\exp\{(R_A-R_R)\times[\beta_R(x-1)+\beta_R(x)\Delta z]\}\tag{2.23}$$

上述反演方法称为 Fernald 法。在利用该方法反演气溶胶消光系数廓线的过程中，以 MFRSR AOD 作为外部约束条件，通过改变R_A直至由消光系数廓线积分得到的 AOD 与 MFRSR 观测值偏差小于10%为止。

2.3.2 气溶胶消光系数垂直分布季节变化

图 2.14 给出了利用 2013 年 5 月—2018 年 12 月激光雷达观测反演的气溶胶消光系数廓线，从图中可以看到西安地区不同季节气溶胶消光系数垂直廓线差异明显，近地面气溶胶消光系数的季节变化与$PM_{2.5}$观测结果一致，最大值出现在冬季(0.48)，秋季(0.32)次之，夏季最小(约为 0.13)，冬季近地面气溶胶消光系数约为夏季 4 倍左右，这一季节近地面污染较重与取暖燃煤、逆温多发有关。相反地，1 km 以上消光系数垂直积分值由大到小依次为：春季＞夏

季>冬季>秋季。秋、冬季地面污染重、高空污染轻的现象体现出季节变化对边界层高度的影响:秋、冬季边界层较低,扩散至 1 km 以上的大气污染物较少,春、夏季反之。四个季节共有的特征是气溶胶消光系数在 1 ～1.5 km 逐渐增大,之后基本呈递减趋势。

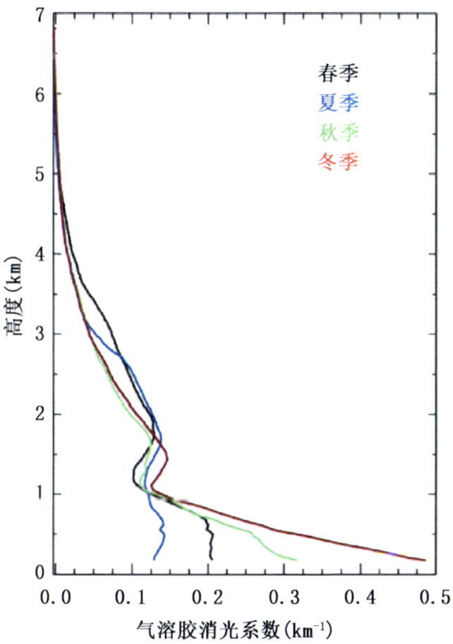

图 2.14　气溶胶消光系数廓线季节均值

除了边界层高度以外,沙尘天气的季节变化对气溶胶垂直分布也有一定影响。大气气溶胶退偏比和 Ångström 波长指数分别取决于粒子形状和粗、细模态气溶胶所占比重,两者均与气溶胶类型密切相关。由于沙尘主要为不规则的粗模态粒子,其通常对应于较大的退偏比和较小的波长指数。图 2.15 给出了西安地区气溶胶退偏比与波长指数的关系,前者随后者上升而下降,在 AWE<0.5 时,大气中以沙尘等粗模态非球形气溶胶为主,退偏比在0.10～0.27 之间;AWE>1.2 时,大气中以细模态工业污染气溶胶为主,退偏比在 0.05～0.15 之间。就统计关系而言,当 AWE 从 0.0 上升至 0.8 时,气溶胶退偏比下降明显,AWE>0.8 以后,退偏比基本稳定不变。以 AWE 小于(大于)0.8 作为沙尘(非沙尘)判定依据,据此统计了沙尘和

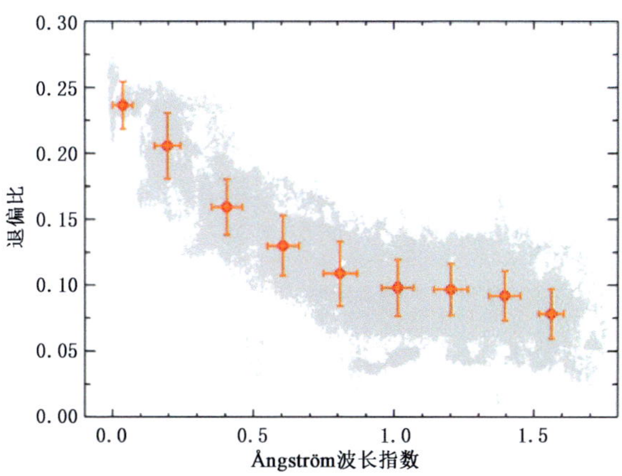

图 2.15　Ångström 波长指数与退偏比的关系

非沙尘期间气溶胶消光系数和退偏比变化(图 2.16),在沙尘期间,西安地区高空(>2.5 km)气溶胶消光系数大于非沙尘期间,而近地面气溶胶消光系数远小于非沙尘期间,这是由于沙尘多发生在边界层较高的春季且通常伴随西北气流,较有利于本地工业污染的扩散。就退偏比而言,在 4 km 以下,沙尘期间退偏比均大于非沙尘期间,表明西安地区沙尘通常集中在 0~4 km。

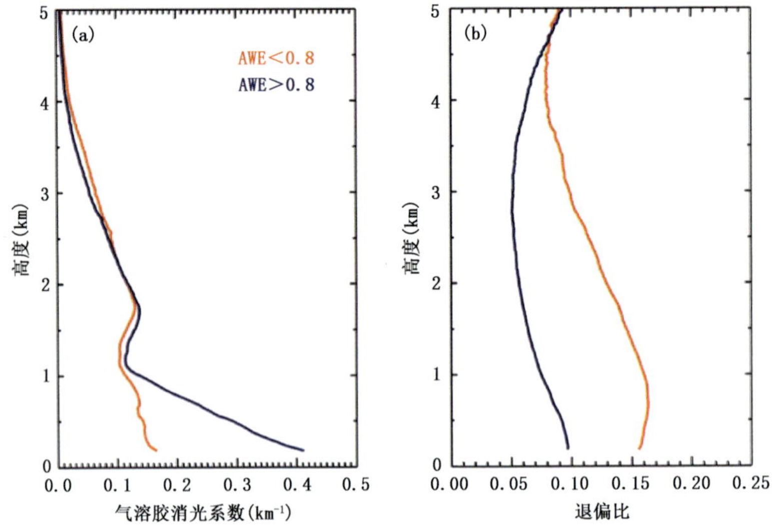

图 2.16 沙尘、非沙尘期间消光系数(a)和退偏比(b)统计均值

2.4 黑碳气溶胶观测研究

黑碳(BC)是大气气溶胶的重要组分,主要是含碳物质不完全燃烧产生的不定型碳质,由于其在可见光到红外波长范围内对太阳辐射均有强烈的吸收作用而呈黑色,故被称为黑碳(Kuhlbusch,1998;Ramanathan et al.,2008;Babu et al.,2002)。黑碳在大气中可滞留 1 周左右,通过干沉降和降雨、雪等湿沉降过程被清除。黑碳对太阳辐射的强烈吸收作用导致其潜在的气候强迫效应,使之成为气溶胶气候效应研究中的一项重要内容,并受到广泛关注(Haywood et al.,2000;Ramanathan et al.,2001;Jacobson,2002;Li et al.,2007a)。

对西安黑碳气溶胶及其吸收特性的研究,可以更好地了解西北内陆城市黑碳气溶胶的分布特征和变化规律,对研究大气环境污染、气溶胶气候效应有重要意义。

2.4.1 秋、冬季黑碳气溶胶变化及粒径特征

(1)黑碳浓度的时间变化特征

图 2.17 是西安泾河秋、冬季(2008 年 10 月 1 日—2009 年 2 月 28 日)黑碳质量浓度小时均值变化。由图可见,西安秋、冬季的黑碳浓度小时值变化有一定规律性,除了 11 月由于缺测使当月数值整体偏小外,其他几个月黑碳质量浓度小时值的高值出现次数依次减少,其中超过

15.0 μg/m³的次数以 10 月最多，12 月次之，第 2 年 2 月最少，只有 2 d。

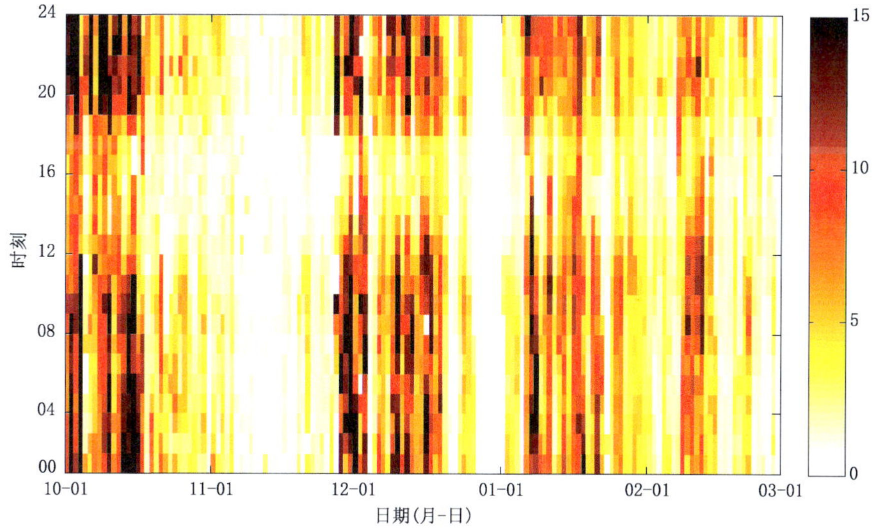

图 2.17　西安泾河秋冬季黑碳质量浓度逐时变化特征(单位:μg/m³)

由图 2.18a，西安泾河日均黑碳质量浓度与图 2.17 变化基本一致，10 月日均值在2.0～16.0 μg /m³之间，平均值(6.5 μg/m³)最大；11 月黑碳浓度日均值在 1.0～4.0 μg/m³之间，平均值(2.8 μg/m³)最低；12 月黑碳浓度日均值在 1.8～12.0 μg/m³之间，平均值为 5.9 μg/m³；1 月黑碳浓度日均值在 1.6～11.5 μg/m³之间，平均值为 5.1 μg/m³；2 月黑碳浓度日均值在 1.0～8.0 μg/m³之间，变化范围较小，其平均值(3.5 μg/m³)仅次于 11 月。

西安地处关中平原，该地区也是陕西粮食产区。秋收后，当地农民焚烧收后农作物秸秆，易造成严重的局地大气污染事件，这可能是秋季黑碳浓度升高的主要原因(Lohmann et al.，2005；李杨 等，2005)。12 月和次年 1 月黑碳浓度较高主要是归于西安是典型的北方城市，冬季寒冷干燥，居民主要通过燃煤、薪柴取暖，很多设备简陋的小煤炉因燃烧效率低而排放大量的黑碳颗粒物，加之冬季逆温层易于形成、风速小等不利的气象条件，致使冬季黑碳浓度偏高。2 月黑碳浓度较冬季其他月份低，通过气象资料统计分析可知有 2 个原因：①2 月雨雪天气过程比其他月份要多，对黑碳有较强的清除作用；②2 月风速较大，使污染物不容易堆积。

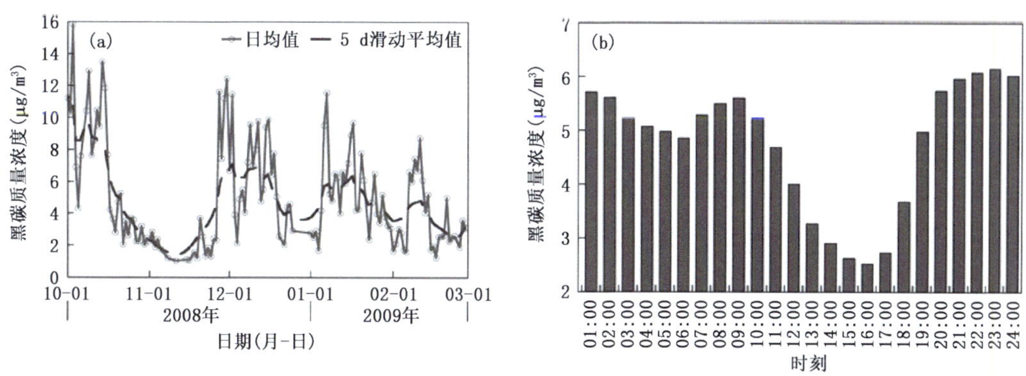

图 2.18　西安泾河秋、冬季黑碳浓度日均值(a)及日变化(b)

由图 2.18b，黑碳浓度呈明显的双峰分布，2 个峰值分别出现在 09 时(5.5 μg/m^3)和 23 时(6.1 μg/m^3)，2 个谷值分别出现在 06 时(4.9 μg/m^3)和 16 时(2.6 μg/m^3)，最高值与最低值相差达 2 倍多。黑碳浓度的日变化主要反映了当地黑碳排放的变化情况，并受大气边界层顶高度变化的影响(张强 等，2003)。低层大气中污染物的扩散和输送很大程度上依赖边界层的结构，在边界层内，湍流作用可以使颗粒物在垂直方向上充分混合，所以黑碳浓度与当地边界层结构有很大关系。

清晨 06 时黑碳浓度最低，主要是由于 24 时以后机动车活动逐渐减少，黑碳排放也在减少，到黎明前后，边界层顶高度较低，风速较小，黑碳浓度降至次低值。07:00 以后，随着上班高峰期到来，机动车迅速增加，使来自交通源的黑碳排放量迅速增加；虽然由于日出，大气稳定层结被破坏、边界层顶高度抬高，有利于大气污染物质的稀释扩散，但由于地面温度升高较慢，大气上下混合不强，污染物来不及有效升到较高空中，致使黑碳浓度升高。上午 10 时以后，地面温度升高较快，大气中湍流增强，物质交换加快，黑碳浓度下降很快。随着温度进一步升高，边界层顶高度继续抬升，到午后边界层顶达到最高(张强 等，2003；王耀庭 等，2012)。此外，相对于一天的上下班交通高峰期，午后的人为活动明显降低，机动车排放量降低，所以这时黑碳浓度处于全天最低。此后，随着地面温度降低，边界层顶高度也逐渐降低，加之下班高峰期机动车数量逐渐增加，居民取暖及烹饪活动增强，导致黑碳浓度再次升高，在晚上 23:00 达到全天最高值。

(2)粒径特征

黑碳是由化石和生物质燃料不完全燃烧产生的，并且粒子尺度在 0.01～1 μm(魏欣 等，2012；程萌田 等，2013；Novakov et al.，2003；Bond et al.，2004)。为了便于与黑碳浓度进行比较，分别计算泾河 GRIMM180 观测的各粒径段粒子数浓度的小时值，分析粒子数浓度与黑碳浓度之间的关系。

由图 2.19 可见，粒径尺度从小到大(0.25～32 μm)对应的数浓度以指数形式下降(从 10^7 降至 10^1)，其中，0.25～0.28、0.28～0.30 和 0.30～0.35 μm 粒径段粒子数浓度量级达到 10^6，0.35～0.40、0.40～0.45、0.45～0.50、0.50～0.55、0.55～0.60、0.60～0.65、0.65～0.70、0.70～0.75 和 0.75～0.80 μm 的粒子数浓度量级达到 10^4，0.8～1.0、1.0～1.3、1.3～1.、1.6～2.0、2.0～2.5 和 2.5～3.0 μm 粒径段的粒子数浓度量级达到 10^3，3.0～3.5、3.5～4.0 和 4.0～5.0 μm 粒径段的粒子数浓度量级达到 10^2，5.0～6.5、6.5～7.5 和 7.5～8.5 μm 的数浓度量级降至 10，而大于 10.0 μm 的粒子数浓度就更少了。

不同粒径段粒子数浓度与黑碳浓度相关系数与信度检验值见表 2.4，其中粒径值为图 2.19 所示粒径值。由表 2.4 可见，黑碳浓度与粒子数浓度之间有很好的相关性，随着粒径逐渐增加，相关系数由正相关向负相关变化，P 值变化则与相关系数相反，值由小变大。黑碳浓度虽然与细粒子密切相关，如粒径 0～0.20 μm、粒径 0.20～0.28 μm 的相关性的 P 值都小于 0.0001，但是受大粒子影响较大，正相关时随粒子数浓度增加黑碳浓度升高，负相关时随粒子数浓度增加而减小，即粒径小于 4.0 μm 的粒子对黑碳浓度有正的影响，超过的粒子对黑碳浓度有负的影响。这与吴兑(2009b)在广州番禺大气成分站同时使用 3 台黑碳仪观测的结果基本一致，在观测期间 PM_{10}、$PM_{2.5}$、$PM_{1.0}$ 中黑碳浓度平均值分别为 9.98、8.54、6.25 μg/m^3，$PM_{1.0}$ 中的黑碳占 $PM_{2.5}$ 中黑碳的 73%，可见，黑碳主要存在于细粒子中。

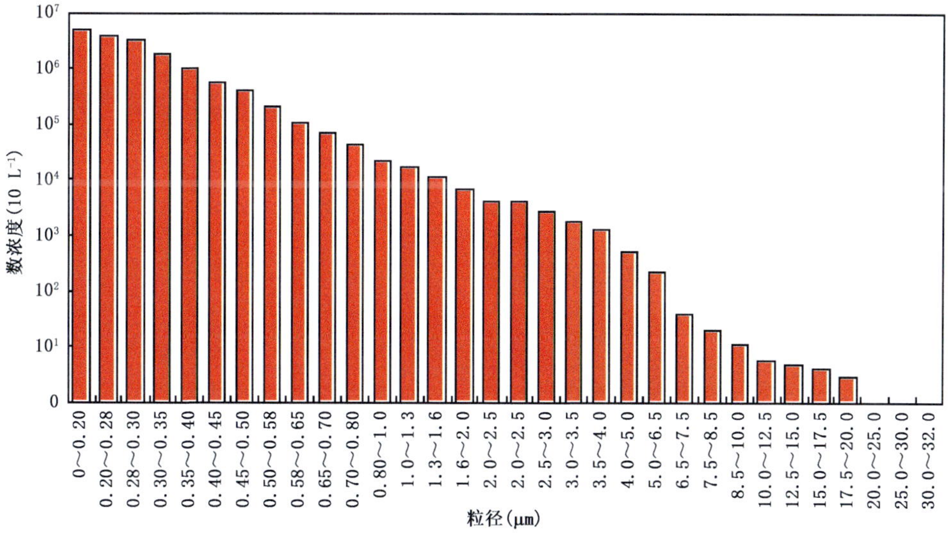

图 2.19 不同粒径范围下的气溶胶粒子数浓度

表 2.4 黑碳浓度与粒子数浓度的相关分析

粒径范围(μm)	相关系数	P 值	粒径范围(μm)	相关系数	P 值	粒径范围(μm)	相关系数	P 值
0～0.20	0.4522	<0.0001	0.80～1.0	0.3185	0.0034	6.5～7.5	−0.1068	0.3332
0.20～0.28	0.4173	<0.0001	1.0～1.3	0.3409	0.0015	7.5～8.5	−0.1395	0.2055
0.28～0.30	0.3934	0.0002	1.3～1.6	0.2729	0.0120	8.5～10.0	−0.1809	0.0994
0.30～0.35	0.3196	0.0030	1.6～2.0	0.3503	0.0010	10.0～12.5	−0.2057	0.0604
0.35～0.40	0.2707	0.0127	2.0～2.5	0.2229	0.0414	12.5～15.0	−0.2196	0.0446
0.40～0.45	0.2327	0.0331	2.0～2.5	0.2229	0.0414	15.0～17.5	−0.2381	0.0322
0.45～0.50	0.2170	0.0473	2.5～3.0	0.1441	0.1907	17.5～20.0	−0.1676	0.1684
0.50～0.58	0.2130	0.0517	3.0～3.5	0.0547	0.6206	20.0～25.0	−0.1073	0.4101
0.58～0.65	0.2323	0.0334	3.5～4.0	0.2229	0.0414	25.0～30.0	−0.1073	0.4101
0.65～0.70	0.2485	0.0226	4.0～5.0	−0.0085	0.9386	30.0～32.0	−0.0934	0.4855
0.70～0.80	0.2729	0.0120	5.0～6.5	−0.0697	0.5285			

根据表 2.4，按照相关系数绝对值大于 0.18、$P<0.09$ 以及拟合值与观测值误差小的原则，选择粒径在 0～0.20 μm、0.20～0.28 μm、0.28～0.30 μm、0.30～0.35 μm、1.3～1.6 μm、1.6～2.0 μm、8.5～10.0 μm、15.0～17.5 μm 这 8 个粒径段粒子的数浓度观测值来拟合同期黑碳浓度观测值(图 2.20)。由图 2.20 可见，黑碳浓度拟合值基本上可以反映实测值的变化，各月的黑碳观测极值在拟合曲线基本上可以相对应；虽然各时段观测的极大值与拟合极大值的大小不同，但二者的极小值差异不大。冬季燃煤取暖，黑碳排放量较大，有可能是拟合值比观测值低的原因。

为进一步说明黑碳浓度与不同粒径段粒子间的关系，选择黑碳浓度日均值出现极值的 7 d，按照其值递增的顺序排列，并列出粒径在 0～0.20 μm、0.20～0.28 μm、0.28～0.30 μm、

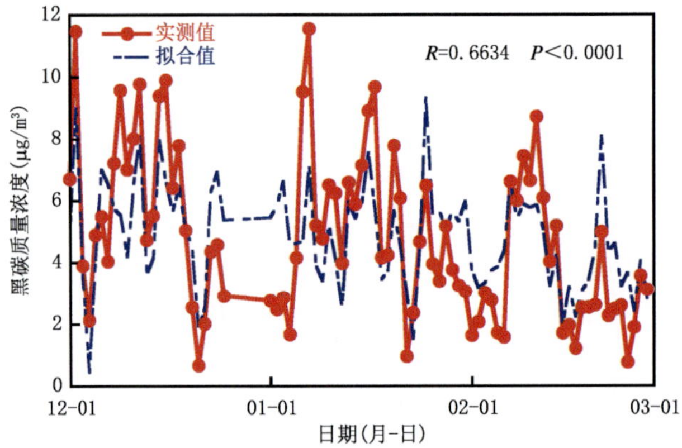

图 2.20 利用颗粒物数浓度拟合黑碳浓度

0.30～0.35 μm、0.35～0.40 μm、0.40～0.45 μm、0.45～0.50 μm、0.50～0.58 μm、0.58～0.65 μm、0.65～0.70 μm、0.70～0.80 μm、0.80～1.0 μm、2.0～2.5 μm、8.5～10.0 μm 各粒径段粒子的数浓度、当天的能见度和天气现象(见表 2.5)。由表 2.5 可见，黑碳浓度极值出现时能见度未有明显变化，只有 10 月 19 日因有少量降水造成各粒径粒子数浓度显著下降，能见度也只有 11 km。2009 年 1 月 22 日黑碳浓度日均值最低，从表 2.5，大粒子数浓度明显较其

表 2.5 黑碳浓度出现峰值时粒子数浓度及当时天气状况

日期	黑碳浓度(μg/m³)	粒子数浓度(L^{-1})							能见度(km)	有无降水
		粒径 0～0.20 粒径 0.50～0.58	粒径 0.20～0.28 粒径 0.58～0.65	粒径 0.28～0.30 粒径 0.65～0.70	粒径 0.30～0.35 粒径 0.70～0.80	粒径 0.35～0.40 粒径 0.80～1.0	粒径 0.40～0.45 粒径 2.0～2.5	粒径 0.45～0.50 粒径 8.5～10.0		
2009-01-22	0.96	9.7×10^{5}	6.5×10^{5}	5.3×10^{5}	2.8×10^{5}	1.7×10^{5}	1.2×10^{5}	8.8×10^{4}	18.5	无
		6.1×10^{4}	4.9×10^{4}	3.4×10^{4}	2.7×10^{4}	2.0×10^{4}	6.6×10^{3}	2.1×10^{2}		
2008-11-25	2.4	9.7×10^{6}	7.6×10^{6}	6.5×10^{6}	3.8×10^{6}	2.2×10^{6}	1.3×10^{6}	8.9×10^{5}	12.5	无
		4.9×10^{5}	2.6×10^{5}	1.7×10^{5}	9.8×10^{4}	4.3×10^{4}	4.6×10^{3}	1.1×10^{1}		
2008-12-20	2.5	5.1×10^{6}	3.9×10^{6}	3.3×10^{6}	1.8×10^{6}	9.9×10^{5}	5.7×10^{5}	4.1×10^{5}	12	无
		2.2×10^{5}	1.1×10^{5}	7.4×10^{4}	4.5×10^{4}	2.3×10^{4}	4.4×10^{3}	1.4×10^{1}		
2009-02-20	2.6	3.2×10^{6}	2.1×10^{6}	1.7×10^{6}	9.2×10^{5}	5.7×10^{5}	3.7×10^{5}	2.9×10^{5}	16.5	无
		1.9×10^{5}	1.2×10^{5}	9.3×10^{4}	6.7×10^{4}	4.2×10^{4}	1.0×10^{4}	8.5×10^{1}		
2008-10-19	2.8	7.8×10^{5}	4.6×10^{5}	3.5×10^{5}	1.3×10^{5}	4.8×10^{4}	2.0×10^{4}	1.4×10^{4}	11	降雨(2.8 mm)
		5.6×10^{3}	2.7×10^{3}	1.9×10^{3}	1.3×10^{3}	8.4×10^{2}	1.6×10^{2}	7.2×10^{0}		
2008-11-20	3.7	9.1×10^{6}	6.9×10^{6}	5.8×10^{6}	3.0×10^{6}	1.6×10^{6}	8.6×10^{5}	5.9×10^{5}	13.5	无
		3.0×10^{5}	1.5×10^{5}	9.7×10^{4}	5.5×10^{4}	2.5×10^{4}	3.3×10^{3}	1.5×10^{1}		
2008-10-06	7.0	2.1×10^{6}	1.4×10^{6}	1.1×10^{6}	5.0×10^{5}	2.2×10^{5}	1.0×10^{5}	6.9×10^{4}	13.5	无
		2.7×10^{4}	1.1×10^{4}	6.5×10^{3}	3.4×10^{3}	1.5×10^{3}	1.7×10^{2}	4.3×10^{0}		

他日期偏多，如粒径在 8.5～10.0 μm 为 217.9 L^{-1}，粒径在 2.0～2.5 μm为 6613.6 L^{-1}，明显高于其他时间。可见，大气中大粒径的颗粒物数浓度偏大，尤其是受沙尘天气影响时，观测的黑碳浓度偏低。

虽然从天气现象中未见明显的沙尘活动(其将增大粒子浓度)，但为了进一步验证不同粒径粒子对黑碳浓度的影响，利用泾河大气成分站 CE318 太阳光度计观测的 0.87 和0.44 μm 通道光学厚度，计算表 2.5 中各时段的 Ångström 波长指数，以指示气溶胶粒径大小。粒径小于 0.6 μm，波长指数＞1.2 为人为气溶胶；粒径范围在 3～15 μm(王炳忠 等，2008)，波长指数＜0.04 为大粒沙尘，结果见表 2.6。由表 2.6 可见，2009 年 1 月 22 日与 2 月 20 日波长指数最小，分别为 0.0458 和 0.1132，表明气溶胶中含有大粒沙尘；而其他时间波长指数在 1 左右，表明气溶胶主要以人为排放为主。当有沙尘时，由于受沙尘这种大粒子的影响，使黑碳浓度观测值偏小。究其原因是当有沙尘天气时，往往伴随的小颗粒数浓度比其他正常天气低所致。2.2 节指出，黑碳主要分布在 0.01～1.0 μm 中，而粒径小的粒子数浓度在 2009 年 1 月 22 日与 2 月 20 日均比其他时间低(表 2.5)。

表 2.6　不同时段波长指数 Ångström

日期	最大值	最小值	平均值
2008-10-06	1.2798	0.9638	1.0686
2008-11-20	1.0356	0.9692	0.9955
2008-11-25	0.9358	0.7725	0.8780
2008-12-20	1.0034	0.9741	0.9852
2009-01-22	0.2397	0.0458	0.1132
2009-02-20	0.4427	0.1787	0.2681

(3)气象要素对秋冬季黑碳浓度的影响

黑碳不能由大气中其他物质通过化学反应转化生成，因此，其质量浓度变化除取决于源排放和干湿沉降的清除过程外，还取决于水平和垂直大气稀释扩散能力等大气环流因素。

近地面逆温的影响。泾河大气成分观测站是国家基准站和探空站，位于西安市气象局泾河气象站中。该站使用 GFE(L)1 型二次测风雷达和 GTS1 型数字式探空仪，对探空资料进行差值处理，计算近地面(低于 1000 m)逆温强度。从图 2.21 可见，在本地黑碳排放源一定的情况下，与黑碳浓度密切相关的气象要素主要是近地面逆温强度，二者 R(相关系数)达到 0.4125(P＜0.0001)，黑碳浓度日均值的高值对应着近地面较强的逆温，而黑碳浓度日均值的低值则对应着近地面较弱的逆温甚至没有逆温。

风速对于污染物的扩散有重要影响。文献中分析风速在小于 1.0 m/s 时对黑碳浓度没有明显影响，黑碳浓度为 10.8 μg/m^3；当风速大于 1.0 m/s 时黑碳浓度开始下降，风速在1.0～2.0 m/s 时黑碳浓度降幅最大，2.0 m/s 时黑碳浓度为 6.8 μg/m^3，降幅接近 40%；而风速在 2.0～2.5 m/s 时，黑碳浓度下降趋势开始变缓。西安泾河黑碳浓度与风速变化关系与上面所述比较类似(图 2.22a)，风速小于 1.5 m/s 时，黑碳浓度日均值为 5.2 μg/m^3；风速在 1.5～2.0 m/s 时，黑碳浓度日均值为 5.6 μg/m^3；风速在 2.0～3.0 m/s 时，黑碳浓度日均值为 4.3 μg/m^3；风速在 3.0～3.5 m/s 时，黑碳浓度日均值为 4.0 μg/m^3；风速大于 3.5 m/s 时，黑碳浓度日均值为 2.7 μg/m^3。

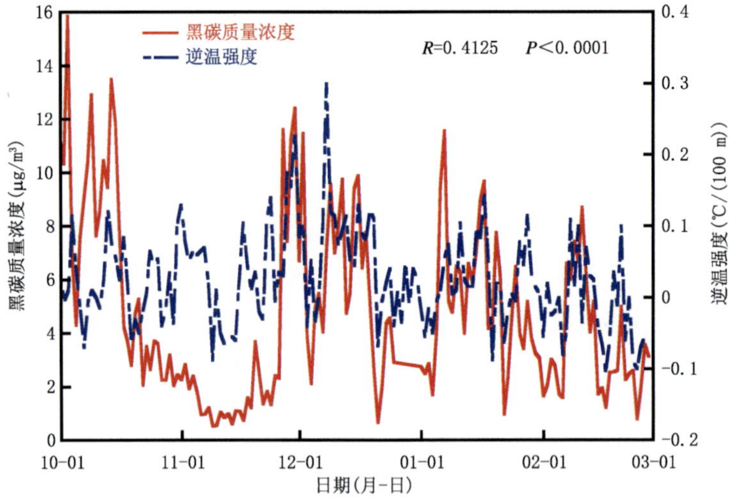

图 2.21 观测期间黑碳浓度日均值与低空逆温强度对比

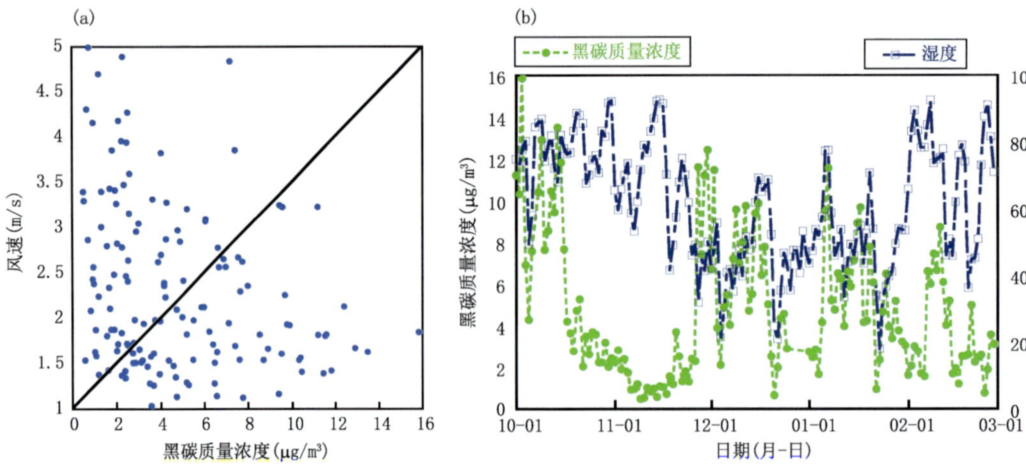

图 2.22 观测期间不同风速对应的黑碳浓度和相对湿度对黑碳浓度的影响

(a)散点图；(b)相对湿度与黑碳

空气相对湿度的提高有利于黑碳的清除。由图 2.22b 可见，随着空气相对湿度的增加，黑碳浓度逐渐降低，尤其在 2008 年 10 月、11 月，2009 年 1 月下旬和 2 月，这期间二者 R 为 −0.26(P<0.0001)。这与仇广乐等(2011)在贵阳观测到的情况基本一致，黑碳浓度与大气相对湿度呈负相关，黑碳浓度谷值多对应于相对湿度的峰值，反之亦然。另外，降水对黑碳的清除作用也比较明显。研究(杨溯 等，2010)表明，黑碳是一种高聚合的、黑色的、在 400 ℃以下很难被氧化的物质，在常温下表现惰性和憎水性，不溶于任何溶剂，其转换和清除都是物理过程，不会由大气中其他的化学反应过程生成或清除。选择秋、冬季有降水发生的 6 次过程，利用自动气象站小时降水资料，对比降水前后黑碳浓度的小时均值，以分析降水对黑碳的清除作用，由图 2.23 可见，连续降水可以消除或削弱黑碳浓度峰值，而在降水过程结束后，黑碳浓度迅速回升。由前述分析可知，西安郊区黑碳浓度日变化分布呈双峰型，分别是 08—09 时和

22—23 时，日最低值在 15 时。对比各次降水对黑碳的清除作用发现，降水发生时，黑碳浓度均明显降低，尤其是对晚上黑碳浓度峰值有很好地减弱作用。

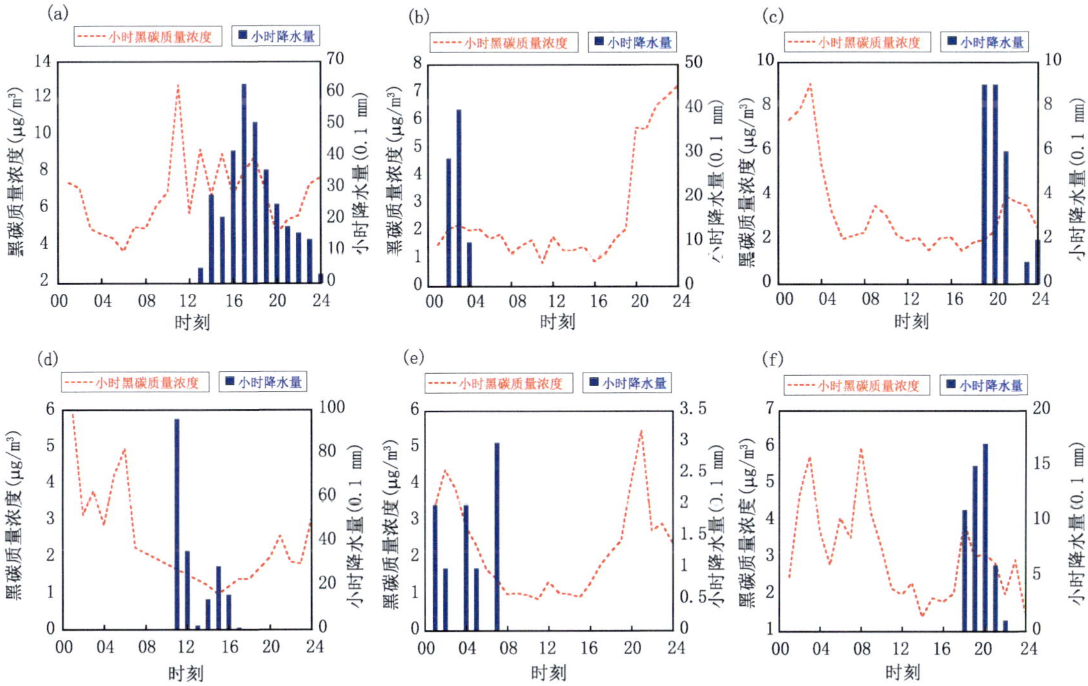

图 2.23　不同降水日降水对黑碳的清除作用

(a)2008 年 10 月 7 日；(b)2008 年 10 月 18 日；(c)2008 年 10 月 19 日；
(d)2008 年 10 月 22 日；(e)2008 年 10 月 28 日；(f)2008 年 10 月 30 日

2.4.2　夏季黑碳气溶胶及其吸收特性

本研究中西安泾河的 AE31 型黑碳测量仪是一种基于滤膜测量气溶胶光吸收的技术（光学灰度测量法），原理是通过实时测量石英滤纸带上收集的粒子对光的吸收造成的衰减，并假定透过滤膜的光衰减是由黑碳吸收造成的，测量从 370 ～950 nm 范围内 7 个波段的光学吸收，由此根据连续测量透过滤膜的光衰减的变化计算出黑碳的浓度。在一定范围内，光学衰减量与单位面积采样膜上黑碳气溶胶的沉积量有如下线性关系：

$$\Delta \mathrm{ATN}_\lambda = \ln\left(\frac{I_0}{I}\right) = \sigma_\lambda \times \mathrm{BC} \tag{2.24}$$

式中，$\Delta \mathrm{ATN}_\lambda$ 为某一波长光采样一个周期的光学衰减量，I_0 为采样前透过滤膜的光强，I 为采样后透过滤膜的光强，σ_λ 为某一波长光黑碳气溶胶的比衰减系数，表示单位面积沉积在滤膜上单位质量黑碳气溶胶对光的衰减率，其单位为 m^2/g。

对于 880 nm 波段来说，根据黑碳气溶胶的不同来源及混合状态，σ_λ 一般在 10～19 m^2/g 之间，本研究采用的是厂家推荐的 16.6 m^2/g，BC 为单位面积采样膜上的黑碳质量，单位为 g/m^2。在此基础上，计算出 880 nm 波段黑碳小时浓度值，对黑碳日变化和各月变化特征进行分析。

(1)夏季黑碳气溶胶变化特征及原因

①黑碳气溶胶浓度逐时变化

图 2.24 是西安泾河夏季(2011 年 6 月 1 日—8 月 31 日)黑碳气溶胶浓度逐时变化图,其中横坐标代表逐日时间,纵坐标代表每日 24 h 浓度值,图中色块代表小时平均浓度,深黑色代表黑碳浓度最高超过 15 μg/m³,浅黄色代表最低在 1 μg/m³,空白处数据缺测。西安夏季这三个月变化有一定规律性,从 6 月开始是依次减少。黑碳浓度超过 10 μg/m³ 的时次 7 月最多,6 月次之,8 月最少。从全天 24 h 黑碳浓度变化来看,上午和晚上有两个很明显峰值区,午后有一很明显低值区。

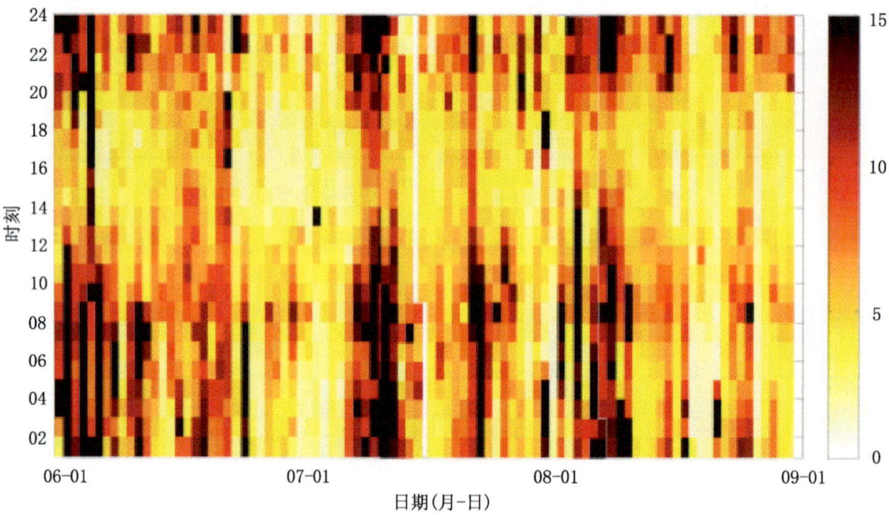

图 2.24 西安夏季黑碳气溶胶浓度逐时变化特征(单位:μg/m³)

从夏季日平均黑碳浓度来看(图 2.25),6、7、8 月三个月黑碳日平均浓度依次减小,其中 6 月日值变化范围在 2.6～13.4 μg/m³,平均值为 6.49 μg/m³;7 月日值变化范围在 2.7～12.1 μg/m³,平均值为 6.17 μg/m³;8 月日值变化范围在 2.0～10.74 μg/m³,平均值为 5.549 μg/m³。从变化过程来看,6 月持续偏低,7 月黑碳浓度呈一定的周期性变化,8 月呈现由高到低,再到高的变化。

②夏季黑碳浓度日变化特征及与其颗粒物浓度关系

利用夏季西安泾河黑碳气溶胶浓度和 GRIMM180 颗粒物监测仪得到同期 $PM_{1.0}$、$PM_{2.5}$、PM_{10} 质量浓度的观测值,分析黑碳气溶胶占 $PM_{1.0}$ 比值以及 $PM_{1.0}$、$PM_{2.5}$、PM_{10} 观测值的日变化。

图 2.26a 为黑碳气溶胶日变化分布图,其中左轴是黑碳气溶胶浓度,右轴是黑碳气溶胶占 $PM_{1.0}$ 的比值(%)。可以看出西安夏季黑碳浓度变化呈现明显的双峰分布,两个峰值分别出现在上午 08 时和晚上 23 时,浓度分别是 9.08 μg/m³ 和 9.1 μg/m³,两个谷值分别出现在清晨 06 时和下午 15 时,浓度分别是 7.38 μg/m³ 和 4.2 μg/m³,日内最高值与最低值分别为 9.1 μg/m³ 和 4.2 μg/m³,浓度相差达 2 倍多。图 2.26a 的右轴是黑碳气溶胶占 $PM_{1.0}$ 的比值。可以看出,比值日变化与黑碳浓度和 $PM_{1.0}$ 质量浓度日变化有很大不同。其日变化呈单峰单谷分布,峰值出现在晚上 23 时,比值是 45.5%,谷值出现在清晨 06 时,比值是 23.6%,日内最高值与最低值比值相差近 2 倍。这表明在一天当中,黑碳气溶胶在 $PM_{1.0}$ 颗粒物浓度的占比变

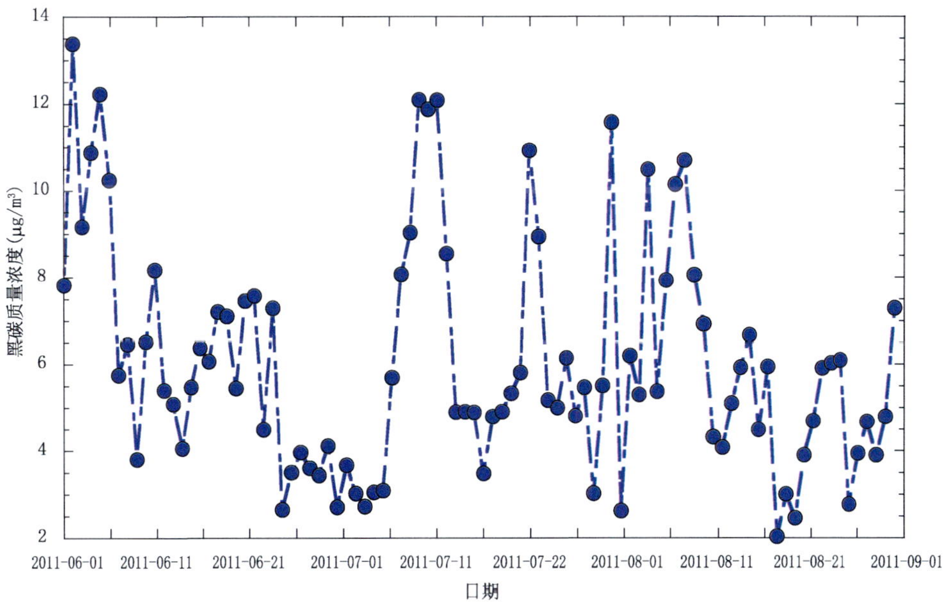

图 2.25　西安夏季日平均黑碳气溶胶浓度变化

化相当大。城市黑碳气溶胶基本上都是人为活动引起的，所以上述比值是与城市中人为活动相关的（比如生火做饭、交通活动、工厂上下班、电厂发电高峰等）。从 06 时该比值最低开始，城市开始苏醒，人为活动开始增多，直到 08 时达到一个高值，然后，人为活动开始有一个减小期；到 11 时以后，又有一个增加期，直到 13 时；从 15 时以后，有一个急速增加期，到 18 时达到一天中次高点；在 19 时稍有下降，随着人们夜生活的开始，该比值持续增加，在 21 时达到一天中最高值；之后，人为活动减少，该比值迅速减小。可见，该比值可以反映城市人为活动的变化规律。

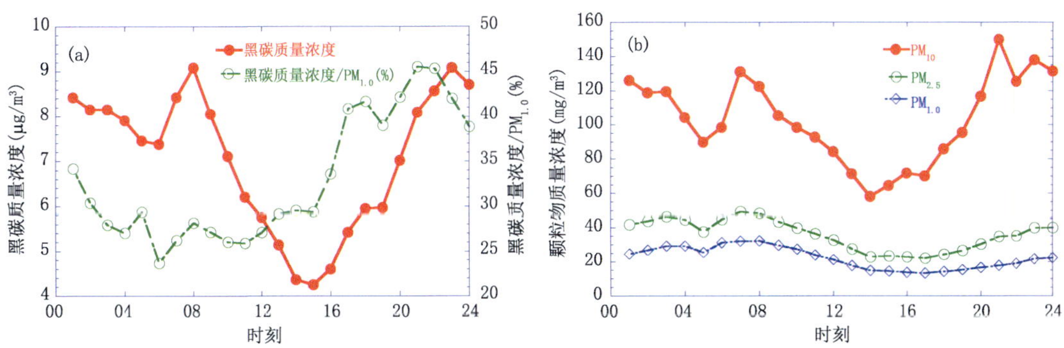

图 2.26　西安夏季黑碳气溶胶浓度(a)和颗粒物质量浓度(b)日变化

图 2.26b 是 Grimm180 颗粒物监测仪测量的 $PM_{1.0}$、$PM_{2.5}$、PM_{10} 颗粒物质量浓度。由图 2.26，PM_{10} 日变化形态与黑碳气溶胶浓度日变化较为接近。本研究计算了黑碳气溶胶浓度与 $PM_{1.0}$、$PM_{2.5}$、PM_{10} 质量浓度之间的相关关系（表 2.7）。黑碳气溶胶浓度与颗粒物质量浓度 $PM_{1.0}$、$PM_{2.5}$、PM_{10} 相关系数分别为 0.695、0.856、0.914。由于黑碳气溶胶是由于化石和生物质燃料不完全燃烧产生的，粒子尺度在 0.01～1 μm，按理说应该与 $PM_{1.0}$ 之间的相关关系要好

于 PM_{10}。但是从计算的结果来看，情况却是相反的。虽然 BC 粒子尺度在 0.01～1 μm，基本属于 $PM_{1.0}$，但 $PM_{1.0}$ 中含有大量二次气溶胶粒子，而二次气溶胶的日变化强烈受气象条件的日变化影响，BC 是一次气溶胶，PM_{10} 中主要也是一次气溶胶，其日变化主要受排放源的日变化影响，因此 BC 和 PM_{10} 的相关性要更高。

表 2.7　黑碳气溶胶与 $PM_{1.0}$、$PM_{2.5}$、PM_{10} 质量浓度相关关系

项目	相关系数(R)	P 值
$PM_{1.0}$	0.695	0.0002
$PM_{2.5}$	0.856	<0.0001
PM_{10}	0.914	<0.0001

③风向和风速对黑碳气溶胶的影响

由于泾河大气成分观测站位于西安城区北部，所以从图 2.27a 可以很明显看出，该站受从城区方向(西南风向)过来气流的影响，造成黑碳气溶胶测量浓度较高。泾河站夏季盛行东北风和西南风，这与环流形势有很大关系(由于陕西夏季主要受东南季风和西南季风影响)。受东北风影响时，由于上游没有大的城市污染，对泾河黑碳气溶胶浓度有一些影响；受西南风向影响时，由于城区位于测站西南方向，导致此方向气流将城区大气污染物输送到测站位置，造成该风向黑碳气溶胶测量浓度明显高于其他风向；偏西气流虽然频率少，但是由于测站西部是西咸一体化城市咸阳，造成的污染也不低；另外，偏南气流同样也将部分城市污染物输送到测站，造成观测值同样不低；只有气流方向从东部和东南方向来时，由于该方向是从秦岭山区来，空气比较清洁，所以造成该方向黑碳气溶胶浓度最低。通过统计计算，八个方向下平均黑碳浓度从小到大排列分别为 E、NE、SE、S、SW、N、W、NW。

图 2.27b 黑碳气溶胶浓度与风速之间的散点图。从图上可以明显看出，风速对黑碳浓度影响有不同作用。风速过小不利于污染物输送，风速在 1 m/s 以下时，由于气流的输送作用较小，测站的污染物只有局地的；当风速到达 2 m/s 时，由于受其他地区输送污染物的影响，这时测站所测黑碳气溶胶浓度值达到最大；当风速超过 3 m/s 以后，由于气流作用，使大气污染物很难堆积，造成黑碳气溶胶随风速增大浓度逐步减小，特别是风速大于 6 m/s 以后，黑碳浓度很少超过 5 μg/m³。

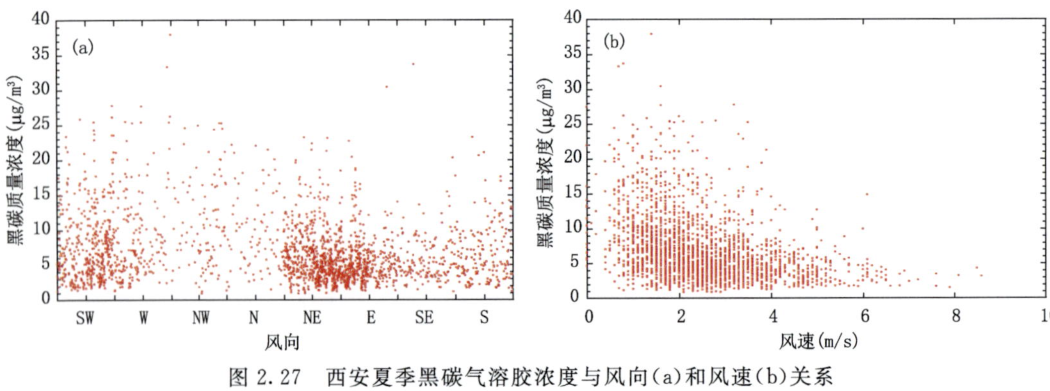

图 2.27　西安夏季黑碳气溶胶浓度与风向(a)和风速(b)关系

④城市边界层顶变化对黑碳气溶胶的影响

黑碳气溶胶浓度除了受风向、风速影响，还受边界层顶高度的影响，也就是大气湍流扩散高度的影响。边界层顶高度越高，单位气柱内容纳的污染物浓度越小，观测值越低；边界层顶高度越低，单位气柱内容纳的污染物浓度越大，观测值越高。

图 2.28a 是黑碳气溶胶浓度和利用罗氏法计算的边界层顶高度日变化图。在 05 时、06 时，虽然边界层顶高度较低，风速较小，但是街上机动车数量不多，黑碳排放较少，所以黑碳浓度达到低点。07 时以后，此时正处于上班高峰期，市区机动车增加，因交通来源的黑碳排放量增加；另外在日出后，大气稳定层结破坏，边界层顶高度抬高，应该有利于大气污染物的稀释扩散，但是，由于地面温度升高较慢，大气上下混合不强，使排放的污染物来不及升到较高空中，致使污染物堆积，基于以上原因，造成 07—09 时黑碳浓度升高。到了 10 时以后，地面温度升高较快，大气湍流增强，物质交换加快，所以黑碳浓度下降很快。随着温度进一步升高，边界层顶高度逐步抬升，到 15 时，边界层顶达到最高(1200 m)，此外，相对于一天的上下班交通高峰期，午后人为活动明显降低，机动车排放量降低，这时黑碳浓度全天最低。此后，随着地面温度降低，边界层顶高度也逐渐降低，另外，下班高峰期机动车辆逐渐增加，居民取暖及烹饪等活动，导致黑碳浓度逐渐升高，在 23 时达到全天最高。

图 2.28b 是夏季黑碳气溶胶浓度和边界层顶高度日平均图。可以看出，黑碳气溶胶浓度与边界层顶高度之间呈明显的反相关关系，即日平均边界层顶高度高，则黑碳气溶胶浓度低，反之也然。通过相关分析，得到二者的相关系数为－0.31。特别是 6 月 25 日—7 月 1 日期间，当边界层顶高度持续偏高时，造成黑碳浓度持续低，浓度范围在 2～4 μg/m^3。说明边界层顶高度较高，对大气污染物的排放非常有利。

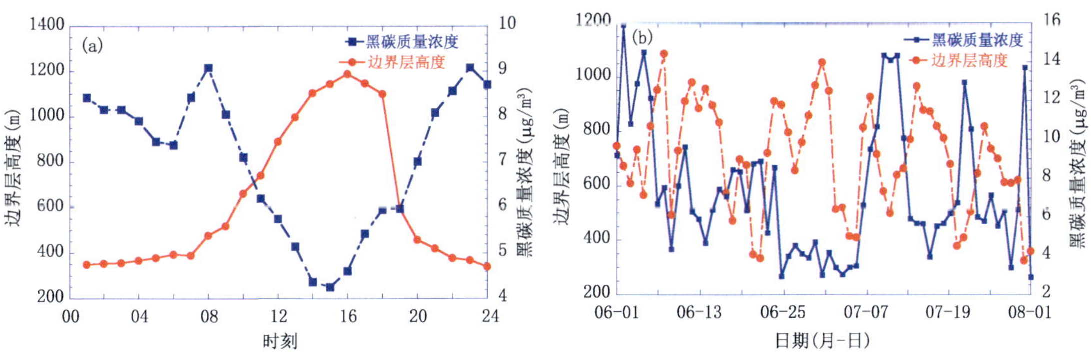

图 2.28 西安夏季黑碳气溶胶浓度与边界层顶高度变化

(a)日变化；(b)夏季日平均

(2)夏季黑碳气溶胶吸收特性及其与消光系数关系

黑碳气溶胶具有很强的吸附性，表面会吸附一些其他物质，从紫外到红外波长范围内都对太阳辐射有强烈吸收，是大气中首要的吸收型气溶胶成分(章秋英 等，2009)，对大气能见度影响很大。

利用黑碳气溶胶质量浓度，可以计算出黑碳气溶胶的吸收系数，其经验公式(吴兑 等，2009b)表达如下：

$$A_{532\ \mathrm{nm}} = 8.28\, M_{\mathrm{BC}} + 2.23 \tag{2.25}$$

式中，M_{BC} 是 AE-31 在 880 nm 波段测量的黑碳气溶胶质量浓度(μg/m^3)；$A_{532\ \mathrm{nm}}$ 是根据公式(2.25)将 880 nm 波段的黑碳气溶胶订正到 532 nm 波段上的吸收系数。

根据世界气象组织推荐值，可以实现能见度和消光系数的转换(姚婷婷 等，2010)，其中转换公式为：

$$b_{ext} = 2.996/V_R \tag{2.26}$$

式中，2.996 代表 Koschmeider 常数，为世界气象组织（WMO）推荐值。取该值时，有以下假设条件：目标物为深色理想物体，阈对比度取 0.05；目标物和观察者之间大气组成均一，地球曲率可忽略，目标物、天空背景和观察者等各处的光亮度相同。

根据黑碳仪观测的 2011 年 6 月 1 日—8 月 31 日黑碳气溶胶小时质量浓度和泾河小时能见度资料，利用式(2.25)和式(2.26)式计算西安地区气溶胶吸收系数、大气消光系数。

图 2.29 是利用黑碳气溶胶浓度、大气能见度计算的 6、7、8 月三个月气溶胶吸收系数和大气消光系数及其比值的日变化。从图 2.29a 可以看出，气溶胶吸收系数和大气消光系数的日变化比较显著。气溶胶吸收系数在凌晨维持高值到 08—09 时，然后迅速下降，在 15—16 时达到最低值，之后吸收系数迅速增加，到 23 时达到高值，高值在 70～90 Mm^{-1}，低值在 35～40 Mm^{-1}。6、7、8 月三个月吸收系数的日变化总体趋势一致。大气消光系数的日变化与吸收系数一致，不过其极值出现时间比吸收系数晚 1 h 左右。消光系数高值在 300～450 Mm^{-1}之间，低值在 230～260 Mm^{-1}之间。6、7、8 月三个月消光系数总体变化趋势一致，平均值依次增加。图 2.29b 是 2011 年夏季 6、7、8 月三个月气溶胶吸收系数与大气消光系数比值的日变化。从图上看，该比值有明显周期变化，早晚比值高，中午比值低，呈典型的 V 型。早晚比值高，说明黑碳气溶胶的消光作用在整个大气消光中所占比重高（达到 25%～30%），这主要是由于此时城市边界层顶低，造成黑碳气溶胶浓度高。随着黑碳气溶胶浓度逐渐降低，该比值逐渐减少，在午后（12 时）达到一天最低（12%～18%）；然后随着黑碳气溶胶浓度逐渐增多，该比值开始增加，在凌晨达到最高。

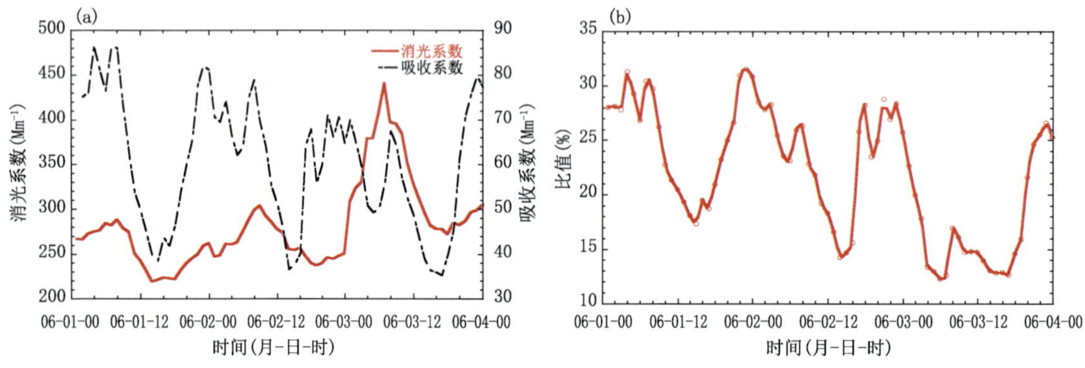

图 2.29　西安夏季 6—8 月黑碳气溶胶吸收系数和大气消光系数(a)及其比值(b)日变化

图 2.30 是利用黑碳气溶胶浓度、大气能见度计算的 6、7、8 月三个月气溶胶吸收系数和大气消光系数日平均值及其比值。从图 2.30a 可以看出，夏季气溶胶吸收系数和大气消光系数日平均值变化幅度较大，二者在变化形态上不完全一致，有时二者变化完全相反，说明气溶胶吸收系数只是大气消光系数中一个部分，并不能完全反映消光系数的变化。气溶胶吸收系数变化范围在 20～130 Mm^{-1}，6、7、8 月三个月平均值分别为 64.9、61.7、55.4 Mm^{-1}。大气消光系数日平均与吸收系数日平均变化不完全一致，变化范围在 200～700 Mm^{-1}，6、7、8 月三个月平均值分别为 254.5、262.8、329.6 Mm^{-1}。图 2.30b 是 2011 年夏季 6、7、8 月三个月气溶胶吸收系数与大气消光系数日平均值的比值，变化范围在 10%～50%，6、7、8 月三个月平均值分

别为 25.5%、23.2%、17.1%，可见这三个月该比值变化还是比较大的。

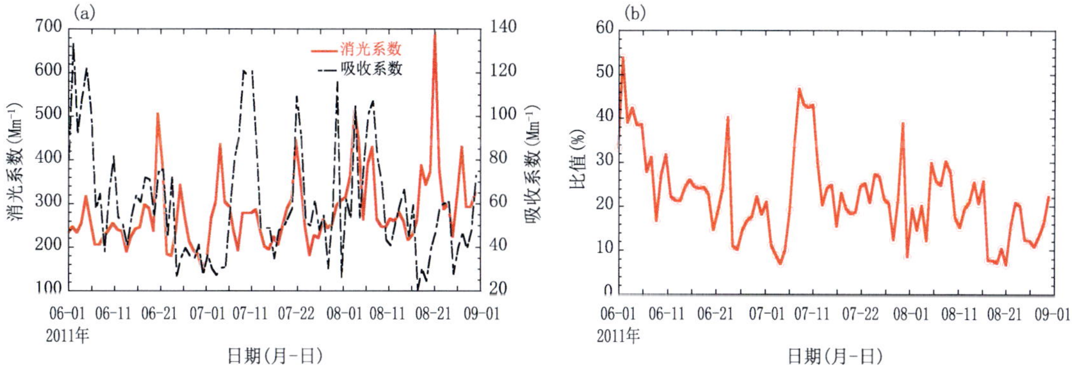

图 2.30　西安夏季 6—8 月黑碳气溶胶吸收系数和大气消光系数日平均值(a)及其比值(b)变化

2.5 大气颗粒物数谱及变化特征

气溶胶粒子数浓度与粒径谱、表面积浓度、化学成分等综合因素的差异，决定了气溶胶对大气能见度影响的差异(Seinfeld et al.，1998)。因此，开展颗粒物粒径谱分布特征研究，对于更进一步的了解气溶胶特性，评估区域气溶胶的环境效应和气候效应有着重要意义。

2.5.1　西安地区大气颗粒物数浓度基本特征

根据 2013 年 11 月—2014 年 12 月(不包含 2014 年 6 月和 7 月)秦岭气溶胶与云微物理野外科学科学试验基地观测资料，对西安地区 10～500 nm 大气颗粒物的变化特征进行了研究，并与 2013 年北京的观测结果进行了比对。将 SMPS 观测得到的 10～500 nm 颗粒物划分为：凝结核模态(10～30 nm)、爱根核模态(30～100 nm)和积聚模态(100～500 nm)。计算了西安地区不同模态颗粒物的数浓度。西安地区凝结核模态(N_{NUC})、爱根核模态(N_{AIT})、积聚模态(N_{ACC})以及总颗粒物数浓度(N_{TOT})的平均值分别为：$1.0\pm0.5\times10^3$ cm^{-3}、$4.5\pm2.1\times10^3$ cm^{-3}、$3.5\pm1.4\times10^3$ cm^{-3}、$9.0\pm3.6\times10^3$ cm^{-3}，中值(50%的值)为 0.612×10^3 cm^{-3}、3.729×10^3 cm^{-3}、3.297×10^3 cm^{-3}，8.100×10^3 cm^{-3}。与北京地区观测结果相似(Wu et al.，2008)。爱根核模态粒子数浓度略高于其他两个模态，表明对于西安郊区而言，粒子数浓度受人为源排放影响仍较大。

表 2.8 给出了中国不同地区大气颗粒物平均数浓度观测结果，西安大气颗粒物平均数浓度低于北京城区(Wu et al.，2008)、上海郊区(Gao et al.，2009)、济南冬季以及部分郊区站点如 Yufa(Yue et al.，2009)和 Xinken(Liu et al.，2008a)的观测结果，与济南地区夏季和上甸子地区(Shen et al.，2011)的观测结果相近，远高于瓦里关本底站的观测结果(Kivekäs et al.，2009)。西安郊区超细粒子(Ultra Fine Particles，粒径<100 nm)数浓度为 5.4×10^3 cm^{-3}，较北京、济南、上海和 Yufa 的观测值低。N_{ACC} 的浓度为 3.5×10^3 cm^{-3}，与南京(Zhu et al.，

2013)的观测结果相似。

表 2.8 中国不同区域颗粒物平均粒子数浓度对比

数浓度（cm^{-3}）				观测日期	地点	文献
3～20 nm 9000	20～100 nm 15900	100～1000 nm 7800	3～1000 nm 32800	2004 年 3 月 —2006 年 2 月	北京 城区	Wu et al.,2008
10～100 nm 10300 15591	100～500 nm 385 1796	10～500 nm 10685 17387		2006 年 5 月 10—21 日 11 月 13—30 日	济南 城区	Gao et al.,2007
10～100 nm 28511	100～500 nm 1676	10～500 nm 30187		2005 年 5 月 5 日 —6 月 2 日	上海 郊区	Gao et al.,2009
3～20 nm 2000	20～100 nm 9000	100～1000 nm 5000	3～1000 nm 17000	2006 年 8 月 12 日 —9 月 8 日	Yufa 郊区	Yue et al.,2009
3～1000 nm 16300				2004 年 10 月 3 日 —11 月 5 日	Xinken 郊区	Liu et al.,2008a
12～21 nm 570	21～95 nm 1060	95～570 nm 430	12～570 nm 2030	2005 年 9 月 —2007 年 5 月	瓦里关 本底站	Kivekäs et al.,2009
3～25 nm 3610	21～95 nm 1060	95～570 nm 430	3～1000 nm 11510	2008 年 3 月— 2009 年 8 月	上甸子 郊区	Shen et al.,2011
10～30 nm 960	30～100 nm 4457	100～500 nm 3548	10～500 nm 8650	2013 年 11 月— 2014 年 12 月	西安 郊区	本研究

2.5.2 西安地区大气颗粒物数浓度月均值变化特征

图 2.31 给出了西安地区不同模态颗粒物数浓度和总数浓度月均值变化特征。结果表明：凝结核模态颗粒物数浓度有明显的月变化(图 2.31)，最大值出现在 8 月，为 1718 cm^{-3}，最小值出现在 2 月，仅有 404 cm^{-3}，在西安郊区，凝结核模态颗粒物受人为排放和新颗粒物生成事件的共同影响，8 月浓度最高主要与夏季光化学反应强烈和新颗粒物生成事件较强有关。爱根核模态颗粒数物浓度最大值出现时间与凝结核模态相同，也在 8 月，均值为 7366 cm^{-3}，最小值出现在 4 月，爱根核模态颗粒物主要受人为排放源和凝结核模态颗粒物粒径增长的影响，夏季高值应与凝结核模态颗粒物粒径的增长有关，最小值出现时间与凝结核模态略有差异。积聚模态颗粒物数浓度的变化与总颗粒物数浓度变化类似，2013 年 11 月—2014 年 1 月存在持续的高值，2014 年 2—5 月量值相对较低，积聚模态颗粒物和总颗粒物数浓度的高值主要出现在冬季，应与冬季频发的灰霾污染事件有关。

2.5.3 西安地区大气颗粒物数浓度季节和日变化

图 2.32 给出了西安地区不同季节 10～500 nm 颗粒物粒径谱分布及平均百分比分布特征。

(1)西安地区不同季节大气颗粒物粒径谱分布

西安地区夏季粒子谱峰值主要在 67.3 nm 附近，春季和秋季在 80 nm 附近，冬季则主要在 90 nm 附近，表明不同季节西安地区细粒子的污染源有一定的区别。冬季西安地区大气对流交换相对较弱，光化学反应也较弱，因此，供暖系统所排放的污染物对纳米级粒子有重要贡

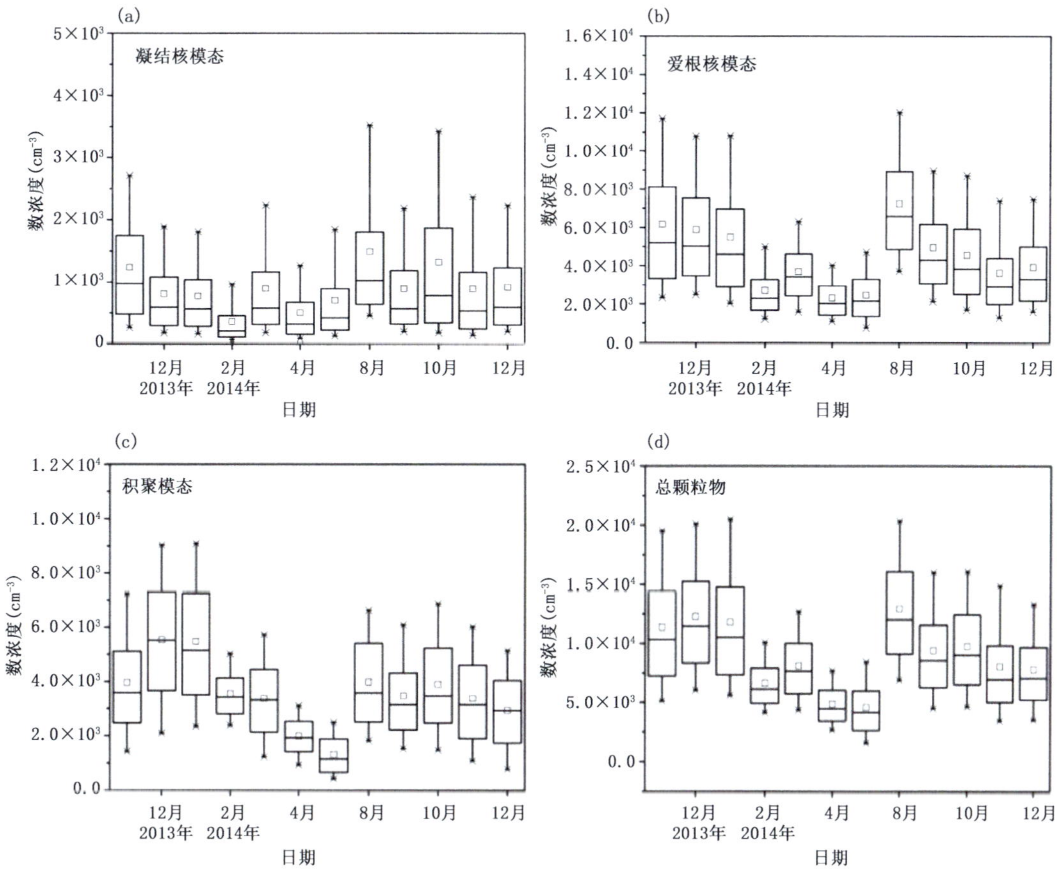

图 2.31　西安地区 N_{NUC}(a)、N_{AIT}(b)、N_{ACC}(c)和 N_{TOT}(d)月变化特征

(方形的上部和下部代表 75%和 25%的数浓度,星号代表 90%和 10%的数浓度,方块代表均值,方型中间的横线代表 50%浓度值,2014 年 6 月和 7 月无观测值)

献。在西安地区,爱根核模态粒子的数浓度所占比重较大,春、夏、秋、冬季的比重分别为:50.4%、56.4%、50.0%、49.1%。超细粒子(粒径<100 nm)在西安地区四个季节所占的比重分别为 63.2%、69.6%、62.2%、58.1%,与欧洲和北美(Tuch et al.,1997)、德国东部(72%)以及亚特兰大(61%)(Woo,2003)等地的观测结果相当。

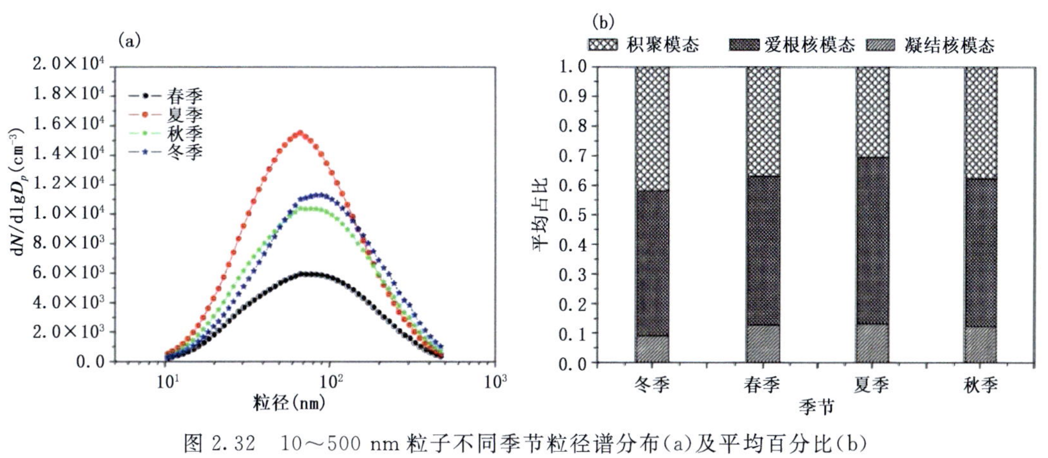

图 2.32　10～500 nm 粒子不同季节粒径谱分布(a)及平均百分比(b)

(2)西安地区不同季节大气颗粒物数浓度日变化特征

图 2.33 给出了西安地区不同季节粒子谱分布和不同模态颗粒物数浓度时间变化特征。凝结核模态粒子夏季表现为单峰变化，春季为双峰变化，秋季和冬季为三峰变化，与北京的观

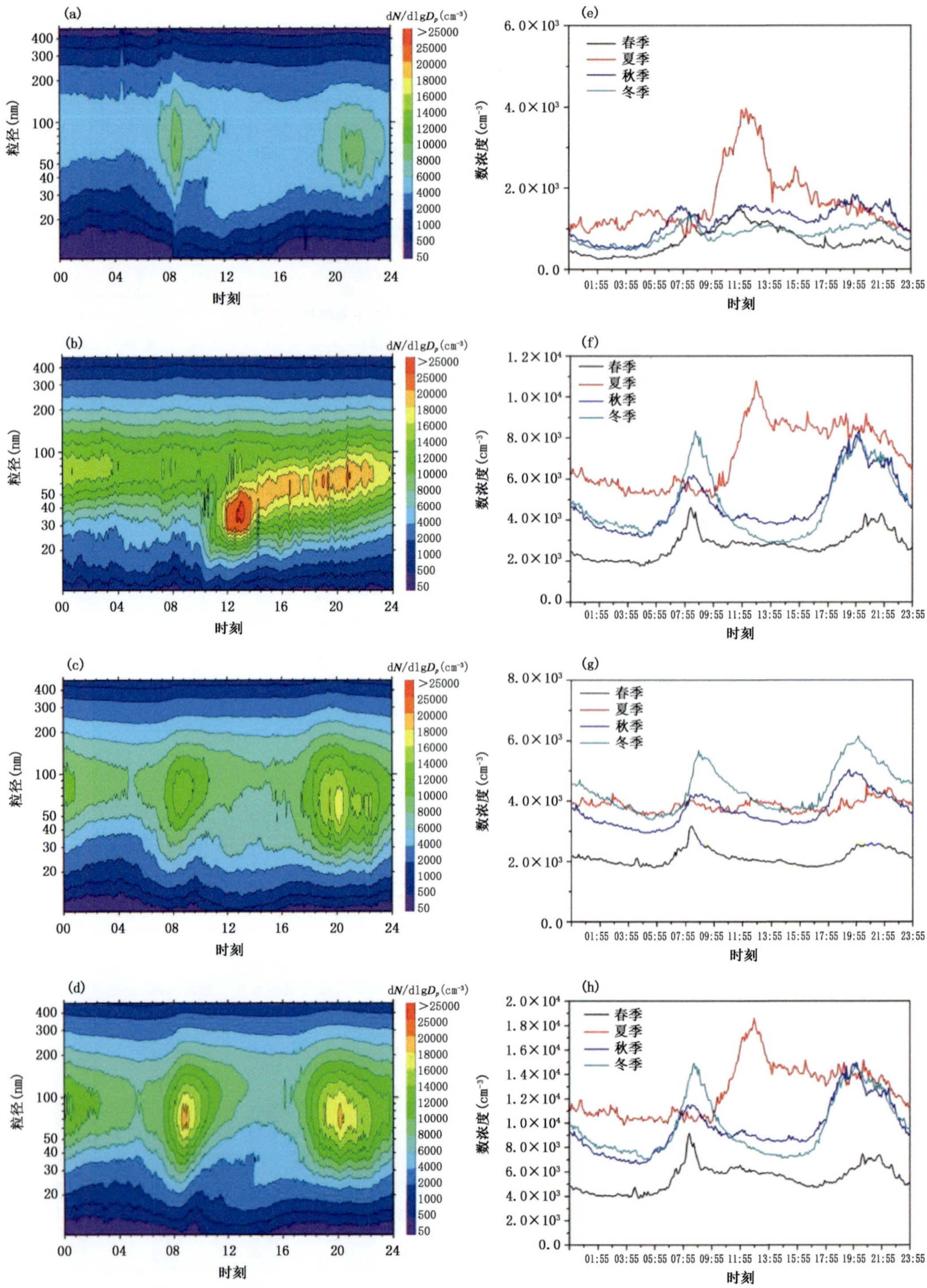

图 2.33　西安地区春季(a)、夏季(b)、秋季(c)、冬季(d)粒子谱分布和凝结核模态(e)、爱根核模态(f)、积聚模态(g)、总颗粒物数浓度(h)时间变化特征

测结果存在一定的差异(Wu et al.,2008),夏季凝结核模态颗粒物的数浓度在当地时间上午10 时开始增加,在 13 时附近到达峰值,之后开始逐渐下降,受新颗粒物生成事件影响显著,新颗粒物生成事件在西安地区一年四季均可以观测到,但由于夏季到达地表面的太阳辐射较强,大气温度较高,有利于近地面光化学反应的进行,而光化学反应的产物将会加强新颗粒物生成过程(Gao et al.,2009),因此西安地区夏季凝结核模态颗粒物数浓度明显高于其他季节;春季凝结核模态颗粒物呈现双峰变化,峰值出现在早上 08:30 和中午 12 时,早上的峰值主要与人类活动和机动车排放有关(Wehner et al.,2002;Kittelson et al.,2004),而中午的峰值则主要与新颗粒物生成事件有关;秋季和冬季凝结核模态颗粒物呈现出三峰的变化特征,早上的峰值主要出现在当地时间 08 时(秋季)和 09 时(冬季)。冬季早上峰值出现的时间要晚于秋季,可能原因为:冬季日出时间晚,气温偏低,低温、低混合层高度以及高浓度污染物的存在均有利于凝结核模态颗粒物向爱根核模态转化(Shi et al.,1999),因此冬季凝结核模态颗粒物数浓度峰值出现时间晚于秋季。中午的峰值主要出现在 12 时(秋季)和 13 时(冬季),主要与新颗粒物生成事件有关。晚上数浓度峰值主要出现在 20 时附近,主要与人类活动、交通排放等因素有关。

分析爱根核模态颗粒物数浓度的日变化特征,爱根核模态颗粒物数浓度夏季呈现出单峰,春季、秋季和冬季为双峰的变化趋势。春季、秋季、冬季早上的峰值出现在 08:30 附近,晚上的峰值出现在 20 时(秋季、冬季)和 21 时(春季)附近,主要与交通排放和人类活动有关。冬季爱根核模态颗粒物数浓度明显高于其他季节,一方面与因采暖颗粒物排放增多有关,另一方面与冬季边界层高度较低,导致颗粒物在近地面堆积也有一定的关系。夏季,爱根核模态颗粒物的峰值浓度主要出现在 13:30 附近,略晚于凝结核模态颗粒物数浓度峰值出现的时间,受凝结核模态颗粒物数浓度影响明显,夏季爱根核模态颗粒物数浓度无早晚峰值出现,其可能原因为:夏季日出时间和混合层开始增长的时间均早于其他季节,高混合层高度和强的大气扩散能力使得早晚人类活动高峰对颗粒物数浓度的影响减弱。

积聚模态颗粒物数浓度春季、秋季、冬季日变化特征与爱根核模态颗粒物数浓度日变化特征相似,均呈现出双峰的特征,受早晚交通排放和人类活动影响明显,冬季积聚模态颗粒物数浓度量值明显高于其他季节,一方面是受供暖的影响,另一方面与冬季边界层偏低也有一定关系。夏季积聚模态颗粒物变化趋势较平稳,无明显峰值出现。

颗粒物总数浓度变化与爱根核模态颗粒物数浓度变化类似,表明,西安地区颗粒物数浓度主要是受爱根核模态颗粒物数浓度影响。

2.6 新颗粒物生成事件

新颗粒物的生成(New particle formation,NPF)即大气颗粒物的成核过程是气体分子凝结成分子簇的过程,也是一个从气态到液态再到固态的变化过程。新颗粒物的增长过程是指新鲜排放或者新生成的颗粒物粒径增长变大的过程(Kulmala et al.,2004)。根据 Kulmala 等(2001) 给出的新颗粒物生成事件的判定标准,结合 Jung 等(2013)给出的判识方法,利用凝结核模态颗粒物数浓度和超细颗粒物(粒径小于 100 nm)数浓度的比值来判定西安地区的新颗粒物生成过程,定义核模态颗粒物数浓度与超细颗粒物数浓度的比值大于 0.5,并且持续时间超过 0.5 个小时,为一次新颗粒物生成事件(Jung et al. ,2013)。

2.6.1 西安地区新颗粒物生成事件统计特征

基于新颗粒物的生成事件判识标准,对西安地区 2013 年 11 月—2014 年 12 月(不包含 2014 年 6 月和 7 月)的 12 个月的观测资料进行统计,累计得到 66 个新颗粒物生成过程,占全部观测日数的 19%(观测日数为 347 日),图 2.34 给出了西安地区不同月份新颗粒物生成事件发生的频率,西安地区 5 月新颗粒物生成事件最多,10 月次之,2 月新颗粒物生成事件最少,该变化趋势与北京城区的结果和上甸子的观测结果存在一定的差异。

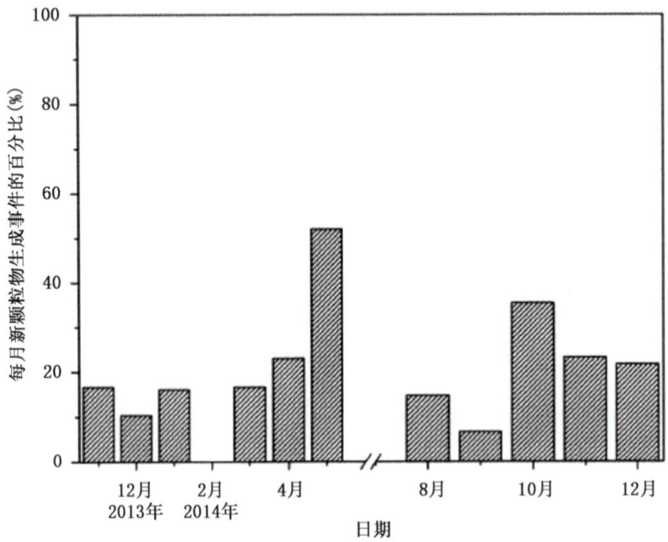

图 2.34 新颗粒物生成事件出现的频率

表 2.9 给出了新颗粒物生成过程中部分参数变化特征。西安地区新颗粒物生成过程主要出现在白天,表明新颗粒物生成过程与太阳辐射有一定关系。新生成的颗粒物平均数浓度呈现明显的双峰变化特征,一个峰值在 10～30 nm,另一个则出现在爱根核模态,与 Jung 等(2013)在日本的观测结果类似,西安地区新生成颗粒物的峰值粒径(颗粒物数浓度最大时对应的颗粒物粒径)在 12～26 nm 之间,均值为 21±3.8 nm,凝结核模态颗粒物的数浓度变化范围在 1412～17714 cm^{-3}之间,均值为 7064±4109 cm^{-3}。新颗粒物生成过程中爱根核模态颗粒物的变化范围在 820～16889 cm^{-3}之间,均值为 4211±2924 cm^{-3}(表 2.9)。

西安地区新颗粒物生成过程中凝结核模态颗粒物数浓度和爱根核模态颗粒物的数浓度均高于日本北部地区的研究结果(Jung et al. ,2013)。颗粒物成核后,会通过凝结增长变为更大粒径的颗粒物,进一步增长为云凝结核(Jang et al. ,2001;Zhang et al. ,2002)。中纬度地区典型的增长速率(GR)在 1～20 nm/h (Kulmala et al. ,2004)。西安地区新生成颗粒物粒径的增长速率在 2.8～10.7 nm/h 之间,均值为 5.0±1.9 nm/h, 与我国其他中纬度地区观测的结果

表 2.9 西安地区新颗粒物生成过程基本参数变化特征

日期	起止时间	峰值粒径* (nm) 均值及范围	GR(nm/h)** 均值及范围	峰值浓度***(cm^{-3})	
				N_{NUC} 均值及范围	N_{AIT} 均值及范围
2013 年 11 月	09:50—14:45	22(20～26)	4.2(3.2～6.0)	5037(2702～7829)	3196(1886～6375)
2013 年 12 月	11:50—12:45	21(17～23)	5.9(4.5～7.3)	3649(2952～4450)	3439(2921～4289)
2014 年 1 月	12:50—14:15	20(17～23)	4.9(3.6～6.3)	4708(4087～5845)	3317(2014～4155)
2014 年 2 月	—	—	—	—	—
2014 年 3 月	09:45—12:15	18(12～21)	3.5(3.1～5.0)	6879(2680～10126)	2712(1623～4001)
2014 年 4 月	09:40—12:25	21(14～26)	7.2(4.3～8.4)	4934(1674～11849)	3065(820～7837)
2014 年 5 月	08:15—15:25	22(16～26)	4.8(3.3～6.7)	7100(1268～14478)	4760(507～8751)
2014 年 6 月	10:10—12:00	25(21～28)	4.7(4.5～5.0)	14595(11015～17714)	11365(6275～16889)
2014 年 9 月	08:25—10:30	20(18～21)	6.3(5.2～7.4)	16787(16185～17391)	6125(5289～6961)
2014 年 10 月	10:15—12:45	21(15～26)	6.2(3.0～10.7)	8049(3087～15878)	4479(1394～10303)
2014 年 11 月	10:35—16:05	17(15～22)	3.6(2.8～5.9)	5548(1412～9567)	2641(1040～5224)
2014 年 12 月	10:15—13:30	17(15～21)	4.9(4.2～5.6)	3876(2437～5310)	1767(1586～1917)
最小值		12	2.8	1412	820
最大值		26	10.7	17714	16889
均值		21	5.0	7064	4211
标准差		3.8	1.9	4109	2924

* 峰值粒径:颗粒物数浓度最大时对应的颗粒物粒径,是每个月 NPF 事件中得到的均值。
** 增长速度主要是通过峰值粒径来进行计算。为每个月的均值。
*** 峰值浓度主要是指每个月 NPF 事件中最高数浓度的均值。

类似,例如在长江三角洲地区增长速率在 3.6～7.4 nm/h(6.4±1.6 nm/h)(Gao et al.,2009)之间,在北京郊区上甸子地区观测到的增长速率在 0.3～14.5 nm/h(4.3 nm/h)(Shen et al.,2011)之间,在澳大利亚的布里斯班春冬季节观测到的增长速率在 1.79～7.78 nm/h(4.6 nm/h)(Cheung et al.,2011)之间。

2.6.2 气象条件对西安地区新颗粒物生成事件的影响

为了进一步明确影响新颗粒物生成过程的气象条件,本研究利用 Hybrid Single Particle Lagrangian Integrated Trajectory(HYSPLIT) 模式分析了西安地区 66 个新颗粒物生成事件的后向轨迹(图 2.35)。

结果表明,西安地区新颗粒物生成事件有 56 次发生在西北风条件下,占全部观测个例总数的 85%,24 h 轨迹变化表明,西北风的路径较长而且来自于相对较冷的北方,气团移动速度较快而且相对较干净,来自西北方向的气团会降低当地前体颗粒物的浓度(Dong et al.,2013),降低凝结汇,有利于新颗粒物生成事件的发生。这些气团影响下的新颗粒物生成事件主要出现在中午到下午之间,持续时间一般在 2 个小时以上,有时甚至可以持续 6～7 个小时。另外,西安地区新颗粒物生成事件有 10 次发生在偏南风的条件下,占总观测个例总数的 15% 左右,这类条件下的新颗粒物生成事件一般出现在春季(4、5 月)或者秋季(10 月)的上午,基本

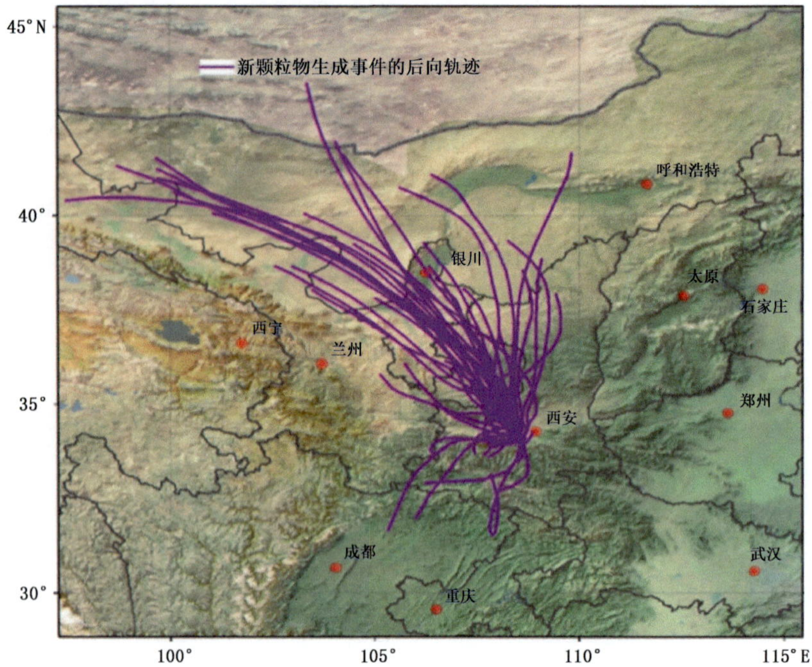

图 2.35 西安地区新颗粒物生成事件 24 h 后向轨迹模拟
(高度:500 m,每条轨迹从每个新颗粒物生成事件的结束时间开始)

在 12 时左右结束,整个过程的持续时间在 1～2 h。

西安地区观测到的 66 个新颗粒物生成事件,根据其粒径增长速度可以分为 2 种类型:一种是可以明确测到增长速度,即颗粒物成核后有粒径持续增长的过程,约占总数的 64%;一种是增长速度很弱或者几乎测不到,即颗粒物成核后粒径基本维持在 30 nm 以下,粒径无明显的持续增长的过程,约占总数的 36%。对于有持续增长过程,颗粒物粒径的增长速度通过了可信度检验,并且粒子的粒径可以增长至 40～50 nm 甚至更高(图 2.36a),对于该类型的新颗粒物生成过程,爱根核模态颗粒物数浓度在粒子核化后即开始增长(图 2.36c),其增长与峰值粒径呈显著的相关,其峰值出现的时间较凝结核模态粒子峰值出现的时间晚半个小时左右。而对于无持续增长的新颗粒物生成过程,粒子的增长速率很弱或者是几乎测不到,颗粒物生成后无持续的增长过程出现(图 2.36b),爱根核模态颗粒物数浓度在 4～5 个小时内变化较小,峰值粒径也持续维持在 30 nm 以下,同时凝结核模态颗粒物数浓度有多个峰值存在。

气象要素的变化特征表明,对于两种新颗粒物物生成事件,环境温度和湿度无明显的差异(表 2.10),只是对于有持续增长的过程,在新颗粒物生成事件开始到颗粒物粒径持续增长的过程中风向由西北风转向了东风或者东南风,而对于无持续增长的新颗粒物生成事件,风向一直维持在偏西。Cheung 等(2011)和 Jung 等(2013)在澳大利亚的布里斯班以及日本的北部地区也观测到了两种不同的新颗粒物生成事件,研究发现有持续增长新颗粒物生成过程其气团来源与交通排放源有关,而无持续增长的新颗粒物生成过程其气团则来自于工业排放源(Cheung et al.,2011)。对于本研究的西安区域,其东方和东南方主要是村庄和居民区,气团来自于东方或者东南方则会携带大量的交通排放源的污染物,对颗粒物的凝结和碰并增长是有利的，而观测站点在西部则是大片的农田以及部分的森林区，来自该方向的气团中不含有使颗粒物粒径持续增长的成分，因此，粒子核化后粒径一直处于 30 nm 以下。

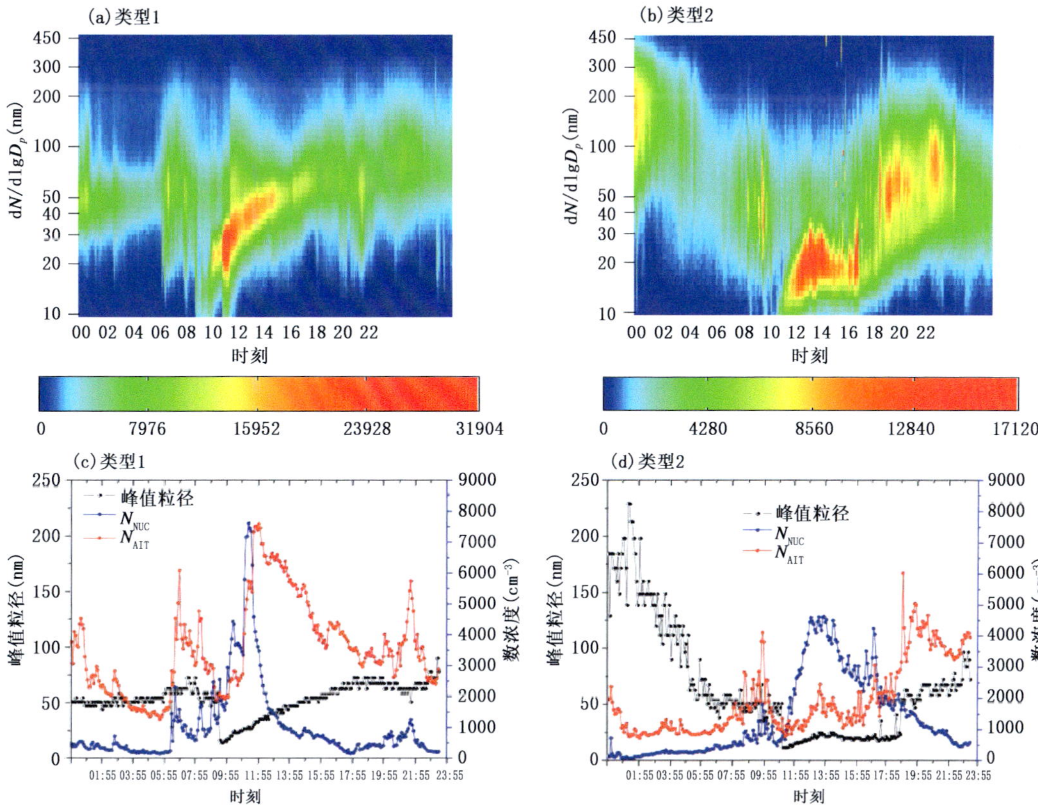

图 2.36　颗粒物数谱分布（a：有持续增长过程，b：无持续增长过程）以及不同 NPF 过程中 N_{NUC}、N_{AIT} 以及 Mode D_p 的演变（c：有持续增长过程，d：无持续增长过程）

表 2.10　两种不同 NPF 过程中气象要素变化差异

	类型 1*	类型 2*
时间	08:00—16:00	
风向	W 转 E 或者 SE**	W
风速（m/s）	1.9±1.2***	2.4±1.5
温度（℃）	16.5±8.0	13.3±8.7
相对湿度(%)	46±19	46±21

* 类型 1 和类型 2 代表有持续增长和无持续增长的 NPF 过程。

** W：西风，E：东风，SE：东南风。

2.6.3　西安与北京地区新颗粒物生成过程的对比

为了进一步明确西安地区颗粒物物理特征与其他地区的区别，本研究利用相同仪器在北京香河进行了为期一个月的观测，并用该结果与西安地区观测结果进行了比较。

北京香河的观测时间为 2013 年 6 月 1 日—7 月 2 日。西安选取的对比时间为 2014 年 5 月 1—25 日。两个地点采用同一台 SMPS 进行观测。

为了明确两个地区新颗粒物生成事件基本特征的差异，本研究计算了两个地区的凝结汇(Condensation Sink)。凝结汇是衡量大气气溶胶动力学特征的一个重要的物理量，其物理意义为大气中实际有效的颗粒物表面积浓度对前体气体的去除能力。由于这些表面积的存在，一定量的颗粒物生成前体气体凝结消失，从而无法参与到新颗粒物生成及粒径增长过程中。凝结汇 CS 计算主要利用以下公式(Kulmala et al. ,2001;Dal Maso et al. ,2005)：

$$\mathrm{CS} = 2\pi D\int_0^{\infty} D_p\beta_M(D_p)n(D_p)\mathrm{d}D_p = 2\pi D\sum_i \beta_M D_{pi} N_i \tag{2.27}$$

式中，D 是大气中成核前体气体的分子扩散系数，D_{pi} 是颗粒物粒径，N_i 是粒子数浓度，β_M 是粒径为 D_{pi} 的大气颗粒物所具有的质量通量迁移校正因子(Fuchs et al. ,1971)。

理论上讲，颗粒物的凝结汇应该包含所有范围内的颗粒物，但由于本研究中 SMPS 的测量范围仅为 10～500 nm，所以在理论上低估了西安和北京地区的 CS 水平。

(1)观测期内西安和北京气象条件概况

图 2.37 出了两个地点观测得到的气象条件概况(风向、风速、温度、湿度和降水)。其中北京香河气象观测使用的是 Vaisala 公司生产的 WXT－510 的自动气象观测站，长安气象观测使用的是中国华云公司生产的 CAWS3000 自动气象观测站。西安观测期间环境温度变化范围在 7.2～32.4 ℃之间，平均温度为 19.7 ℃。北京地区观测期间环境温度范围在 13.7～34.7 ℃之间，平均温度为 23.5 ℃，略高于西安地区，西安地区的相对湿度略低于北京地区。西安地区观测期间内主导风向为东风/西风，北京地区观测期间内主导风向为东风。西安地区观测期间风速在 0.2～7.2 m/s 之间，平均风速为 1.5 m/s，北京地区风速低于西安地区，在 0～3.9 m/s 之间，平均风速为 1.3 m/s。

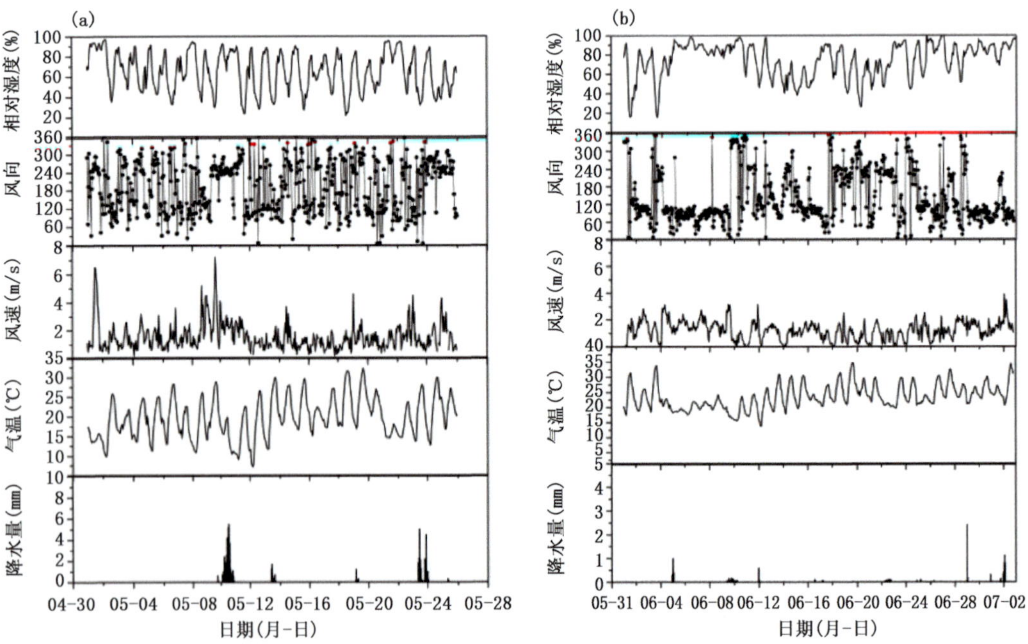

图 2.37　西安(a)、北京(b)两地观测期间气象条件概况

(2)西安和北京大气颗粒物基本特征对比

表 2.11 给出了西安和北京两个地区的凝结核模态颗粒物数浓度(N_{NUC})、爱根核模态颗粒物数浓度(N_{AIT})、积聚模态颗粒物数浓度(N_{ACC})、超细颗粒物数浓度(N_{UFP})以及凝结汇($CS_{10\sim500}$)和峰值粒径(Mode D_p)的分布特征。由表 2.11,西安郊区 N_{NUC}为 872±1324 cm^{-3},略高于北京郊区(855±998 cm^{-3})。两个地区均是爱根核模态颗粒物数浓度占主导地位,西安地区 N_{ACC}和 N_{UFP}分别为 1314±783 cm^{-3}和 3373±2525 cm^{-3},低于北京地区观测的结果,N_{ACC}:3923±3140 cm^{-3},N_{UFP}:5120±2673 cm^{-3}。北京地区观测期间颗粒物总数浓度是西安地区的 2 倍,主要是大于 30 nm 颗粒物的贡献,北京地区大于 30 nm 颗粒物数浓度占总浓度的 90.6 %,西安地区则占总浓度的 81.4 %。北京郊区上甸子的研究也表明,北京郊区 5 月和 6 月爱根核模态和积聚模态颗粒物数浓度均较高,可能与北京郊区生物质燃烧以及周围村庄的人为源排放等有关。同时,北京地区的凝结汇也明显高于西安地区,北京凝结汇的月均值为 0.0311±0.023 s^{-1},而西安仅为 0.0113±0.006 s^{-1}。在北京地区观测期间,出现了 4 次生物质燃烧过程,分别在 6 月 10 日、20 日、24 日和 26 日(图 2.38),CS 最高值达到 0.1503 s^{-1}。北京地区的颗粒物平均粒径为 89±30 nm,是西安地区颗粒物平均粒径(67±29 nm)的 1.4 倍。综上,北京地区大气颗粒物数浓度偏高粒径偏大,表明北京地区 10~500 nm 颗粒物的排放源与西安地区有一定的差异。

表 2.11 西安与北京地区不同粒径段颗粒物基本特征对比

主要参数	西安				北京			
	AVG±S. D	Median	Min	Max	AVG±S. D	Median	Min	Max
N_{NUC}(cm^{-3})	872±1324	447	24	10582	855±988	557	3	8496
N_{AIT}(cm^{-3})	2501±1560	2193	338	10626	4265±2261	3705	82	12611
N_{ACC}(cm^{-3})	1314±783	1162	201	5117	3923±3140	3155	51	19855
N_{UFP}(cm^{-3})	3373±2525	2748	363	16320	5120±2673	4349	85	16735
$CS_{10\sim500}$	0.0113±0.006	0.0102	0.0019	0.0418	0.0311±0.023	0.0255	0.0011	0.150
Mode D_p(nm)	67±29	64	17	176	89±30	91	15	189

(3)西安与北京新颗粒物生成事件统计特征对比

在观测期间,西安地区累计得到了 13 个新颗粒物生成事件(图 2.38a),约占总观测时间的 50 %,西安地区 5 月新颗粒物生成事件的频率略低于上甸子(60%)(Shen et al.,2011),与北京城区 5 月的频率基本相当(50%)(Wu et al.,2007),而对于本研究中的北京香河地区,6 月仅观测到了 7 个新颗粒物生成事件(图 2.38b),占总观测时间的 24%,远低于上甸子(50%)和北京城区(35%)6 月新颗粒物生成事件的频率。应该与本研究区域观测期内凝结汇较高有关,高凝结汇会抑制新颗粒物生成事件的发生。

西安郊区 5 月观测到的 13 个新颗粒物生成事件,其中 10 次为有持续增长过程,3 次为无持续增长过程,北京观测到 7 次新颗粒物生成过程,4 次为有持续增长过程,3 次为无持续增长过程。表 2.12 和表 2.13 分别给出了西安和北京地区新颗粒物生成过程的基本特征。

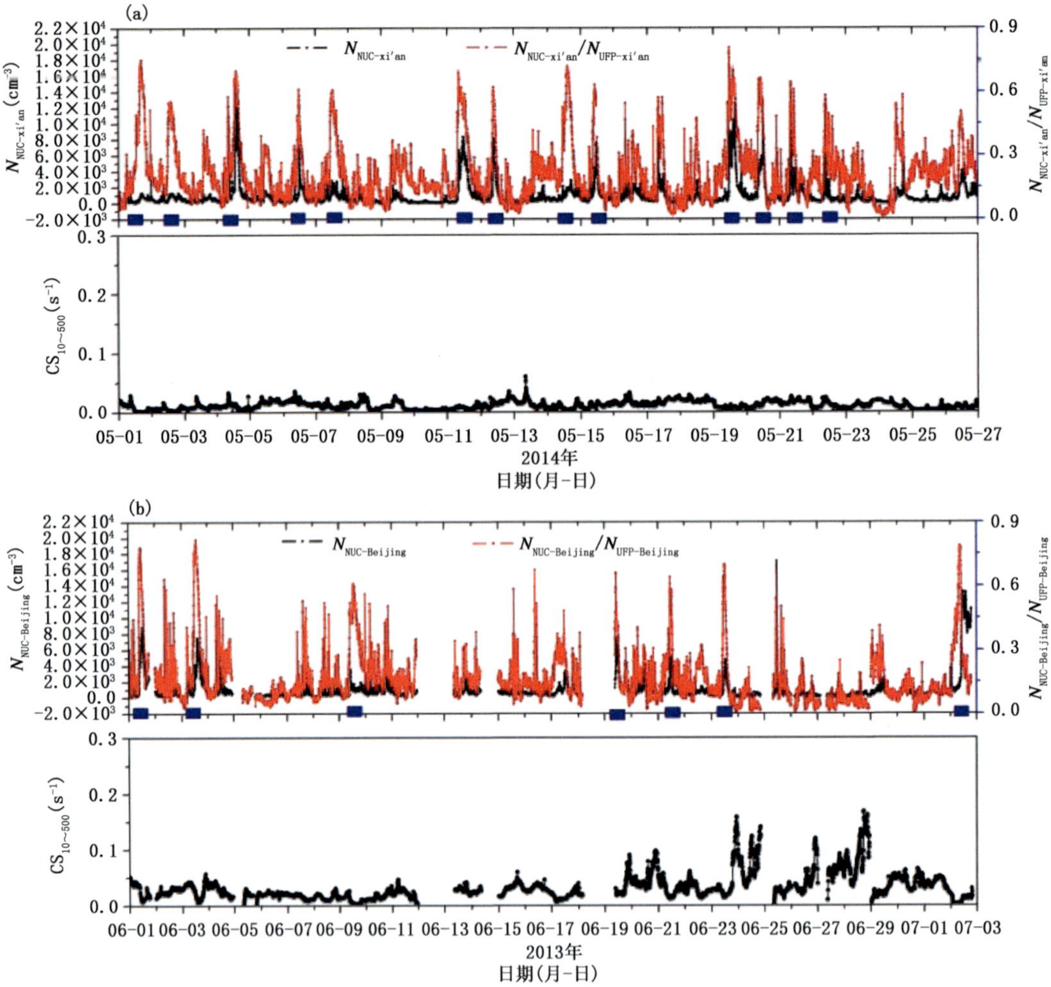

图 2.38 西安(a)、北京(b)地区 N_{NUC}、N_{NUC}/N_{UFP} 以及 $CS_{10\sim500}$ 的变化特征

(蓝色方块表示一次新颗粒物生成过程)

注：$N_{NUC-xi'an}$：西安凝结核模态颗粒物数浓度；$N_{NUC-xi'an}/N_{UFP-xi'an}$：西安凝结核模态颗粒物数浓度和超细粒子数浓度的比值；$CS_{10\sim500}$：凝结汇；$N_{NUC-Beijing}$：北京凝结核模态颗粒物数浓度；$N_{NUC-Beijing}/N_{UFP-Beijing}$：北京凝结核模态颗粒物数浓度和超细粒子数浓度的比值。

表 2.12 西安地区 2014 年 5 月新颗粒物生成事件基本特征

日期	起止时间	峰值粒径(nm)	GR(nm/h)	峰值浓度*(cm^{-3})		$CS(s^{-1})$**
				N_{NUC}	N_{AIT}	
2014-05-01	15:25—19:25	17	N/A	1339	507	0.0020
2014-05-02	12:30—15:30	21	3.9	1268	1014	0.0038
2014-05-04	13:25—16:25	26	3.3	14478	6172	0.0122
2014-05-06	11:25—12:05	25	6.7	7291	4609	0.0217

续表

日期	起止时间	峰值粒径 (nm)	GR (nm/h)	峰值浓度* (cm^{-3})		$CS(s^{-1})$**
				N_{NUC}	N_{AIT}	
2014-05-07	11:05—14:10	23	3.3	2822	2348	0.0074
2014-05-11	07:25—13:20	18	3.3	8291	8460	0.0080
2014-05-12	08:30—10:00	21	5.5	8117	4917	0.0163
2014-05-14	12:20—17:10	17	3.3	2872	2402	0.0039
2014-05-15	09:30—11:30	23	6.1	7608	5751	0.0087
2014-05-19	10:55—16:15	20	N/A	12525	6458	0.0069
2014-05-20	08:30—12:05	18	5.8	10640	8751	0.0107
2014-05-21	07:15—08:45	26	N/A	13690	7779	0.0198
2014-05-22	09:15—10:00	25	5.1	6036	4331	0.0216
最大值		28	6.7	14478	8751	0.0260
最小值		17	3.3	1268	507	0.0033
均值		22	4.8	7235	6069	0.0093
标准差		4	1.4	4430	5249	0.0054

* 峰值数浓度为每次 NPF 事件中测量到的数浓度最高值。

** 凝结汇是新颗粒物生成事件开始到结束时间段的均值。

西安地区新颗粒物生成事件在 07:15—15:25 均有出现(表 2.12),北京地区则一般出现在 07:30—12:50 之间(表 2.13)。西安地区颗粒物粒径增长速度在 3.3～6.7 nm/h 之间,均值为 4.8±1.4 nm/h(表 2.12),北京地区颗粒物粒径增长速度略高于西安,范围在 4.6～8.6 nm/h 之间,均值为 6.6±1.5 nm/h(表 2.13)。两个站点观测得到的颗粒物粒径增长速度与其他中纬度地区给出的结果相近,如长江三角洲地区(Gao et al.,2009),夏季的增长速度在 3.6～7.4 nm/h 之间,均值为 6.4±1.6 nm/h,北京上甸子地区(Shen et al.,2011)的增长速度在 0.3～14.5 nm/h(均值 4.3 nm/h)之间,澳大利亚布里斯班(Cheung et al.,2011)春季到冬季新颗粒物增长速度为 1.79～7.78 nm/h(均值 4.6 nm/h),中国兰州地区(Gao et al.,2011)的增长速度在 1.28～16.97 nm/h(均值为 4.4 nm/h),但是低于珠江三角洲(Yue et al.,2013)地区的和印度高卢帕哈里地区(Mönkkönen et al.,2005)的增长速度(4.0～22.7 nm/h,11.6～18.1 nm/h)。

表 2.13　北京香河地区 2013 年 6 月新颗粒物生成事件基本特征

日期	起止时间	峰值粒径 (nm)	GR (nm/h)	峰值浓度 (cm^{-3})		$CS(s^{-1})$
				$N_{NUC-Beijing}$	$N_{AIT-Beijing}$	
2013-06-01	09:50—13:15	16	6.0	8857	3645	0.0113
2013-06-03	11:35—16:30	15	4.6	7526	2151	0.0103
2013-06-09	12:50—15:55	18	N/A	1770	1608	0.0025

续表

日期	起止时间	峰值粒径(nm)	GR(nm/h)	峰值浓度(cm^{-3})		CS(s^{-1})
				$N_{NUC-Beijing}$	$N_{AIT-Beijing}$	
2013-06-19	10:25—11:10	17	N/A	7543	3975	0.0191
2013-06-21	10:50—12:30	18	N/A	5325	2983	0.0138
2013-06-23	10:45—13:05	16	7.3	4787	2173	0.0153
2013-07-02	07:30—10:10	16	8.6	9927	4016	0.0047
最大值		18	8.6	9927	4016	0.0214
最小值		15	4.6	1770	1608	0.0018
均值		17	6.6	6534	2935	0.0091
标准差		1	1.5	2567	903	0.0053

图 2.39 给出了新颗粒物生成事件开始后一小时内颗粒物平均数浓度谱分布特征。西安地区新成核颗粒物数浓度谱分布呈现明显的双峰特征，一个峰值在 10～30 nm，另一个峰值在爱根核模态。北京地区新成核粒子也呈现双峰的特征，第一个峰值出现在 10～30 nm，第二个峰值则在积聚模态(图 2.39b)。西安地区观测到的新成核颗粒物粒径在 17～28 nm 之间，均值为 22±4 nm(图 2.39c，表 2.12)，而北京地区观测到的新成核颗粒物粒径在 15～18 nm 之间，均值为 17±1 nm(图 2.39，表 2.13)。西安地区新颗粒物生成事件中凝结核模态和爱根核模态颗粒物峰值浓度分别为 1268～14478 cm^{-3}(均值 7235±4430 cm^{-3})，507～8751 cm^{-3}(均值:6069±5249 cm^{-3})，而北京地区则略低，凝结核模态颗粒物浓度为 1770～9927 cm^{-3}(均值:6534±2567 cm^{-3})，爱根核模态颗粒物浓度为 1608～4016 cm^{-3}(均值:2935±903 cm^{-3})。

分析西安和北京地区新颗粒物生成事件凝结汇变化特征(表 2.12 和表 2.13)，西安地区平均凝结汇为 0.0093±0.0054 s^{-1}，北京地区平均凝结汇为 0.0091±0.0053 s^{-1}，两个地区新颗粒物生成事件过程凝结汇低于北京上甸子地区(Shen et al.，2011)和北京城区(Wu et al.，2007)，低凝结汇有利于新颗粒物生成。

为了进一步明确两地新颗粒物生成事件的影响因子，本研究用后向轨迹模型(HYSPLIT)(Draxler et al.，2012)模拟了西安和北京地区有新颗粒物生成日和无新颗粒物生成日每天中午 12 时开始，1000 m 高度的 24 h 后向轨迹特征。结果表明，西北气流有利于北京和西安地区新颗粒物生成事件发生的(Shen et al.，2011；Peng et al.，2017)，但是并不是所有西北气流条件均有新颗粒物生成事件，气象因子和凝结汇也是限制新颗粒物生成事件发生的重要条件，新颗粒物生成事件一般发生在晴天、低凝结汇、低相对湿度的条件下。

(4)西安与北京新颗粒物生成事件个例对比分析

西安和北京地区新颗粒物生成事件均包含有持续增长过程和无持续增长两类过程，本研究选取了西安和北京地区有持续增长的个例进行对比分析，以期明确两个地区有持续增长的新颗粒物生成事件及影响因子的共性和个性。图 2.40 给出了西安和北京地区新颗粒物生成过程数谱分布、凝结核模态数浓度、峰值粒径、表面积浓度、散射系数、凝结汇及气象因子变化特征。本研究选取的西安和北京两个新颗粒物生成过程为典型的有持续增长的新颗粒物生成

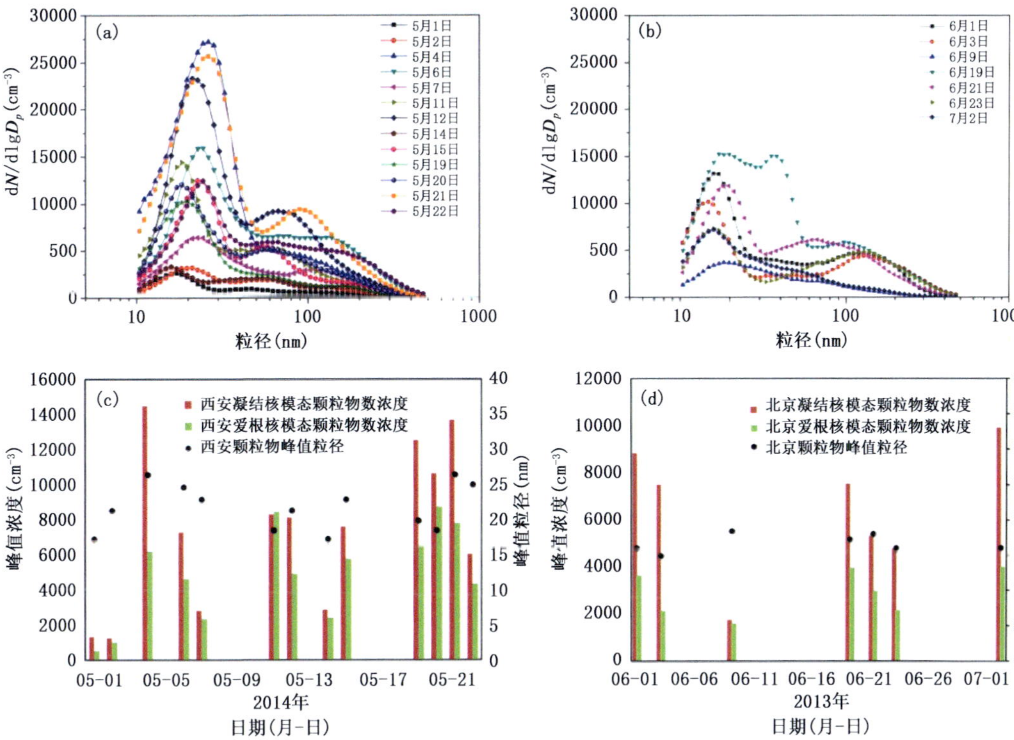

图 2.39　西安和北京地区新成核粒子粒子数浓度谱分布(a：西安；b：北京)及新颗成核粒子核模态和爱根核模态最大数浓度及峰值粒径分布特征(c：西安；d：北京)

过程(Kulmala et al.,2012),西安地区开始时间为上午 09:30 左右,北京地区开始时间为中午 11:35 左右(由于我们测量的范围是 10～500 nm,颗粒物实际核化后粒径小于 10 nm,因此我们测量到的开始时间滞后于实际颗粒物开始核化的时间),颗粒物核化后,均有明显的增长,峰值粒径逐步增长至 60 nm 以上,西安地区的颗粒物粒径增长速率为 6.1 nm/h,北京地区的增长速率为 4.6 nm/h。西安地区凝结核模态总数浓度在 2 h 内从 2588 cm^{-3} 增加至峰值 7608 cm^{-3},北京地区历时 3 h 由 967 cm^{-3} 增加至峰值 7479 cm^{-3}。随着颗粒物峰值粒径的增加,西安和北京地区均出现了风向的改变,西安由西风转为东南风,北京由北风转为南风,风向的改变表明控制气团的改变,气团中所含的某些化学成分也发生改变,而这些成分有利于新生成的凝结核模态颗粒物增长为更大粒径颗粒物。

新颗粒物生成事件发生时,颗粒物总表面积浓度(10～500 nm)和 450、500、700 nm 的总散射系数出现明显的降低(图中仅给出了 450 nm 总散射系数变化)(图 2.40c,图 2.40g),对于北京地区当凝结核模态颗粒物数浓度达到峰值时,总散射系数和总表面积浓度达到最低值 73.6 Mm^{-1}、108.3 $\mu m^2/cm^3$,而西安地区新颗粒生成过程中总散射系数和总表面积浓度较北京地区低,最低值分别为 52.5 Mm^{-1}、80.1 $\mu m^2/cm^3$,出现的时间也早于凝结核模态颗粒物数浓度达到最大值的时间。总表面积下降和总散射系数降低可能原因有:一是相对干净的气团使得近地面前体颗粒物中大粒径颗粒物数浓度降低,另一方面也与新颗粒物生成过程中主要为小粒径颗粒物有关。

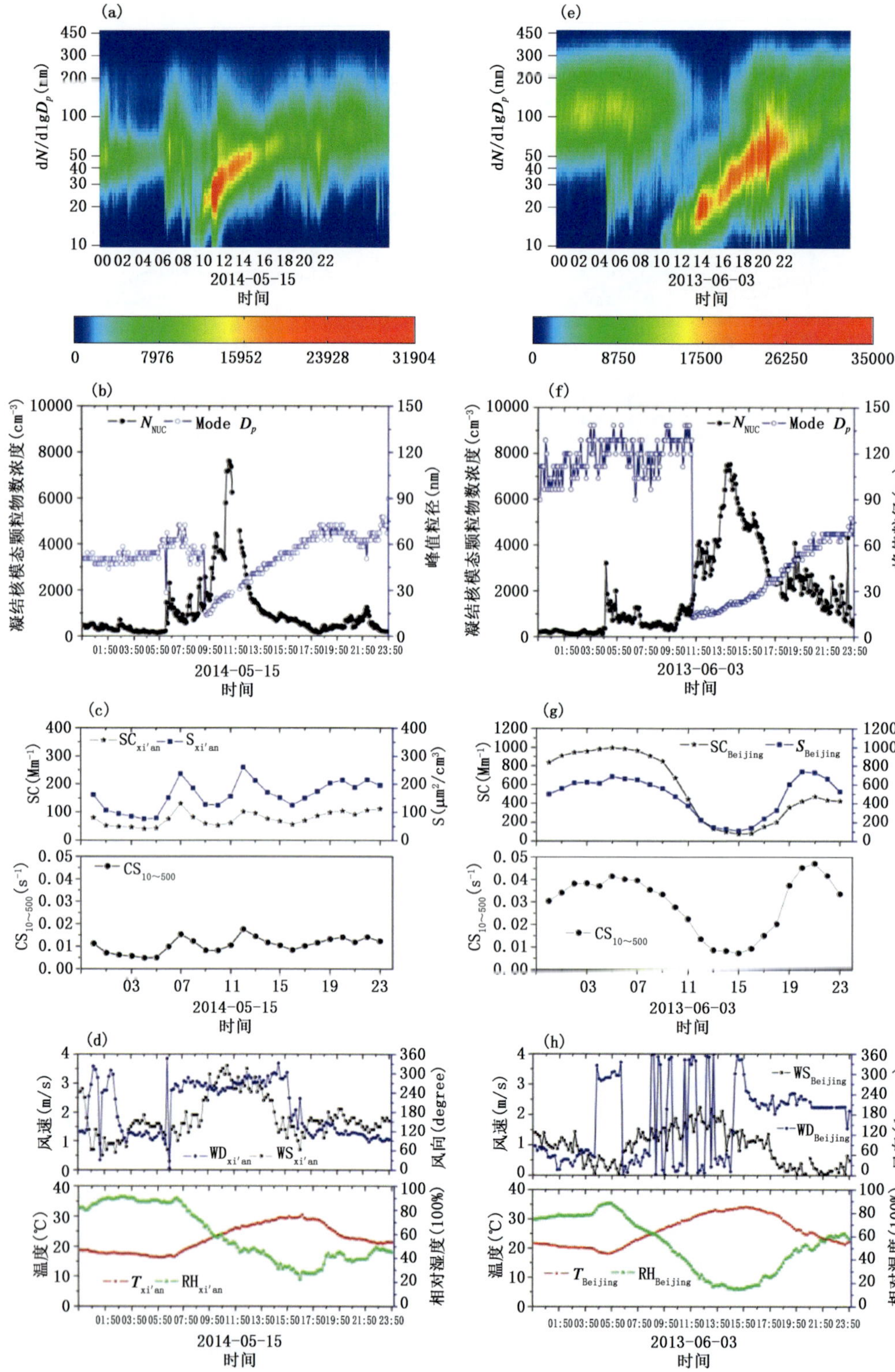

图 2.40　西安和北京地区新颗粒物生成过程数谱分布(a,e)、核模态数浓度和峰值粒径(b,f)、表面积浓度(S)、凝结汇(CS)、散射系数(SC)(c,g)及气象因子(d,h)变化特征

(其中 a,b,c,d 为西安;e,f,g,h 为北京)

前体颗粒物存在对成核蒸汽和粒子簇有明显的凝结作用，进而限制大气中颗粒物核化事件的发生(Kulmala et al.，2004)。西安和北京地区新颗粒物生成事件中 CS 的变化特征表明，在成核事件发生前，两个地区的凝结汇较高，在当地时间早上 07 时，西安地区 CS 值为 1.53×10^{-2} s^{-1}，北京地区为 3.96×10^{-2} s^{-1}，在新颗粒物生成事件发生时，西安地区 CS 降为 8.21 s^{-1}北京地区则降为 1.93×10^{-2} s^{-1}，综合之前分析，凝结汇降低主要是由于该地区控制气团发生改变，使得前体颗粒物数浓度降低所致。

研究表明，新颗粒物生成事件的发生与 SO_2产物、太阳辐射以及相对湿度和凝结汇之间的关系均有一定的联系(Stanier et al.，2004；Hyvönen et al.，2005)。本研究分析了相对湿度、凝结汇与新颗粒物生成事件的关系，分别选取西安和北京 08—16 时之间的观测资料，讨论有新颗粒物生成日和无新颗粒物生成日相对湿度和凝结汇的影响，其中无新颗粒物生成日不包含降水日和阴天。由图 2.41，西安地区对于有新颗粒物生成日和无新颗粒物生成日 CS 和相对湿度(RH)之间无明显的关系，而对于北京地区，新颗粒物生成事件一般出现在 RH<55 %，CS<0.02 s^{-1}，或者 55 % <RH<68 %，CS<0.01 s^{-1}的条件下，低凝结汇和低相对湿度对新颗粒物生成事件是有利的。但是在西安和北京地区均观测到在高相对湿度和低凝结汇条件下有新颗粒物生成事件出现，尤其是北京地区，表明对于相对湿度和凝结汇两个参数，凝结汇对新颗粒物生成事件的影响更大。

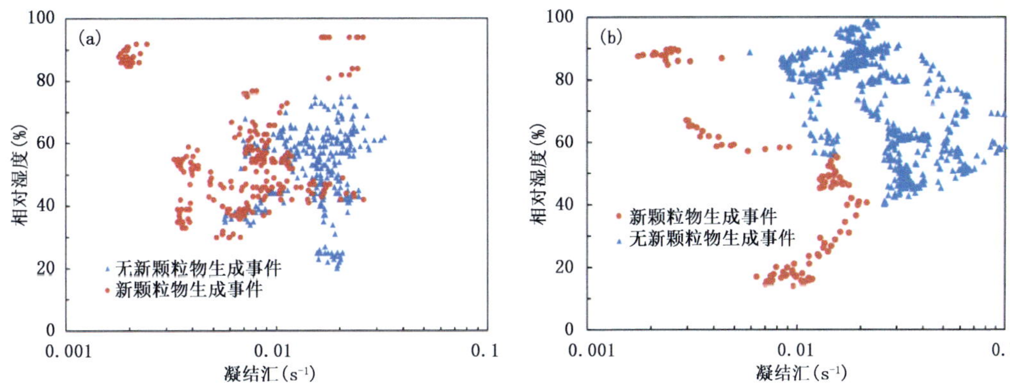

图 2.41　新颗粒物生成日和无新颗粒物生成日凝结汇与 RH 的关系

(a)西安；(b)北京

2.6.4　西安地区新颗粒物生成过程与 $PM_{2.5}$污染形成关系

在城市环境中，二次气溶胶被认为是大气颗粒物数浓度和质量浓度的重要来源，二次气溶胶的来源一般包含新颗粒物生成事件以及气相化合物在气溶胶表面的凝结增长过程。近几十年的外场观测、实验室模拟均指出新颗粒物生成时，颗粒物数浓度可升高 1～2 个数量级；这些超细颗粒物进入人体后比粗颗粒物更容易沉积在肺部，对人体健康产生影响(Oberdörster et al.，2004)。

新颗粒物生成事件是大气颗粒物数浓度大量增加的重要机制。大气颗粒物数浓度增加与大气污染的发生有着重要联系。大气污染出现后会抑制新颗粒物生成事件的发生，目前高浓度大气污染对新颗粒物生成事件的影响仍不明确(Kulmala et al.，2016；2017；Chu et al.，2019)。新颗粒物生成事件是否会诱发大气污染，也是一个存在争议的科学问题。新颗粒物生成事件所产生的大量凝结核模态颗粒物在高浓度可冷凝蒸汽条件下会快速的增长，凝结核模态颗粒物的增长可以改变大气颗粒物粒径分布，使得大气颗粒物体积和质量浓度快速的增加。小于 20 nm 的颗粒物在对流层大气中的停留时间只有约 2 h，但随着粒径增大，颗粒物在大气中的停留时间可大幅延长(Willis et al.，2016)。当这些新生成的颗粒物增长到一定粒径时，会直接影响空气质量、能见度和气候(Chu et al.，2019)。Chu 等(2021)研究表明，新颗粒物生成事件发生后颗粒物粒径增长到一定程度时，新颗粒物生成事件会对凝结汇、$PM_{2.5}$质量浓度以及大气污染的发生产生贡献。

本研究中颗粒物粒径范围为 0.01～0.487 μm，$PM_{2.5}$质量浓度对应的颗粒物粒径范围为小于等于 2.5 μm，因此本研究中颗粒物粒径范围约占 $PM_{2.5}$粒径范围的 20%。

2.6.4.1 西安 11 月新颗粒物生成过程统计特征和颗粒物粒径变化特征

利用秦岭气溶胶与云微物理野外科学试验基地扫描电迁移率粒径谱仪(SMPS)观测数据，分析了 2017 年 11 月新颗粒物生成事件的基本特征。结果表明，2017 年 11 月累计观测到 9 次新颗粒物生成过程(图 2.42)，分别出现在 11 月 2 日、3 日、7 日、9 日、21 日、22 日、23 日、

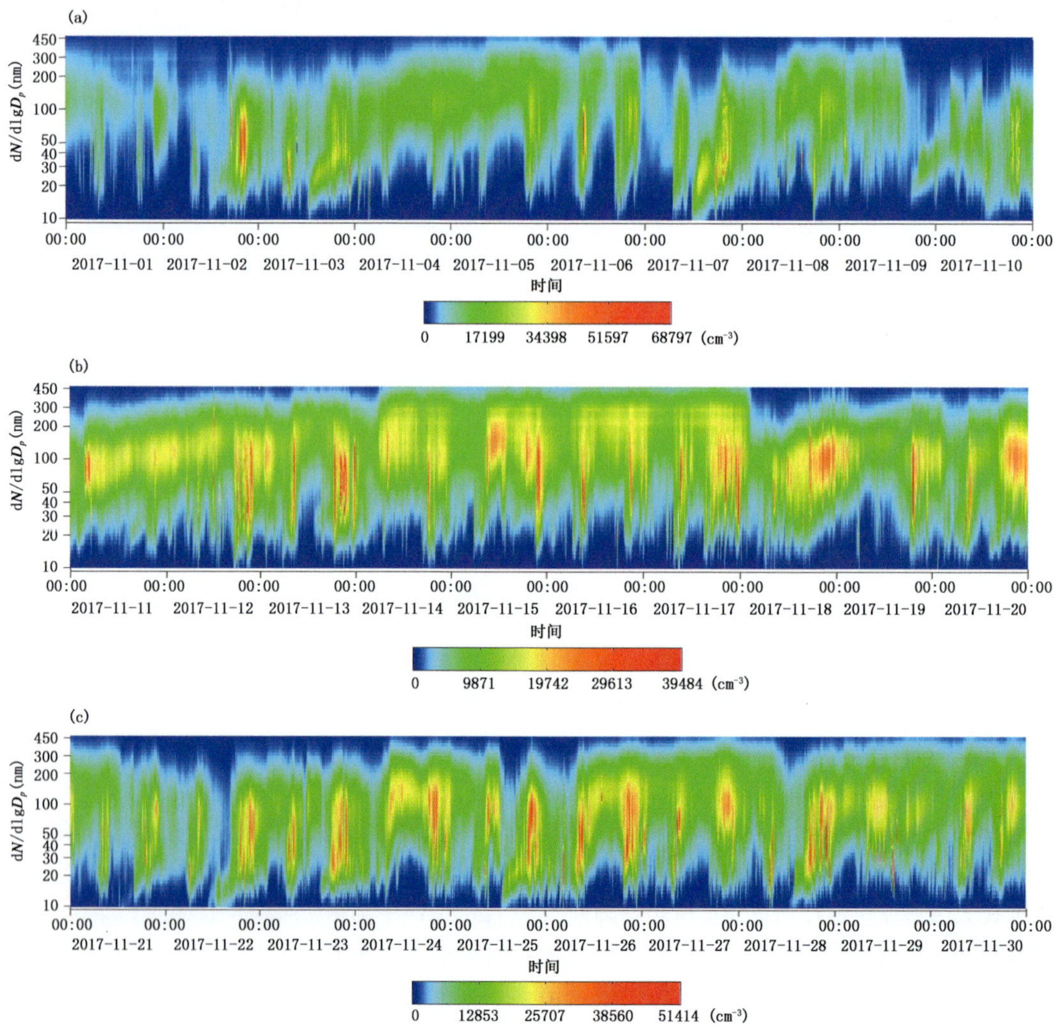

图 2.42 西安地区 2017 年 11 月 1—30 日颗粒物粒径谱分布特征

25 日、28 日。表 2.14 给出了 9 次新颗粒物生成过程的起止时间、增长速度、凝结核模态颗粒物数浓度的最大净增长量(Zhu et al.,2017)(The net maximum increase in the nucleation mode particle number concentration,NMINP)和颗粒物峰值粒径(颗粒物数浓度最大时对应的颗粒物粒径,用 Mode D_p 表示)的统计特征,西安地区 2017 年 11 月新颗粒物生成后平均增长速度在 5.1±1.8 nm/h,与西安之前观测的结果(Peng et al.,2017)和我国其他中纬度地区观测结果接近(马立亚 等,2020;Gao et al.,2009;Shen et al.,2011;Cheung et al.,2011)。西安地区 11 月观测到的 9 次新颗粒物生成过程中凝结核模态颗粒物数浓度的最大净增长量(NMINP)均值在 6.3×10^3 cm^{-3},与北京地区冬季的观测结果接近(马立亚 等,2020)。西安地区 11 月观测到的新颗粒物生成过程一般出现在中午到下午,最早发生在 11:50 前后,最晚发生在 17:50 前后。与之前观测到的西安地区秋季新颗粒物生成过程开始时间基本一致(Peng et al.,2017),晚于西安地区其他季节新颗粒物生成过程出现的时间,可能原因为:一种是西安地区 11 月日出时间相对较晚,日出后光化学反应强度较春季和夏季弱,生成的硫酸和低挥发性有机物并没有达到新颗粒物生成所需要的临界值(Zhang et al.,2015;Kerminen et al,2018);另一种是大气成核可能发生在其他地方,如对流层上部、残留层或自由对流层底部 1~3 km,新形成的颗粒物经过一定时间才能传输到混合层底部观测点位置(Quan et al.,2017;Zhu et al.,2019;Li et al.,2019)。第二种可能性可以很好地解释我们观测到的大多数新颗粒物生成过程初始粒径大于 10 nm 的现象,但是开始时间出现在下午的新颗粒物生成事件,可能与新颗粒物生成事件发生时存在较大的空间不均匀性有关(马立亚 等,2020),需要后期利用垂直观测进一步证明。

表 2.14 西安 11 月新颗粒物生成事件过程中起止时间*、最大净增长量、峰值粒径(Mode D_p)和增长速度(GR)的统计特征

日期	起止时间*	GR	最大净增长量	Mode D_p(nm)
11 月 2 日	13:20—19:00	3.67	6587	18.4
11 月 3 日	13:20—19:10	4.0	4261	16
11 月 7 日	11:50—19:20	6.8	7123	14.9
11 月 9 日	17:50—24:00	3.2	1555	21.3
11 月 21 日	16:20—20:50	5.9	5446	17.2
11 月 22 日	13:10—19:30	4.0	8483	14.9
11 月 23 日	16:10—19:20	9.2	7742	16.0
11 月 25 日	13:50—19:10	5.3	7969	14.9
11 月 28 日	14:20—19:20	3.6	7131	19.8

* 此处的结束时间对于有持续增长的新颗粒物生成过程是指粒径增长到 40 nm 所需要的时间,对于无持续增长的新颗粒物生成过程是指颗粒物粒径大于 40 nm 时的时间。

图 2.43 给出了西安地区 2017 年 11 月 1 日—30 日观测到 9 次新颗粒物生成过程前后颗粒物峰值粒径的变化特征。西安地区新颗粒物生成过程峰值粒径的变化分为 2 种类型:一种是新颗粒物生成后,颗粒物峰值粒径增长到 40 nm 附近后再无明显增长,此类型占新颗粒物生成过程的 33%;另一种是新颗粒物生成过程发生后,颗粒物峰值粒径增长到 40 nm 以后,仍存在持续增加,并在接下来的 8~69 h 内持续增长到 100 nm 以上,此类型占新颗粒物生成过程的 67%,其中 11 月 3 日、11 月 7 日和 11 月 9 日这三次新颗粒物生成过程峰值粒径持续波动增长最为显著,峰值粒径最大值增加到 175 nm 附近。小于 20 nm 颗粒物在对流层大气中

的停留时间大约 2 h(Willis et al. ,2016),随着粒径的增大,颗粒物在大气中停留的时间可大幅延长,当新生成的颗粒物粒径增大到 50 nm 以上时,对环境和气候都会产生潜在的影响(Petters et al. ,2007)。西安 11 月观测到新颗粒物生成过程,有 67%的过程颗粒物中值粒径持续增加到 100 nm 以上,随着中值粒径增加,西安地区颗粒物数浓度峰值逐步向较大粒径偏移,当中值粒径大于 100 nm 时,积聚模态颗粒物数浓度占主导,颗粒物粒径存在持续增加的新颗粒物生成过程,对西安地区的大气环境和气候都会产生不可忽视的潜在影响。

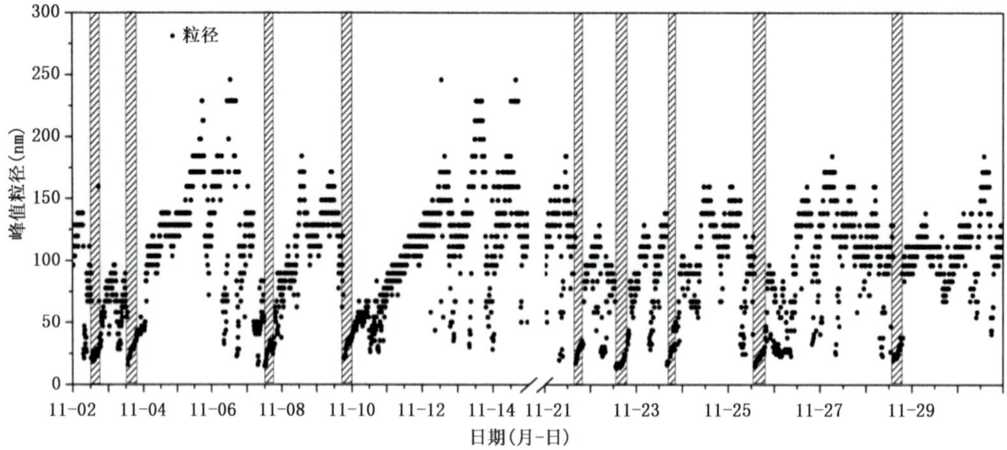

图 2.43　西安地区 2017 年 11 月颗粒物峰值粒径(Mode D_p)变化

(斜纹表示一次新颗粒物生成事件)

2.6.4.2　新颗粒物生成过程与 $PM_{2.5}$ 污染的可能关系

结合西安地区 2017 年 11 月观测到的 $PM_{2.5}$ 质量浓度变化特征(图 2.44),11 月 3 日、11 月 7 日和 11 月 9 日新颗粒物生成过程发生后,随着颗粒物峰值粒径持续增长,$PM_{2.5}$ 质量浓度也呈现出持续增加的趋势,并且分别于 11 月 4—7 日、11 月 8—9 日以及 11 月 12—17 日出现了 11 月相对较严重的三次 $PM_{2.5}$ 污染过程,$PM_{2.5}$ 质量浓度小时最高值分别达到 188 $\mu g/m^3$、152 $\mu g/m^3$ 和 292 $\mu g/m^3$。

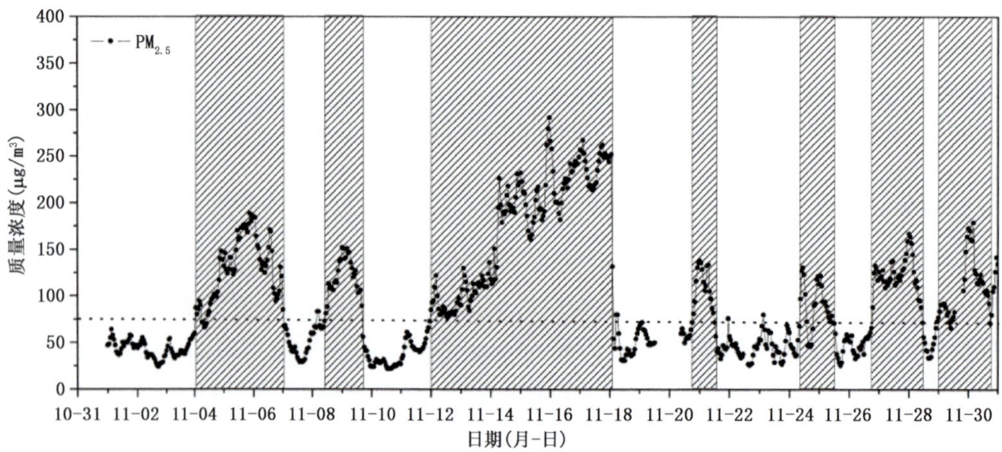

图 2.44　西安地区 2017 年 11 月 $PM_{2.5}$ 质量浓度小时值变化特征

(其中灰色斜纹框表示 $PM_{2.5}$ 质量浓度超过 75 $\mu g/m^3$)

为了进一步探究新颗粒物生成过程与 $PM_{2.5}$ 污染形成的可能联系，本研究选取了 11 月 3—7 日、11 月 7—9 日以及 11 月 9—17 日三个个例分析了从新颗粒物生成到 $PM_{2.5}$ 污染(依据环境空气质量标准，$PM_{2.5} \geqslant 75\ \mu g/m^3$ 即为出现 $PM_{2.5}$ 污染)过程中不同模态颗粒物数浓度、颗粒物峰值粒径、凝结汇与 $PM_{2.5}$ 质量浓度变化的关系。

图 2.45 给出了 11 月 3—7 日、11 月 7—9 日以及 11 月 9—17 日不同模态颗粒物数浓度随时间的演变特征。11 月 3 日，新颗粒物生成事件发生后(图 2.45a)，凝结核模态颗粒物数浓度迅速增加并到达峰值，凝结核模态颗粒物数浓度达到峰值后 10 min，爱根核模态颗粒物数浓度达到第 1 个峰值 5009 cm^{-3} 并开始波动增加，15:30 到达第二个值 7149 cm^{-3}，积聚模态颗粒物数浓度在爱根核模态颗粒物数浓度到达第 2 个峰值后也开始逐渐增加，其波动增加趋势与爱根核模态颗粒物数浓度波动增加趋势较为一致；11 月 7 日，新颗粒生成事件发生后(图 2.45b)，凝结核模态颗粒物数浓度在 12 时到达第 1 个峰值，之后继续增加并在 13:10 到达第 2 个峰值，在凝结核模态颗粒物数浓度到达第 1 个峰值后 30 min，爱根核模态颗粒物数浓度开始增加，11 月 7 日新颗粒生成过程积聚模态颗粒物数浓度无明显增加；11 月 9 日观测到的新颗粒物生成过程相对较弱，新颗粒物生成事件发生后(图 2.45c)，爱根核模态颗粒物数浓度与凝结核模态颗粒物数浓度同时到达了第 1 个峰值，之后爱根核模态颗粒物数浓度一直相对较高且呈波动增加的趋势，积聚模态颗粒物数浓度随着爱根核模态颗粒物数浓度的增加也呈现波动增加的趋势。西安地区观测到的新颗粒物生过程，不仅增加了大气中凝结核模态颗粒物数浓度，也增加了大气中爱根核模态和积聚模态颗粒物数浓度。该结果与 Chu 等(2021)在北京冬季观测的结果相似。西安地区在早晚上下班高峰期间也观测到凝结核模态和爱根核模态颗粒物浓度同时增加的现象，该现象可能与交通排放有关。

分析三个新颗粒物生成过程峰值粒径和 $PM_{2.5}$ 浓度的变化特征(图 2.46)，11 月 3 日，13:20附近开始观测到有新颗粒物生成过程(图 2.46a)，18: 00 附近颗粒物峰值粒径持续增长至 40 nm；11 月 7 日，11:50 附近开始观测到新颗粒物生成过程(图 2.46b)，19 时附近颗粒物峰值粒径持续增加至 60 nm；11 月 9 日，17:50 附近观测到新颗粒物生成过程(图 2.46c)，22:30 附近颗粒物峰值粒径持续增长至 40 nm。此阶段相对应的 $PM_{2.5}$ 质量浓度较低，均处于 45 $\mu g/m^3$ 以下。

三次新颗粒物生成过程在颗粒物峰值粒径增长到 40 nm 后，仍存在持续增长(图 2.46)，随着颗粒物峰值粒径的增长，爱根核模态和积聚模态颗粒物数浓度也呈现波动上升的趋势(图 2.45)，$PM_{2.5}$ 质量浓度也存在着相应的增加(图 2.46)。11 月 3—7 日的过程(图 2.46a)，当颗粒物峰值粒径增长至 104 nm(11 月 4 日 11 时)时，积聚模态颗粒物数浓度(5794 cm^{-3})高于爱根核模态(3602 cm^{-3})和凝结核模态(338 cm^{-3})颗粒物数浓度，$PM_{2.5}$ 质量浓度由前一时刻(11 月 4 日 10 时)的 70 $\mu g/m^3$ 增长至 79 $\mu g/m^3$(11 月 4 日 11 时)，超过环境空气质量标准 75 $\mu g/m^3$，出现 $PM_{2.5}$ 污染；11 月 7—9 日的过程(图 2.46b)，当颗粒物峰值粒径增长至 119 nm(11 月 8 日 11 时)，积聚模态颗粒物数浓度(6519 cm^{-3})高于爱根核模态(6509 cm^{-3})和凝结核模态(2149 cm^{-3})颗粒物数浓度，此时 $PM_{2.5}$ 质量浓度由前一时刻(11 月 8 日 10 时)的 73 $\mu g/m^3$ 增长至 81 $\mu g/m^3$(11 月 8 日 11 时)；11 月 9—17 日(图 2.46c)，颗粒物峰值粒径增长至 120 nm(11 月 12 日 00 时)，积聚模态颗粒物数浓度(6830 cm^{-3})高于爱根核模态(5197 cm^{-3})和凝结核模态(607 cm^{-3})颗粒物数浓度，此时 $PM_{2.5}$ 质量浓度由前一时刻(11 月 11 日 23 时)的 73 $\mu g/m^3$ 增长至 85 $\mu g/m^3$(11 月 12 日 00 时)。

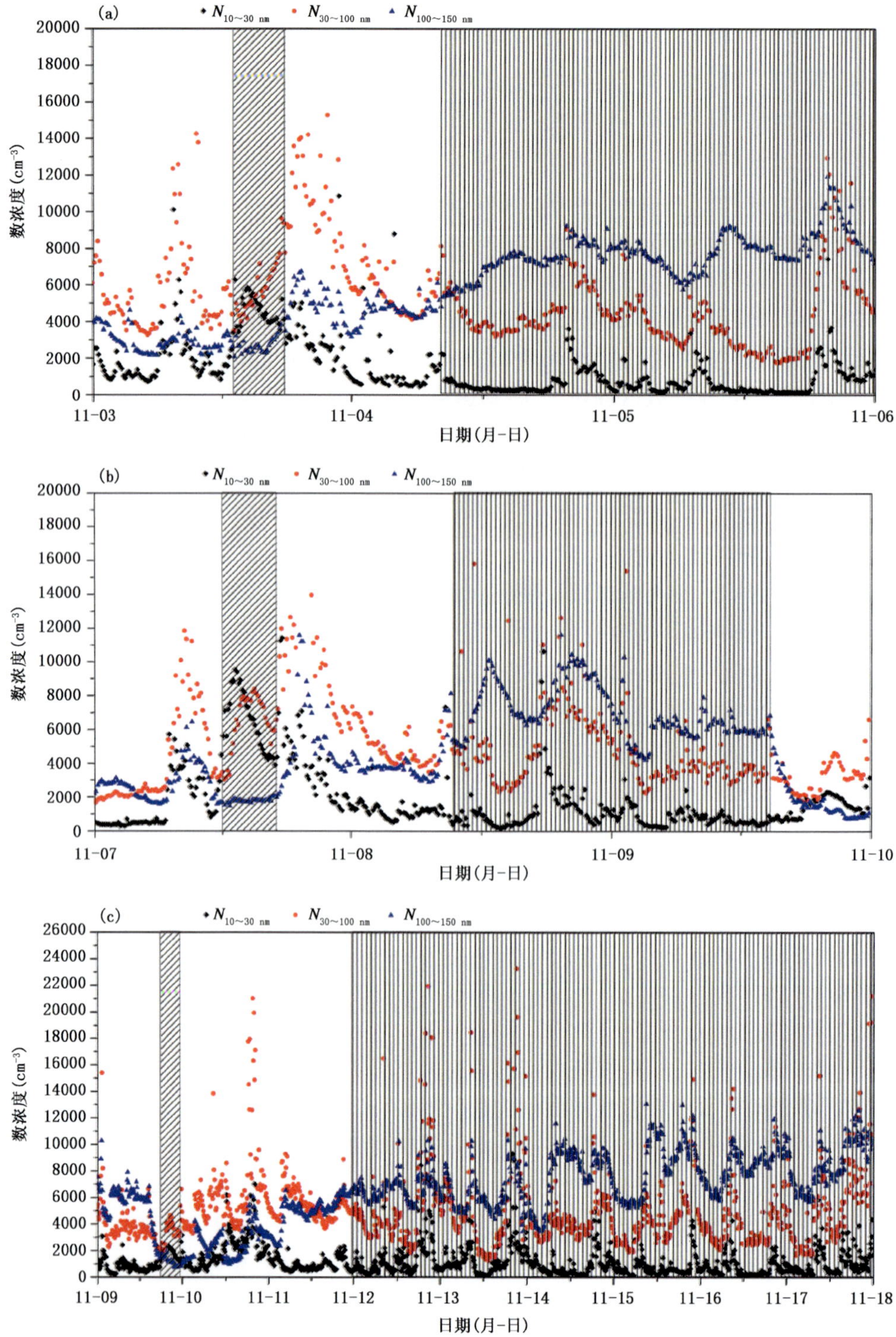

图 2.45 新颗粒物生成到 $PM_{2.5}$ 污染过程中三模态颗粒物数浓度变化时序图

(其中斜纹表示有新颗粒物生成过程的时段,竖条纹表示 $PM_{2.5}$ 污染发生并持续的时段)

注:$N_{10\sim30\ nm}$:凝结核模态颗粒物数浓度;$N_{30\sim100\ nm}$:爱根核模态颗粒物数浓度;

$N_{100\sim500\ nm}$:积聚模态颗粒物数浓度。

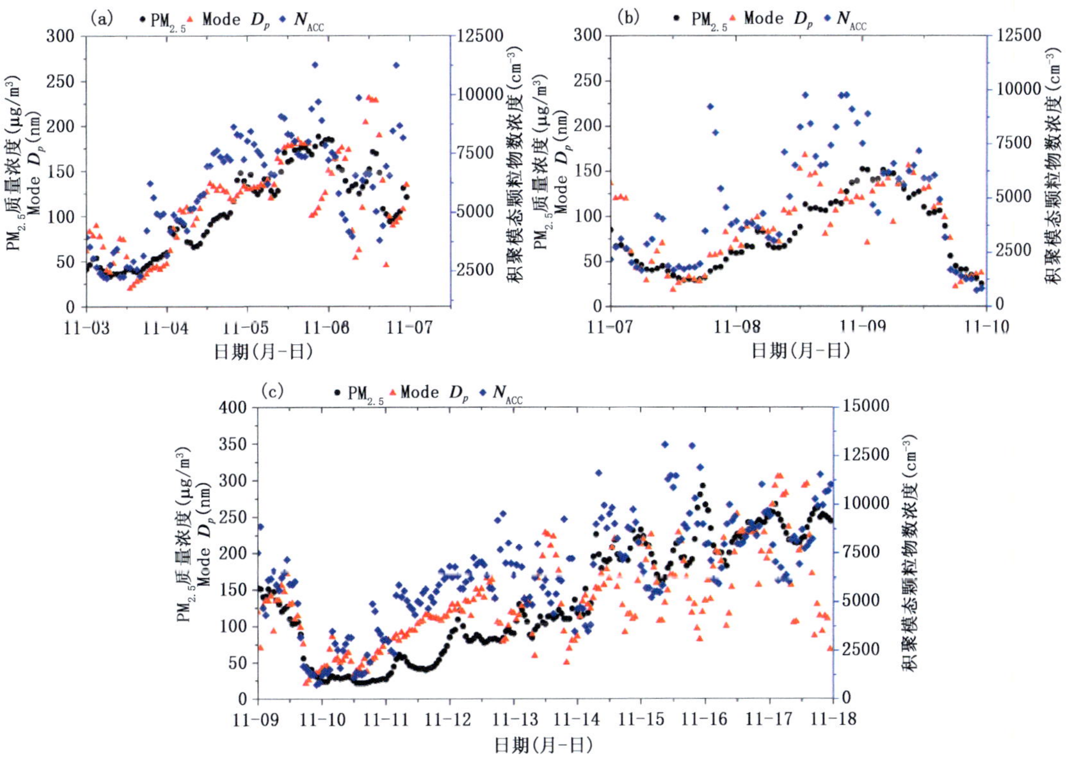

图 2.46　新颗粒物生成到 $PM_{2.5}$ 污染过程颗粒物峰值粒径(Mode D_p)、积聚模态颗粒物数浓度(N_{ACC})和 $PM_{2.5}$ 变化时序图

污染持续过程中，积聚模态颗粒物数浓度一直高于爱根核模态和凝结核模态，11 月 5 日 11 时，颗粒物峰值粒径持续增加至 175 nm，积聚模态颗粒物数浓度达到 9002 cm^{-3}，$PM_{2.5}$ 质量浓度增加至 170 $\mu g/m^3$，之后 7 个小时内，颗粒物峰值粒径变化趋于平稳，19 时降至 100 nm，而积聚模态颗粒物数浓度和 $PM_{2.5}$ 质量浓度仍呈现波动增加趋势，积聚模态颗粒物数浓度在 5 日 20 时到达峰值 11275 cm^{-3}，$PM_{2.5}$ 质量浓度在 5 日 21 时到达峰值 188 $\mu g/m^3$，之后积聚模态颗粒物数浓度和 $PM_{2.5}$ 质量浓度均开始降低，11 月 7 日 1 时，积聚模态颗粒物数浓度降到 2747 cm^{-3}，$PM_{2.5}$ 质量浓度降到 67 $\mu g/m^3$，此次污染过程结束。11 月 8—9 日以及 11 月 12—17 日的污染过程也呈现出积聚模态颗粒物数浓度和 $PM_{2.5}$ 质量浓度同时增加或降低的现象，由此当积聚模态颗粒物数浓度持续高于爱根核模态和凝结核模态颗粒物数浓度时，$PM_{2.5}$ 质量浓度高于 75 $\mu g/m^3$，并持续较高，当积聚模态颗粒物数浓度降低并持续低于另外两个模态颗粒物数浓度时，$PM_{2.5}$ 质量浓度也随之降低，低于 75 $\mu g/m^3$。

为了进一步明确从新颗粒物生成到 $PM_{2.5}$ 污染过程中 $PM_{2.5}$ 质量浓度与颗粒物峰值粒径、积聚模态颗粒物数浓度之间的关系，本研究对 11 月 3—7 日、11 月 7—9 日以及 11 月 9—17 日三次过程中 $PM_{2.5}$ 质量浓度与颗粒物峰值粒径、$PM_{2.5}$ 质量浓度与积聚模态颗粒物数浓度分别进行了拟合(图 2.47)，结果表明 $PM_{2.5}$ 质量浓度与颗粒物峰值粒径、积聚模态颗粒物数浓度均呈现出幂指数增加关系，相关系数分别为 0.76 和 0.71。当峰值粒径增长到 104～120 nm 时，积聚模态颗粒物数浓度持续高于另外两个模态颗粒物数浓度，西安地区 $PM_{2.5}$ 质量浓度超过环境空气质量标准 75 μg/m³，$PM_{2.5}$污染出现。

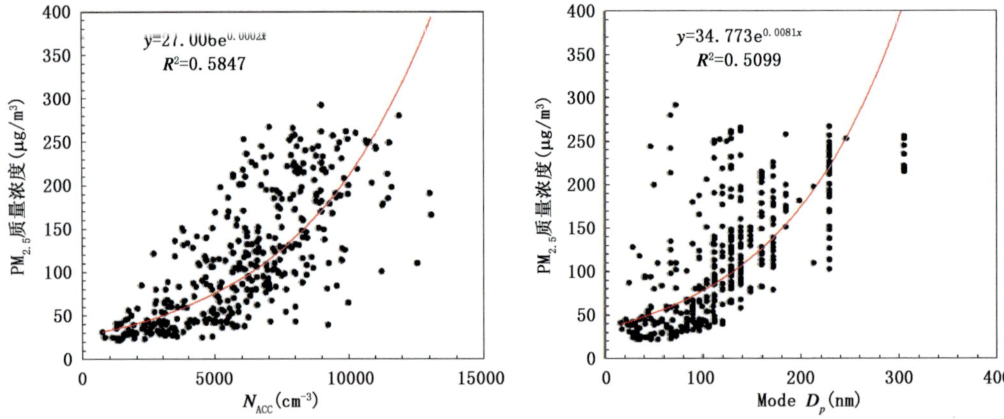

图 2.47　三次新颗粒物生成到 $PM_{2.5}$污染过程中 $PM_{2.5}$质量浓度与 Mode D_p，$PM_{2.5}$质量浓度与 N_{ACC}的关系

图 2.48 给出了三次从新颗粒物生成到 $PM_{2.5}$污染过程中 $PM_{2.5}$质量浓度与凝结汇(CS)变化的关系，从图中可以看出 $PM_{2.5}$质量浓度与凝结汇(CS)呈现出显著的正相关关系，相关系数为 0.828，高凝结汇有利于 $PM_{2.5}$质量浓度的增加。

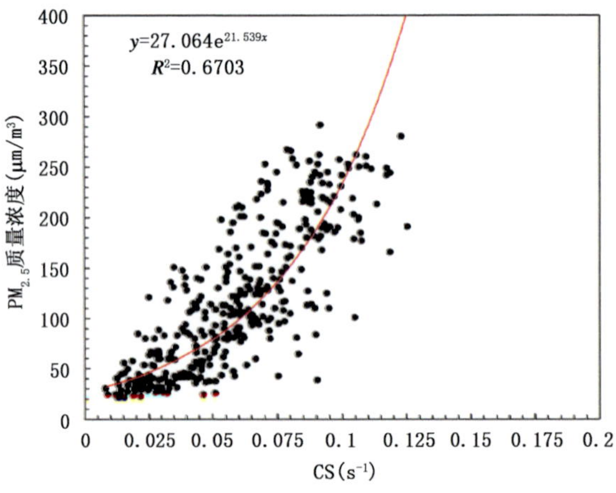

图 2.48　三次新颗粒物生成到 $PM_{2.5}$污染过程中 $PM_{2.5}$质量浓度与凝结汇(CS)的关系

新颗粒物生成过程是区域性的，硫酸盐、硝酸盐基础物质以及前体物均与粒子核化过程有关(Zhang et al.，2004；2009；2010；2012a；Andreae，2013；Riccobono et al.，2014)。新颗粒物生成事件在产生大量凝结核模态颗粒物的同时，还会产生一定量的爱根核模态颗粒物和积聚模态颗粒物，此时凝结汇、$PM_{2.5}$质量浓度均较低；$PM_{2.5}$污染发生后，无新颗粒物生成事件发生，表明大气污染发生时大气中存在的大量前体物对新颗粒物生成过程有抑制作用，此阶段积聚模态颗粒物数浓度明显高于爱根核模态和凝结核模态颗粒物数浓度，凝结汇、$PM_{2.5}$质量浓度均较高；在污染发展阶段，颗粒物的峰值粒径存在明显的增长，相应的积聚模态颗粒物数浓度和 $PM_{2.5}$质量浓度也存在着持续增加，当颗粒物峰值粒径持续增长到 100～120 nm 附近时，积聚模态颗粒数持续高于其他两个模态颗粒物数浓度，同时 $PM_{2.5}$质量浓度高于 75 μg/m³，

$PM_{2.5}$污染出现。新颗粒物生成过程后颗粒物粒径的持续增长，是西安地区 $PM_{2.5}$质量浓度增加的重要原因之一。

2.7 本章小结

本章基于西安泾河大气成分观测站及秦岭气溶胶与云微物理野外科学试验基地观测，反演了以西安为代表的关中地区气溶胶光学参数，开展了关中地区气溶胶光学物理特性和直接辐射效应研究，得出以下结论。

(1)针对重污染地区太阳光度计 Langley 定标误差过大的问题，提出一个利用辐射传输模式结合直接辐射表观测数据检验 Langley 定标系数合理性的方法，指出在气溶胶光学厚度(AOD)和波长指数分档情况下，直接辐射观测值与模拟值线性拟合斜率的变化幅度对 Langley 定标误差非常敏感，从而能够客观地识别出不合理的定标结果，该方法能够将 Langlcy 定标系数限定在较小的波动范围内，有效降低由定标不确定性引起的 AOD 反演误差，提高非气溶胶联网观测站点的 AOD 反演精度。

(2)关中地区大气污染严重且气溶胶吸收性较强，AOD、AWE 和 SSA 的年均值分别为 0.54、0.98 和 0.83，SSA 的季节变化与黑碳在 $PM_{2.5}$质量浓度中的占比反相关。关中气溶胶在地表、大气顶和大气中引起的直接辐射强迫(ADRF)的年平均值分别为－43.99、－13.75 和 30.24 W/m^2，相应的直接辐射强迫效率分别为－117.59、－41.46 和 54.88 W/m^2，气溶胶在大气中和地表的 ADRF 分别是全国均值的 2 倍和 3 倍，预示着强烈的大气加热作用和地表冷却作用，气溶胶直接辐射效应对地表和大气温度将产生重要影响。

(3)由激光雷达反演的气溶胶垂直分布表明，西安地区近地面气溶胶消光系数的季节变化与 $PM_{2.5}$质量浓度一致，由大到小依次为冬季、秋季、春季和夏季，而 1 km 以上气溶胶含量的季节变化与地面存在显著差异，表现为春季＞夏季＞冬季＞秋季。就统计特征而言，西安地区沙尘气溶胶主要集中在 4 km 以下，沙尘天气发生时 2.5 km 以上的气溶胶消光系数大于非沙尘期间，近地面气溶胶消光系数反之。

(4)2008 年 10 月—2009 年 2 月各月黑碳气溶胶浓度均值分别为 6.5、2.8、5.9、5.1 和 3.5 $\mu g/m^3$，日均值在 1～16 $\mu g/m^3$之间。黑碳浓度日变化呈现明显的双峰分布，2 个峰值分别出现在 09 时(5.5 $\mu g/m^3$)和 23 时(6.1 $\mu g/m^3$)，谷值分别出现在 06 时(4.9 $\mu g/m^3$)和 16 时(2.6 $\mu g/m^3$)。黑碳主要由粒径＜1 μm 的粒子组成。黑碳浓度与近地面逆温强度显著正相关，连续降水对黑碳清除效果显著。

西安 2011 年夏季(6—8 月)各月黑碳气溶胶浓度平均值分别为 6.49 $\mu g/m^3$、6.17 $\mu g/m^3$ 和 5.549 $\mu g/m^3$。夏季黑碳气溶胶占 $PM_{1.0}$的比值的日变化呈单峰单谷分布，峰值出现在 23 时，比值是 45.5%；谷值出现在 06 时，比值是 23.6%；日内最高值与最低值比值相差近 2 倍。

(5)由黑碳气溶胶质量浓度和大气能见度计算获得的气溶胶吸收系数和大气消光系数的日变化较显著。气溶胶吸收系数高值出现在 23 时，为 70～90 Mm^{-1}，低值出现在 15—16 时为 35～40 Mm^{-1}；大气消光系数日变化趋势与吸收系数一致，但其极值出现时间比吸收系数晚 1 h 左右，高值在 300～450 Mm^{-1}之间，低值在 230～260 Mm^{-1}之间。气溶胶吸收系数占大气消光系数的比值范围在 12%～30%。

(6)西安地区大气颗粒物变化特征表明，西安凝结核模态(N_{NUC})、爱根核模态(N_{AIT})、积聚模态(N_{ACC})以及总颗粒物数浓度(N_{TOT})平均值分别为：$1.0\pm0.5\times10^3$ cm^{-3}、$4.5\pm2.1\times10^3$ cm^{-3}、$3.5\pm1.4\times10^3$ cm^{-3}、$9.0\pm3.6\times10^3$ cm^{-3}，爱根核模态粒子数浓度略高于其他两个模态。不同模态颗粒物月变化特征表明，西安地区凝结核模态和爱根核模态粒子数浓度高值主要出现在 8 月，积聚模态粒子数浓度高值则出现在 12 月；夏季粒子谱峰值主要分布在 67.3 nm 附近，春季和秋季主要分布在 80 nm 附近，冬季则主要分布在 90 nm 附近。西安地区颗粒物数浓度日变化早晚峰值分别出现在早晚上下班高峰时段，凝结核模态颗粒物中午峰值主要与新颗粒物生成有关。

(7)西安地区新颗粒物生成事件均在白天，5 月和 10 月观测到的新颗粒物生成事件较多。新颗粒物生成事件主要发生在西北风条件下(占总数的 85 %)。西安地区新颗粒物生成事件主要分为有持续增长过程和无持续增长过程两类，两类过程中温度和湿度的变化无明显的差异，只是在持续增长过程中伴有风向的改变。

西安与北京地区新颗粒物生成过程比较发现，两个地区均是爱根核模态粒子数浓度占主导地位，北京地区观测期间 10～500 nm 颗粒物总数浓度是西安地区的 2 倍，主要是大于 30 nm 的颗粒物的贡献，北京地区大于 30 nm 的颗粒物占总浓度 90.6 %，西安占总浓度的 81.4 %。新颗粒物生成事件一般发生在低凝结汇、晴天、低相对湿度的条件下。西安和北京地区有持续增长的新颗粒物生成事件基本特征差异较小，低凝结汇和低相对湿度对新颗粒物生成事件有利，凝结汇对新颗粒物生成事件的影响更大。

(8)西安观测到的新颗粒物生成过程和 $PM_{2.5}$ 污染个例分析表明，只有存在颗粒物峰值粒径持续增长，并且粒径持续增长到 100 nm 以上的新颗粒物生成过程才有可能导致 $PM_{2.5}$ 污染的出现。

第3章 气溶胶与边界层相互作用研究

3.1 气溶胶对大气温度层结的影响

气溶胶通过散射和吸收太阳辐射改变地表温度和大气热力结构，进而改变大气稳定度、大气边界层(PBL)高度和近地面空气质量，这一过程对大气重污染的形成具有重要影响。在中国一些持续性的重大空气污染事件中，污染物和气象因子间的反馈作用对 $PM_{2.5}$ 爆发性增长的贡献可达 70%左右(Zhong et al.,2018)，因此，了解气溶胶-PBL 相互作用对于污染防治具有重要意义。

气溶胶-PBL 相互作用的根本机制在于气溶胶对地表和大气温度层结的影响，这也是气象因子对气溶胶直接辐射强迫(ADRF)最直接的响应(Wang et al.,2015b)。然而，目前不同模拟研究得到的由 ADRF 引起的地表温度变化幅度差异巨大，而边界层大气温度的变化方向甚至相反，这也导致不同研究得到的气溶胶-PBL 相互作用对近地面大气污染的影响程度千差万别。因此，基于直接观测资料，探讨 ADRF 对大气温度层结的影响非常有必要。

3.1.1 气溶胶对大气温度层结廓线的影响

图 3.1 给出泾河探空站 2013—2016 年夏季地面 2 m 气温日变化，图中红色虚线为探空观测时间。可以看到，气温从凌晨到日出之前逐渐下降，日出之后迅速上升，并在正午之后约 3 h (16 时)达到峰值，然后再次下降到早上 06 时。

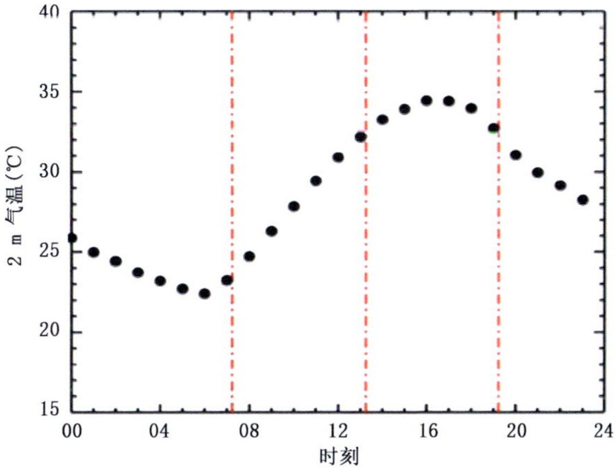

图 3.1 2013—2016 年夏季泾河晴天气温日变化

大气气溶胶粒子能够通过散射和吸收太阳辐射引起地表冷却，因此，随着 AOD 增加，地面温度理应有所下降。图 3.2 给出夏季 13 时气温和 AOD 的关系，两者间表现为不显著的正相关关系，未能发现气溶胶对地面的冷却效应，这可能是天气系统引起的气温和大气污染协同变化引起的：暖湿气流通常有利于大气污染物的积累(Chen et al.，2008)，导致高温、高污染，而干冷气流能够增强大气的扩散能力，通常导致较低的气溶胶含量(Ye et al.，2016；Bei et al.，2016)，形成低温、低污染格局。因此，很难从直接观测中获得 AOD 和地表温度间的明确关系，虽然如此，在大气污染较重时(AOD>0.4)，仍然可以看出 AOD、温度间存在较弱的负相关关系(图 3.2 中的蓝点和线)。

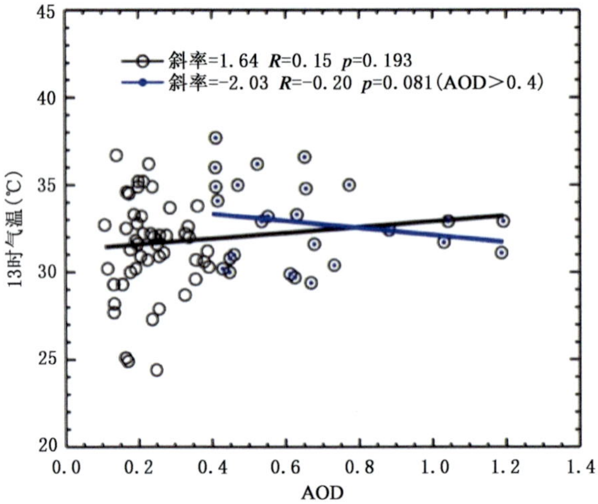

图 3.2 13 时地面气温对 AOD 的响应关系

若要进一步识别出气溶胶对地面温度的影响，必须尽可能地降低天气形势的干扰。这里假设一次天气过程的持续时间在数小时以上，这虽然不适用于所有的天气状况，但适用于一些大型天气系统(例如由行星波驱动的锋面系统)。因此，分析 07—13 时地面气温增量与 AOD 的关系可以“过滤掉”大规模天气变化对温度的干扰，以帮助放大气溶胶的影响。

图 3.3a 给出 07—13 时温度变化(δT_{13-07})对 AOD 的响应关系，可以看到，两者间的相关性显著高于气温本身与 AOD 的相关性(图 3.2)，表明气溶胶对地面具有显著的冷却作用(−3.11 ℃每单位 AOD)，这是由于气溶胶能够大幅削弱地面辐射能(图 3.3b)，而辐射能是驱动温度上升的主导因素(图 3.3c)，因而，气溶胶引起的辐射能减少阻碍了地面温度的上升。虽然上述方法可以降低天气系统对气溶胶与温度关系的干扰，但并不能完全消除天气系统的影响，这导致图 3.3a 中温度对 AOD 的响应关系仍然较为离散。为了与已有的少量研究进行对比，这里统一采用气溶胶的冷却效率(即单位 AOD 引起的温度降幅)作为比对依据。Davidi 等(2009)发现在少云(云量<0.3)情况下，随着 AOD 从 0.02 上升至 0.6，亚马孙 13 时地面(1000 hPa)气温下降了 2.5 ℃，气溶胶的冷却效率约为−4.31 ℃，略高于本研究的结果。此外，与本研究显著不同的是，该研究发现 13 时地面温度直接响应于 AOD 的变化，这可能是由于热带地区的大型锋面系统比中高纬度地区偏少。相比之下，Mishra 等(2014)采用同样的研究方法发现地中海盆地 1000 hPa 温度对 AOD 的响应关系非常微弱，这与图 3.2 未剔除天气系统影响时所得的结果相似，可以推断文中“过滤”天气影响的方法在类似地区具有适用性。

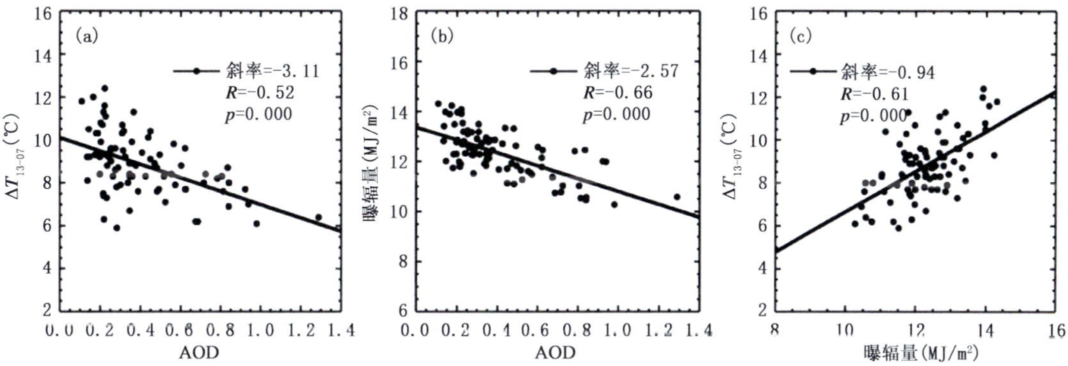

图 3.3　07—13 时气温差异(a)和太阳曝辐量(b)对 AOD 的响应关系以及 07—13 时气温差异对曝辐量的响应关系(c)

3.1.2　气溶胶对大气温度层结的影响

Davidi 等(2009)和 Mishra 等(2014)研究表明,亚马孙和地中海地区 13 时 100～1500 m 高度之间以及 1500～3200 m 高度之间的大气温差对 AOD 非常敏感,并认为下层温差随 AOD 减小(大气稳定度增加)而上层温差随 AOD 增大(大气不稳定度增加)是反映吸收性气溶胶对大气温度层结影响的有效指标。此处选择相似的大气层高度层(0.5～1.6 km 和 1.6～3.0 km),分别检验两层温度垂直递减率(记为 $\Gamma_{0.5\sim1.6}$ 和 $\Gamma_{1.6\sim3.0}$)对 AOD 的响应关系,以进一步识别气溶胶对大气温度层结的影响。值得注意的是,温度垂直递减率与大气稳定度反相关,其值越大,则表示大气越不稳定。

图 3.4 给出关中地区正午(13:15) $\Gamma_{0.5\sim1.6}$、$\Gamma_{1.6\sim3.0}$ 与 AOD 的关系。与图 3.3 相似,受天

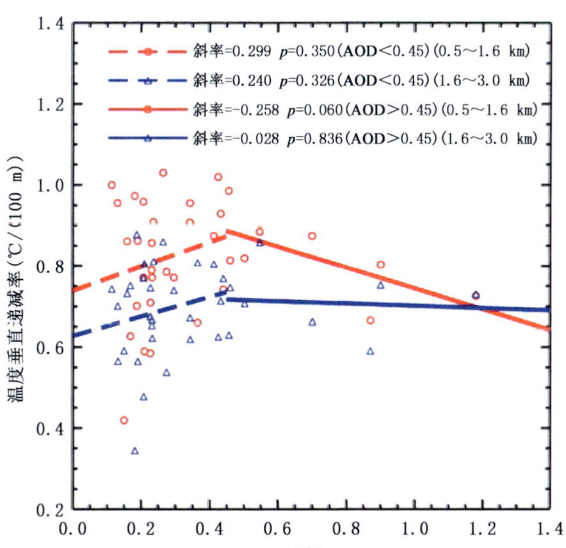

图 3.4　正午时刻(13:15)0.6～1.6 km(红线)、1.6～3.0 km(蓝线)温度垂直递减率对同时刻 AOD 的响应关系

气系统影响，污染较轻时 AOD 与温度垂直递减率无显著相关性（$p>0.3$）。污染较重（AOD＞0.45）时，随着 AOD 上升，$\Gamma_{0.5\sim1.6}$有所下降，但 $\Gamma_{1.6\sim3.0}$无变化，表明重污染期间低层大气稳定性增加，而高层大气稳定性不受影响，即不能识别出气溶胶对上层大气的加热作用。此外，由于稳定的天气条件有利于空气污染加重，从而导致更高的 AOD，因此，$\Gamma_{0.5\sim1.6}$与 AOD 的反相关关系不能证明气溶胶对 PBL 的抑制作用。也就是说，利用 Davidi 等（2009）的方法在关中地区难以识别出气溶胶影响大气温度层结的有效信号。

值得注意的是，气溶胶对温度的影响是一个渐进累加过程，因此，上午时段（07:15—13:15）平均 AOD 更适合于分析气溶胶对温度的影响。利用上午时段 AOD 进行分析的另一个好处是：AOD 观测时间早于探空时间，从而能够在一定程度上消除大气状态变化对气溶胶的影响。图 3.5 给出上午时段 AOD 均值与 $\Gamma_{0.5\sim1.6}$、$\Gamma_{1.6\sim3.0}$的关系，在重污染（AOD＞0.45）情况下，AOD 与 $\Gamma_{0.5\sim1.6}$显著正相关（$p=0.005$），表明气溶胶对 PBL 稳定性影响显著，而 AOD 与 $\Gamma_{1.6\sim3.0}$仍无相关性，这与 Mishra 等（2014）和 Davidi 等（2009）研究结果差异较大，其原因可能在于关中盆地气溶胶层所处高度较低，如图 3.6 所示，13 时气溶胶消光系数最大值所在的高度为 0.65 km，而所选上层大气的底部在 1.2 km，该高度上的大气不太可能被气溶胶吸收的太阳辐射大幅加热。这显著不同于高空存在沙尘或生物质燃烧气溶胶输送的地中海（Mishra et al.，2014）和亚马孙（Davidi et al.，2009）地区。秦岭气溶胶与云微物理野外科学试验基地的激光雷达（MPL）观测显示，关中地区气溶胶在边界层充分发展的傍晚能够被抬升到更高的高度，因此，更有可能在这一时间段增强高层大气的不稳定性。图 3.7 给出了不同季节 19:15 时 $\Gamma_{0.5\sim1.6}$、$\Gamma_{1.6\sim3.0}$与 AOD 的关系。为了尽量减少大气状态对污染的影响，图 3.7 中采用了 13:15—19:15 的 AOD 平均值而非探空时刻的 AOD。事实上，由于大多数情况下日落时间早于探空时间，所以 AOD 观测早于探空数据，AOD 大小不受 19:15 大气情况的影响。

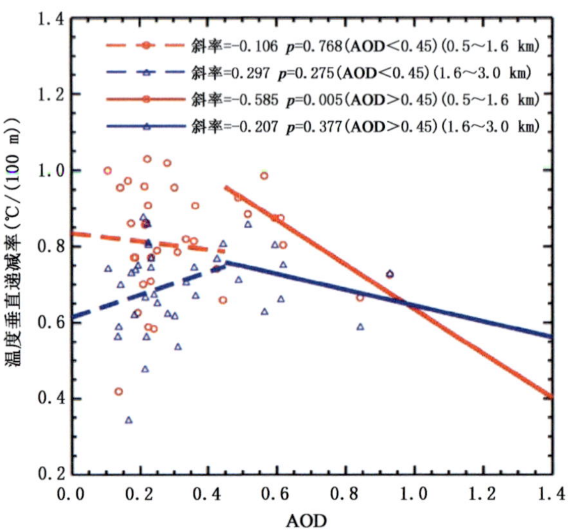

图 3.5　与图 3.4 相同，但 AOD 为上午（07:15—13:15）均值

如图 3.7a 所示，春季 AOD 与 $\Gamma_{0.5\sim1.6}$显著负相关（$p=0.029$），与 $\Gamma_{1.6\sim3.0}$显著正相关（$p=0.027$），表明气溶胶引起边界层底层大气稳定性增强的同时，吸收性气溶胶加热高层大气并降低其稳定性。需要指出的是，图 3.7a 进行线性回归拟合时不包含由 MPL 退偏比＞0.2 所判

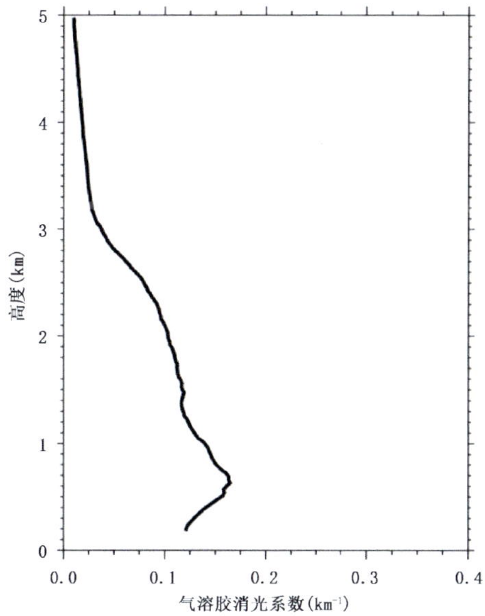

图 3.6　夏季 12:30—14:00 气溶胶消光系数均值垂直分布

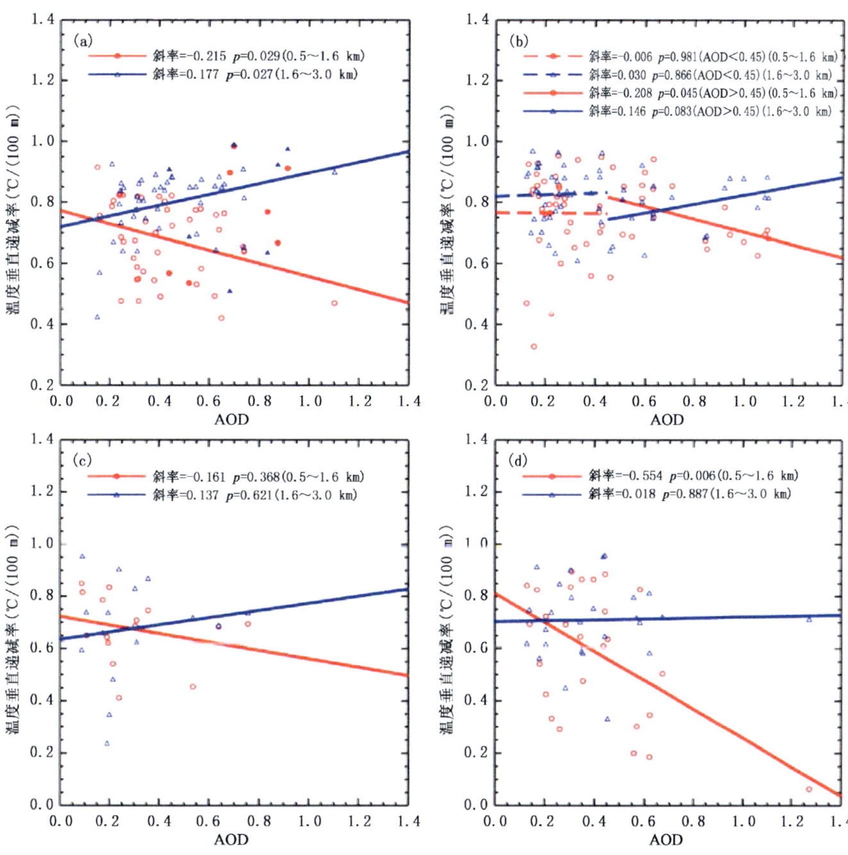

图 3.7　不同季节傍晚时刻(19:15)0.6～1.6 km(红线)、1.6～3.0 km(蓝线)温度垂直递减率对下午(13:15—19:15)AOD 均值的响应函数

(a)春季;(b)夏季;(c)秋季;(d)冬季

定的沙尘天气观测数据(图中实心圆和实心三角形),这是因为长距离传输而来的沙尘层所处高度差异较大,与局地气溶胶引起的辐射加热有所不同。

在夏季,当 AOD 大于 0.45 时,同样可以识别出气溶胶对大气的加热作用(图 3.7b 蓝线所示)。13:15 $\Gamma_{1.6\sim3.0}$对 AOD 的响应(图 3.5)与 19:15 时的响应关系显著不同,这可以作为吸收性气溶胶只有距地面足够高时才能增强上层大气不稳定性的有力证据。相反,13:15 时由于气溶胶层过于接近地面,吸收性气溶胶的大气加热效应会被更为显著的地表冷却效应掩盖。因此,对于拥有大量吸收性气溶胶但 PBL 在正午未能充分发展的地区,如中国,吸收气溶胶有可能趋向于增加傍晚暴雨的发生概率。

在秋季,受华西秋雨(Ding et al.,2008;Wei et al.,2018)的影响,关中地区降水量大且降水时间长,可获得的数据很少,$\Gamma_{1.6\sim3.0}$与 AOD 两者间几乎没有相关性($p=0.621$)。在冬季,$\Gamma_{1.6\sim3.0}$对 AOD 也不敏感。这可能是由于秋、冬季日落时间早于探空观测时间,日落后净辐射损失引起地表和低层大气温度迅速下降,抵消了气溶胶大气加热效应。不同于 $\Gamma_{1.6\sim3.0}$,冬季 $\Gamma_{0.5\sim1.6}$对 AOD 的敏感性最强,两者线性拟合斜率达 0.554($p=0.006$),这与冬季 SSA 最低相吻合。

3.2 气溶胶-边界层反馈作用的直接观测证据

吸收性气溶胶可将太阳辐射截留在大气中,从而加热边界层上层大气,导致边界层高度下降,进而引起近地面颗粒物的积聚。然而,由于大尺度环流、局地污染排放和大气传输等的影响,上述过程极为复杂且难以通过直接观测进行证实。因此,气溶胶-PBL 的反馈作用主要通过模式模拟或者针对短期的极端污染事件进行研究。关中平原(GZP)复杂的地形阻挡了大气污染的对流扩散(Zhao et al.,2015a),为研究气溶胶-PBL 相互作用提供了理想的场所。此外,西安市 $PM_{2.5}$中散射性气溶胶组分(硝酸盐、硫酸盐)所占的比例远低于北京、上海和广州等城市,而吸收性组分(黑碳和沙尘)所占比例则远高于上述城市(Huang et al.,2014),表明气溶胶吸收能力较强,Lee 等(2007)通过联合卫星和地基观测,发现关中地区气溶胶单次散射反照率(SSA)小于 0.85,远低于中国 SSA 均值(0.90),长安 MFRSR 观测获得了与其较为一致的结果,上一章节基于气溶胶光学特性和探空数据的分析则表明吸收性气溶胶对大气温度垂直结构影响显著,气溶胶与 PBL 间存在正反馈作用。理论上,这将导致边界层以下和以上的大气污染具有不同的变化趋势,本章节将基于不同时间尺度的观测数据对此进行检验。

3.2.1 趋势分析

3.2.1.1 能见度和 AOD 趋势分析

图 3.8 给出了本章节的重点研究区域——关中平原及其周边山区的地势变化和 AOD 空间分布,可以看出两者密切相关:AOD 高值分布在平原,低值分布在周围山区。按照图 3.8a 中所显示的地势分布,分别选取海拔在 1 km 以下和 1 km 以上的气象站点开展不同高度能见度变化趋势分析,由于重点探讨晴空条件下气溶胶的变化趋势和气溶胶-PBL 的反馈作用,因

此，首先对晴空和云/雾天能见度进行区分。通常而言，在能见度<10 km 时，相对湿度大于或小于 90%可以用来区分雾和霾(Chen et al.，2015)。Ding 等(2014)认为以 82%的相对湿度作为中国地区雾和霾判据更为恰当。这里取两者中间值 85%作为判定标准。图 3.9 给出研究区域不同高度上晴空条件下能见度变化情况。如图 3.9a 中低海拔地区(<1 km)能见度变化趋势所示，1980 年以来中国快速的城市化和经济发展引发了极为严重的污染问题。需要注意的是，能见度和 AOD 反相关：低能见度对应于高 AOD(图 3.9b)。从 1980 年到 2008 年左右，GZP 低海拔地区能见度持续下降。直至最近几年，由于污染防治措施的加强，能见度呈现出快速好转的趋势。地基和卫星观测均表明，上述能见度上升趋势伴随着 AOD 下降。然而，高山地区(海拔>1 km)能见度从 1980 年以来基本上一直在上升，表明山区空气质量持续好转。

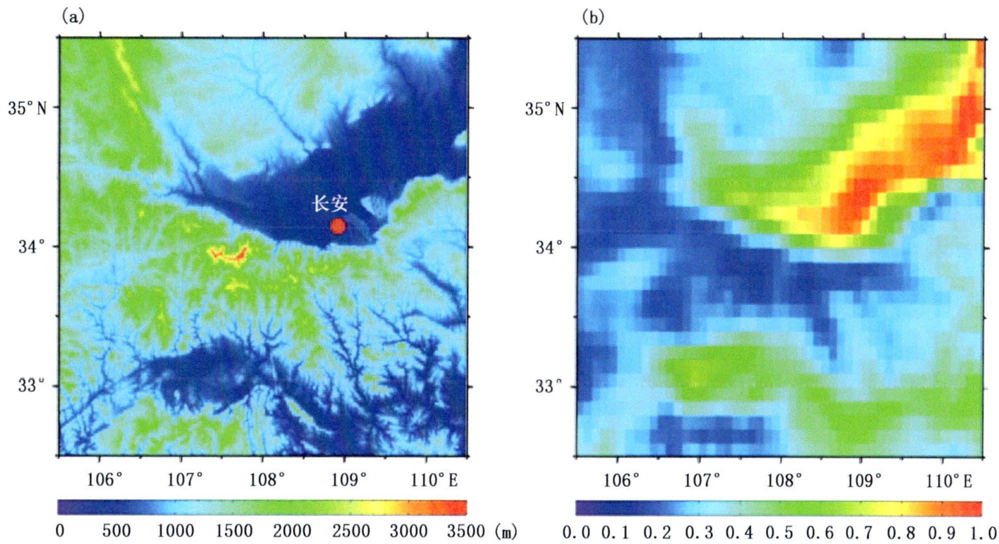

图 3.8　关中平原地形图(a)(红色实心点标示秦岭气溶胶与云微物理野外科学试验基地的位置)和 AOD 空间分布(b)

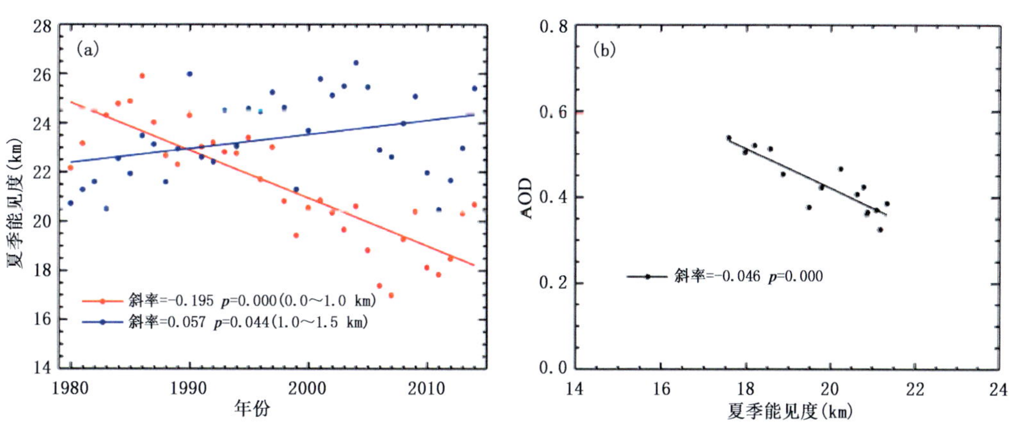

图 3.9　(a)气象站观测的关中平原和周边山区不同海拔高度上能见度的长期变化趋势；(b)AOD 与能见度之间的拟合关系

能见度通常会受到局地排放和雾/云的影响，虽然通过限定相对湿度的范围能够部分的消除雾天的干扰，但其反映的污染变化趋势仍可能存在不确定性。为了弥补这一不足，需利用精确度更高且受雾/云影响更弱的数据进行进一步分析。若按海拔高度对搭载在卫星上的中分辨率成像光谱仪（MODIS）和多角度成像光谱仪（MISR）反演的 AOD 进行聚类，则每一类 AOD 可以代表其对应的海拔高度至大气顶的气溶胶含量。进一步地，利用地面高程的变化，则可以得到不同高度上 AOD 变化趋势的廓线，如图 3.10 所示，两颗卫星均表明 AOD 在不同高度上具有相反的变化趋势，即低海拔上升、高海拔下降，这一现象有可能与气溶胶—PBL 间的“正”反馈作用有关。值得指出的是，MISR AOD 在低海拔地区的上升趋势远低于 MODIS AOD，这与 MISR 和 MODIS 传感器空间采样方式和分辨率的差异有关。如图 3.11 和图 3.12a～b 所示，低海拔地区气溶胶光学厚度（或消光系数）随海拔变化的幅度远高于高海拔地区，因此，在丘陵地区对不同高度 AOD 反演结果进行格点平均时，通常会使低海拔 AOD 被平滑掉，这一平滑作用同样会发生在 AOD 的变化趋势上。为了证实上述观点，将 MODIS L2 气溶胶产品按照与 MISR 相同的方式处理成 0.2°×0.2°的格点均值。图 3.13 给出了不同格点大小（即 0.1°×0.1°和 0.2°×0.2°）MODIS AOD 变化趋势廓线的对比结果，在 500 m 以上，两者几乎没有差别，而在 500 m 以下，0.2°× 0.2°分辨率所得到的 AOD 变化趋势远小于 0.1°×0.1°的结果，表明由分辨率降低引起的平滑效应是确实存在的。尽管 MODIS 和 MISR 按相同的格点大小求平均值，MODIS AOD 在低海拔地区的变化幅度（图 3.13 蓝点）仍然大于 MISR（图 3.10b）。Zhang 等（2010）研究显示，即使 MODIS 和 MISR AOD 都在 1°×1°的格点尺度上进行求均，由于两者空间采样的差异，MISR 所得的 AOD 变化趋势仅为 MODIS 的一半。

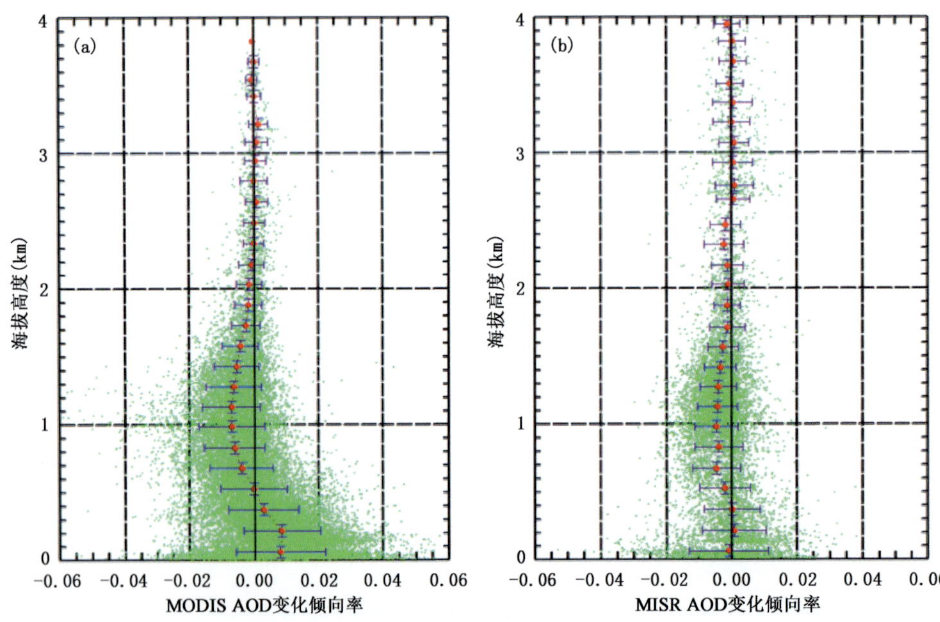

图 3.10　2002—2014 年夏季中国地区 MODIS(a)和 MISR(b)AOD 变化倾向率垂直分布
（红点和蓝色横线分别代表平均趋势和标准偏差）

3.2.1.2 趋势随高度的变化

(1)卫星和激光雷达观测到的气溶胶消光系数廓线的对比

MPL 能够较为精确的获得气溶胶消光系数垂直分布状况，但由于观测时期较短，难以用于趋势分析，因此，此处假定气溶胶在由黄土高原和秦岭山脉所围成的关中盆地内均匀分布，并提出一个利用不同高度 AOD 观测数据推导气溶胶消光系数廓线的方法。不同于其他开阔平原，由于绵延 1500 km 的秦岭山脉的阻挡作用，大尺度环流对 GZP 的影响相对较弱，该地区盛行风亦不利于颗粒物水平扩散(Zhao et al.，2015b)。因此，颗粒物通常被限定在排放源区并向低地聚集(Zhao et al.，2015a)。这种情形下，盆地里的气溶胶有可能得到充分混合，并在同一水平面内均匀分布。

对于海拔高度为 z 的地点，若将其 AOD 记为 AODz，则 AODz 的定义为 z 至大气顶(TOA)范围内的消光系数积分值：

$$\mathrm{AOD}_z = \int_z^{\mathrm{TOA}} \beta_{z'} \, \mathrm{d}z' \tag{3.1}$$

式中，$\beta_{Z'}$ 是高度 z' 处的消光系数。

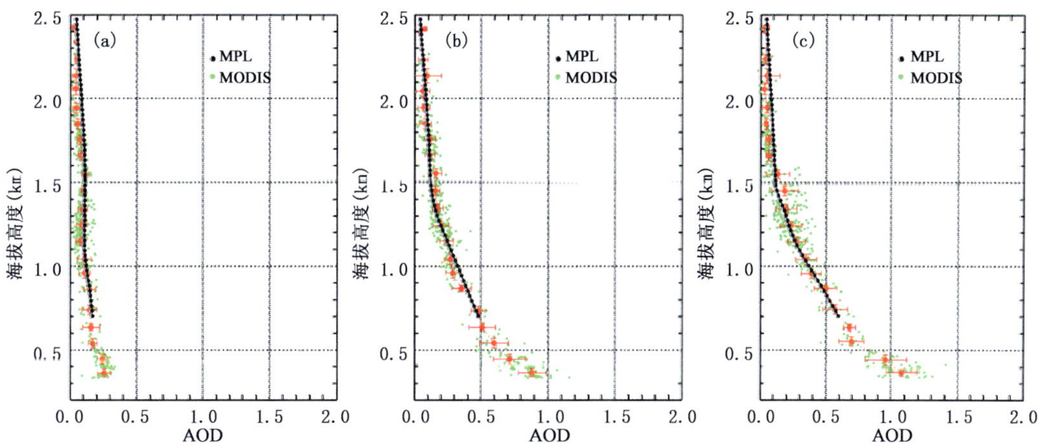

图 3.11 关中地区由 MODIS(绿点)和 MPL(黑点)所确定的 AOD 垂直变化
(a)2013 年 9 月 13 日 06:00 UTC;(b)2014 年 3 月 26 日 05:50 UTC;
(c)2013 年 9 月 29 日 06:00 UTC
(红色实心点和红色横线分别代表 MODIS AOD 均值和标准偏差
个例选取标准为单个 MYD04 文件中 AOD 有效数据>75%)

如果气溶胶在关中盆地内均匀分布的假设成立，那么，在 GZP 相同高度观测得到的 AOD 应大致相等。为了验证该设想，将不同高度的 MODIS AOD 观测值与 MPL 消光系数在相应高度至 TOA 的积分值进行了比较，如图 3.11 所示，MODIS AOD(绿点)和 MPL 积分结果(黑点)基本一致。需要指出的是，MPL 观测的是处于观测站点正上方的气溶胶垂直廓线，而 MODIS AOD 则来源于盆地周围山区的不同地点。由于 MPL 所在的长安站大致位于关中盆地底部，因此，MODIS AOD 像元落点与 MPL 观测点的距离随着像元落点高度的上升而增大。由不同高度、不同地点 AOD 观测值所确定的气溶胶廓线可以代表整个关中区域(包括周边山区)，而由 MPL 观测的廓线则代表固定站点，这种情况下，由两者分别确定的不同高度上的 AOD 的一致性，可以证实气溶胶在整个盆地范围内均匀分布的假定。

因此，处在 $z0 \sim z1$ 海拔高度区间内的 AOD 截段（以 AOD_{z0-z1} 表示），可以通过计算 $z0-z1$ 的消光系数积分值获取，也可以通过 $z0$ 与 $z1$ 高度上的 AOD 相减获取：

$$AOD_{z0-z1} = \int_{z0}^{z1} \beta_{z'} dz' = \int_{z0}^{TOA} \beta_{z'} dz' - \int_{z1}^{TOA} \beta_{z'} dz' = AOD_{z0} - AOD_{z1} \tag{3.2}$$

通过这一方法，任意海拔高度范围内的 AOD 截段都可以通过联合 MODIS AOD 和 ASTER 空间分辨率为 30 m 的全球数字高程模型（GDEM）标准数据产品（http://reverb.echo.nasa.gov/reverb）求取出来。其中，2002—2014 年夏季 AOD 格点均值分两步计算，首先利用 MODIS 5 min 刈幅中高质量 AOD（质量标识=3）数据求取每天 0.1°×0.1°的 AOD 格点均值，然后利用不同格点上的 AOD 日均值求取夏季均值。需要说明的是，GDEM 相对标准偏差大于 10%的格点数据不参与后续趋势分析，这是因为此类格点内部地势变化过大，引起 AOD 变化范围和不确定性过大。

为了探讨气溶胶对温度垂直结构的影响，SBDART 辐射传输模型（Ricchiazzi et al.，1998）被用于计算由气溶胶引起的大气辐射加热率。输入到 SBDART 模式中的气溶胶参数包括：AOD、Ångström 波长指数、SSA 以及 MPL 观测的 532 nm 气溶胶消光系数等。模拟过程中大气模型采用 SBDART 内部的中纬度夏季大气。其他输入参数包括 MODIS 地表反射率（https://reverb.echo.nasa.gov/reverb/），OMI 大气柱臭氧含量（https://ozoneaq.gsfc.nasa.gov/data/ozone/）以及 MFRSR 反演的大气可降水量。

（2）PBL 和吸收性气溶胶的关联

按 270～870 m 大气层内的气溶胶含量将 MPL 和 MFRSR 联合反演的气溶胶消光系数廓线划分为 3 类：

①小于第 1 四分位数为清洁天；

②介于第 1 和第 3 四分位数之间为中度污染天；

③大于第 3 四分位数为严重污染天。

选取 270 m 作为下边界是由于 MPL 在探测盲区内（0～270 m）没有可用数据，选取 870 m 为上边界的依据是宋广宁等（2013）发现与西安地势类似的兰州市约有 50%的气溶胶集中在距地 600 m 高度以内。

图 3.12a、b 分别给出了 2013 年和 2014 年夏季三种不同污染状况下的气溶胶廓线。图 3.12a 中对应于清洁天、中度污染天和重度污染天的大气柱积分 AOD 分别为 0.23、0.38 和 0.50，图 3.12b 中相应的值为 0.24、0.33 和 0.41。2013 年夏季三种大气污染水平对应的 PBL 高度分别为 2.9、2.4 和 1.2 km，2014 年相应的 PBL 高度值为 2.2、2.0 和 0.8 km。如图 3.12a～b 所示，2013 和 2014 两年夏季气溶胶廓线形态相似，表明其具有区域代表性。在不同污染水平下，边界层底部和上部气溶胶浓度呈反相位变化：严重污染时（橘色曲线），气溶胶浓度在浅薄边界层顶急剧下降，而在干净和中等污染状况下，相应高度上的气溶胶消光系数随高度上升而上升。在 1500 m 以上，严重污染时的气溶胶消光系数比中等污染时要小，表明吸收性气溶胶和边界层高度密切相关。由于 PBL 对大气污染有重要影响，反之大气污染也可对 PBL 产生影响，因此，上述分析结果并不能确定两者间的因果关系。

图 3.12c、d 给出夏季日间（北京时间 08—18 时）气溶胶辐射加热率。严重污染时，大气加热率极大值出现在 1 km 左右，而在干净和中等污染状况下，最大加热率所在的位置要高很

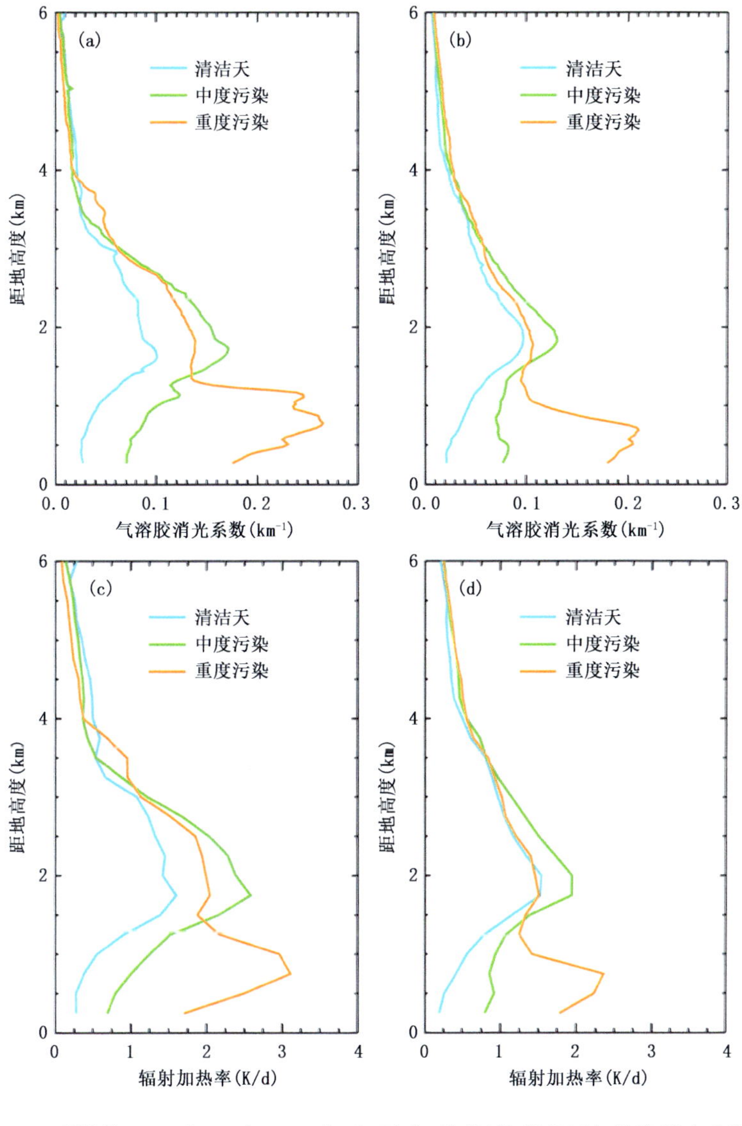

图 3.12　MPL 观测的 2013 年(a)和 2014 年(b)夏季不同污染程度下气溶胶消光系数平均廓线以及与之相应的大气辐射加热率(c,d)

多,且量值较小,表明重污染情况下 PBL 内大气稳定性增强,而 PBL 以上的大气不稳定性增强,由此形成有利于上层大气颗粒物垂直扩散的"热泵"效应(Lau et al.,2006),最终导致 1500 m 以上气溶胶消光系数低于中度污染情形。

2000—2012 年间,中国北方地区地面能见度大幅下降(Chen et al.,2015),同时霾天天数明显上升(Wang et al.,2015b)。然而,图 3.10 和 Lin 等(2013)的研究都表明大气柱 AOD 变化趋势微弱。地面和大气柱气溶胶含量间不成比例的变化可能是由于大气污染垂直扩散效率低下,颗粒物在近地面快速累积增加而在 PBL 上层有所减少造成。

为了检验上述猜想,采用前文提出的方法分别计算 2002—2014 年夏季 PBL 底部(400～800 m)和顶部(1500～1900 m)的气溶胶含量,分别记为 $AOD_{400\sim800\ m}$ 和 $AOD_{1500\sim1900\ m}$,并利用

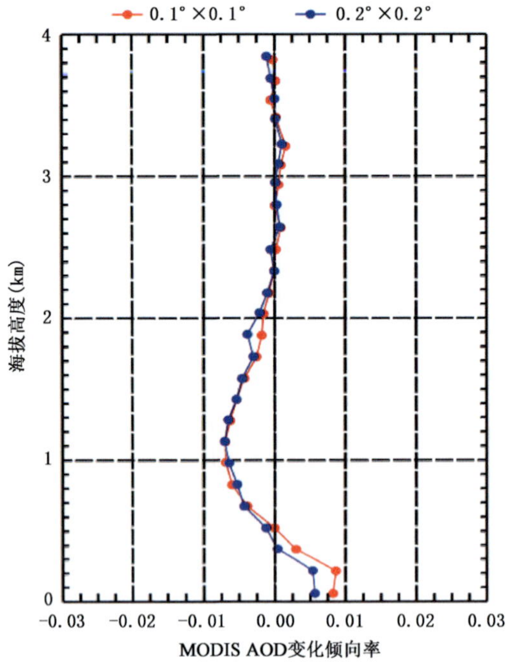

图 3.13　2002—2014 年夏季中国地区气溶胶光学厚度(AOD)变化倾向率垂直廓线

(红色点、线代表 MODIS AOD 格点的空间分辨率为 0.1°×0.1°；

蓝色点、线代表 MODIS AOD 格点的空间分辨率为 0.2°×0.2°)

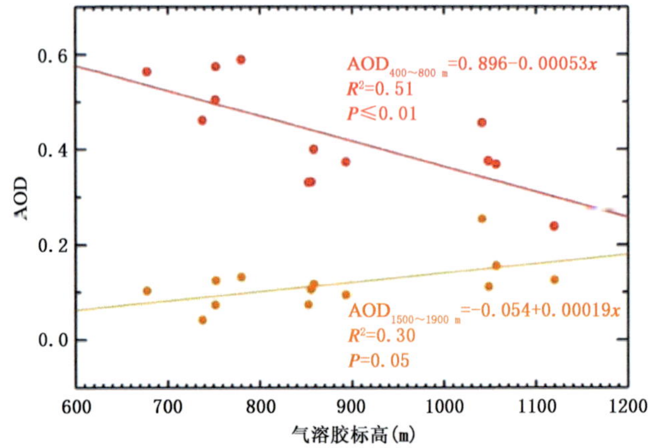

图 3.14　边界层底部气溶胶光学厚度($AOD_{400\sim800\ m}$)和上部气溶胶光学厚度($AOD_{1500\sim1900\ m}$)与气溶胶标高的响应关系

MODIS AOD 和 ASTER GDEM 通过指数曲线拟合获得气溶胶标高(Dong et al.，2013)。由于气溶胶标高与 PBL 高度有关(Gerasopoulos et al.，2003)，文中将之近似看作 PBL 高度。图 3.14 中 $AOD_{400\sim800\ m}$ 和 $AOD_{1500\sim1900\ m}$ 随气溶胶标高的变化表明，不同高度的气溶胶含量对气溶胶标高有不同的响应关系。当 $AOD_{400\sim800\ m}$ 从 0.2 上升至 0.6，气溶胶标高从 1100 m 下降至 670 m。随着气溶胶标高的下降，PBL 以上的气溶胶含量降低。$AOD_{400\sim800\ m}$ 和 $AOD_{1500\sim1900\ m}$ 与气溶胶标高的线性相关系数分别为－0.71 和 0.55，且在 95％的置信水平上显著相关。然而，$AOD_{400\sim800\ m}$ 和 $AOD_{1500\sim1900\ m}$ 线性关系未达到 95％的显著性水平，表明近地面气溶胶浓度可能是通过影响 PBL 高度从而间接影响边界层上层的气溶胶浓度。

He 等(2016)发现中国 MODIS AOD 变化趋势在 2008 年发生转折：2008 年以前 AOD 呈

上升趋势，之后呈下降趋势。基于此，文中对 GZP 夏季不同高度 AOD 变化趋势分 2002—2008 年(图 3.15a 红线)和 2008—2014 年(图 3.15a 蓝线)两个时间段进行了分析。2002—2008 年低海拔(<800 m)地区 AOD 上升迅速，而高海拔地区(1.7～2.3 km)AOD 以每年 −0.0075 的速率下降。需要强调的是，关中高海拔地区 AOD 下降速率大于同时期全国 AOD 每年 0.0003 的上升速率(He et al.，2016)，表明该地区 AOD 变化显著有别于其他地区。在 2008—2014 年，不同高度 AOD 的变化趋势基本与 2002—2008 年的趋势相反，700 m 以下的 AOD 快速下降而 800～1200 m AOD 微弱上升。为了进一步阐述这一现象，图 3.15b 给出利用 MODIS AOD 和 GDEM 通过 d(AOD)/dz 求取的消光系数的变化趋势。2002—2008 年期间，伴随着 PBL 底部气溶胶浓度的上升，1850 m 以上的气溶胶消光系数出现递减趋势，并在 2300 m 达到最大递减率。2008—2014 年与之相反：PBL 低层气溶胶消光系数快速下降，而在 900～1300 m 的高度上以 0.04 $km^{-1}\cdot a^{-1}$的速率上升。GZP 不同时期 AOD 和气溶胶消光系数的垂直变化趋势显示，近地面气溶胶含量与边界层以上气溶胶含量的变化趋势相反，预示着气溶胶-PBL 反馈作用在大气污染长期变化，尤其是在 PBL 底部和顶部污染物截然相反的变化趋势中起着重要作用。

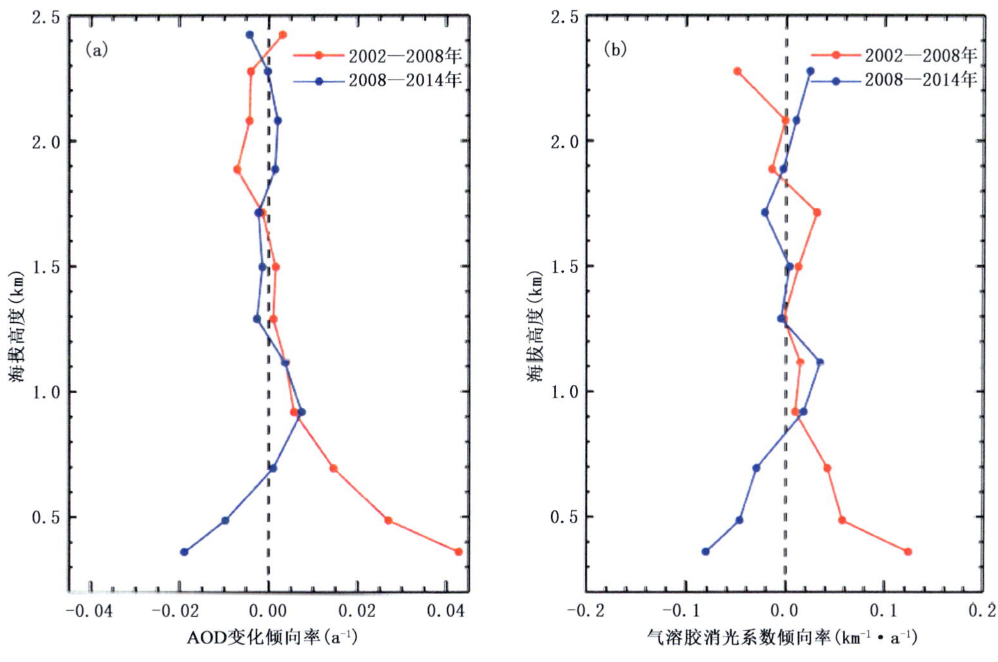

图 3.15 2002—2008 年(红色点、线)和 2008—2014 年(蓝色点、线)关中地区夏季(a)AOD 和(b)气溶胶消光系数变化倾向率垂直廓线

(廓线垂直分辨率为 200 m)

为了进一步证明气溶胶在不同高度相反的变化趋势与其吸收性强弱有关，将 AOD 趋势分析工作扩展到涵盖不同吸收能力气溶胶的全国范围。由于我国北方地区 SSA 一般低于南方地区(Lee et al.，2007)，因而可以推定北方地区气溶胶在不同高度上变化趋势的差异要大于南方地区。图 3.16 给出的南、北方地区不同高度上 MODIS 气溶胶变化趋势证实了上述推断。虽然冬季高亮地表使 MODIS AOD 数据较少，图 3.17 仍给出了冬季全国不同高度气溶

胶光学厚度变化趋势。如图 3.17 所示，冬季 AOD 变化趋势垂直廓线与图 3.10a 中夏季结果相似。两者最大的差别是冬季 AOD 趋势由正转负的高度更低，这是由于冬季 PBL 低于夏季 (Guo et al.，2016)。而且，GZP 冬季地面能见度长期变化趋势由负转正的高度同样发生下移。这些发现可以证实气溶胶-PBL 反馈作用在冬季更为重要。

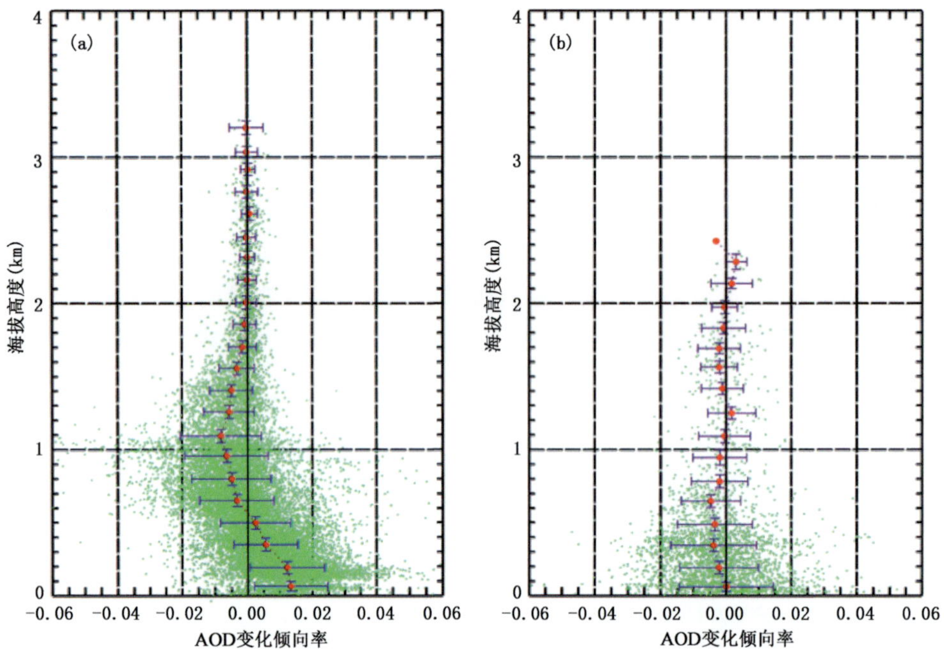

图 3.16　2002—2014 年中国北部(> 40°N)(a)和南部(<30°N)(b)地区 MODIS AOD 变化倾向率垂直廓线

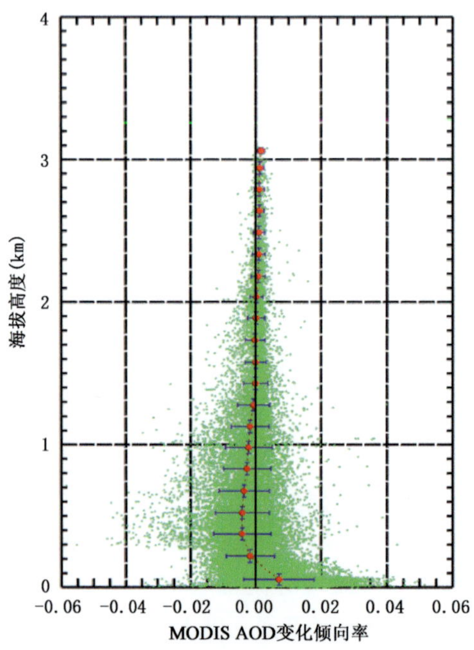

图 3.17　2002—2014 年冬季中国地区 MODIS AOD 变化倾向率垂直廓线

3.3 本章小结

本章对关中地区气溶胶与边界层的相互作用研究表明：

(1)关中地区气溶胶对地面具有显著的冷却作用。春、夏季下午时段 AOD 与 1.6～3.0 km 温度直减率间存在正相关关系，表明在 PBL 充分发展后，气溶胶加热效应使 PBL 上层大气层结不稳定性增强；相应地，不同季节 AOD 和 0.5～1.6 km 温度直减率间的负相关关系表明气溶胶含量增加将使低层大气稳定性增强，两者存在正反馈效应。

(2)基于推断和观测得到的气溶胶消光系数廓线以及气溶胶引起的大气辐射加热率的计算结果，发现了吸收性气溶胶和 PBL 之间相互作用的独特“印记”，即 PBL 底部和顶部的气溶胶消光系数、能见度和气溶胶光学厚度变化趋势相反。两年的激光雷达观测表明，气溶胶消光系数的垂直结构随着低层大气气溶胶浓度的改变而发生系统性的变化，即与近地面洁净大气相对应的 PBL 上部气溶胶消光系数的峰值更大，反之亦然。由于近地面吸收性污染物积聚并加热 PBL 低层大气，引起大气稳定性增强，使污染物被限制在更低的 PBL 中，而 PBL 上部大气变得更不稳定，从而使高层的污染物得到有效扩散。对不同的地区 AOD 的类似分析显示，在低 SSA 地区，气溶胶在不同高度上相反的变化趋势比高 SSA 地区明显得多，从而证实了气溶胶吸收所起的关键作用。

第4章 基于MODIS的陕西省气溶胶光学厚度变化趋势与成因分析

4.1 MODIS 气溶胶光学厚度

由于大气气溶胶短暂的生命周期以及物理、化学特征的高度时空可变性，对气溶胶进行全球尺度上的长期观测显得尤为重要。搭载在 Terra 卫星上的中分辨率成像光谱仪(Moderate resolution Imaging Spectroradiometer，MODIS)传感器自 1999 年 12 月发射以来，为反演气溶胶、云、水汽和地表特征等提供了丰富的信息(King et al.，1992；Barnes et al.，1998)，这些遥感产品成为研究气溶胶理化特性、辐射强迫及全球气候变化的重要资料来源(李成才 等，2003a)。2002—2010 年众多 MODIS 验证研究表明(王莉莉 等，2007；Zhou et al.，2009；王钊 等，2013)，MODIS 气溶胶产品在陕西境内适用性一直维持在较好的水平，符合 MODIS 设计精度数据率处于 59.0%～74.5%之间，为进行 AOD 长期变化的探讨提供了可行性。

4.1.1 MODIS 550 nm AOD

在气溶胶粒子谱满足 Junge 谱分布情形下，AOD 和波长 λ 具有以下关系：

$$\tau_{a(\lambda)} = \beta\lambda^{-\alpha} \tag{4.1}$$

式中，$\tau_{a(\lambda)}$ 表示波长 λ 的气溶胶柱光学厚度；β 表示浊度系数；α 表示波长指数，与气溶胶的平均半径有关，气溶胶粒子越大，α 值越小。MODIS 550 nm AOD 通过上述公式由 0.66、0.47 μm AOD 插值求取。

4.1.2 气溶胶标高计算方法

通常情况下，气溶胶消光系数在垂直方向上按指数分布：

$$\beta_z = \beta_0 \mathrm{e}^{-\frac{z}{H}} \tag{4.2}$$

式中，β_0、βz 分别为地表和高度 z 处的气溶胶消光系数，H 为气溶胶的标高。

AOD 定义为消光系数在垂直方向上的积分，则由高度 z 处至大气顶的 AOD(τ_z)为：

$$\tau_z = \int_z^{\infty} \beta_0 \mathrm{e}^{-\frac{z}{H}} \mathrm{d}z = H\beta_0 \mathrm{e}^{-\frac{z}{H}} = \tau_0 \mathrm{e}^{-\frac{z}{H}} \tag{4.3}$$

式中，τ_0 为地表 AOD。

不难发现，假定在一定的区域内气溶胶消光系数具有相似的垂直分布，那么根据 ASTER DEM 数据(空间分辨率为 30 m 的全球数字高程模型(GDEM)标准数据产品，源于 https://

wist-ops. echo. nasa. gov/api/)、相应的 MODIS/AOD 数据和公式(4.3)可以方便地求出该区域内的气溶胶标高 H。

4.2 气溶胶时空分布特征

利用 2000 年 3 月—2012 年 2 月的 Terra/MODIS C005 L2 气溶胶数据产品，将之处理为 0.1°×0.1°的格点均值进行陕西省气溶胶时空变化特性的分析。图 4.1 分别给出了利用 ASTER 数字高程模型(GDEM)获得的陕西地势分布和 12 年 AOD 均值空间分布情况，两者显著反相关。AOD 的最大值位于西安市区，并向东扩展至高陵县、临潼区和渭南市，这些地区海拔均在 500 m 以下，属于关中盆地，同时是陕西经济最为发达的地区，两个 AOD 次高值区分布在陕南的汉中和安康盆地，AOD 相对较高的区域主要位于低海拔区，而高海拔的秦巴山脉和陕北 AOD 则要低得多，表明地形对 AOD 空间分布的影响极为显著。与此同时，局地源的污染排放对 AOD 的影响也很明显，关中盆地 AOD 要远高于陕南盆地，同处关中盆地的西安市区 AOD 又显著高于其周边市、县，这些现象很好地反映了局地源的影响。

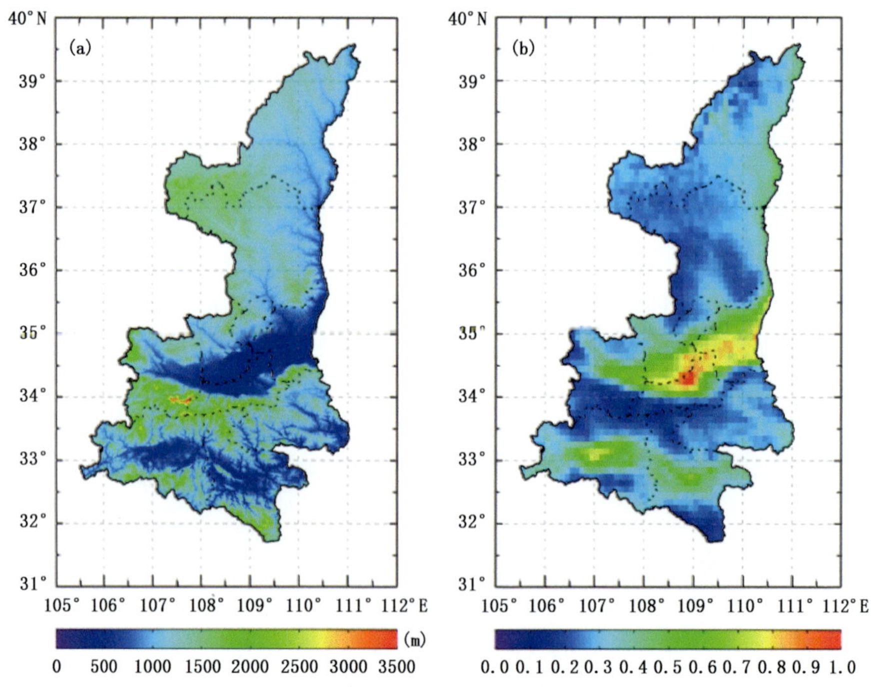

图 4.1 陕西地势(a)和 AOD 空间分布(b)

Ångström 波长指数(α)是表征 AOD 对波长依赖性的参数，其值与气溶胶粒子的有效半径反相关，即 α 越小气溶胶有效粒径越大。图 4.2 给出了 MODIS 陕西归一化植被指数(NDVI，NDVI 来源于 http://ladsweb. nascom. nasa. gov/data/search. html)和 α 的空间分布情况，两者显著正相关，在植被状况良好的地区 α 值较大，气溶胶以细粒子为主导模态，植被覆盖较差的地区 α 值较小，气溶胶以粗粒子为主导模态。这一结果表明，裸露地表产生的浮尘和扬沙是局地粗粒子的重要来源。另外，地势分布和人类活动对 α 也有较大的影响，在海拔较高的山区，大粒子通过边界层垂直交换到达这一高度的概率较小，加之山区植被密集、人类活动稀少，缺乏粗粒子局地排放源，因此很容易形成 α 的高值区；相反地，在我国人口密集的城区，虽然人类活动可以产生相当数量的细粒子，但由于地表植被覆盖度低，地面扬尘和建筑扬尘多发，同时，工业和民用燃煤还产生了大量粒径较大的煤烟型气溶胶（李成才 等，2003b），致使城区 α 低于周边郊区和山区，气溶胶中粗模态粒子比重较大，可以看出，图 4.2b 中经济发达的关中盆地 α 明显比其周边和陕南地区低许多，西安市区出现了 α 的低值中心。

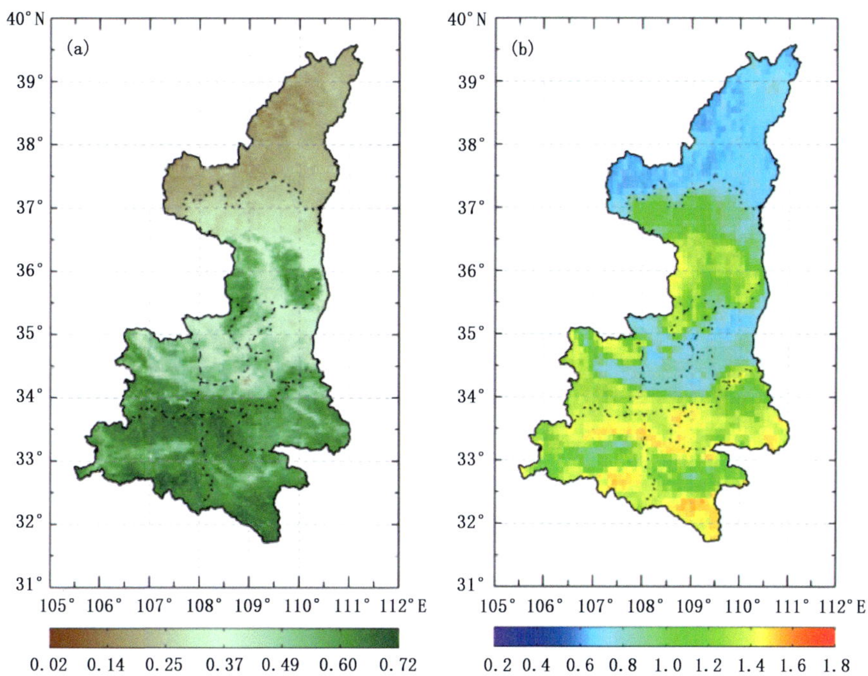

图 4.2　陕西 NDVI(a)和波长指数(b)空间分布

图 4.3 给出了 AOD 随海拔高度的变化以及 α 对 NDVI 的响应关系。为了选取较为平坦的区域探讨 AOD 与 DEM 的关系，图 4.3a 中仅选用了黄土高原以南 DEM 标准偏差小于 0.15×DEM 均值的 0.1°×0.1°格点进行拟合。可以看出，AOD 和 DEM 具有极其显著的指数函数关系，由此推导出关中地区气溶胶标高为 867.7 m，该值与国内许多实测资料吻合（韩永 等，2009；范伟 等，2006），但略微偏低，说明陕南和关中盆地特殊的地形非常不利于污染物的扩散。此外，AOD 在 1750 m 以上基本不再变化，该高度可以近似看作关中—陕南边界层顶高。NDVI 与 α 同样显著相关，尤其是在 NDVI 极低（<0.3）和极高（>0.65）的区域，这些区域分别对应了人烟稀少的风沙区和密集林区，几乎不受人类活动影响；相反地，NDVI 在 0.3～0.65 之间的区域，由于人类活动的影响，α 对 NDVI 的响应关系要松散许多。

图 4.4 给出了 AOD 四季（以每年 3 月—次年 2 月为一整年，春、夏、秋、冬季四季分别取 3—5 月、6—8 月、9—11 月和 12 月—次年 2 月）分布情况，显然地，关中和陕北大部分地区一

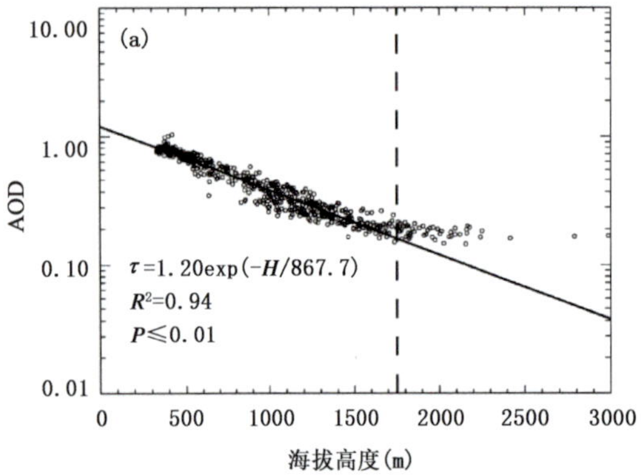

图 4.3 AOD 随海拔高度的变化(a)和 α 对 NDVI 的响应关系(b)

年中 AOD 以夏季最大，这是因为夏季高温高湿，大气中水汽含量充沛，气溶胶吸湿增长可使 AOD 显著增加(Li et al.，2007a；Xia et al.，2007b)；其次为春季，春季气温回升且气候干燥，地表解冻后土质疏松，而且表面植被稀少，遇有大风天气较容易形成沙尘事件；此外，受西伯利亚干冷气团和热带海洋气团的共同影响，春季还是我国西北地区冷锋活动最频繁的季节，冷锋后的大风为沙尘天气提供了充分的动力条件(张凯 等，2003)，较为频繁的沙尘天气使春天 AOD 高于秋、冬季节。从秋季至冬季，陕西大部分地区 AOD 变化甚微，并且整体上 AOD 较小，但西安市区 AOD 仍在 0.6 以上。对于秦岭以南，其 AOD 季节变化特征有别于关中和陕北地区，AOD 以春季最大，夏、冬季次之，秋季最小。在春季，秦岭山脉气溶胶主要由大尺度的平流传输贡献，比如大范围的沙尘天气等，容易引起较大的 AOD，对于夏、秋季节，其 AOD 主要由垂直对流交换造成，通过这部分作用到达山顶的气溶胶相对较少，因此 AOD 很小。

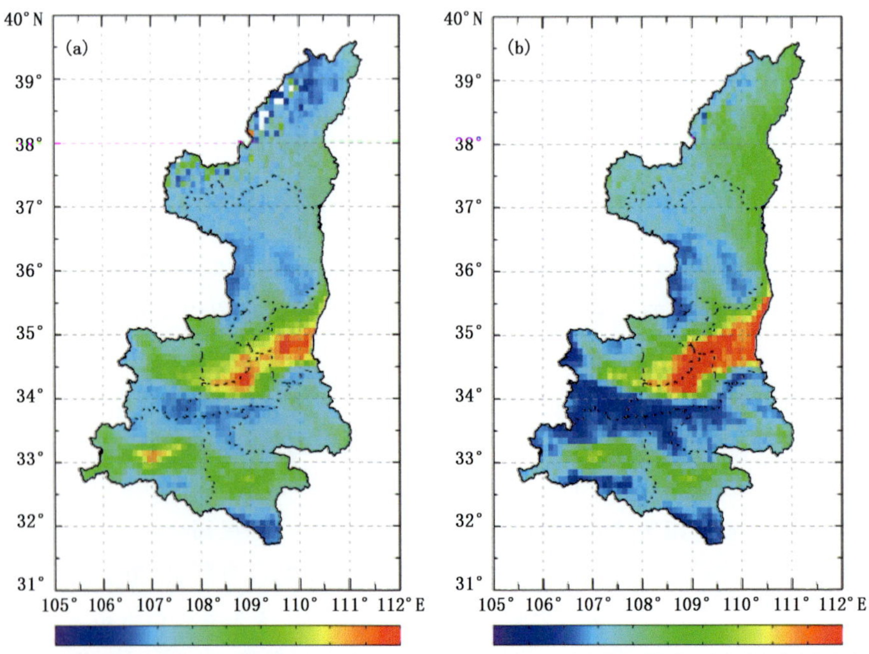

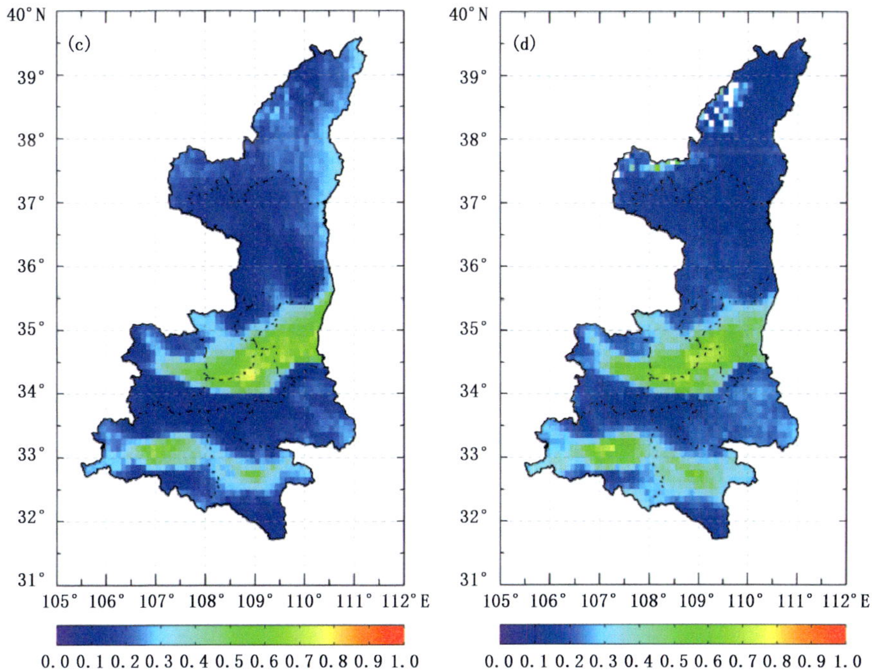

图 4.4　陕西省 MODIS/AOD 四季分布
(a)春季；(b)夏季；(c)秋季；(d)冬季

4.3 气溶胶变化趋势

图 4.5 给出陕西 AOD 变化倾向率和显著性水平 *P* 的空间分布，陕西境内大部分地区 AOD 呈下降趋势，并且许多地区的下降趋势能够通过 0.05 甚至 0.01 的显著性检验，下降最明显的区域为延安中北部、榆林大部、宝鸡和秦岭山脊。AOD 上升的区域主要集中在关中盆地、安康和汉中市区，但其上升趋势都达不到显著性水平。为了更方便地探讨陕西 AOD 变化趋势的成因，图 4.6 给出了陕西粗模态 AOD(AODc)和细模态 AOD(AODf)的变化倾向率。从图中可以看出，除秦岭山脉以南的地区 AODc 和 AODf 变化趋势基本相同且都在上升以外，陕西大部分地区 AODc 和 AODf 的变化趋势基本相反，具体表现为，秦岭山脉和延安的桥山、黄龙山天然林区 AODf 下降、AODc 上升，其他地区 AODf 上升，AODc 下降。

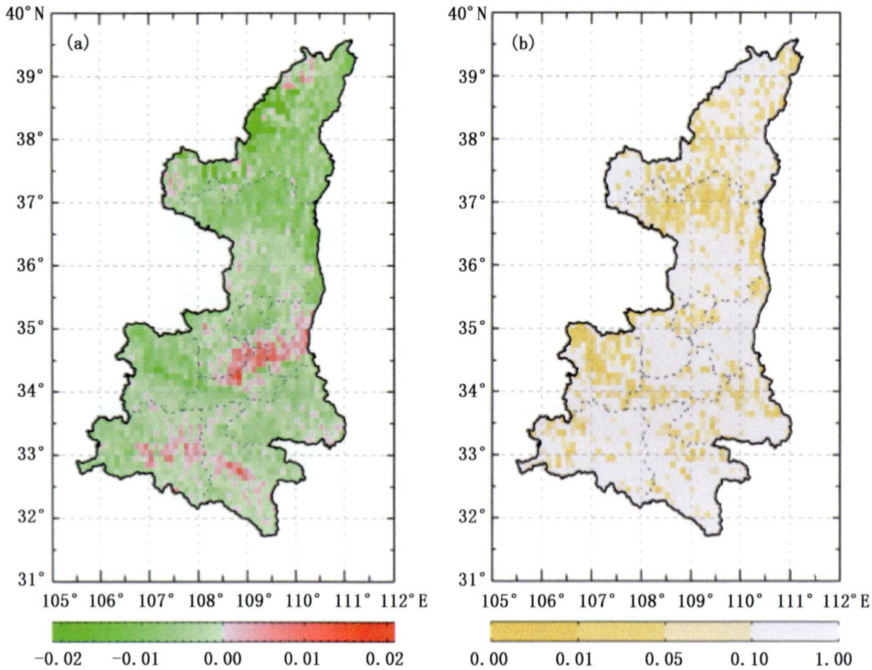

图 4.5　AOD 变化倾向率(a)与显著性水平 P(b)

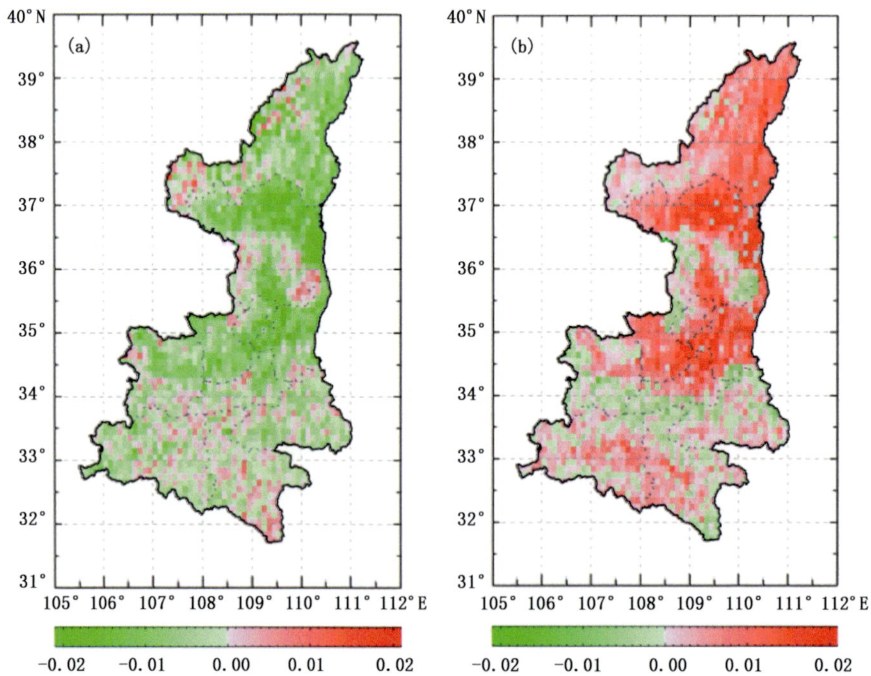

图 4.6　AODc(a)和 AODf(b)变化倾向率

4.4 气溶胶变化成因分析

依据 AOD 均值大小、变化趋势显著性水平以及下垫面状况，本研究分别在黄土高原、关中盆地和陕南地区选取了典型站点(图 4.7)进行 AOD 变化趋势的成因分析，其中，位于黄土高原的站点有子长(退耕还林区)，安塞(退耕还林区)，延长(退耕还林区)；位于黄土高原和关中盆地过渡带的站点有长武、旬邑和白水；位于关中盆地的站点有富平、乾县、西安、高陵和宝鸡；位于陕南地区的站点有佛坪、安康和岚皋(巴山天然林区)。下面对这些站点进行 AODc 和 AODf 变化成因探讨。

首先给出 14 个站点 AODc 和沙尘天气频率的关系(表 4.1)。就多年均值而言，大多数站点 AODc 均值在 0.3 以上，大气中粗模态粒子较多，AODc 最高的地区为关中盆地，陕北次之，陕南最小，沙尘天气最多的地区为陕北高原，关中次之，陕南最少，关中地区的交通、建筑扬尘对粗模态气溶胶的贡献已经超过了陕北的沙尘影响，而陕南距沙尘源区较远并且植被覆盖较好，大气中粗粒子含量最少。就变化趋势而言，AODc 变化最为显著的站点集中在陕北及陕北—关中过渡区，这些区域 AODc 显著下降，关中和陕南的变化则不明显，前者略有减小，后者基本无变化。相应地，除西安微弱下降以外，所有站点沙尘天气频率均表现出较显著的下降趋势，其中最明显的是陕北，其次为关中，再次为陕南，表明陕北退耕还林工程对风沙起到了良好的抑制作用。从 AODc 与沙尘天气关系来看，陕北与陕北—关中过渡区 AODc 与沙尘天气频率表现出非常显著的正相关关系，西安和陕南 AODc 与沙尘天气频率关系较弱，说明其粗模态气溶胶仅一小部分来源于沙尘天气，大部分是来源于建筑和交通扬尘等人类活动的排放，因此，仅用沙尘天气的变化不能很好地解释这些区域 AODc 的变化。

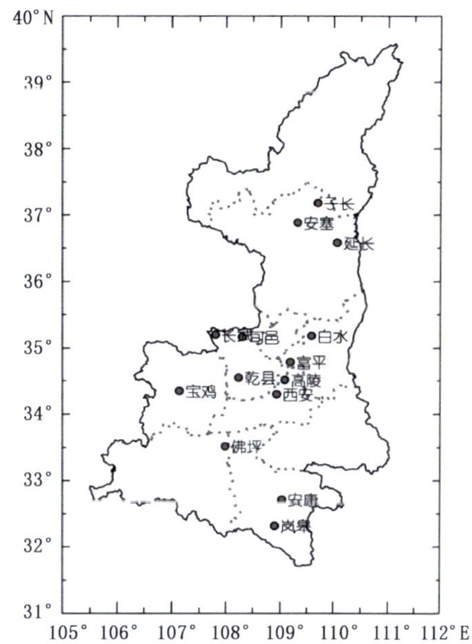

图 4.7　选取的站点分布

表 4.1　沙尘频率和 AODc 的年际变化以及两者的关系

(a 代表 99%的置信水平，b 代表 95%的置信水平)

站点	AODc		沙尘频率		沙尘频率与 AOD 拟合斜率
	均值	倾向率	均值	倾向率	
子长	0.379	−0.0212[a]	3.727	−0.6182[b]	0.0131[b]
安塞	0.319	−0.0203[a]	6.455	−1.5091[b]	0.0078[a]
延长	0.367	−0.0174[a]	2.182	−0.5364[b]	0.0178[a]

续表

站点	AODc		沙尘频率		沙尘频率与AOD拟合斜率
	均值	倾向率	均值	倾向率	
长武	0.409	−0.0113[a]	5.273	−0.7000[b]	0.0077[b]
旬邑	0.353	−0.0110[a]	2.364	−0.7000[a]	0.0108[b]
白水	0.459	−0.0146[a]	5.455	−1.8091[a]	0.0048[b]
富平	0.559	−0.0135[a]	3.545	−0.9545[b]	0.0094[a]
乾县	0.478	−0.0105[a]	3.273	−0.7909[a]	0.0084[b]
高陵	0.576	−0.0051	2.909	−0.7273[b]	0.0066[b]
西安	0.622	−0.0030	1.455	−0.3545	0.0086
宝鸡	0.370	−0.0058[b]	4.455	−1.0727[a]	0.0038[b]
佛坪	0.130	0.0024	2.909	−0.4636[b]	−0.0031
安康	0.336	0.0001	2.364	−0.6727[a]	0.0014
岚皋	0.136	−0.0025	2.182	−0.5273[b]	0.0074

图4.8进一步给出了林区和退耕还林区站点NDVI和AODc的年际变化，可以看出，在上述区域NDVI对AODc具有极其显著的影响，子长、安塞、延长和岚皋的NDVI在逐年上升，AODc则在逐年下降，说明随着植被覆盖状况的改善，站点周围的沙尘天气在逐年减少，从而造成AODc下降，这些与表4.1中的沙尘天气数据表现出很好的一致性。

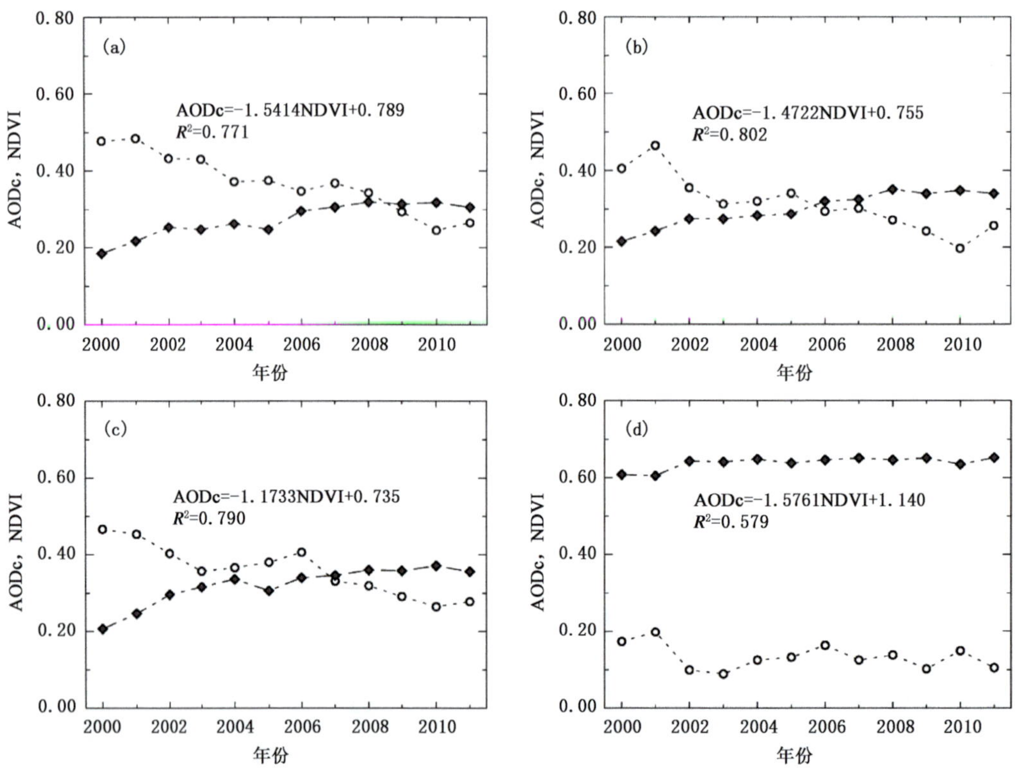

图4.8 AODc和NDVI的年际变化

(a)子长；(b)安塞；(c)延长；(d)岚皋

（空心圆代表AODc，菱形代表NDVI）

图 4.9 给出了所选站点 AODf、生产总值指数(陕西省统计局 等,2012)、AOD 和 α 的年际变化,可以看出,所有站点的 AODf 变化趋势基本一致,并且都在 2006—2007 年和 2011 年经历了两个高峰期。在 2007 年以前 AODf 呈现缓慢上升的趋势,从 2007—2009 年 AODf 有一个明显的下降过程,此后直到 2011 年 AODf 迅速上升。AODf 的变化与人类经济活动密切相关,其变化趋势与陕西生产总值指数变化趋势基本一致,2008 和 2009 年的 AODf 低谷对应了全球金融危机的爆发,在 2009 年以后,经济慢慢复苏,AODf 也开始回升。对比总 AOD 的变化趋势可以发现,在 AODc 普遍下降的背景下,总 AOD 的波动主要取决于 AODf 的波动,表明人类活动对当地 AOD 的影响越来越大。此外,所有站点的 α 都在上升,这与 AODf 上升、AODc 下降相吻合,说明在工业化进程的影响下,陕西境内气溶胶正逐渐向城市工业型转变,这将对当地天气造成重要的影响。同时,气象条件也是影响 AOD 年际变化的一个重要因素,对 2007 年(AOD 较高)和 2009 年(AOD 较低)NCEP 850 hPa 风场和湿度场对比分析表明,两年陕北春季盛行风分别为西北风和东南风,且前者较后者干燥,更有利于沙尘天气形成,造成高的气溶胶荷载,在夏、秋季节,两年均以东南风为主,但 2007 年湿度大、风速小,有利于污染物的堆积和吸湿增长,使 AOD 增大,冬季两者则基本无差别,以上气象条件与 2007 年 AOD 偏高、2009 年 AOD 偏低是吻合的,但是由于分析中很难剔除人类活动和下垫面等变化的影响,气象条件对气溶胶时空变化的作用还需在以后工作中进一步探讨。

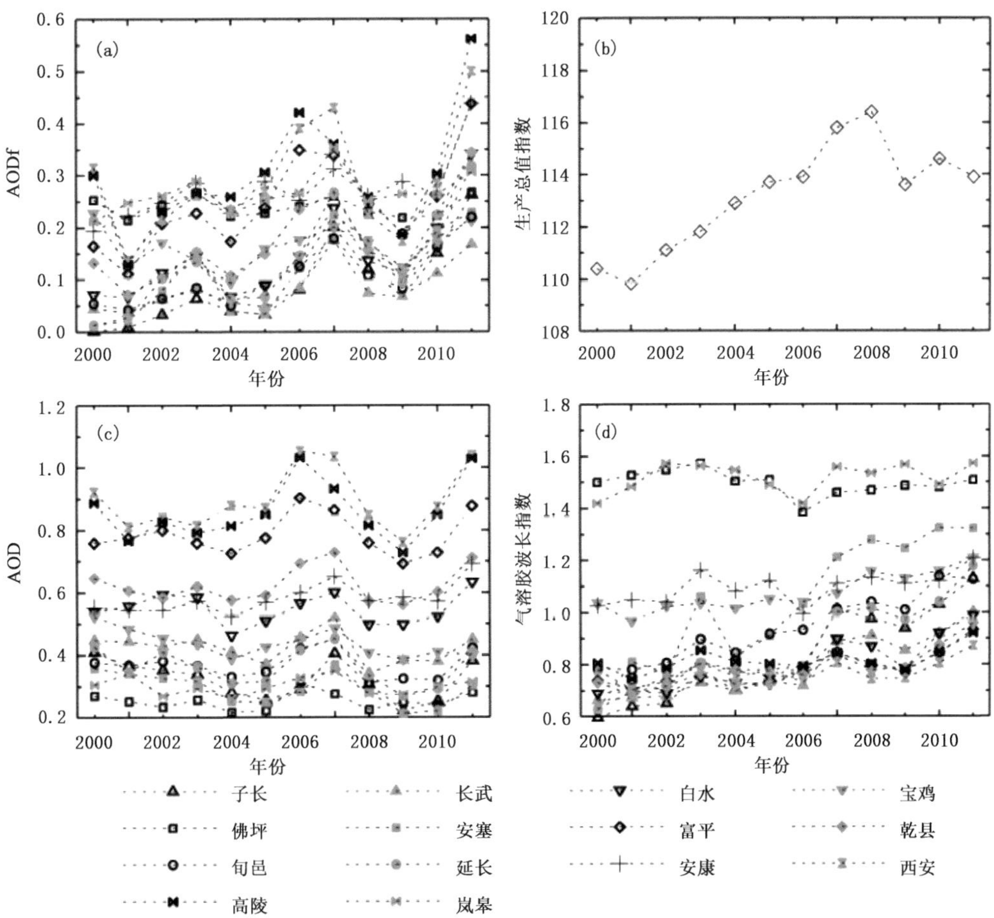

图 4.9　AODf (a)、生产总值指数(b)、AOD(c) 和 α(d)的年际变化

4.5 本章小结

陕西 AOD 分布具有明显的地域性和季节性。在地域分布上，受地形条件和局地源的影响，关中盆地、安康和汉中市区是陕西 AOD 的高值区。秦岭以北大部分地区 AOD 在夏季最大，春季次之，秋、冬季最小，而秦岭山脉 AOD 在春季最大，夏、冬季次之，秋季最小。关中地区气溶胶标高均值为 867.7 m，海拔 1750 m 以上地区的 AOD 基本不再响应高度的变化，说明该高度基本上到达了边界层顶。

陕西 α 与 NDVI 显著正相关，地表植被覆盖状况对 AODc 具有重要影响。沙尘天气是黄土高原 AODc 的主要来源，同时对关中盆地 AODc 有一定的影响。秦岭以北，尤其是黄土高原地区，NDVI 的上升和沙尘天气频率的降低造成 AODc 逐年下降。关中地区 AODc 除了与沙尘天气有关外，同时受人类活动的影响，12 年来变化趋势不明显。陕南地区 AODc 主要与人类活动有关，并且呈现出微弱的上升趋势。人类经济活动造成陕西境内 AODf 和 α 普遍上升，细模态气溶胶主导了气溶胶光学厚度的年际波动，人类活动对 AOD 的影响明显，气溶胶逐渐向城市工业型转变。

第5章 陕西省雾与霾的分布特征

5.1 霾识别方法在陕西的应用

近年来，人们常常把由细颗粒物污染造成的低能见度天气，称作"雾/霾"天，雾/霾天气的频繁出现，给人们的生产生活和健康带来了很大影响，引起了社会的广泛关注。张小曳等(2013)研究指出，现今雾/霾的主要成因是严重的气溶胶污染，气象条件对雾/霾天气的演变过程具有重要影响，然而，气象中的雾/霾与大气颗粒物污染又不完全相同，充分认识雾与霾的区别、霾与大气污染的联系、霾判识标准的适用性，对于霾的长期变化研究和开展环境气象服务具有重要意义。

5.1.1 霾与霾日的判识方法

在气象学上，雾和霾是自然界中的两种天气现象，在中国气象局 2007 年发布的气象行业标准(QX/T 48—2007)中，雾的定义为：大量微小水滴浮游空中，常呈乳白色，使水平能见度小于 1.0 km。霾定义为大量极细微的干尘粒等均匀地浮游在空中，使水平能见度小于 10.0 km 的空气普遍浑浊的现象；霾使远处光亮物体微带黄、红色，使黑暗物体微带蓝色。

早期，霾作为一种天气现象，气象部门虽有清楚的定义，但缺乏定量判识的方法，给霾的统计和长期变化分析带来困难，且早期的霾识别条件中没有考虑相对湿度(relative humidity，RH)(吴兑 等，2009a)。

2010 年中国气象局发布了《霾的观测和预报等级(QX/T 113—2010)》标准(以下简称"2010 行标")，2018 年国家市场监督管理总局、中国国家标准化管理委员会，发布了《霾的观测识别》(GB/T 36542—2018)标准(以下简称"2018 国标")，这两个标准的发布使霾的判识有了定量化判识方法，对霾的长期变化研究起到了积极作用。

2010 行标中霾的判识条件为：在排除降水、沙尘暴、扬沙、浮尘、烟幕、吹雪、雪暴等天气现象造成的视程障碍后，①能见度<10.0 km，且 RH<80%，判识为霾；②能见度<10.0 km，且 RH 在 80%～95%时，按照《地面气象观测规范》规定的描述或大气成分指标进一步判识(标准中的大气成分指标有 3 个：$PM_{2.5}>75\ \mu g/m^3$，或 $PM_{1.0}>65\ \mu g/m^3$，或气溶胶散射系数+吸收系数>480 Mm^{-1}，识别为霾)。本研究使用 $PM_{2.5}>75\ \mu g/m^3$，判识为霾。

在 2018 国标中霾的判识条件为：在排除降水、沙尘暴、扬沙、浮尘、吹雪、雪暴、烟幕等影响视程的天气现象后，①能见度<10.0 km，且 RH<80%，判识为霾；②能见度<10.0 km，且 80%≤RH<95%时，当吸湿增长后气溶胶消光系数与实际大气消光系数的比值达到或超过

0.8 时，判识为霾。一日内霾现象持续 6 h 及以上时，计为一个霾日。

2010 行标和 2018 国标中都没有明确指明，标准中使用的能见度是器测能见度还是目测能见度，但 2010 行标发布时能见度主要是人工观测。2013 年以来，能见度观测逐步由仪器观测取代人工观测，由于器测能见度与目测能见度存在差异，Pei 等（2018）、Zhang 等（2020）分析能见度的长期变化时，将气象光学能见度目测能见度（$Vis_{Observer}$）与仪器测量能见度（$Vis_{instrument}$）依据公式：$Vis_{instrument} \approx 0.766 \times Vis_{Observer}$，将目测能见度转换成器测能见度。Gao 等（2020）在用不同霾判识方法评价中国霾的分布和变化特征中，用到 2018 国标时，使用了 7.66 km 作为能见度的判识阈值。本研究选择的数据时段为 2016 年 3 月—2020 年 2 月，全部为器测能见度（张红娟 等，2017），所以本研究将霾判识标准中能见度的阈值设为 7.66 km。

5.1.2 不同标准下霾出现频次的差异

由于判识方法的不同，2010 行标和 2018 国标在判识霾时存在差异。

对比 2010 行标和 2018 国标霾判识条件，在排除影响视程的天气现象后，大气能见度小于阈值的前提下，两者在 RH＜80％时，霾判识条件是相同的；但在 80％≤RH＜95％时，2010 行标是按照 $PM_{2.5}$＞75 μg/m³ 判识为霾的；而 2018 国标是当吸湿增长后气溶胶消光系数与实际大气消光系数的比值≥0.8 时，判识为霾。利用 2016 年 3 月—2020 年 2 月逐时观测资料判识霾出现频率，当 80％≤RH＜95％时，除了霾出现频率本身就很低的陕北榆林和陕南商洛两市以外，2018 国标判识的霾出现频率比用 2010 行标判识的霾出现频率多 8.1％～19.1％，湿度对霾判识的影响非常明显。

分析研究时段内 10 个地市逐时气象资料和距离气象站最近的西安草滩、咸阳市气象站、渭南日报社、宝鸡市监测站等生态环境保护厅的空气质量监测站点的逐时 $PM_{2.5}$ 浓度观测资料发现，在 $PM_{2.5}$≤75 μg/m³ 时，2018 国标识别出的霾出现频率明显多于 2010 行标识别的霾出现频率（这里 2010 行标识别出的霾主要是能见度＜7.66 km，RH＜80％的霾）。但在 $PM_{2.5}$＞75 μg/m³ 时则反之，依据 2010 行标，当能见度＜7.66 km，RH≥80％时，若 $PM_{2.5}$＞75 μg/m³，判识为霾；而依据 2018 国标，在能见度＜7.66 km、RH≥80％时，若计算得到的吸湿增长后的气溶胶消光系数与实际大气消光系数的比值低于 0.8，不能判识为霾，甚至在 $PM_{2.5}$＞115 μg/m³（中度污染），还会出现这种情况，只不过出现的频率很低。

分析在 RH≥80％，$PM_{2.5}$＜75 μg/m³ 的情况下，2018 国标判识为霾的情况（此时能见度＜7.66 km，$PM_{2.5}$＜75 μg/m³，2010 行标不判识为霾，2018 国标吸湿增长后气溶胶消光系数与实际大气消光系数的比值≥0.8 时，判识为霾）这种霾主要出现在 $PM_{2.5}$ 在 36～75 μg/m³ 之间，而当 90％≤RH＜95％时，也会出现在 $PM_{2.5}$＜35 μg/m³，这种霾显然与污染无关，此时的低能见度应该是由水汽以及气溶胶粒子的吸湿增长效应引起的。

5.1.3 气象标准下的霾与大气污染

在 2010 行标和 2018 国标中，霾的判识是在排除有降水、沙尘暴、扬沙、浮尘、吹雪、雪暴、烟幕等影响视程的天气现象后，进一步判识的，有这些影响视程的天气现象的记录不被统计为霾，但在研究时段的观测记录中关中有 17％～24％、陕南和陕北有 7％～8％，日平均 $PM_{2.5}$＞

75 μg/m³ 的轻度污染；同样在无影响视程的天气现象情况下，能见度≥7.66 km 时，不被判识为霾，但也出现了 $PM_{2.5}$>75 μg/m³ 的轻度污染，甚至 $PM_{2.5}$>115 μg/m³ 的中度污染的情况，如西安泾河，样本中无天气现象且能见度≥7.66 km 的非霾天气中有 13%的样本 $PM_{2.5}$>75 μg/m³。

按照气象标准，依据天气现象剔除的非霾日数和能见度≥7.66 km 的非霾日数中都包含了 $PM_{2.5}$>75 μg/m³ 的情况，同样，在前述分析中，存在能见度<7.66 km，依据 2018 国标判识为霾，但在环境质量标准中空气质量未达到轻度污染的情况。所以，气象标准中定义的霾与空气污染并不完全等同。

5.2 陕西霾日分布变化特征

依据 2010 行标和 2018 国标，对陕西省 2016 年 3 月—2020 年 2 月各地市气象观测和空气质量观测数据，进行逐时霾识别，以满足霾识别条件的总时次数作为基数，分析不同地区霾发生频率的日变化和月变化。

5.2.1 霾发生频率的月变化

依据 2010 行标判识，陕西各地市霾发生频率的月变化均呈现出冬季高夏季低的 U 型分布(图 5.1)，并且均以 1 月霾发生频率最高，其中，关中的西安、咸阳、渭南、宝鸡 1 月霾发生频率在 50%以上，陕北的延安、榆林发生频率最低分别为 11.43%和 10.06%；各地 5—9 月霾发生频率较低，不到 15%，陕南的汉中、安康、商洛及陕北的榆林、延安 4—10 月霾的发生频率在 2.7%以下。与 2010 行标相比，2018 国标判识的霾出现频率的变化趋势与 2010 行标相同，但霾出现频次在各地略有差异。

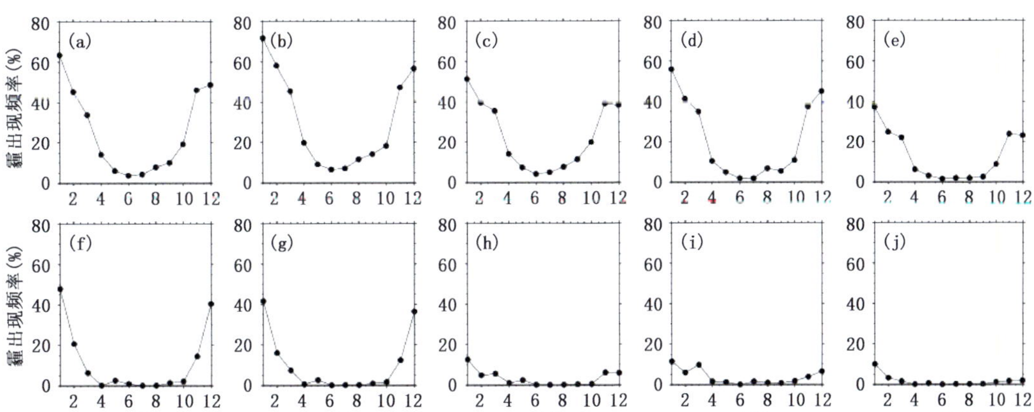

图 5.1　陕西省不同地市霾出现频率的月变化

（a～j 分别对应于西安、咸阳、渭南、宝鸡、铜川、汉中、安康、商洛、延安和榆林）

5.2.2 霾发生频率的日变化

依据 2010 行标判识，除陕北的榆林、延安，陕南的商洛霾发生频率的日变化表现为早上的单峰外，其余地市霾发生频率的日变化均表现为早上和夜间相对较高的双峰分布；早间霾高发期主要集中在 09—11 时，发生频率为 12.6%（铜川）～33.8%（咸阳）；夜间霾高发期的时间跨度较大，集中在 20—23 时，发生频率为 13.3%（安康）～34.3%（咸阳）。关中 5 市霾发生频率高于陕南的汉中、安康 2 市。陕北的榆林、延安，陕南的商洛霾发生频率较低，峰值分别为榆林 2.68%、延安 6.59%、商洛 4.83%，且出现在上午 09—10 时；此后下降，在 16 时到次日 07 时，在波动中维持在 4.83%以下（榆林最低在 2.13%以下）。

与 2010 行标相比，除陕北榆林外，2018 国标使 19 时到次日 10 时霾发生频率明显提高，但霾的日变化趋势一致。

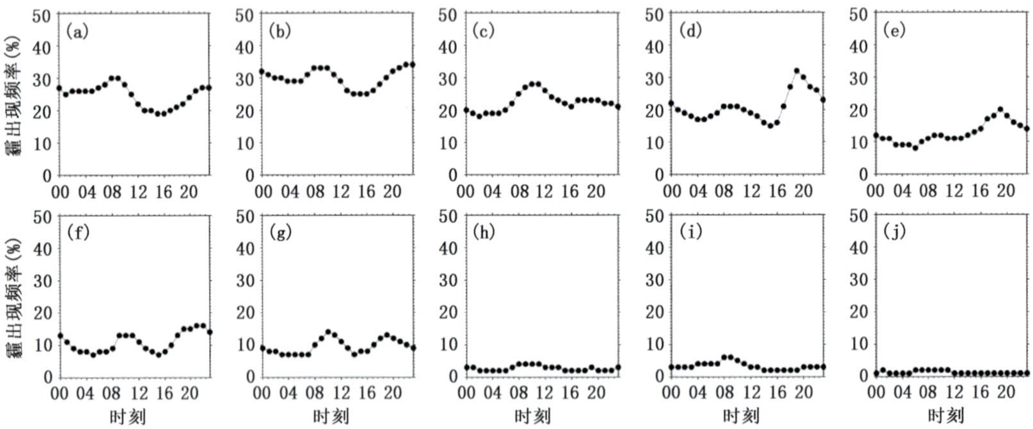

图 5.2　陕西省不同地市霾出现频率的日变化

（a～j 分别对应于西安、咸阳、渭南、宝鸡、铜川、汉中、安康、商洛、延安和榆林）

5.2.3 霾日数变化趋势

胡琳等(2019)利用陕西省 96 个气象观测站气象资料，用 14 时能见度和相对湿度值判识得到的霾日，对陕西省 1981—2016 年出现霾日数进行分析表明，关中地区是陕西省霾天气的高发区，1981—2016 年出现霾 59199 站次，年平均霾日数 38.0 d；其次是陕南的汉中盆地，1981—2016 年出现霾 15602 站次，年平均霾日数 15.5 d；陕北霾日数最少仅 5339 站次，年平均 6.2 d。全省霾日数的年代际变化总体呈上升趋势，2000 年后增加显著。

黄鑫等(2019)对 1980—2016 年陕西冬季霾日数变化进行分析表明，陕西冬季霾日数 1980—1993 年偏多，1994—2012 年偏少，2013 年之后霾日数增加明显。关中各地冬季霾日数最多，冬季平均大于 18 d；1980—1993 年偏多，1994—2012 年偏少，2010—2016 年处于明显增长阶段。陕南各地冬季平均霾日数 10 d 左右，1980—1995 年偏多，1996—2012 年偏少，且处于明显下降阶段；2013 年后霾日数明显增多，并在 2015 年达 27 d，2016 年大于 36 d。陕北各地霾日数最少，冬季平均 3 d 左右；1980—2012 年呈下降趋势，2013—2016 年有上升趋势，2016 年霾日数最多，接近 18 d。陕北、关中、陕南各地霾日数在 2010 年后出现了明显的增多趋势。

5.3 陕西雾的时空分布特征及变化趋势

雾是由悬浮在近地面空气中微小水滴或冰晶组成的天气现象，是近地面层空气中水汽凝结（或凝华）的产物。雾具有很强的局地性，大气中水汽含量丰富、近地层空气层结比较稳定、暖气流流经冷表面地区或辐射降温剧烈等条件都有利于雾的生成。大雾天气的增多、浓度的增大和持续时间较长对铁路、公路、航空及人们的身体健康都会产生直接影响。王丽萍等（2005）统计了中国 604 个气象台站 1961—2000 年的地面观测雾日资料发现，中国的雾主要分布在六个区域：长江中游区、海岸区、云贵高原区、陇东—陕西区、淮河流域、天山及其北疆区；中国年平均雾日多且相对稳定的区域是长江中游区、云贵高原区，其次是海岸区、淮河流域，相对不稳定的区域是陇东—陕西一带。陕西处于我国主要雾区，年平均雾日数相对不稳定，利用该区域雾观测资料开展雾日时空变化特征分析，给出雾日分布变化规律，可为大雾灾害预测预警提供科学参考。

5.3.1 年平均雾日分布

陕西 1970—2011 年各地年均雾日数分布不均匀，存在多个高发区，有明显的地域分布特征。年平均雾日达到或超过 20 d 的雾区主要集中在五个区域。

（1）渭北高原区，包括洛川、宜君地区，年平均雾日在 14～68 d，平均雾日达到 32 d。其中宜君 68.0 d，洛川 47.3 d，富县 38.1 d，甘泉 37.1 d，长武 34.3 d，旬邑 22.7 d。

（2）陕南汉江流域，年平均雾日在 20～57 d，平均雾日达 36 d。

（3）商南地区，年平均雾日为 30.6 d。

（4）高山地区，主要是华山和太白站，华山年平均雾日 137.4 d，太白平均雾日 30.4 d。

（5）关中中部地区，年平均雾日达 29 d，其中西安 27.1 d、咸阳 27.2 d、兴平 38.5 d、高陵 29.1 d、泾阳 22 d。

从气候特征看，陕西主要雾区分布的可能原因是：渭北高原区，属于暖温带半湿润气候区，由于地形的作用，偏南暖湿气流沿台塬爬升，为大雾产生提供了丰富的水汽，在湿度达到饱和的情况下，该地区易产生大雾天气；陕南大部地区属北亚热带湿润气候，秦岭南麓至汉江以北地区年降水量 670～900 mm，充沛的水源和特殊的盆地地貌都有利于该地区雾日的发生（苏辉，2003）；商南属于山区，当地气候条件也有利于雾日的发生；太白山和华山属于高山区，相对于周围地区雾多，主要与特殊地形所产生的地形云有关。

5.3.2 陕西雾日数变化趋势

(1)陕西雾日年变化趋势

图 5.3 给出了陕西 1970—2011 年雾日年变化曲线。40 年间陕西年平均雾日为 19.8 d/a。陕西历年平均雾日变化与全国总雾日变化趋势一致(王丽萍,2006),总体呈现先增加后减少的趋势。1970 年开始,陕西年雾日发生的次数逐年增加,直到 20 世纪 80 年代末出现年雾日的最大值,达到 29 d/a;之后年雾日发生次数开始逐渐减小,且减小的趋势比较明显,2010 年雾日最少,仅为 13 d。其原因可能与气温整体升高,空气湿度减小等大的气候背景变化有关(高蓓 等,2006)。

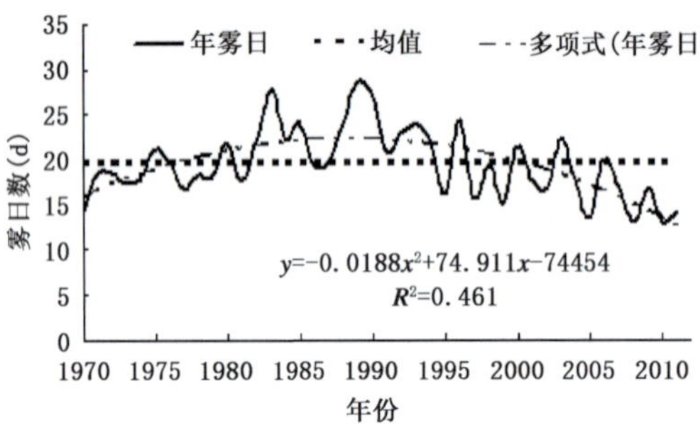

图 5.3 陕西省 1970—2011 年雾日年变化

(2)雾日的季节变化

不同的季节和月份具有不同的温湿特征和大气环流形势,所以大雾天气日数在不同的季节和月份也有所不同(曹治强 等,2008)。陕西是内陆省份,秋冬季受冷高压天气系统影响较多,夜间地面辐射冷却使空气达到饱和易形成大雾(贺皓 等,2004)。统计表明,陕西冬半年大雾日数较多,夏半年较少。

1970—2011 年期间,陕西雾日数四季都呈现出先增加后减少的变化特征(图 5.4a,b)。秋季雾日均值明显高于其他三个季节,多年平均值为 8.3 d;冬季雾日均值次之,为 4.5 d;夏季雾日均值为 3.9 d;春季雾日均值最少,仅为 2.9 d。夏、秋季雾日数都是以 20 世纪 80 年代达到峰值,随后波动减少;冬、春季雾日数则在 20 世纪 90 年代初达到峰值后再逐渐减少。尤其值

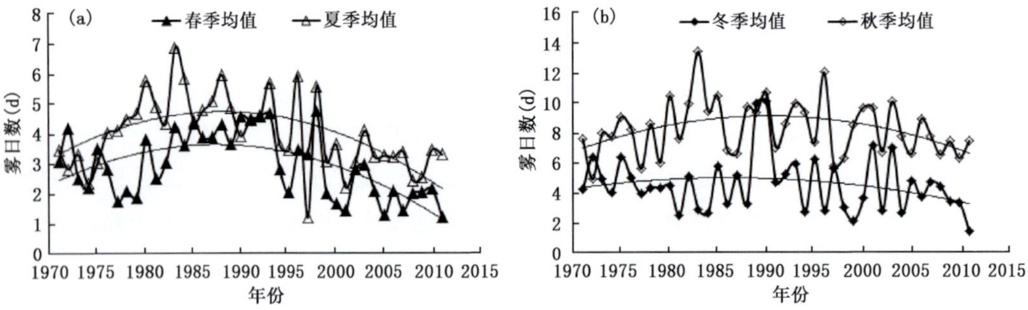

图 5.4 陕西 1970—2011 年春、夏季(a)及秋、冬季(b)雾日数变化

得注意的是，春季雾日在 1991 年达到峰值后，有一个急剧下降的过程，下降速度明显高于其他三季。

5.4 本章小结

本章讨论了霾的判识方法对陕西省霾判识的影响及霾日的分布变化特征；基于雾的观测资料分析了陕西省雾的分布特征及变化趋势，得出如下结论。

(1)陕西各地市霾发生频率的月变化均呈现出冬季高夏季低的 U 型分布，并且 1 月霾发生频率最高。除陕北的榆林、延安，陕南的商洛霾发生频率的日变化为早上的单峰外，其余地市霾发生频率的日变化均表现为早上和夜间相对较高的双峰分布，早间霾高发期主要集中在 09—11 时，夜间霾高发期集中在 20—23 时；关中 5 市霾发生频率高于陕南的汉中、安康两市。

(2)陕西位于全国主要雾区且相对不稳定。陕西存在五个雾日高发区，分别位于渭北高原、陕南汉江流域、商南、高山地区和关中中部地区。1970—2011 年间陕西大部分地区大雾日数呈现出先增加后减少的趋势。

第6章 气象条件对关中大气污染的影响

6.1 边界层高度变化特征对大气颗粒物浓度影响

低层大气中污染物的扩散和输送很大程度上依赖该地边界层的结构，边界层顶高度会影响污染物的浓度和长距离扩散(Coulter，1979)，大气边界层顶高度一直是大气数值模式和大气环境评价的重要物理参数之一，因此，研究边界层高度变化特征对西安大气污染研究有着一定的现实意义。

6.1.1 边界层高度计算方法

(1)位温法确定边界层高度

位温法确定边界层高度主要是根据文献(Liu et al.，2010)所介绍的方法进行的。首先通过探空资料确定边界层类型，具体方法根据以下公式计算：

$$\theta_5-\theta_2-\begin{cases}<-\delta_s & \rightarrow \quad \text{不稳定层结}\\ >+\delta_s & \rightarrow \quad \text{稳定层结}\\ \text{其他} & \rightarrow \quad \text{中性层结}\end{cases} \tag{6.1}$$

式中，θ是位温，其下标表示从地面开始每层的位温，地表面为1；δ_s指温度随高度变化时，当出现逆温时，最小的位温增量，一般是在不稳定层结顶部和稳定层结下部，在实际计算中，该值根据地面特征设置为较小正值。

在计算时，由于不稳定层结和中性层结构类似，所以在确定其边界层顶高度时，只要确定位温随高度变化出现逆温时，最小位温增量的等温层就是逆温层顶的位置；而在稳定层结时，受到地面以上逆温影响，大气湍流会受到抑制，所以将贴地逆温层范围确定为稳定边界层顶高度。

图6.1是基于探空资料和Liu等(2010)计算的边界层顶高结果，显示在不同层结下，利用位温和水汽混合比所判定的边界层顶高。该探空资料来自西安泾河探空站2008年5月21日一天三次资料。从图6.1来看，早上边界层高度在424 m处，下午14时，由于地面温度升高，对流发展旺盛，边界层顶抬升至827 m，位温和水汽在边界层内充分混合，到了晚上，随着地面温度进一步下降，大气中温度层结变化落后地面温度，近地层出现明显逆温，导致边界层高度只有204 m。

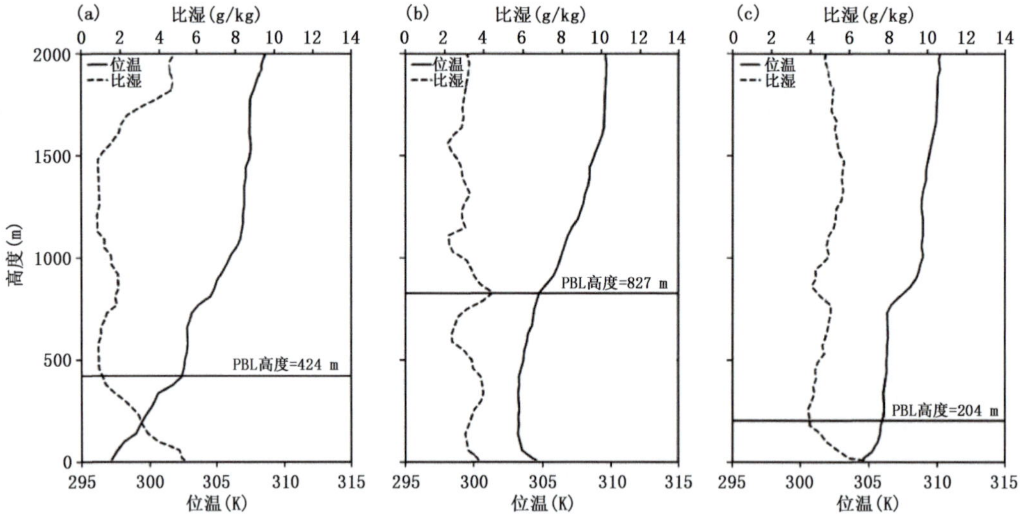

图 6.1　根据探空资料计算的边界层高度

(a)、(b)、(c)分别代表 08、14、20 时位温和比湿廓线及计算的边界层高度

(2)地面气象要素确定边界层高度

利用地面气象观测记录，根据大气稳定度计算边界层高度。常用的大气稳定度分类方法有帕斯奎尔(Pasquill)法和国际原子能机构 IAEA 推荐的方法，这里主要用前者。它分为强不稳定、不稳定、弱不稳定、中性、较稳定、稳定六级，分别表示为 A、B、C、D、E、F。该方法主要是根据太阳高度角计算出太阳辐射等级，然后再根据当时云量、风速等地面气象要素确定稳定度等级。

Nozaki 等 1973 年提出一种用地面气象资料估算混合层高度的方法(史宝忠 等，1997)即罗氏法。他们认为大气混合层是由热力湍流和机械湍流共同作用的结果，而且边界层上部大气运动状况与地面气象参数间存在着相互联系和反馈作用，因此可以用地面气象资料来估算大气混合层高度。计算公式如下：

$$H = \frac{121}{6}(6-P)(T-T_d) + \frac{0.169P(u_z + 0.257)}{12f\ln(z/z_0)} \tag{6.2}$$

式中，T 为地面气温，T_d 为露点温度，u_z 为 z 高度处的平均风速，z_0 为地面粗糙度(泾河站地面粗糙度定为 0.5 m)，f 为科氏参数，P 为帕斯奎尔稳定度级别。

国标法是国家标准 GB/T13201—91 规定的方法(孟庆珍 等，1999)。该方法实质上认为近地层的热状况在相当大的程度上取决于地面的加热和冷却程度。该方法综合考虑了热力和动力的因素，把太阳高度角、云量和风速分级定量化，然后，根据规定的当地具体参数：

当大气稳定度为 A、B、C 和 D 时：

$$h = a_s U_{10}/f \tag{6.3}$$

当大气稳定度为 E 和 F 时：

$$h = b_s \sqrt{U_{10}}/f \tag{6.4}$$

$$f = 2\Omega\sin\varphi \tag{6.5}$$

式中，h 为混合层厚度(E、F 时指近地层厚度)，m；U_{10} 为 10 m 高度处平均风速，m/s，大于 6 m/s

时取为 6 m/s；a_s、b_s为混合层系数(表 6.1)(国家技术监督局 等，1992)；f 为地转参数；Ω 为地转角速度，取 7.29×10^{-5} rad/s；φ 为地理纬度，deg。

表 6.1 我国各地区 a_s 和 b_s 值

地区	a_s			b_s		
	A	B	C	D	E	F
新疆、西藏、青海	0.09	0.067	0.041	0.031	1.66	0.7
黑龙江、吉林、辽宁、内蒙古、北京、天津、河北、河南、山东、山西、陕西(秦岭以北)、宁夏、甘肃(渭河以北)	0.037	0.06	0.041	0.019	1.66	0.7
上海、广东、广西、湖南、湖北、江苏、浙江、安徽、海南、台湾、福建、江西	0.056	0.029	0.02	0.012	1.66	0.7
云南、贵州、四川、甘肃(渭河以南)、陕西(秦岭以南)	0.037	0.048	0.031	0.022	1.66	0.7

(3)三种方法计算所得到的边界层高度日变化对比

图 6.2 是用三种方法计算所得到的边界层高度日变化。一般来说探空站放球时间有早晚两次，泾河探空站在 2008 年 5 月有中午的加密探空观测，所以，利用这段时间的探空对比三种方法计算所得到的边界层顶的高度。

图 6.2a 是 2008 年 5 月 20 日得到的结果，发现国标法得到的边界层顶高日变化与罗氏法得到的结果有相似地方，日最大顶高国标法在 2500 m(11 时)，罗氏法是 1800 m(16 时)，位温法是 480 m(11 时)，位温法较其他两种方法小很多；早、晚两次国标法和位温法相差不大，罗氏法较其他两种方法计算得到的边界层顶的高度值要大。图 6.2b 是 2008 年 5 月 21 日得到的结果，发现国标法计算得到的边界层顶高日变化与位温法结果比较接近，早上国标法、罗氏法、位温法分别是 532 m、918 m、424 m，中午分别是 999 m、1549 m、827 m，晚上分别是 208 m、906 m、204 m。图 6.2c 是 2008 年 5 月 22 日得到的结果，发现三种方法计算得到的最高边界层顶结果比较接近，早上国标法、罗氏法、位温法分别是 509 m、725 m、191 m，中午分别是 1148 m、1492 m、1492 m，晚上分别是 625 m、1077 m、214 m。通过这几日对比，可知三种方法

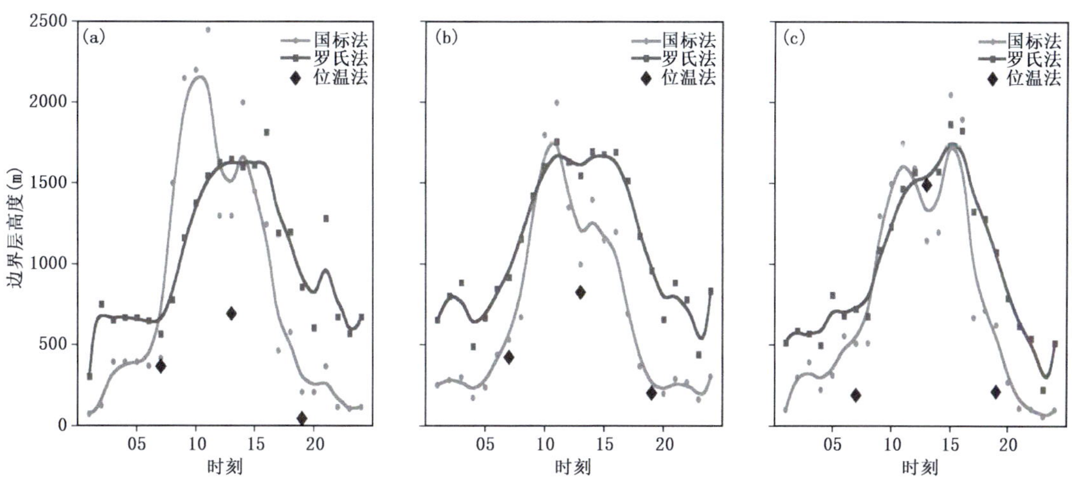

图 6.2 对比三种方法计算的边界层高度

(a)2008 年 5 月 20 日；(b)2008 年 5 月 21 日；(c)2008 年 5 月 22 日

得到的结果虽然有差异，但是基本反映了当地边界层顶高的日变化，其结果可以作为以下分析使用。

6.1.2 边界层高度的统计特征

(1)大气稳定度和边界层顶高的统计

大气稳定度按照帕斯奎尔(Pasquill)方法分为强不稳定、不稳定、弱不稳定、中性、较稳定、稳定六级，为了便于统计，将这6级分类划分为三类，强不稳定、不稳定、弱不稳定归为Unstable类，中性归为Neutral类，较稳定、稳定归为Stable类。图6.3是利用泾河气象观测站2007—2009年三年共1089个探空资料计算得到的大气稳定的分类统计结果，其中Unstable类白天从07时开始为4.1%，到13时达到最大为78.9%，到18时为11.1%；Stable类从17时开始为11.4%，到24时达到最大为80.89%，到09时为6.5%；Neutral类全日分布比较均匀，呈双峰分布，分别是08时和17时。

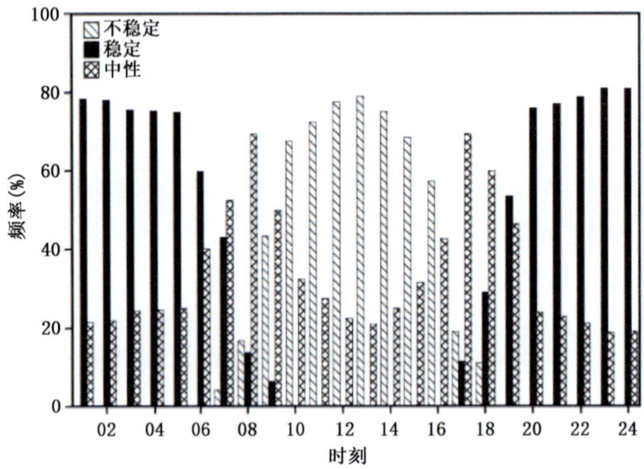

图6.3 大气稳定度的统计值

图6.4是三种方法计算得到边界层高度的频数分布。图6.4a是国标法在三种大气稳定度下边界层发展的高度，在Stable的大气稳定度下，边界层高度分布从几十米到500 m，250 m处频数分布最高达到近2500次；Neutral类边界层高度分布从十几米到2500 m，500 m处频数分布最高达到近600次；Unstable类边界层高度分布从100～3000 m，在1300 m处频数分布最高达到近358次。图6.4b是罗氏法在三种大气稳定度下边界层发展的高度，在Stable的大气稳定度下，边界层高度分布从25～1500 m，500 m处频数分布最高达到近1000次；Neutral类边界层高度分布从25～2350 m，800 m处频数分布最高达到近400次；Unstable类边界层高度分布从100～3000 m，在1000 m处频数分布最高达到近300次。图6.4c是位温法在三种大气稳定度下边界层发展的高度，由于探空资料限制，获得的个例较少，在Stable的大气稳定度下，边界层高度分布从25～800 m，150 m处频数分布最高达到近170次；Neutral类边界层高度分布从25～1800 m，250 m处频数分布最高达到近90次；Unstable类边界层高度分布从100～2100 m，在700 m处频数分布最高达到近50次。

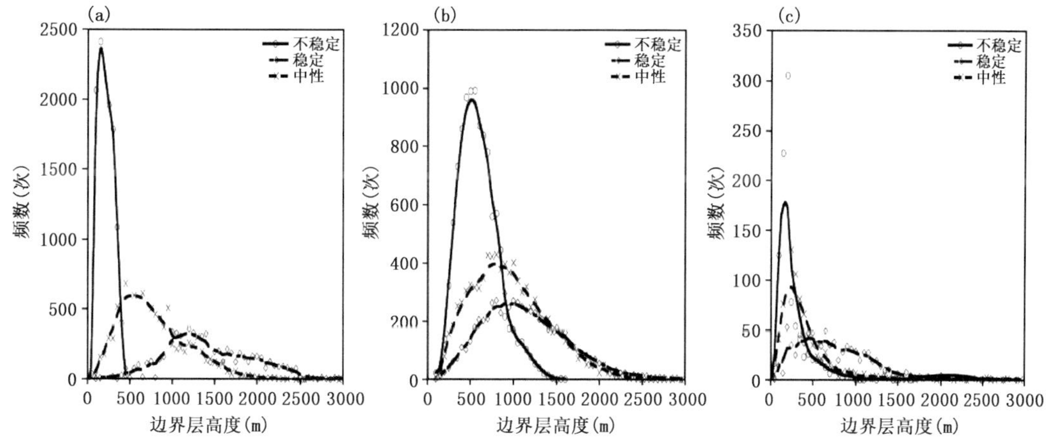

图 6.4　三种方法计算的边界层高度的频数分布

(a)国标法；(b)罗氏法；(c)位温法

(2)边界层高度日变化和季节变化

图 6.5 是三种计算方法得到的边界层高度日变化分布图。其中位温法得到的中午边界层顶的高度，在没有探空资料的情况下，基于干绝热法和早上探空资料和地面最高温度资料获得。国标法获得的边界层日变化夜晚稳定情况下高度在大致是 300 m，从 07 时以后开始上升，到 13 时达到最高 1400 m，然后开始下降，到 20 时降到夜间平均高度。罗氏法获得的边界层日变化夜晚稳定情况下高度在大致是 600 m，从 08 时以后开始上升，到 15 时达到最高 1200 m，然后开始下降，到 21 时降到夜间平均高度。位温法获得的边界层日变化在 07 时 230 m，以后开始上升，到 15 时达到最高 1000 m，然后开始下降，到 19 时降到 290 m。总体说来位温法计算得到的边界层高度应该是比较准确的，另外两种方法得到的结果无论是在早、晚边界层高度和日最高边界层高度与位温法得到的结果有一定差距。

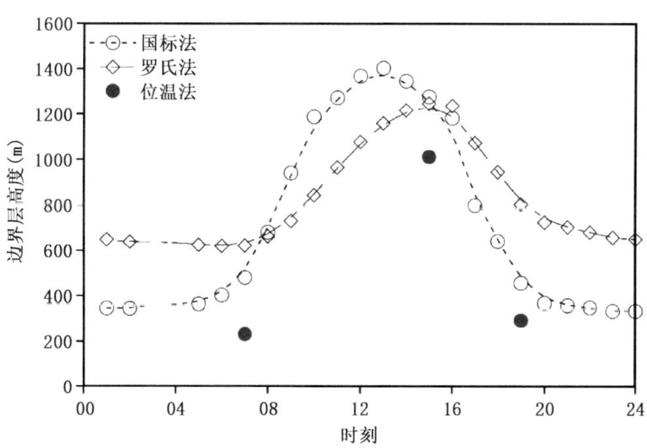

图 6.5　三种方法计算的边界层高度的日变化

图 6.6 是三种方法计算的四季边界层高度的日变化。从四个季节日变化的形态来看，与图 6.5 得到的平均日变化结果基本一致，日最高层顶由大到小分别是国标法、罗氏法和位温法。从季节边界层顶日最高值来看，由大到小春季、夏季、秋季、冬季分别是，1300 m、1200 m、

820 m、800 m，这与史宝忠计算的大气混合层高度春季、夏季、秋季、冬季分别为 1434 m、1588 m、1067 m、1046 m 有不一致的地方。首先从量级上来说，比史宝忠计算的值小了 200 m 左右；其次，春季、夏季高度有不一致地方，前者春季高度较高，后者夏季高度较高，但是相差数值不大。位温法计算的夏季晚上边界层高度明显较其他季节高，这与夏季日照时间长有直接关系。

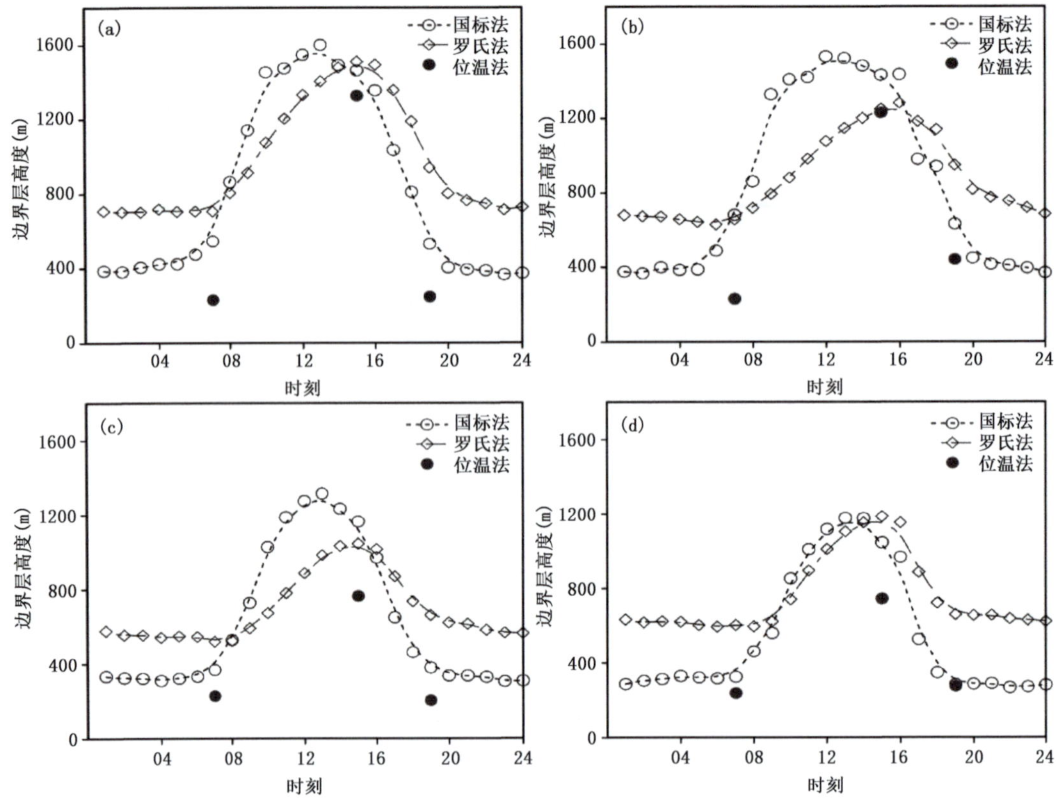

图 6.6　三种方法计算的边界层高度的季节变化

(a)春季；(b)夏季；(c)秋季；(d)冬季

6.1.3　颗粒物浓度与城市边界层高度之间关系

图 6.7a 是利用三种方法计算得到的 2007—2009 年每天边界层顶高平均值、最高值、最低值。从日平均边界层顶高度可以看出，边界层顶高度呈现明显周期性变化，即每年冬季 1 月开始顶高较低约为 550 m，随后逐渐增加，春季达到 750 m 左右，夏季达到最高约为 800 m，秋季逐渐降低约为 580 m。日最高变化趋势与日平均变化类似，趋势线低值在冬季(约为 1000 m)，高值在夏季(约为 1800 m)，从计算的夏季高值的散点来看，夏季边界层顶高最高可达 3000 m。日最低变化趋势与日平均、日最高变化不同，周期变化不是很显著，其趋势线变化范围在 100～200 m 之间。图 6.7b 是同期颗粒物质量浓度的日变化。颗粒物质量浓度由 GRIMM180 颗粒物监测仪监测获得，期间资料有缺测。图中 PM_{10}、$PM_{2.5}$、$PM_{1.0}$ 三种粒径颗粒物质量浓度变化特征基本一致，PM_{10} 变化范围在 50～350 μg/m^3，$PM_{2.5}$ 变化范围在 40～250 μg/m^3，$PM_{1.0}$ 变化范围在 30～200 μg/m^3。三种粒径颗粒物质量浓度冬季最高，夏季最

低，春、秋季较低，春季 PM_{10} 质量浓度明显大于秋季。这与西安地区处在黄土高原东侧，春季受沙尘天气影响有关（宁海文 等，2005）。比较图 6.7a、图 6.7b，可以发现边界层顶高度与颗粒物质量浓度之间有很好的反相关关系，即边界层顶高时，颗粒物质量浓度低，反之亦然。

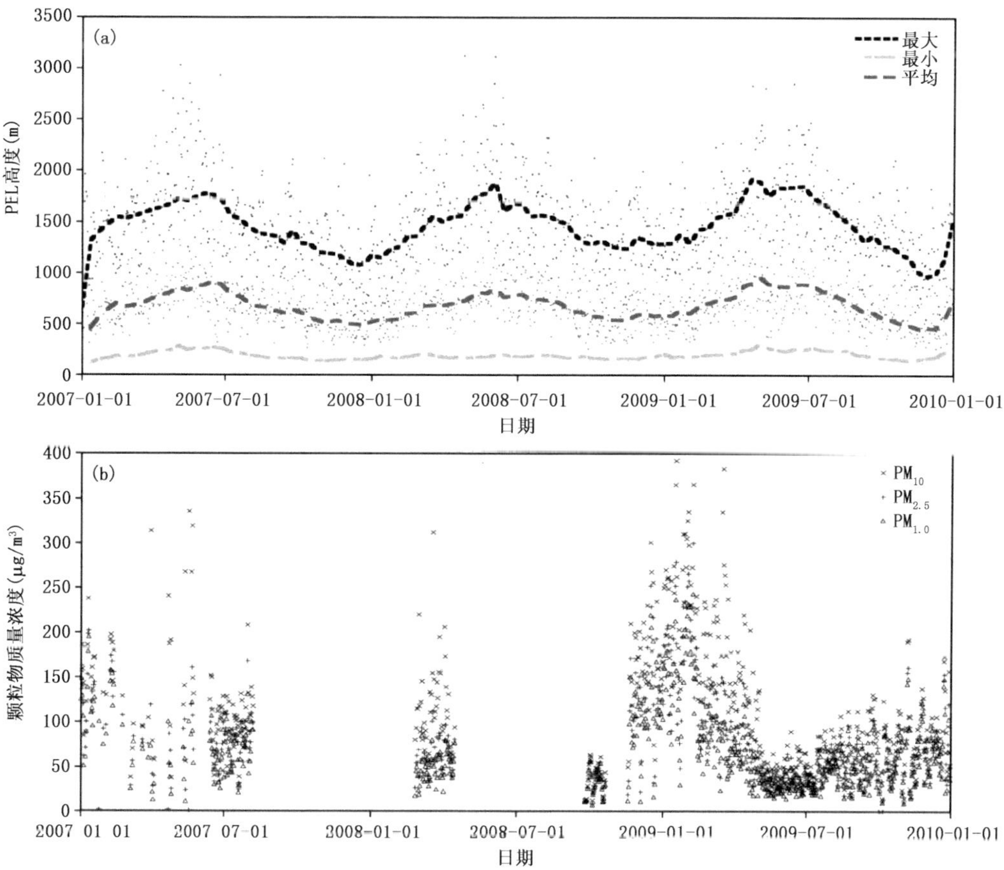

图 6.7 2007—2009 年边界层顶高度(a)和颗粒物质量浓度(b)日平均变化

图 6.8 是边界层顶高度与三种粒径颗粒物质量浓度月平均值变化，其中左轴是颗粒物质量浓度，右轴是边界层顶高。可以看出二者之间存在明显的反相关关系，三种粒径颗粒物颗浓度从 1 月开始迅速降低，到 5、6、7 月达到最低，然后 8 月以后逐渐升高直到 12 月；而边界层顶高度与此刚刚相反，从 1 月开始逐渐升高，到 6、7 月达到最高，然后 8 月以后逐渐降低直到 12 月。可见，边界层顶高决定了大气污染物在垂直方向上扩散的空间，在本地污染源一定的情况下，污染物在边界层内逐渐堆积，在没有上游天气系统影响时，会导致污染物浓度增加。因此，搞清边界层结构与大气颗粒物浓度之间关系，不但可以分析大气污染物变化规律，还可以为监测、预报城市大气环境提供参考。

图 6.9 是 $PM_{2.5}$、$PM_{1.0}$、$PM_{1.0}$ 分别在 PM_{10}、$PM_{2.5}$、PM_{10} 中含量的月均值变化。可以看出，三条曲线变化趋势基本一致。$PM_{2.5}$ 在 PM_{10} 中含量变化范围在 55%～90%之间，最小值在 3 月为 55%，最高值在 11 月为 90%，平均值为 74%；$PM_{1.0}$ 在 $PM_{2.5}$ 中含量变化范围在 75%～95%之间，最小值同样在 3 月为 75%，最高值在 11 月为 95%，平均值为 87%；$PM_{1.0}$ 在 PM_{10} 中含量变化范围在 40%～85%之间，最小值也在 3 月为 40%，最高值在 11 月为 85%，平均值为 65%。

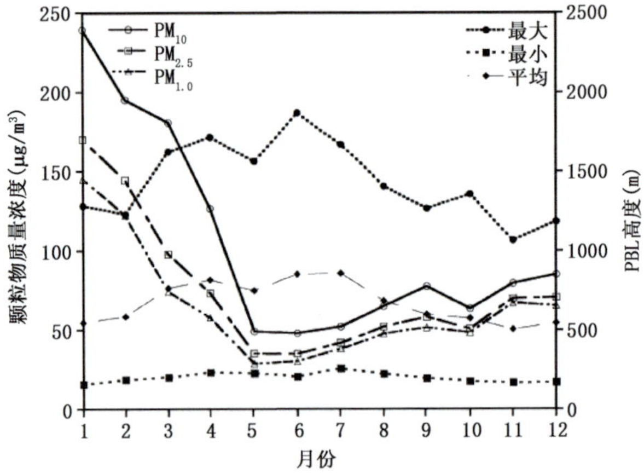

图 6.8　边界层顶高度和颗粒物质量浓度月平均变化

可见，西安大气污染物中 $PM_{2.5}$ 粒子占主要成分，在 PM_{10} 含量中平均达到 74%，而 $PM_{1.0}$ 在 $PM_{2.5}$ 中含量最低为 75%，最高为 90%，平均值为在 87%，说明西安的大气污染以人为排放的小粒子为主，主要包括机动车排放、居民生活排放、发电厂、建筑飘尘等污染。3、4 月三条曲线显著偏低，主要是由于春季西安风沙天气较多，颗粒物中沙尘比例含量较其他季节偏多，在本地污染源排放不变的情况下，导致 $PM_{2.5}$、$PM_{1.0}$ 在 PM_{10} 中含量降低。

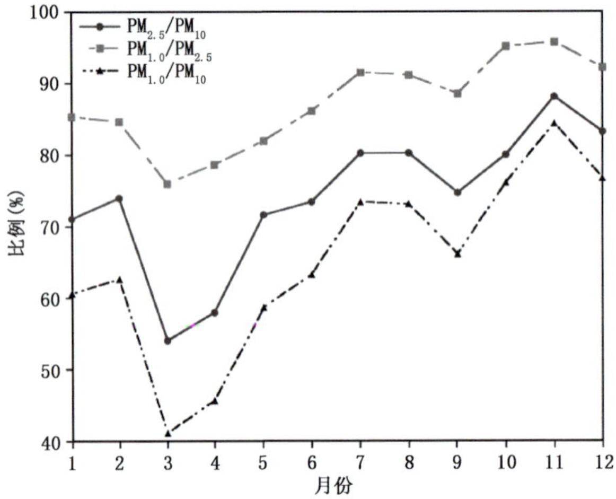

图 6.9　不同粒径颗粒物所占比例月变化

6.2 气溶胶对大气能见度的影响

大气气溶胶一般指悬浮在大气中直径在 $10^{-3} \sim 10^{2}$ μm 的粒子，是地气系统的重要组成部分。大气能见度与空气中颗粒物浓度有密切关系，大气颗粒物污染可以造成能见度下降

(Malm,1992),能见度变化趋势能很好地反映空气质量变化趋势。

6.2.1 基于卫星观测的气溶胶光学厚度与能见度的关系

(1)2000—2011年关中MODIS/AOD与能见度分布

虽然AOD代表的是垂直整层气溶胶的消光效果,而地面能见度代表的是近地面层气溶胶的水平消光效果,但两者都与大气中气溶胶粒子的浓度有关。从2000—2011年关中地区日平均能见度(日平均值采用08时、14时、20时3个时次的平均)分布(图6.10)可以看出,关中地区日平均能见度为9.2~25.3 km,能见度最大值出现在海拔1540 m的太白观测站,为25.3 km;能见度的相对高值区位于北部渭北台塬区,大部分在14 km以上,其中麟游、旬邑、淳化、铜川站能见度在19.0~22.6 km之间;能见度的相对低值区位于关中中部的渭河沿岸,兴平、乾县、武功、扶风、礼泉站能见度在10 km左右;关中东部的大荔、华阴一带为关中能见度的次低值区,约为12 km;总体上北部农林区能见度较好,中部城市密集区较差。将能见度分布与同时段MODIS卫星遥感监测得到的关中地区AOD MODIS/Terra C005气溶胶产品资料,水平分辨率为10 km×10 km的平均值(图6.11)进行比较,MODIS/AOD的空间分布与同期能见度的分布具有较好的一致性,MODIS/AOD在0.8以上的高值区位于中部渭河沿岸,也是能见度的相对低值区,关中东部MODIS/AOD在0.7~0.8之间的次高值区也是能见度的次低值区;北部MODIS/AOD在0.4以下的低值区域也是能见度相对较好的区域,长武、永寿一线MODIS/AOD高于周围,其能见度也明显低于周围地区。由上述分析可见,关中地区MODIS/AOD平均值与能见度平均值的分布具有明显对应关系。

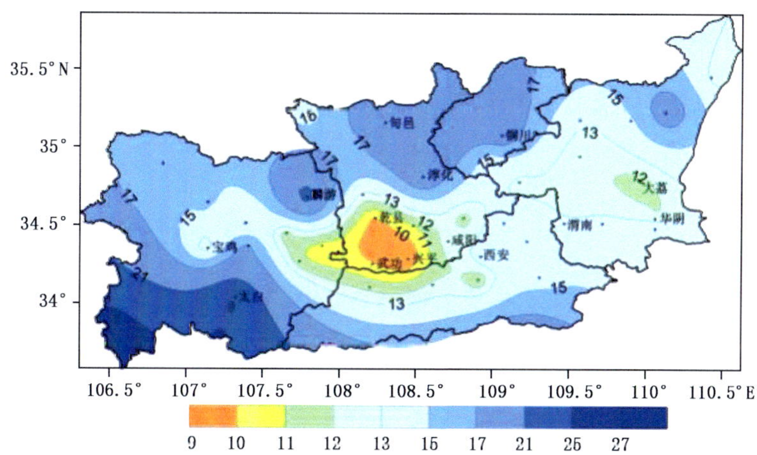

图6.10 2000—2011年关中地区日平均能见度分布(单位:km)

(2)MODIS/AOD与关中地区能见度的关系

一些研究(赵秀娟 等,2005;李成才 等,2003b)表明,气溶胶光学厚度与能见度之间的关系,并不是简单的线性关系。本文采用线性、对数、多项式、指数和幂函数关系,分不同季节将2000—2011年MODIS卫星观测得到的站点AOD值(站点AOD值,取以气象站点为中心,以20 km为半径区域内AOD的平均值)与对应日期关中地区气象站观测得到的08时、14时和日平均能见度拟合,发现不论用哪种关系拟合,冬、春季08时能见度与AOD的拟合关系好于

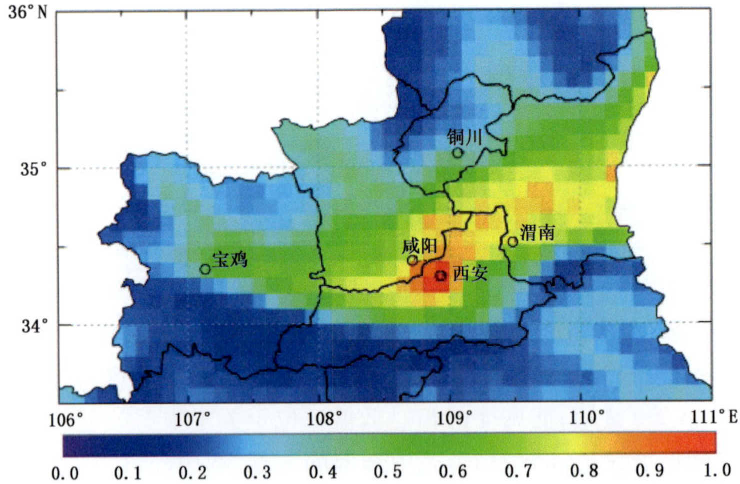

图 6.11 2000—2011 年关中地区 MODIS 卫星 AOD 的平均值分布

14 时，而夏、秋季 14 时的拟合关系好于 08 时(表 6.2)，这表明在夏、秋季 MODIS/AOD 与 14 时能见度的关系好于 08 时。而冬、春季 MODIS/AOD 与 08 时能见度的关系更密切，可能是由于夏、秋季 14 时温度较高，气溶胶的光化学效应明显，二次气溶胶的形成活跃，对能见度的影响比 08 时更明显。

表 6.2 关中地区 MODIS/AOD 与不同时次能见度相关系数

季节	对数拟合相关系数 R^2		比较	季节	多项式拟合相关系数 R^2		比较
	08:00	14:00			08:00	14:00	
春季	0.4715	0.3936	08:00>14:00	春季	0.4722	0.4279	08:00>14:00
夏季	0.4122	0.4858	14:00>08:00	夏季	0.4186	0.5315	14:00>08:00
秋季	0.4490	0.5024	14:00>08:00	秋季	0.4698	0.5625	14:00>08:00
冬季	0.5467	0.4512	08:00>14:00	冬季	0.5392	0.5171	08:00>14:00
全年	0.4835	0.4720	08:00>14:00	全年	0.4821	0.5258	14:00>08:00

从关中地区 MODIS/AOD 与各季节 08 时、14 时能见度的散点分布(图 6.12、图 6.13)可以看出，MODIS/AOD 与能见度的关系 08 时冬季最好，14 时秋季最好；无论哪个时次冬季 MODIS/AOD 与能见度的相关较好，相关系数的平方都在 0.45 以上，主要是因为冬季气溶胶标高低(李成才 等，2003a)，气溶胶颗粒物主要集中在大气底层，气溶胶的消光作用也主要集中在底层，因此与近地层能见度的关系也较密切。已有研究指出细粒子对能见度的影响与大气相对湿度有关，湿度越大相关系数越高(王京丽 等，2006)。关中地区 14 时平均相对湿度，春、夏、秋、冬季分别为 42.0%、56.4%、59.0%和 46.4%，秋季 14 时相对湿度高，可能是造成 14 时 AOD 与能见度关系最好的重要原因。就年平均而言，AOD 与能见度的关系使用对数拟合时，08 时相关系数的平方为 0.4835，14 时相关系数的平方为 0.472，两者差异不大；使用多项式拟合时，14 时相关系数明显大于 08 时；总体上 14 时 AOD 与能见度的相关更好一些。

利用 2012 年 1 月 4 日、4 月 26 日、7 月 13 日和 10 月 30 日关中各气象站点的 MODISD/AOD 值，采用对数拟合方程估算能见度。春、夏、秋、冬季估算能见度的绝对误差平均值依次

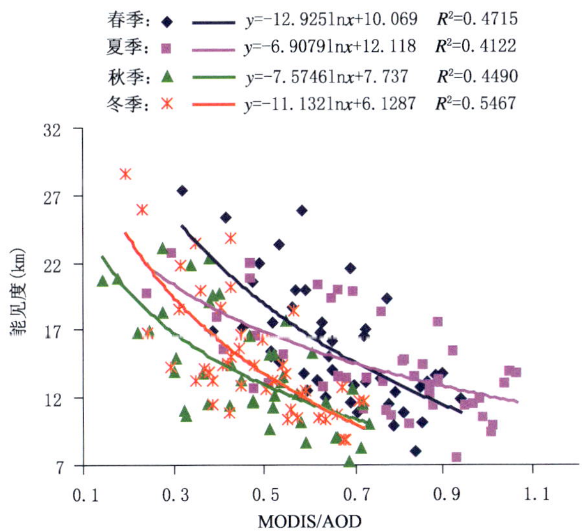

图 6.12　关中地区 MODIS/AOD 与各季节 08 时能见度散点分布及其拟合趋势线

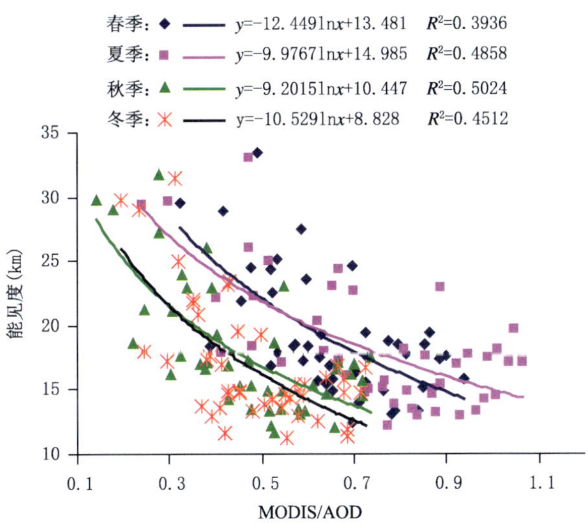

图 6.13　关中地区 MODIS/AOD 与各季节 14 时能见度散点分布及其拟合趋势线

分别为 5.3、5.2、5.3 和 5.6 km，相对误差平均值分别为 27%、28%、24%和 25%。误差最大的测站春季出现在太白，MODIS/AOD 为 0.102，估算的能见度为 41.9 km，观测值为 30 km；夏季出现在乾县，MODIS/AOD 为 0.357，估算的能见度为 25.3 km，观测值为 12 km；秋季出现在韩城，MODIS/AOD 为 0.129，估算的能见度为 29.3 km，观测值为 17 km；冬季仍出现在韩城，MODIS/AOD 为 0.1，估算的能见度为 33 km，观测值为 20 km。从以上太白、韩城站的估算结果来看，AOD 较小时，估算值偏大，特别是冬季 1 月 4 日的估算结果中，45 个站有 33 个测站估算值偏大。由此可见，研究 AOD 对能见度的影响还需要考虑与能见度有关的其他气象因子的影响。

综上所述，MODIS/AOD 与能见度的关系在不同季节是不同的，研究 MODISD/AOD 与能见度及颗粒物浓度之间的关系，需要分季节、时次及气象条件综合考虑。

(3)MODIS/AOD 对低能见度日数的影响

空气中颗粒物是造成地面能见度下降的主要原因之一,关中地区日平均能见度<10 km,且台站无降水的日数(下称低能见度日数)主要出现在秋、冬季,除太白、华山等山区测站外,秋、冬季低能见度日数占全年低能见度日数的58%~85%。从2000—2011年秋、冬季关中地区平均低能见度日数与MODIS/AOD的拟合关系(图6.14)可以看出,两者相关系数的R^2=0.5011,由于关中地区沙尘暴、扬沙、浮尘等非降水因素引起的低能见度日数年平均为5~15 d,且主要出现在春季(雷向杰 等,2003),可见去除降水因素后,大气中颗粒物是造成秋、冬季出现低能见度的重要原因。通过MODIS/AOD的分布可以大致推测该地区出现低能见度的范围,为低能见度的估算提供参考。

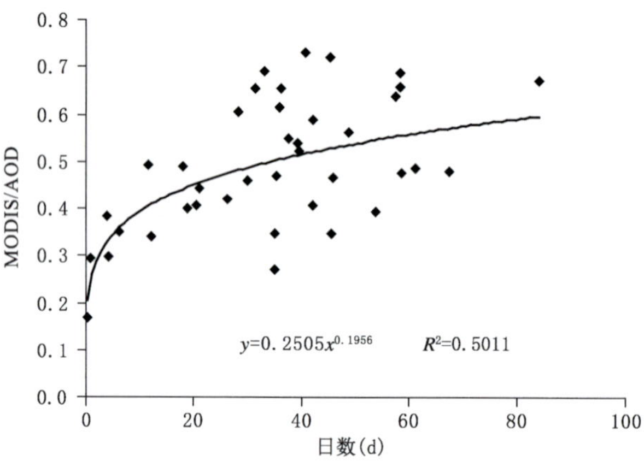

图6.14 2000—2011年秋、冬季关中地区低能见度日数与MODIS/AOD散点分布及其拟合趋势线

6.2.2 基于地基观测的AOD与能见度关系

为进一步分析AOD与能见度的关系,利用西安泾河2008年5月1日—2009年4月30日和2010年4月1日—12月31日CE318观测的逐时AOD和对应时次能见度资料,求得AOD和能见度的日平均值。将观测时段内AOD与能见度日平均值进行拟合,发现AOD与能见度并不是简单的线性关系。从CE318观测的AOD和对应时次能见度的散点分布(图6.15)中可以看出,AOD与能见度的幂函数关系为$y=13.098x^{-0.3437}$,且$R^2=0.3411$。当AOD<1.0时,随着AOD的增大能见度下降迅速;当能见度随AOD下降到一定程度后下降减缓,维持低能见度。

分析气溶胶波长指数与能见度的关系,发现不同粒径的气溶胶对能见度的影响不同。图6.16为关中地区观测时段内日平均Ångström波长指数α与能见度的散点分布。从图6.16中可看出,当$0.8<\alpha<1.2$时,能见度呈明显下降趋势,可见波长指数在0.8~1.2之间时气溶胶的消光作用最明显,对能见度的影响最大。当$\alpha<0.8$或$\alpha>1.2$时,波长指数与能见度的关系较为复杂。

上述分析表明,颗粒物污染是造成低能见度的重要原因,但当粒径较大和较细时,对应的能见度有大有小,这并不能简单地表明特别粗的粒子和特别细的粒子对能见度的影响不明显,

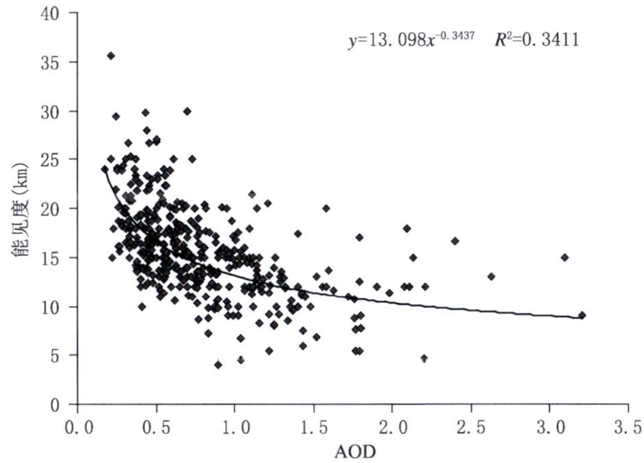

图 6.15　关中地区 CE318 观测的 AOD 和对应时次能见度的散点分布及其拟合趋势线

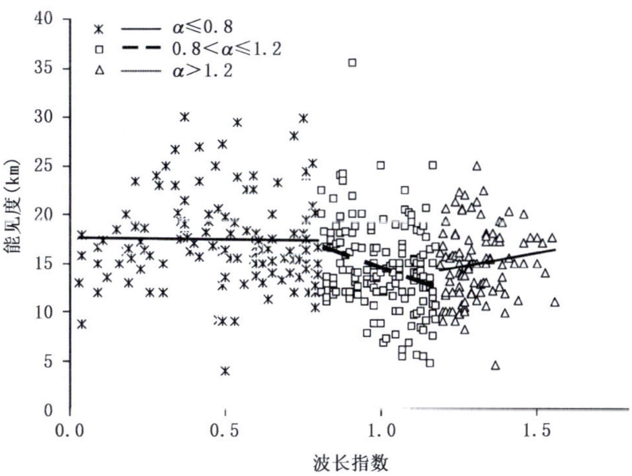

图 6.16　关中地区观测时段内日平均波长指数和能见度的散点分布及其拟合趋势线

还可能与粒子的浓度、天气条件等其他因素有关，需要通过试验进一步综合分析。

6.2.3　气象条件对 AOD 与能见度的影响

将泾河站观测的日平均 AOD 及对应的日平均能见度、相对湿度、风速(计算日平均值所选时次与计算 CE318/ AOD 日平均值所用时次相一致)，按照能见度≥20 km、10～20 km 和≤10 km 分别统计 AOD、相对湿度和风速的平均值(表 6.3)。从表 6.3 中可以看出，当能见度≤10 km 时，AOD、相对湿度的平均值明显大于能见度≥20 km 时的平均值，而风速小于能见度≥20 km 时的平均值，也就是说，风速小，湿度大，颗粒物浓度大造成能见度明显下降；而当能见度≥20 km 时，颗粒物浓度较小，湿度较低，风速较大，这表明在不同气象条件下，大气中颗粒物对能见度的影响不同。

表 6.3 泾河不同等级能见度对应的 AOD 和气象要素

能见度（km）	AOD	相对湿度（%）	风速（m/s）
≤10	1.29	60.6	2.66
10<能见度<20	0.78	49.1	2.83
≥20	0.51	41.5	3.21

(1)风速对 AOD 与能见度的影响

风速大，有利于空气的流动与交换，有利于颗粒物的扩散和颗粒物浓度的降低，使 AOD 减小。图 6.17 给出了两种风速情况下泾河 AOD 和能见度的关系。从图 6.17 中可看出，当风速<2 m/s 时，能见度(y)与 AOD(x)的关系为 $y=12.331x^{-0.3775}$，$R^2=0.3108$；当风速≥4 m/s 时，能见度与 AOD 的关系为 $y=14.849x^{-0.2816}$，$R^2=0.3156$。在同样的风速条件下，随着颗粒物浓度增加，能见度会很快下降；同样的 AOD，即同样的颗粒物浓度情况下，风速≥4 m/s 时对应的能见度大，风速<2 m/s 时对应的能见度小。这表明风速较小时，大气中的颗粒物容易聚集，加重污染，使能见度变差；风速较大时，大气中的颗粒物容易被风驱散，污染状况得到改善，使大气能见度变好。AOD 越小，表明空气中颗粒物越少，对应的能见度越大。AOD<0.5 时对应的能见度都在 15 km 以上，风速的大小对能见度影响不大。因此，造成能见度下降的根本原因是大气中颗粒物污染，风速的大小只是决定了颗粒物扩散的快慢和对能见度的影响程度。

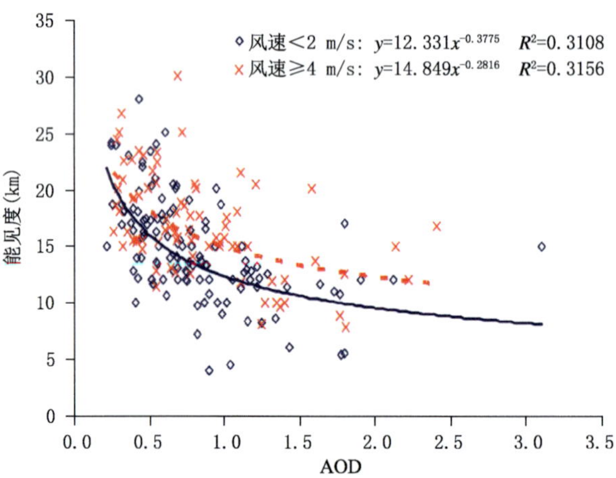

图 6.17 关中地区不同风速条件下 AOD 对能见度的影响

(2)相对湿度对 AOD 与能见度的影响

Liu 等(2012b)研究指出，当相对湿度增加时，亲水性气溶胶会通过吸湿增长，改变粒径大小、形状，从而改变粒子的消光性。Liu 等(2008b，2009)对北京和珠江三角洲的观测研究表明，水溶性气溶胶硫酸铵、硝酸铵等会改变粒子的光学物理特性，从而影响能见度。孙景群(1985)研究认为，气溶胶粒子在相对湿度>35%左右时，便能吸附水汽而凝结增长，当相对湿度>60%左右时，气溶胶吸附水汽的能力更为显著。泾河的观测表明(图 6.18)，在 AOD<1.5 左右时 AOD 随着相对湿度的增加而增加，当相对湿度进一步增大时，现有的测点较少，趋

势线不能全面反映 AOD 和相对湿度的关系，但当颗粒物污染严重时，即使相对湿度＜25％，AOD 仍可以达到 2.0 以上。因此，湿度增大会加重颗粒物污染的程度，使 AOD 增大；如果颗粒物污染严重，即使很低的相对湿度 AOD 也会很大。

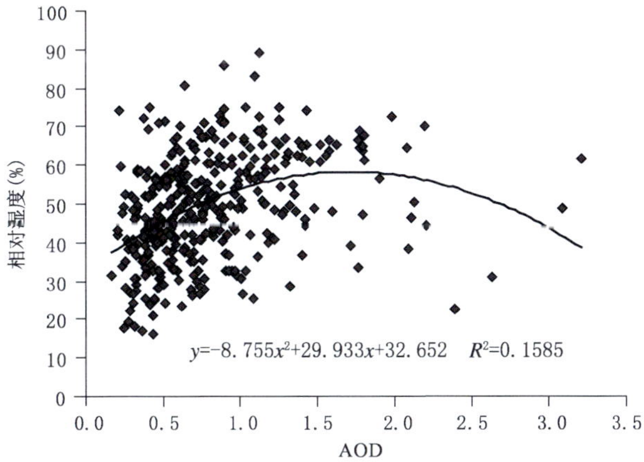

图 6.18　关中地区观测时段内相对湿度和 AOD 的散点分布及其拟合趋势线

将相对湿度分为＜30％、30％～49％、50％～69％、＞70％四种情况，分别讨论 AOD 与能见度的关系。从关中地区不同相对湿度条件下能见度和 AOD 的散点分布(图 6.19)中可以看出，当 AOD 一定时，湿度越大，能见度越低。当 AOD＝1.0、相对湿度＜30％时对应的能见度为 17 km 左右；相对湿度在 30％～49％时，能见度下降为 14 km 左右；当相对湿度＞70％时，能见度下降到 10 km 以下，表明由于粒子的吸湿增长使得气溶胶消光特性发生变化，从而引起能见度的变化。同时，也说明空气较干时，即使能见度＞10 km，并不表示没有颗粒物污染。可见空气中颗粒物造成的能见度下降与空气相对湿度密切相关，同样的颗粒物污染情况下，湿度越大对能见度的影响越大。用 AOD 推测能见度时，必须考虑相对湿度的影响，当相对湿度＜70％、AOD＞2.0 时，出现＜10 km 的低能见度；当相对湿度＞70％、AOD＞1.0 时，就会出现＜10 km 的低能见度。因此，在制定有关环境污染的调控措施时，还应考虑到湿度、风速等当地气象条件的时间和空间分布对污染物的扩散及其物理光学特性的影响，制定相应的调控措施。

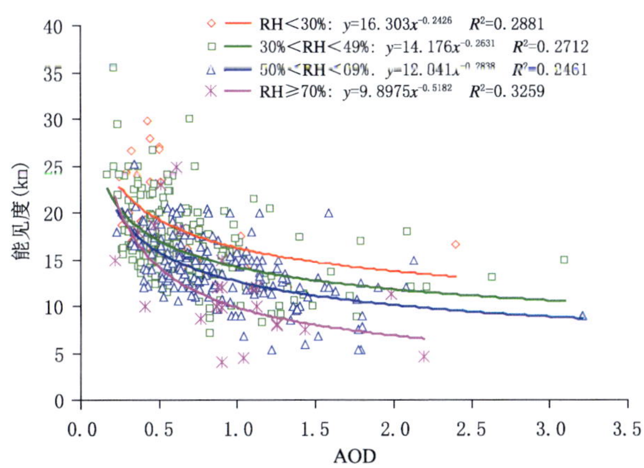

图 6.19　关中地区不同相对湿度(RH)下能见度和 AOD 的散点分布及其拟合趋势线

6.3 霾过程中气象要素和颗粒物浓度变化特征

雾/霾发生的主要原因是严重的气溶胶污染，气象条件对雾/霾的形成、分布、维持与消散起着显著作用，当气象条件不利于污染物扩散，污染物积聚到一定程度，就会引起雾/霾（张小曳 等，2013）。雾/霾发生时气溶胶的光学物理特性会有明显变化，因此，研究气象条件与颗粒物污染对霾的产生、发展和维持机制，对于制定大气污染综合治理方案具有重要参考价值。

6.3.1 混合层高度变化对颗粒物污染扩散的影响

最大混合层高度反映了大气的垂直扩散能力，混合层高度高，大气对颗粒物污染的垂直扩散能力强，有利于降低地面污染物的浓度（于庚康 等，2015；郭蕊 等，2016）。图 6.20 是 2013 年 12 月—2014 年 12 月西安市日平均颗粒物质量浓度 $PM_{2.5}$ 与西安日最大混合层高度散点图，日最大混合层高度的计算采用王式功等（2000）的方法，考虑到降水对气溶胶粒子的清除作用，剔除了有降水发生日的 $PM_{2.5}$ 与混合层高度数据。从图中可以看出，日最大混合层高度与日平均 $PM_{2.5}$ 质量浓度具有较好的负相关关系，拟合方程的 R^2 达到 0.348，进一步分析不同空气质量时，最大混合层高度的平均值（表 6.4），清洁天空气质量为优、良时，最大混合层高度的平均值分别为 1986.7 m 和 1553.1 m，随着污染加重，最大混合层高度降低，严重污染（$PM_{2.5}$ 质量浓度大于 250 $\mu g/m^3$）时，混合层高度降到 500 m 以下。混合层高度高，湍流交换旺盛，有利于地面 $PM_{2.5}$ 浓度降低。但混合层高度与地面颗粒物浓度的日变化并不同步，据杜川利等（2014）研究，关中混合层高度的最大值出现在 15—16 时，而地面颗粒物浓度的最低值出现在 17 时，混合层高度改变在前，地面 $PM_{2.5}$ 浓度响应在后。

表 6.4 不同空气质量时最大混合层高度的平均值

空气质量指数类别	AQI	$PM_{2.5}$ 质量浓度（$\mu g/m^3$）	最大混合层高度平均值（m）
优	≤50	≤35	1986.7
良	51～100	35～75	1553.1
轻度污染	101～150	75～115	1084.2
中度污染	151～200	115～150	874.3
重度污染	201～300	150～250	736.0
严重污染	>300	>250	479.0

注：表中空气质量指数类别、AQI 及对应的 $PM_{2.5}$ 质量浓度来自中华人民共和国国家环境保护标准《环境空气质量指数（AQI）技术规定（试行）》（HJ633—2012）。

从不同季节的混合层高度与 $PM_{2.5}$ 质量浓度的关系来看，冬季拟合方程相关系数的 R^2 为 0.39，相关性最好；其次为秋季，R^2 为 0.217。这主要是因为冬季取暖，污染物排放较大，污染物的扩散更多地依赖气象条件，加上秋冬季地面风速小于春夏季，与垂直扩散的关系更为密切。秋冬季混合层高度的变化对于污染物的扩散、雾/霾的变化具有较好的指示作用。

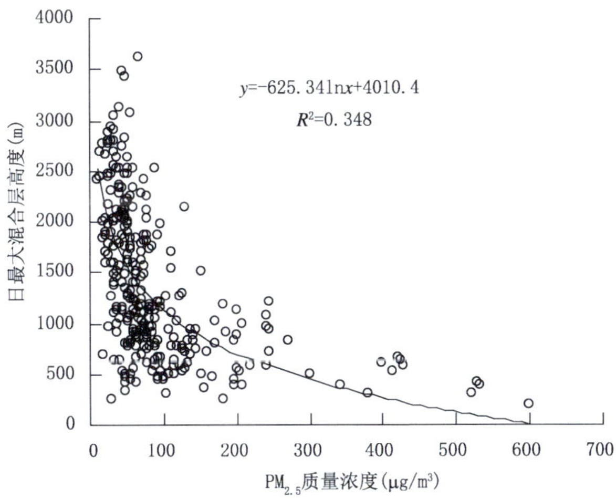

图 6.20　西安市日平均 $PM_{2.5}$ 质量浓度与日最大混合层高度的散点图

6.3.2　风对关中 $PM_{2.5}$ 质量浓度的影响

风对颗粒物污染的影响主要是扩散和输送。当地面风速小时，空气流动缓慢，污染物不易扩散，有利于颗粒物的堆积和霾的形成，杜传耀等(2015)研究认为风速在 2 m/s 以下时，不利于颗粒物的迅速扩散。而外来污染的输送对本地污染的增长也起到重要作用(王继康 等，2017)。关中东部 1981—2010 年主导风向主要为东北风，即向关中盆地的喇叭口逆向吹风，使得气流进入关中平原后，受到地形的阻挡，污染物不容易扩散。2014 年逐时观测的西安泾河风向频率，在 16 个风向中东北风和东北偏北风占了总风向频数的 39%。各个风向对应的 $PM_{2.5}$ 质量浓度值依次为静风 75.4 μg/m³、西北偏北风(NNW)68.9 μg/m³ 和西北风(NW)68.2 μg/m³；最小为东南偏南风(SSE)52.5 μg/m³、其次为东南风(SE)54.2 μg/m³；平均风速最小的 NNW 风(1.2 m/s)和 NW 风(1.4 m/s)对应的污染物浓度也较大。分析各个风向上平均风速与 $PM_{2.5}$ 浓度发现，各风向上风速变化与 $PM_{2.5}$ 浓度的变化不同，对比东北风(NE)、东北偏东风(ENE)与西风(W)、西北偏西风(WNW)风速变化对 $PM_{2.5}$ 浓度的影响(图 6.21)，当风速<1.0 m/s 时，这四个风向的 $PM_{2.5}$ 浓度相当，但随着风速的增大，$PM_{2.5}$ 浓度的变化不同，在 W、WNW 方向风的作用下，$PM_{2.5}$ 浓度减少迅速，当风速≥2.0 m/s 时，$PM_{2.5}$ 浓度减少为 9.6～37.7 μg/m³，反映出 W、WNW 方向风对污染物的稀释扩散作用，而在 NE 方向，当风速从<1.0 m/s 到 1.0～2.0 m/s 时，$PM_{2.5}$ 浓度仅下降了 6.3 μg/m³，而当风速从 1.0～2.0 m/s 增大到 2.0～3.0 m/s 时，NE 和 ENE 方向上 $PM_{2.5}$ 浓度不降反增，反映了此方向上风的输送作用。不同方向风速变化对污染物浓度的影响体现了西北气流对污染物的扩散和东北气流对污染物的输送作用。由于关中以北和以西人口密度较小，工业欠发达，西北风带来的干冷空气，有利于污染物的扩散；而来自南方的气流需要翻越秦岭到达关中，秦岭对污染物具有一定的阻挡作用，因此由南方输入到关中近地面的污染物较少，对近地面污染物质量浓度的影响不大；不同于前面三种风向，来源于偏东方向的气流则经由东部污染相对较重地带，且气流推进过程中没有山脉的阻挡，污染物可以轻易由偏东风带入关中地区。

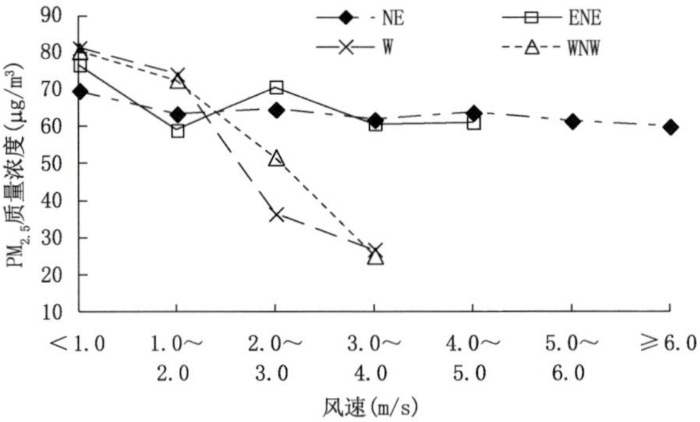

图 6.21 不同风向不同等级风速时颗粒物质量浓度的变化

6.3.3 两次霾天气过程中的气象要素和气溶胶特性分析

选取西安市近年来严重的霾天气过程 2013 年 12 月 17—25 日和 2014 年 2 月 20—26 日来进行分析。

(1)霾过程概况

2013 年 12 月 17—25 日，西安市出现了严重的持续性霾天气，AQI 指数连续 8 d 都在 400 以上，其中 19、22—25 日达到 500；$PM_{2.5}$质量浓度从 12 月 15 日的 58.4 μg/m³ 快速上升，17 日达到 212.2 μg/m³，23—25 日均超过 500 μg/m³；18—25 日，西安市能见度都在 2 km 以内。2014 年 2 月 20—26 日西安市出现典型的霾天气过程，AQI 指数均超过 200，23—25 日 $PM_{2.5}$质量浓度维持在 250 μg/m³ 左右，21—25 日能见度为 5～7 km；26 日出现降水，霾过程结束。

(2)霾期间气象要素变化特征

①混合层高度变化

2013 年 12 月 17—25 日严重霾过程中最大混合层高度基本在 650 m 以下，最严重的 24、25 日最大混合层高度只有 300 m 左右(图 6.22)。2014 年 2 月 19—26 日的霾过程中，最大混合层高度大部分在 1000 m 以下，2 月 24 日最大混合层高度只有 586 m，最大混合层高度低且变化小，有利于霾天气的加强或持续。2013 年 12 月 15—28 日最大混合层高度与 $PM_{2.5}$质量浓度的相关系数达到－0.73，通过 a＝0.01 的显著性检验，表明最大混合层高度的变化对霾的生消有较好指示作用。

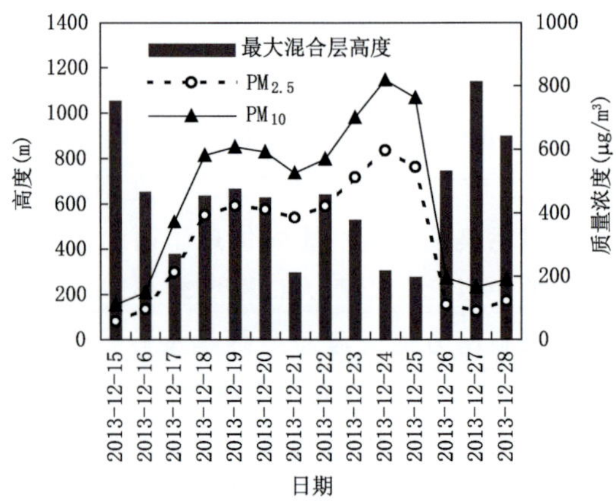

图 6.22 2013 年 12 月 15—28 日 $PM_{2.5}$、PM_{10}与泾河最大混合层高度变化

②地面风速变化

2013 年 12 月 17—25 日严重霾过程，西安市区及其周边气象观测站，18—25 日地面日平均风速变化范围：周至 0.1～0.9 m/s、长安 0.7～1.8 m/s、高陵 0.5～1.0 m/s、临潼 0.2～0.8 m/s、蓝田 0.5～1.3 m/s、户县 0.2～1.1 m/s、泾河 1.0～2.0 m/s(图 6.23，其余图略)；2014 年 2 月 19—26 日典型霾过程，西安及其周边气象观测站地面风速，除泾河站日平均风速达到过 2.7 m/s，其余大部分都在 1 m/s 左右。这两次霾过程，地面风速小，空气流动缓慢，污染物不易扩散，有利于气溶胶粒子的堆积，有利于霾维持和发展。

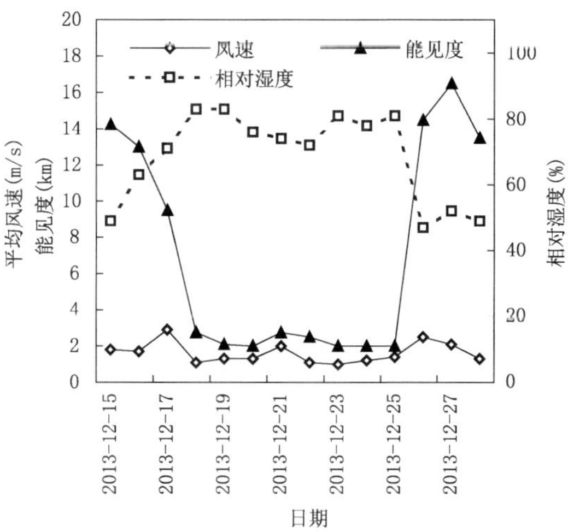

图 6.23　2013 年 12 月 15—28 泾河日平均风速、能见度和相对湿度变化

③地面相对湿度变化

2013 年 12 月 17—25 日西安泾河日均相对湿度在 70%～83%之间(图 6.23)，2014 年 2 月 19—26 日，日均相对湿度在 66%～82%之间。两次霾过程日均相对湿度较大。有研究表明(Liu et al.，2012b)，当相对湿度增加时，亲水性气溶胶会通过吸湿增长，改变粒径大小、形状，从而改变粒子的消光性。相对湿度越大，气溶胶粒子对能见度的影响越明显(李星敏 等，2014)。

④地面至 3000 m 高空温度、湿度、风的变化

从 2013 年 12 月 16—26 日 08 时、20 时地面探空 3000 m 以下风速、风向、温度、湿度随高度的变化中可以看到，图 6.24 给出了部分日期的变化，图中高度为距离观测地面高度(以下分析均指此高度)，16 日 08 时近地面逆温层厚度达 300 m，随着太阳辐射增强，地面增温加快，逆温逐渐消失，20 时近地层已没有逆温，但近地层风速小，770～1100 m 风速只有 1 m/s 左右，相对湿度增大，$PM_{2.5}$ 质量浓度从 15 日的 58.4 $\mu g/m^3$ 上升到了 96.9 $\mu g/m^3$；同样 17 日、18 日 08 时，近地层均存在逆温，且风速小，相对湿度逐步增大，有利于亲水性气溶胶的吸湿增长；19 日 08 时近地面仍有逆温，厚度约 200 m，高湿度层扩展到 2200 m 左右，20 时近地面 800 m 以下相对湿度维持 75%左右，温度随高度的变化很小，2500 m 以下的温度直减率为 −0.26 ℃/(100 m)，温度层结稳定，污染进一步加重，$PM_{2.5}$ 质量浓度达到 423.7 $\mu g/m^3$；21 日 08 时，400 m 以下温度层结稳定，且在 200～400 m 出现逆温，但近地面风速大，相对湿度减小，$PM_{2.5}$ 质量浓度比 20 日略有减小，但污染持续；23 日 08 时、20 时近地面均存在逆温，温度层结稳定，距地面 2000 m 以下相对湿度为 60%～87%，500 m 以下风速不到 2 m/s，污染物累积，

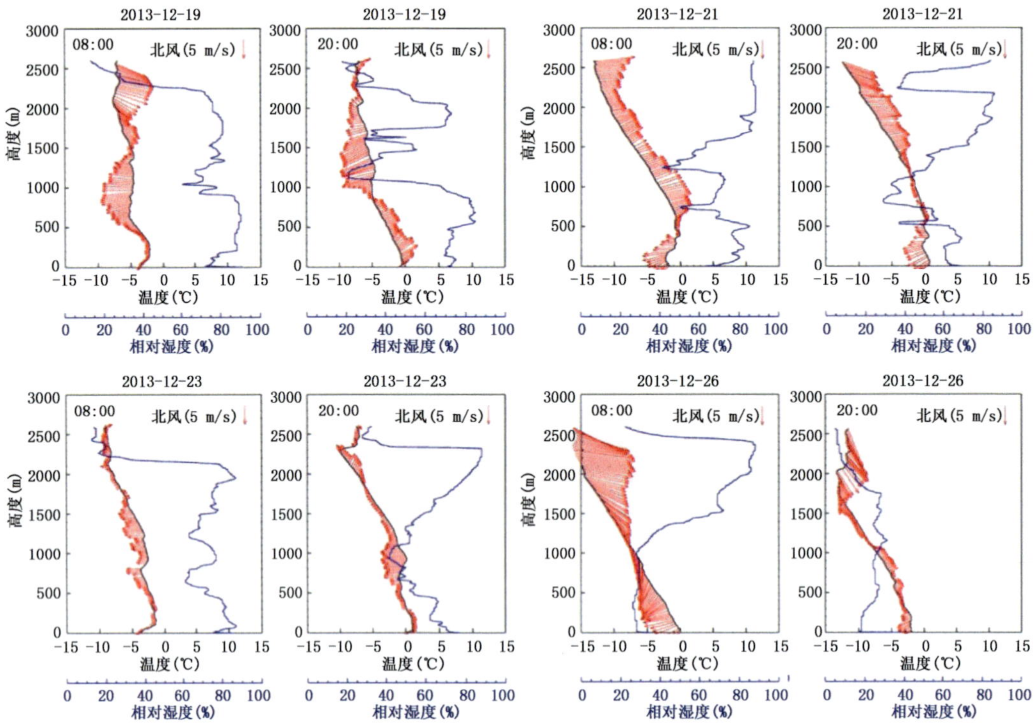

图 6.24　2013 年 12 月 19、21、23、26 日 08 时、20 时泾河站探空 3000 m 以下风速、风向、温度、湿度随高度的变化

$PM_{2.5}$质量浓度增加到了 512 $\mu g/m^3$；从 25 日 20 时的探空廓线上可以看出，近地面湿度随高度快速减小，距离地面 200 m 以上，湿度已降到 40%。26 日随着冷空气的到来，08 时地面风速达 3 m/s 以上，大气层结变为不稳定，空气垂直扩散增强，近地面相对湿度在 30%以下，污染物地面 $PM_{2.5}$浓度降到了 110.6 $\mu g/m^3$；持续了近 10 d 的霾天气终于结束，地面能见度达到了 15 km。

2014 年 2 月 19—25 日 08 时、20 时地面探空 3000 m 以下风速、风向、温度、湿度随高度的变化中可以看到(图 6.25)，19 日 20 时地面至 2500 m 湿度在 44%以下，20 日 08 时 1200 m 以下相对湿度增大到 60%以上，有利于亲水性气溶胶吸湿增长，700 m 以下出现弱的逆温，污染物不易扩散；20 时 700 m 以上相对湿度达到 65%～89%，500 m 以内风速小于 5 m/s，近地层只有 1～2 m/s。21 日 08 时地面至 2500 m 相对湿度都在 70%以上，而且温度层结稳定；20 时，1000 m 以下风速在 1～3 m/s，近地面风速较小，地面污染加重。22 日湿度依然较高，地面观测显示有雾；08 时，近地面有逆温存在，700 m 以下风速只有 1～2 m/s。23 日 08 时绝大部分高度相对湿度在 80%以上，有的高度达到 90%，近地层温度层结稳定，20 时近地面相对湿度维持在 60%以上，虽然 1100 m 以下温度直减率增大，温度层结稳定性减弱，但 2000 m 以下温度层结仍为稳定，不利于垂直交换的发展。24 日与 23 日相比变化不大，污染继续。25 日 20 时，1000 m 以下湿度开始减小，500 m 以下温度直减率增大为−0.65 ℃/(100 m)，温度层结向不稳定转变，有利于污染物扩散，污染开始减小。26 日 08 时、20 时温度层结总体为不稳定，高层也没有出现等温层或逆温层，空气垂直扩散增强，地面 $PM_{2.5}$浓度降到了 150 $\mu g/m^3$。

27 日 $PM_{2.5}$ 质量浓度降到 74 $\mu g/m^3$，14 时地面能见度达到 15 km，霾过程结束。

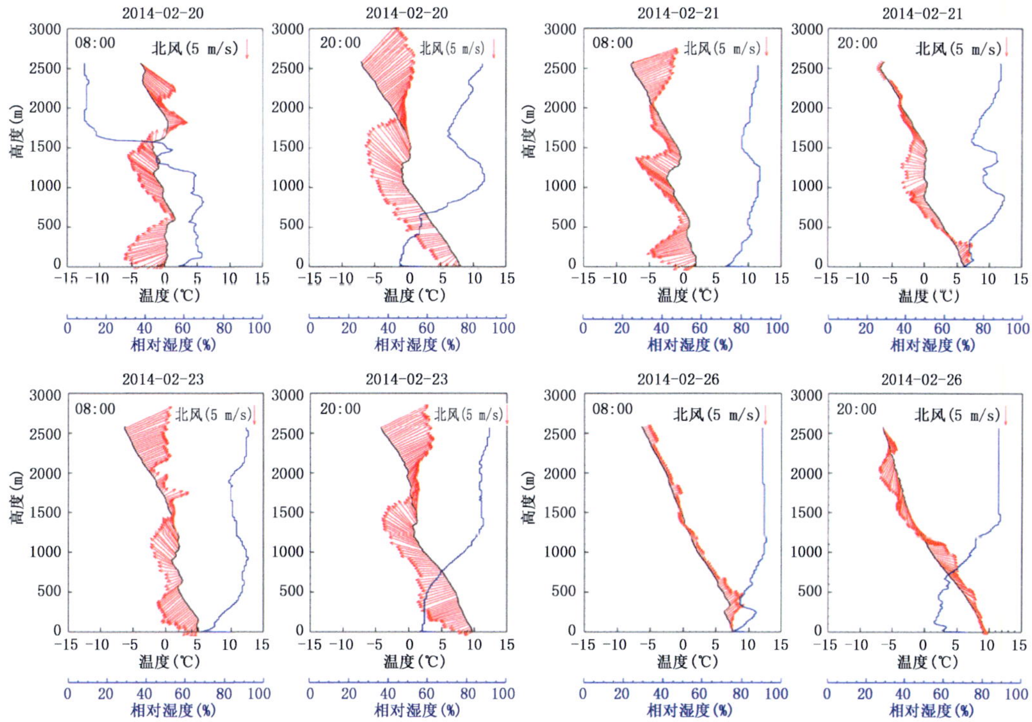

图 6.25 2014 年 2 月 20、21、23、26 日 08 时、20 时泾河站探空 3000 m 以下风速、风向、温度、湿度

上述两次霾过程共同的特点是，近地面相对湿度都在 60%以上，有逆温出现或温度层结稳定，风速小等。相对湿度大，水汽多，使得大气热效率降低，不仅有利于稳定层结的维持，而且有利于亲水性气溶胶吸湿增长；有逆温层或温度层结稳定，地面产生的气溶胶被限制到低层，阻止了污染物的垂直扩散，使能见度变差，空气质量恶化，这与相关研究中(贺千山 等，2005) 温度层结与气溶胶堆积有很好的相关性是一致的；风速小，空气流动性差，污染物难以扩散，有利于霾的稳定发展与维持。

(3)霾期间气溶胶光学物理特性

统计分析表明，2013 年 12 月 17—25 日的严重霾过程中，$PM_{2.5}$ 占 PM_{10} 的比例在 57%～74%之间，尤其是污染严重的 19—25 日 $PM_{2.5}$ 占 PM_{10} 的 70%以上；同样 2014 年 2 月 19—26 日的典型霾过程中，在霾较重的 21—25 日，$PM_{2.5}$ 占 PM_{10} 的比例在 65%～74%之间。

①粒子谱变化

(a)SMPS 监测的 10～487 nm 的细粒子变化

2013 年 12 月 17—25 日的严重霾过程中，从 SMPS 监测的 10～487 nm 的细粒子在霾过程中日平均粒子谱的变化发现，霾过程中日平均粒子谱的抛物线形状较霾出现前后有明显变化，粒径大于 150 nm 的粒子的数目明显大于霾过程前和霾过程后，图 6.26 给出了霾前(16 日)、发展(19 日)、加重(23 日)以及霾过程结束(27 日)的日平均数浓度粒径谱图，可以看出：从 16 日到 19 日、23 日 AQI 从 99 增大到了 500，但小于 500 nm 的数浓度的峰值一直在

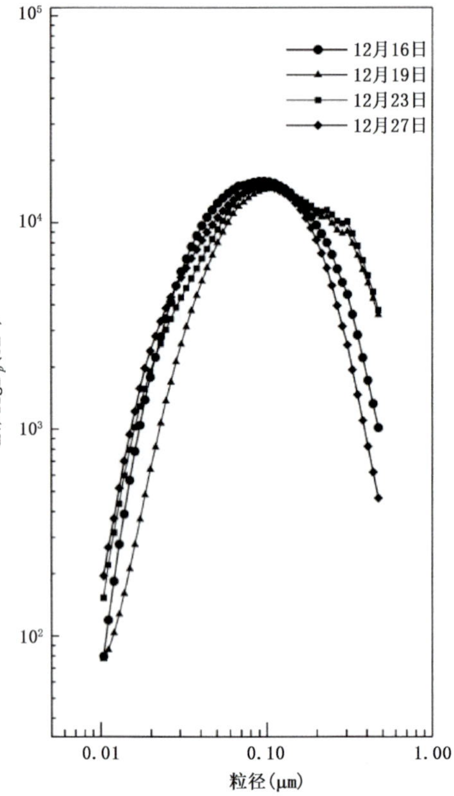

图 6.26　2013 年 12 月 16、19、23、27 日 SMPS 监测的日平均粒子谱

100 nm 附近，19 日和 23 日 100～200 nm 的粒子的数浓度也明显大于 16 日该粒径段的粒子的数目；特别值得注意的是 27 日，霾过程结束，小于 500 nm 粒子的数浓度的峰值仍然在 100 nm 附近，且峰值并没有比污染较重的 23 日低很多，只是粒径大于 150 nm 的粒子明显少于 19 和 23 日。说明霾过程中细粒子的增多主要与大于 150 nm 的粒子数浓度的增大有关。从 17—25 日 SMPS 监测的 10～487 nm 的数浓度粒径日变化的平均值图来看(图 6.27)，100 nm 左右细粒子数浓度最大，大值时段主要出现在 08 时至次日 13 时、18—02 时，而 14—18 时、02—08 时细粒子数浓度相对较低，02—08 时可能与人类的活动少有关，14—18 时可能与午后空气垂直对流增强，有利于污染物扩散有关。

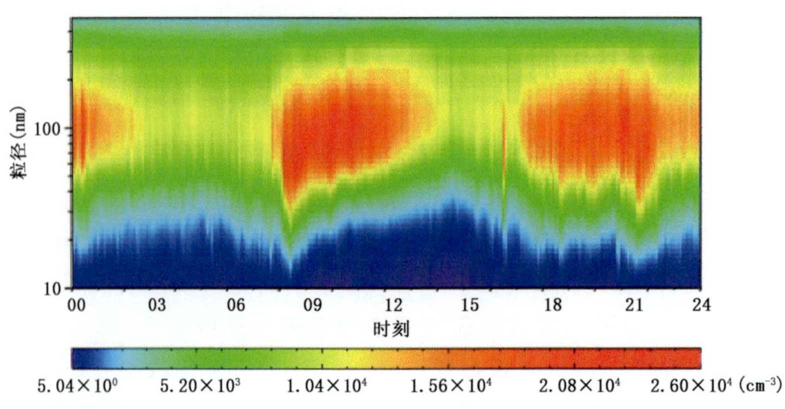

图 6.27　2013 年 12 月 17—25 日 SMPS 监测的数浓度粒径谱日变化

2014 年 2 月 19—25 日的霾过程中，SMPS 观测的 10～487 nm 的数浓度粒径谱的变化来看，粒子的数浓度主要集中在 30～300 nm；小于 500 nm 的粒径谱的日变化中，细粒子数浓度的大值时段主要出现在 08—14 时、18 时至次日 02 时，而 14—18 时和 02—08 时数浓度相对较低，这与 2013 年 12 月 17—25 日 SMPS 的日变化相似，只是浓度远低于 2013 年 12 月的那次过程。

2014 年 2 月 19—27 日 SMPS 监测的日平均数浓度粒径谱图(图 6.28)，图中给出了 25 日霾严重时(与 19 日和 27 日对比)的粒径谱变化，25 日污染较重时，大于 140 nm 的粒子数浓度明显高于 19 日和 27 日，但小于 140 nm 粒子的数浓度低于污染较轻的 27 日的数浓度，说明霾过程中细粒子段污染物浓度的增加主要是由粒径大于 140 nm 以上的粒子引起的。

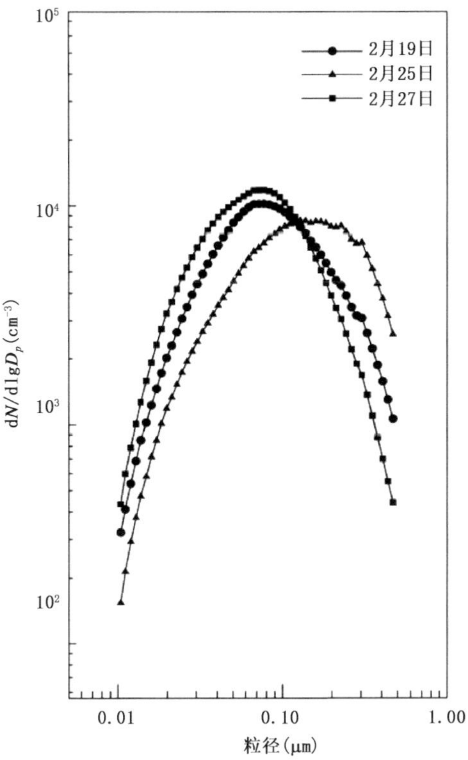

图 6.28 2014 年 2 月 19、25、27 日 SMPS 监测的日平均数浓度粒径谱

(b) APS 监测的 0.5～20 μm 的粒子谱变化

2013 年 12 月 17—25 日的严重霾过程中，APS 仪器故障，没有得到 0.5～20 μm 的粒子谱的分布情况。

2014 年 2 月 19 日 12 时开始至 2 月 28 日 APS 监测的 0.5～20 μm 的粒子数浓度粒径谱随时间的演变图(图 6.29)。从 20 日开始 0.8 μm 以下粒子的数浓度逐渐增大，24—25 日 0.8 μm 以下粒子的数浓度一直持续较大，据累计数浓度分析，在该霾过程中，粒径在 0.5～0.835 μm 之间的粒子的数浓度占总数浓度的平均值达到 82.5%，该粒径段粒子数浓度增加也最明显；26 日上午 10 时以后由于降水的湿清除作用，各粒径段粒子的数浓度迅速下降，图中已无浓度较大的绿色和黄色。从 2 月 20、25、27 日 APS 日平均数浓度粒径谱的比较图(图 6.30)中可以看到，25 日污染较 20 日严重，各粒径段粒子的数浓度均大于 20 日的数浓度，27 日霾过程结束时，小于 2 μm 和大于 3.5 μm 粒子的数浓度显著下降，$PM_{2.5}$ 质量浓度从 25 日的 245 μg/m^3 下降到 74 μg/m³,PM_{10}质量浓度从 25 日的 363 μg/m³下降到 208 μg/m³。

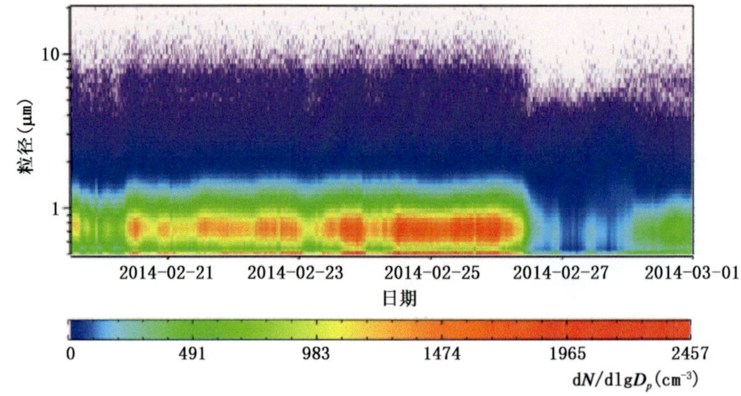

图 6.29 2014 年 2 月 19—28 日 APS 粒子数浓度粒径谱随时间的演变

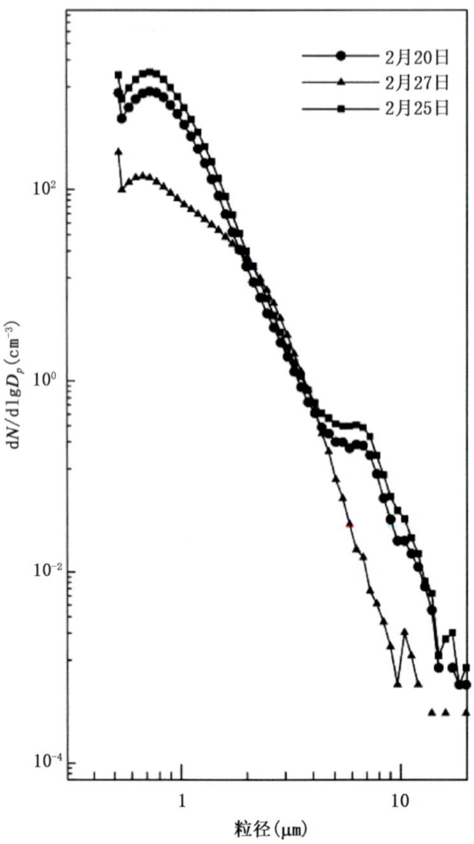

图 6.30 2014 年 2 月 20、25、27 日 APS 监测的日平均数浓度粒径谱

②散射系数变化

从 2013 年 12 月 20—27 日散射系数的变化来看(图 6.31,17—19 日散射系数缺测),随着污染的逐步加重,红、绿、蓝散射系数由 20 日的 943.7 Mm^{-1}、1106.8 Mm^{-1}、1283.7 Mm^{-1}逐步增大,24 日污染最重时超过了 1400 Mm^{-1},能见度维持在 2 km 左右,严重时降到 2 km 以下。

2014 年 2 月 19—26 日散射系数的变化与 2013 年 12 月 17—25 日的严重霾过程中散射系数的变化类似(图 6.32)，只是数值小得多。随着大气污染的逐步加重，红、绿、蓝散射系数由 19 日的 235. 9. 7 Mm^{-1}、313.1 Mm^{-1}、401.7 Mm^{-1}逐步增大，25 日达到 660 Mm^{-1}以上，能见度维持在 6 km 左右，严重时降到 6 km 以下。有研究表明(银燕 等，2010)，粒径在可见光波长范围(0.4～0.7 μm)内的气溶胶粒子的消光作用最强，在影响大气能见度的粒子中，直径为 0.1～1.0 μm (积聚模态)粒子占有重要的地位。在上述粒径谱的分析中看到，霾严重时粒径<1.0 μm 粒子的数浓度增加最明显，散射系数的增加也很明显，应该是造成这两次霾过程期间能见度恶化的主要原因。

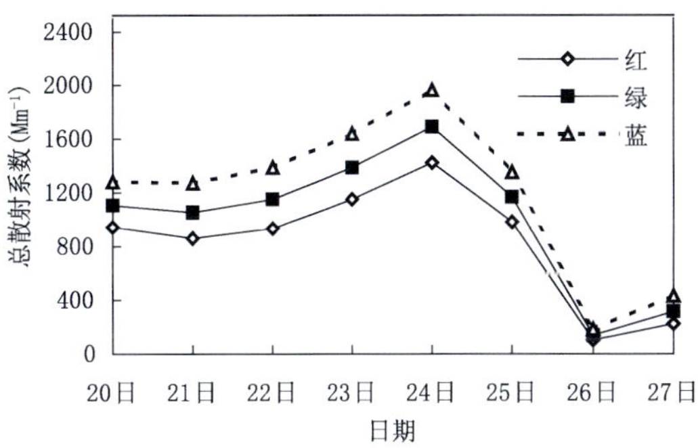

图 6.31　2013 年 12 月 20—27 日日平均散射系数变化

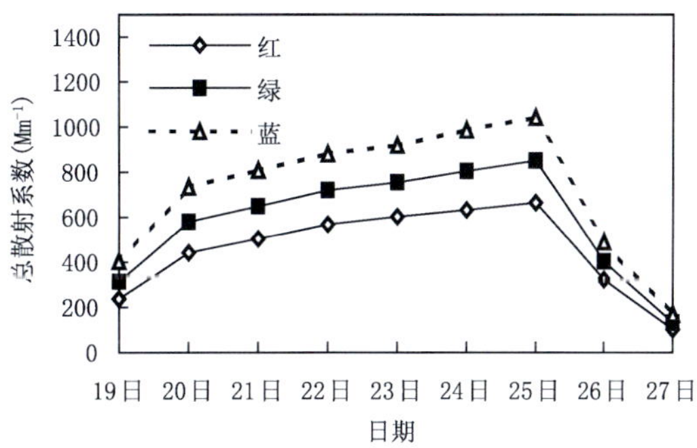

图 6.32　2014 年 2 月 19—26 日日平均散射系数变化

6.4 $PM_{2.5}$与大气能见度、相对湿度的关系

研究表明(贺千山 等，2005)，干气溶胶粒子吸湿后，其粒径将增大，随着粒径的吸湿长大，颗粒物的散射能力增强，从而影响大气的能见度、大气的辐射强迫等；在相同颗粒物污染情况下，相对湿度(RH)越大，对能见度的降低越明显，越有利霾的形成。

图 6.33 为 APS(资料时段 2014 年 2—4 月、8—12 月)和 SMPS(资料时段 2014 年 1—5 月、7 月 24 日—12 月 31 日)观测的不同湿度条件下，气溶胶粒子数浓度粒径谱分布。表 6.5 给出了不同相对湿度时，能见度与 APS 和 SMPS 观测的数浓度。从图 6.33 和表 6.5 可以看出，RH 不同时 APS 和 SMPS 观测的气溶胶数浓度谱的变化也是不同的，对于 SMPS 监测的数浓度粒径谱来说，当 RH≤30%、30%<RH≤40%及 40%<RH≤60%时，粒子谱的峰值均位于 67.3 nm，随着 RH 的增加，以 67.3 nm 为峰值的粒子的数目是增加的，且峰值附近的粒子数浓度增加最明显；当 80%<RH≤90%及 RH>90%时，粒子谱的峰值移至 89.8 nm 附近，且随着相对湿度的增加峰值对应的数浓度降低。不同粒径段粒子浓度随相对湿度的变化是不同的，粒径<25 nm 的粒子的数目随着相对湿度的增加是减少的，30%<RH≤40%与 RH<30%时相比，粒径<25 nm 的粒子总数减少了 10.1%，而 40%<RH≤60%与 30%<RH≤40%相比减少了 9.1%；在 60%<RH≤80%时，粒径<150 nm 的粒子数目比 40%<

RH≤60%时减少了15.9%，而粒径>150 nm的粒子的数浓度增加了6%。反映出随着相对湿度的增大气溶胶粒子在凝结、碰并及吸湿增长作用下，使小粒子减少，而较大粒子增多。随着RH的变化，SMPS监测的总数浓度也由RH≤30%的8137.8 cm^{-3}，增加到40%<RH≤60%的10198.7 cm^{-3}，而后下降到RH>90%的7138.9 cm^{-3}。SMPS的另一特点是，在相对湿度变化，粒子数浓度随相对湿度的变化过程中，粒径在37.9～148.6 nm段的粒子，数浓度随着相对湿度的增加而增大，当RH>60%时，数浓度随相对湿度的增加而减少；粒径在150～437.1 nm的粒子的数浓度，在RH>80%时开始减少；但粒径>437.1 nm的粒子数浓度当RH>90%时数浓度减少，反映出湿清除的影响。因此随着相对湿度的变化，由于碰并、吸湿增长、湿清除等作用，不同粒径段的粒子，数浓度的变化是不同的。

对于APS监测的数浓度粒径谱来说，粒径<1.0 μm的粒子，当RH≤60%时，随着RH的增大，数浓度在增加，各粒径段粒子数浓度的增加都在50%以上；随着RH的进一步增大，粒径<1.0 μm的粒子总数浓度的增加变缓，60%<RH≤80%时的数浓度比40%<RH≤60%时增加了38%，而80%<RH≤90%时的数浓度仅比60%<RH≤80%增加了15.8%，到RH>90%时反而减少了20%。对于粒径在1.0～2.5 μm之间的粒子，相对湿度在40%～80%时，随相对湿度的增加数浓度增多最明显，当RH>90%时，数浓度反而减少。随着RH的变化，APS监测的总数浓度，RH≤30%时最少，为83.1 cm^{-3}；80%<RH≤90%时最多，为384.0 cm^{-3}，而RH>90%时下降为305.1 cm^{-3}。

粒子数浓度在不同相对湿度的变化一方面反映出气溶胶粒子在水汽的作用下的凝结、碰并及吸湿增长作用(Liu et al.，2013)，使得对能见度影响较大的可见光波段的粒子数目增多；另一方面反映出相对湿度大时，水汽多，使得大气热效率降低，有利于稳定层结的维持，也更有利于气溶胶粒子的堆积，使颗粒物数浓度随湿度的增加而增大；但当相对湿度>90%时颗粒物数浓度反而减小，反映出气溶胶粒子的湿清除作用。

从上面相对湿度对SMPS和APS监测的粒子数浓度谱的影响分析中发现，在RH≤80%时，粒径在150 nm～1.0 μm的粒子的数浓度，随着相对湿度的增大，增加明显，这对降低能见度、形成霾有重要作用。对SMPS观测的10～487 nm和APS观测的0.5～20 μm的各粒径谱段的数浓度与能见度进行相关分析，发现不同粒径段粒子的数浓度与能见度的相关是不同的，SMPS观测的粒径大于284 nm的7个粒径段粒子的数浓度与能见度的负相关都在0.5以上(通过0.001的显著性水平检验)，而APS观测的粒径在0.5～1.037 μm的10个粒径段粒子的数浓度与能见度的负相关在0.5以上(通过0.001的显著性水平检验)，且随着粒子直径的增大，相关是减小的，可见不同粒径的粒子对能见度的影响是不同的。

分析相对湿度与能见度的关系发现(表6.5)，当RH≤30%时，观测样本能见度的平均值分别为17.9 km(APS)和15.1 km(SMPS)；当40%<RH≤60%时，能见度的平均值分别为8.9 km(APS)和10.1 km(SMPS)，≤3 km的低能见度分别占到28.5%(APS)和30.7%(SMPS)；而当RH>90%时，能见度的平均值仅为2.8 km，≤3 km的低能见度分别占到73.4%(APS)和73.1%(SMPS)，说明能见度的降低与相对湿度密切相关。

分析在给定相对湿度下，颗粒物与能见度的关系(表6.6)发现，在同一相对湿度下，随着颗粒物的增多，能见度迅速下降，具有较好的指数关系，且相对湿度在50%～90%之间时，相关系数的R^2在0.785以上，颗粒物对能见度的影响最明显，可见能见度的变化与颗粒物关系密切。

取能见度为 3 km，分析 APS 观测的粒径小于 2.5 μm 粒子的数浓度与相对湿度的关系，发现两者具有很好的线性关系，即 $y=-9.3204x+1072.6$　$R^2=0.647$（式中，x 为相对湿度，y 粒子数浓度），按照 $y=9.3204x$ 的比例关系计算出与相对湿度相当的粒子数目，与该相对湿度下观测的粒子数浓度相加看作相对湿度与颗粒物对大气消光的总效应，与相对湿度相当的粒子数目与总效应之比可近似看作相对湿度对能见度的贡献。由此计算出在能见度＝3 km、5 km 情况下，相对湿度在不同粒子浓度情况下对能见度，也就是对大气消光的贡献约为 37.3％～92.2％和 24.3％～84.3％，平均为 67.9％和 50.0％，湿度越大，对降低能见度的贡献也越大。

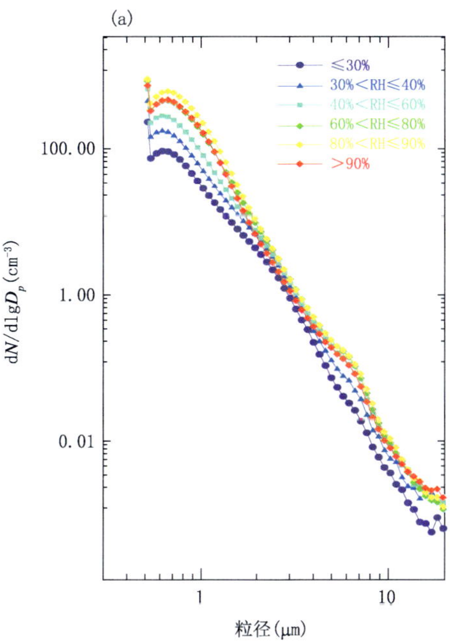

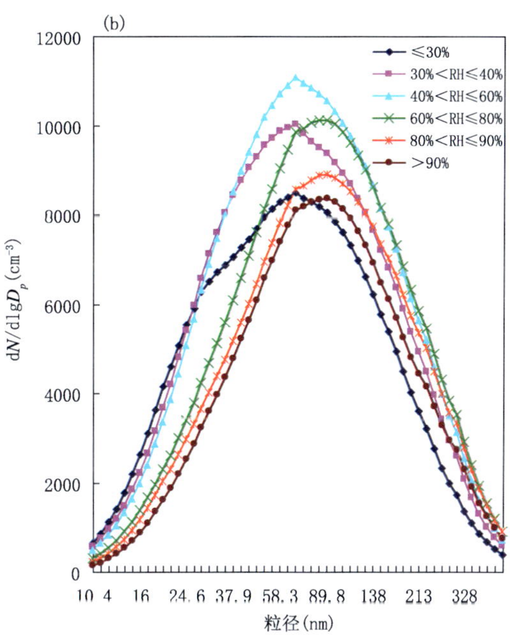

图 6.33　不同相对湿度时 APS(a)和 SMPS(b)气溶胶粒子谱

表 6.5　不同相对湿度时能见度与 APS 和 SMPS 观测的数浓度

相对湿度	SMPS							APS				
	谱峰值粒径(nm)	数浓度(cm^{-3})				平均能见度(km)	能见度≤3 km占比(%)	数浓度(cm^{-3})			平均能见度(km)	能见度≤3 km占比(%)
		<25 nm	<150 nm	>150 nm	Total (10～487 nm)			<1.0 μm	1.0～2.5 μm	Total (0.5～20 μm)		
≤30％	67.3	1148.2	6908.3	1229.6	8137.8	15.1	3.0	78.6	4.3	83.1	17.9	0.0
30％<RH≤40％	67.3	1031.7	7802.3	1699.3	9501.5	11.3	10.6	149.8	7.1	157.2	11.0	0.4
40％<RH≤60％	67.3	937.8	8222.3	1976.4	10198.7	10.1	16.2	224.4	10.4	235.2	8.9	7.1
60％<RH≤80％	83.5	638.4	6914.2	2097.9	9012.1	7.2	30.7	309.0	18.6	328.0	5.8	28.5
80％<RH≤90％	89.8	546.5	6016.9	1938.6	7955.6	5.2	54.6	357.9	25.7	384.0	4.0	61.7
>90％	89.8	434.9	5515.7	1623.3	7138.9	2.8	73.1	286.5	18.3	305.1	2.8	73.4

表 6.6 不同相对湿度时 APS 观测的小于 2.5 μm 的粒子数浓度与能见度拟合方程

相对湿度(RH)	颗粒物浓度(x)与能见度(y)拟合方程及相关系数平方(R^2)	能见度平均值(km)	数浓度平均值(cm^{-3})	样本数
RH=98%	$y=193.19x^{-0.6736}$ $R^2=0.5009$	2.0	182.7	82
RH=90%	$y=610.79x^{-0.8188}$ $R^2=0.8589$	3.8	365.7	68
RH=80%	$y=854.92x^{-0.8357}$ $R^2=0.8408$	5.2	402.7	47
RH=70%	$y=1116.6x^{-0.9666}$ $R^2=0.7877$	6.0	344.8	44
RH=60%	$y=1370x^{-1.0995}$ $R^2=0.7849$	6.8	265.0	44
RH=50%	$y=2376.2x^{-1.2576}$ $R^2=0.8857$	9.0	292.9	31
RH=40%	$y=1038.4x^{-0.8958}$ $R^2=0.4629$	10.7	161.4	26
RH=30%	$y=2098.3x^{-1.3009}$ $R^2=0.5006$	13.6	118.4	25

6.5 臭氧污染特征及其与气象条件的关系

自《陕西省“治污降霾·保卫蓝天”五年行动计划(2013—2017 年)》实施以来，关中地区大气污染防治取得了明显成效，可吸入颗粒物(PM_{10})和细颗粒物($PM_{2.5}$)质量浓度显著下降，但臭氧(O_3)污染日数却逐渐增多，给人体健康和生态环境带来不利影响，引起了人们的广泛关注。已有的研究表明，对流层臭氧的来源主要有平流层输入、区域输送和光化学反应，即交通、石化产业、燃煤排放的氮氧化物和挥发性有机物(VOCs)等臭氧前体物，在阳光照射下经一系列化学反应而生成 O_3(安俊琳，2007；包艳英 等，2017)。O_3 污染的形成，不仅受其前体物影响，还与气象条件密切相关。西安市是关中城市群中最大的城市，在西安开展 O_3 污染研究对关中平原大气污染防治具有重要意义。

本研究选用的臭氧资料包括陕西省环境监测中心站发布的逐时 O_3 数据和逐日最大 8 h 平均质量浓度(以下用“O_3-8 h”表示)数据。臭氧污染等级的划分参照《环境空气质量指数(AQI)技术规定(试行)》(HJ633—2012)，O_3-8 h 与空气质量分指数(IAQI)的对应关系见表 6.7。

表 6.7 O_3-8 h 浓度及其对应的空气质量分指数和空气质量指数类别

O_3-8 h 质量浓度(μg/m³)	≤100	101～160	161～215	216～265	>265
IAQI	0～50	51～100	101～150	151～200	201～300
空气质量指数类别	优	良	轻度污染	中度污染	重度污染

6.5.1 西安市臭氧质量浓度变化特征

2014—2017 年西安市年臭氧超标污染日数逐年增加，其中，2014 年仅出现 7 d，2015 年出现 14 d，2016 年出现 18 d，而 2017 年达到了 47 d。轻度以上(O_3-8 h≥160 μg/m³)臭氧污染主要出现在 5—8 月，并且以 7 月最多，8 月次之。

(1)O_3质量浓度的日变化

图 6.34 给出西安市 2014 年 4 月 1 日—2017 年 7 月 31 日 O_3质量浓度日变化情况，可以看出，西安 O_3质量浓度呈单峰型日变化，最小值 22.2 $\mu g/m^3$出现在 07 时，随着太阳辐射和光化学反应的增强，日间 O_3质量浓度逐渐上升，并在 16 时达到峰值 100.7 $\mu g/m^3$，此后单调下降至次日 07 时。由于 20 时之后光化学反应基本停滞，同时，臭氧受 NO 滴定作用不断消耗(林莉文 等，2018)，夜间臭氧维持在低值。值得指出的是，西安市 O_3质量浓度日变化幅度较大，最大值可以是最小值的几倍。

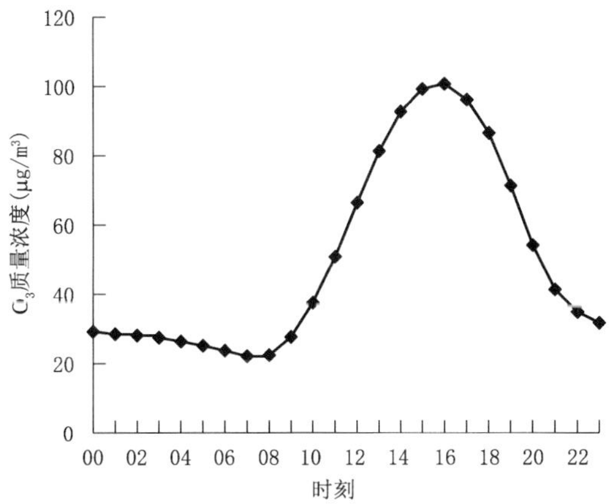

图 6.34　2014 年 4 月 1 日—2017 年 7 月 31 日年西安市 O_3 平均质量浓度日变化

(2)O_3质量浓度的月变化

图 6.35 给出 2014—2017 年 O_3-8 h 的逐月平均值，其月变化表现为明显的单峰型结构，峰值 148.5 $\mu g/m^3$出现在 7 月，谷值 30.0 $\mu g/m^3$出现在 11 月，谷峰之间单调递增，反之亦然。这种变化与京津冀地区相似(潘本锋 等，2016)，但与华南城市地区 O_3质量浓度“M”型的月变化(李霄阳 等，2018)有所不同。

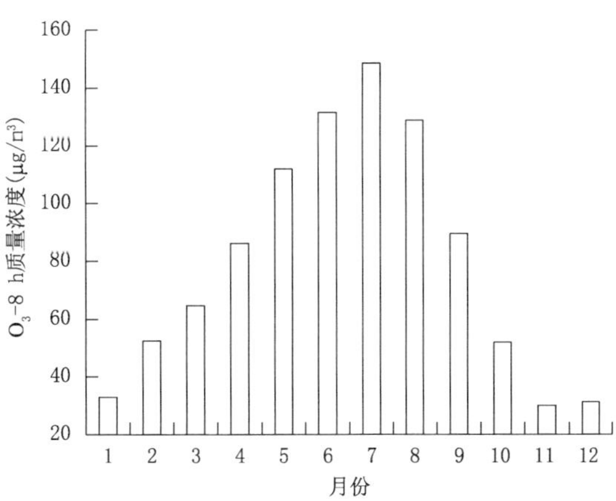

图 6.35　2014—2017 年西安市各月 O_3-8 h 平均值

6.5.2 O_3-8 h与辐射关系分析

(1)O_3-8 h 与总辐射关系

辐射是触发光化学反应进而生成臭氧的重要条件之一，图 6.36 给出 2015 年 8 月 23 日—2017 年 7 月 31 日西安泾河气象站总辐射日最大辐照度(F_{max})与 O_3-8 h 的拟合曲线，可以看到，两者具有明显的指数关系，O_3-8 h 随 F_{max} 增大而增大。在 O_3-8 h>160 μg/m³ 的样本中，F_{max} 最小值为 798 W/m²；然而，在 F_{max}>800 W/m² 的条件下，仍然有 31%的 O_3-8 h<100 μg/m³，表明较高的 F_{max} 是臭氧污染形成的必要但非充分条件。对日总辐射曝辐量与 O_3-8 h 的拟合分析表明，两者间也存在着类似的指数关系。

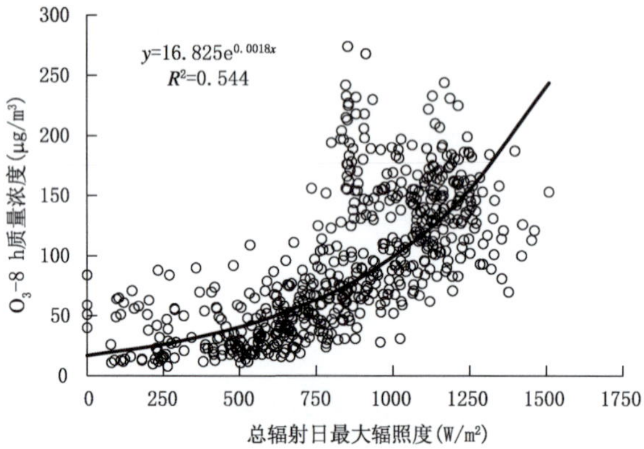

图 6.36　西安泾河 O_3-8 h 与总辐射日最大辐照度散点图

(2)O_3-8 h 与紫外辐射关系

近紫外波段的太阳辐射能够影响 NO_2 的光解反应速率，进而控制臭氧的生成速率，对臭氧污染的形成至关重要。图 6.37 给出 2015 年 1 月 1 日—2017 年 3 月 30 日西安市长安区气象观测站日紫外辐射曝辐量与西安市长安观测点 O_3 8 h 的拟合关系，可以看到，两者间显著正相关，表明紫外辐射的增加促进了近地面臭氧污染的形成。

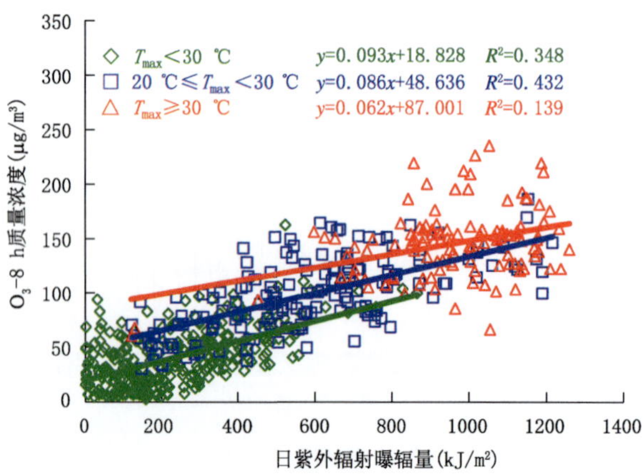

图 6.37　西安市长安区不同温度下平均日紫外辐射曝辐量与 O_3-8 h 散点图

鉴于辐射与气温关系密切，因此，在分析紫外辐射与臭氧质量浓度的关系时，进一步考虑了日最高气温（T_{max}）在其中的影响，并将之划分为：T_{max}<20 ℃、20 ℃≤T_{max}<30 ℃及 T_{max}≥30 ℃三个区间。图 6.37 同时给出了不同温度区间内紫外辐射与 O_3-8 h 的关系。当 T_{max}<20 ℃时，日紫外辐射曝辐量的平均值为 242.5 kJ/m²，O_3-8 h 平均值为 41.5 μg/m³，且仅有 2.6%的 O_3-8 h>100 μg/m³；当 T_{max}在 20～30 ℃时，日紫外辐射曝辐量平均值增大至 586.1 kJ/m²，O_3-8 h 随之增大，平均值达到 98.9 μg/m³，有 47.5%的 O_3-8 h>100 μg/m³；而当 T_{max}≥30 ℃时，日紫外辐射曝辐量平均值增大到 957.4 kJ/m²，相应地，O_3-8 h 平均值增大至 146.3 μg/m³，79.3%的 O_3-8 h>100 μg/m³，其中，17.9%的 O_3-8 h 超过 160 μg/m³形成臭氧超标污染。

6.5.3　O_3-8 h 与气象条件关系分析

由于 5—8 月是臭氧污染的集中期，因此，对于 O_3-8 h 与气象要素关系的分析仅采用 2014—2017 年 5—8 月的数据。此外，气温、RH 等气象要素的季节变化与臭氧质量浓度的季节变化具有较高的相关性，只采用 5—8 月的数据，能够一定程度上剔除气象要素和臭氧季节变化对两者关系的影响。

表 6.8 为 2014—2017 年 5—8 月西安在不同 O_3-8 h 情况下对应的泾河气象站日最高气温（T_{max}）、日平均气温（T_{mean}）、日平均相对湿度（RH_{mean}）、日最低相对湿度（RH_{min}）、日平均风速及日照时数的平均值，可以看出，随着 O_3-8 h 的增大，相应的 T_{max}、T_{mean}的平均值在上升，而 RH_{mean}、RH_{min}和日平均风速在下降，表明高温、低湿、弱风有利于 O_3 生成和 O_3 质量浓度的增加。

表 6.8　西安在不同 O_3-8 h 质量浓度情况下泾河站各气象要素平均值

气象要素	O_3-8 h 质量浓度（μg/m³）				
	≤100	101～160	161～215	216～265	>265*
日最高气温（℃）	26.3	32.1	34.9	37.0	39.9
日平均气温（℃）	21.8	26.1	28.5	30.3	32.2
日平均相对湿度（%）	69.3	57.0	52.5	43.6	37.5
日最低相对湿度（%）	47.9	34.9	31.3	24.7	20.5
日平均风速（m/s）	2.5	2.6	2.2	1.8	1.7
日照时数（h）	2.5	8.1	10.5	11.3	11.8

注：* 表示研究时段内样本数仅有 2 个。

（1）O_3-8 h 与气温关系

从泾河 T_{max}与 O_3-8 h 的对应关系（表 6.8）来看：当 O_3-8 h 在 161～215 μg/m³ 之间，T_{max}的平均值为 34.9 ℃，T_{mean}的平均值为 28.5 ℃；当 O_3-8 h 在 216～265 μg/m³之间，T_{max}平均值为 37.0 ℃，T_{mean}的平均值为 30.3 ℃，表明温度越高越有利于 O_3 的生成。从泾河 T_{max}与 O_3-8 h 散点图（图 6.38）来看，两者具有明显的正相关关系，T_{max}越高，O_3 质量浓度越大，当 T_{max}高于 35 ℃时，就应警惕臭氧超标污染的发生。

（2）O_3-8 h 与相对湿度关系

从表 6.8 可以看出，随着 O_3 质量浓度的增加，RH_{mean}平均值在减小。当 O_3-8 h 在 161～

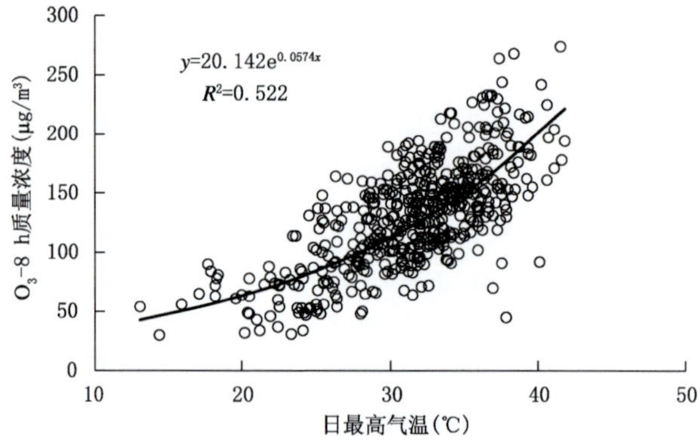

图 6.38　西安泾河站日最高气温与 O_3-8 h 散点图

215 μg/m³之间，RH_{mean}的平均值为 52.5%；当 O_3-8 h 在 216～265 μg/m³之间，RH_{mean}的平均值为 43.6%，表明湿度低更有利于 O_3的生成。图 6.39 为 O_3-8 h 与 RH_{mean}散点图，由图 6.39 可以看出：在 RH_{mean}＞75%的样本中，80.6%的样本 O_3-8 h＜100 μg/m³，O_3-8 h 超过 160 μg/m³的仅有 1 d；在 50%＜RH_{mean}≤75%的样本中，18.5%的 O_3-8 h 超过 160 μg/m³，并且有 1 d 的 O_3-8 h＞215 μg/m³，达到了中度污染；而在 RH_{mean}≤50%的样本中，41.8%的 O_3-8 h＞160 μg/m³，发生臭氧超标污染的日数占整个研究时段内臭氧超标污染总日数的 55.7%，其中有 17 d 的 O_3-8 h＞215 μg/m³达到中度污染，占研究时段内中度以上臭氧污染总日数(18 d)的 94.44%。

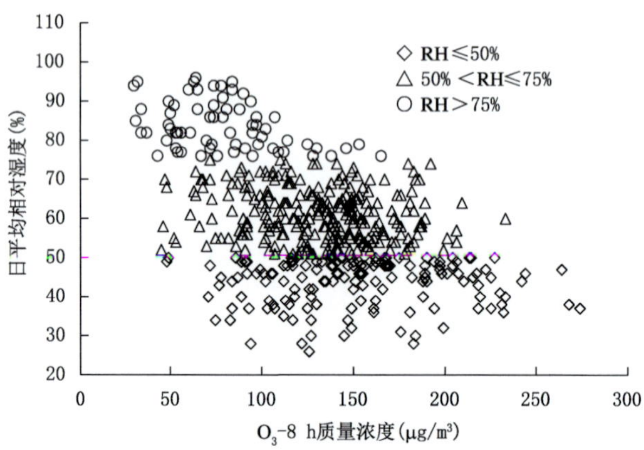

图 6.39　西安泾河站日平均相对湿度与 O_3-8 h 质量浓度值散点图

考虑到臭氧超标污染主要出现在白天，而 RH 日变化的低值也主要出现在白天，因此，进一步分析 RH_{min}与 O_3-8 h 的关系。RH_{min}＞70%时，仅有 2 d 的 O_3-8 h 超过 100 μg/m³，但仍小于 160 μg/m³，未出现臭氧超标污染；40%＜RH_{min}≤60%时，71.3%的 O_3-8 h 超过 100 μg/m³，10.7%的 O_3-8 h＞160 μg/m³，出现轻度臭氧污染天气，但未出现中度污染；在 RH_{min}≤40%的样本中，84.2%的 O_3-8 h＞100 μg/m³。研究时段内臭氧超标污染天气共出现 115 d，其中有 102 d 的 RH_{min}≤40%，占 88.7%，而中度以上臭氧污染全部出现在这一相对湿度条件下；因此 RH_{min}小于 40%时，需要警惕臭氧超标污染的发生。

(3)O_3-8 h 与日照时数、日平均风速关系

分析 5—8 月 O_3-8 h 与日照时数的关系发现：当 O_3-8 h>160 μg/m^3 时，日照时数的平均值在 10.5 h 以上(表 6.8)，96.5%的臭氧超标污染日的日照时数大于 6 h，89.6%的臭氧污染日的日照时数大于 8 h；而 O_3-8 h<100 μg/m^3 的日数中，72.8%的日照时数小于 3 h。因此，较长的日照更有利于臭氧的生成。

从表 6.8 可以看出，随着臭氧质量浓度的增大，日平均风速的平均值也在减小，臭氧超标污染日的平均风速小于非臭氧超标污染日。综合 O_3-8 h 与日照时数和日平均风速的分析结果来看，在晴天、小风情况下，更容易出现臭氧污染。

6.6 静稳天气指数的构建与应用

霾发生的主要原因是严重的颗粒物污染，当气象条件不利于污染物扩散，污染物积聚到一定程度，就会形成霾(张小曳 等，2013)。过量排放和不利气象条件分别是霾天出现的内因与外因(白春礼，2017)。风速、风向、气压、气温、湿度、降水等气象因子对霾的形成、分布、维持与消散起着重要作用(Pang et al.，2009)；然而，气象条件对大气污染的影响是一个综合过程，单一要素并不能完整地反映气象条件对大气污染物扩散的影响。如何量化气象的综合影响，并将之应用到污染诊断和预报(Wang et al.，2012)中是重要的科学与实际问题。为了定量化分析气象条件对大气污染的综合影响，国内外学者尝试构建了考虑多气象因子叠加作用的污染气象指数，如滞留指数(Allwine et al.，1994)、污染潜势指数(朱蓉 等，2001)、传输气象指数(花丛 等，2016)、空气污染扩散指数(瞿元昊 等，2018)、气溶胶污染气象条件指数(PLAM index)(Wang et al.，2012)等，张恒德等(2017)给出了更易于推广的静稳天气综合指数，来定量描述大气的静稳程度，可以应用于重污染天气预报和定量评估气象条件对大气污染变化影响。

6.6.1 静稳天气指数的构建

通常将近地面风速小，大气层结稳定等有利于污染物和水汽在近地层累积，造成重污染和低能见度的天气称之为静稳天气，静稳天气与雾/霾的形成关系密切。2017 年张恒德等(2017)提出了一个静稳天气指数计算方法(以下简称“静稳指数”)，即首先对各气象要素进行等样本量分段，然后以雾/霾天气在各要素分段内发生概率与气候态概率的比值作为各要素相应区间的分指数，并通过最大、最小分指数比值的大小对所有气象要素排序，最终筛选出若干个排位靠前的气象因子，确定其分指数查算表用于静稳指数计算。

该方法计算的静稳指数与选用的气象要素个数有关，气象要素越多，其值将越大。为了消除气象要素数量的影响，用静稳指数除以所用气象因子个数得到归一化静稳指数，这样做的好处在于，当某一气象要素偶尔出现缺测，通过上述处理，可以降低缺测对计算结果的影响，从而尽可能保证数据时间序列的完整性。

静稳指数计算步骤如下。

(1)剔除各要素极端值:对各要素值进行排序,仅保留百分位区间处于 5%～95%内的要素值。

(2)等样本区间划分:分别将各要素的剩余值划分为等样本数的十个区间。

(3)区间分指数计算:

$$k_i = \frac{\dfrac{a_{ij}}{a_{ij}+b_{ij}}}{\dfrac{a_i}{a_i+b_i}}$$

式中,a_{ij}、b_{ij}分别为第 i 个要素在区间 j 内对应的雾霾天气和晴好天气次数;a_i、b_i分别为第 i 个要素对应的雾/霾天气和晴好天气总次数;k_i为第 i 个要素的区间分指数。

区间划分方法:对同一气象因子的所有样本按照数值大小进行排序,剔除前后 5%的极端高值和低值;将剩余样本按照百分位均匀划分为 10 个区间,使得各区间内的样本个数基本相同。

(4)静稳指数(SWI)等于各要素区间分指数之和除以要素个数 n:

$$\mathrm{SWI} = \frac{\sum_{i=1}^{n} k_i}{n}$$

使用 2016 年 3 月—2019 年 8 月气象站观测资料和欧洲中心(ECMWF)再分析资料共计 78 个气象要素(表 6.9),分春季(3—5 月)、夏季(6—8 月)、秋季(9—11 月)、冬季(12—次年 2 月)四个季节,按上述步骤计算每个要素的区间分指数,按照各要素分指数最大值和最小值的比值进行排序,选取要素计算静稳指数。

通过与能见度、$PM_{2.5}$质量浓度的相关性对比检验,选取气压、海平面气压、温度、相对湿度、露点温度、风速、24 h 变压、24 h 变温 8 个要素构建陕西本地化静稳指数。表 6.10 给出了利用西安泾河气象观测站这 8 个要素的西安冬季静稳指数查算表。

表 6.9 构建静稳指数选取的地面、高空或其组合的 78 个气象要素

序号	要素类别	要素说明	序号	要素类别	要素说明
1	1	气压	40	2	1000 hPa 风速 U 分量
2	1	温度	41	2	500 hPa 风速 V 分量
3	1	相对湿度	42	2	700 hPa 风速 V 分量
4	1	风速	43	2	850 hPa 风速 V 分量
5	1	24 h 变温	44	2	925 hPa 风速 V 分量
6	1	24 h 变压	45	2	1000 hPa 风速 V 分量
7	1	海平面气压	46	2	500 hPa 垂直速度
8	1	露点温度	47	2	700 hPa 垂直速度
9	2	10 m 风速 U 分量	48	2	850 hPa 垂直速度
10	2	10 m 风速 V 分量	49	2	925 hPa 垂直速度
11	2	2 m 露点温度	50	2	1000 hPa 垂直速度
12	2	2 m 温度	51	2	500 hPa 位势
13	2	500 hPa 散度	52	2	700 hPa 位势
14	2	700 hPa 散度	53	2	850 hPa 位势

续表

序号	要素类别	要素说明	序号	要素类别	要素说明
15	2	850 hPa 散度	54	2	925 hPa 位势
16	2	925 hPa 散度	55	2	1000 hPa 位势
17	2	1000 hPa 散度	56	2	边界层高度
18	2	海平面气压均值	57	3	10 m 风速 U 分量
19	2	500 hPa 相对湿度	58	3	10 m 风速 V 分量
20	2	700 hPa 相对湿度	59	3	700 hPa 与 500 hPa 相对湿度差
21	2	850 hPa 相对湿度	60	3	850 hPa 与 500 hPa 相对湿度差
22	2	925 hPa 相对湿度	61	3	925 hPa 与 500 hPa 相对湿度差
23	2	1000 hPa 相对湿度	62	3	1000 hPa 与 500 hPa 相对湿度差
24	2	地表气压	63	3	850 hPa 与 700 hPa 相对湿度差
25	2	总降水量	64	3	925 hPa 与 700 hPa 相对湿度差
26	2	500 hPa 雷暴概率	65	3	1000 hPa 与 700 hPa 相对湿度差
27	2	700 hPa 雷暴概率	66	3	925 hPa 与 850 hPa 相对湿度差
28	2	850 hPa 雷暴概率	67	3	1000 hPa 与 850 hPa 相对湿度差
29	2	925 hPa 雷暴概率	68	3	1000 hPa 与 925 hPa 相对湿度差
30	2	1000 hPa 雷暴概率	69	3	700 hPa 与 500 hPa 温度差
31	2	500 hPa 温度	70	3	850 hPa 与 500 hPa 温度差
32	2	700 hPa 温度	71	3	925 hPa 与 500 hPa 温度差
33	2	850 hPa 温度	72	3	1000 hPa 与 500 hPa 温度差
34	2	925 hPa 温度	73	3	850 hPa 与 700 hPa 温度差
35	2	1000 hPa 温度	74	3	925 hPa 与 700 hPa 温度差
36	2	500 hPa 风速 U 分量	75	3	1000 hPa 与 700 hPa 温度差
37	2	700 hPa 风速 U 分量	76	3	925 hPa 与 850 hPa 温度差
38	2	850 hPa 风速 U 分量	77	3	1000 hPa 与 850 hPa 温度差
39	2	925 hPa 风速 U 分量	78	3	1000 hPa 与 925 hPa 温度差

注:类别 1 为地面气象数据,类别 2 为 ECMWF 数据,类别 3 为类别 1—2 数据经计算所得。

表 6.10　静稳指数查算表示例(西安冬季)

气象要素和权重	分段									
	1	2	3	4	5	6	7	8	9	10
气压	971.8	973.9	975.4	976.7	978	979.3	980.6	982.2	984.3	∞
区间分指数 1	1.23	1.16	1.17	1.06	1.07	1.1	1.05	0.89	0.76	0.53
温度	−1.9	−0.5	0.6	1.7	2.8	3.9	5	6.2	8	∞
区间分指数 2	0.93	1.04	1.04	1.09	1.07	0.99	1.04	1.04	0.95	0.82
相对湿度	31	36	41	46	52	57	61	67	75	∞
区间分指数 3	0.18	0.48	0.77	0.89	1.03	1.16	1.24	1.29	1.38	1.46
风速	0.9	1.1	1.3	1.5	1.8	2	2.3	2.7	3.4	∞
区间分指数 4	1.27	1.27	1.24	1.12	1.04	0.97	0.87	0.81	0.79	0.75

续表

气象要素和权重	分段									
	1	2	3	4	5	6	7	8	9	10
24 h 变温	−2.7	−1.8	−0.9	−0.3	0.3	0.7	1.3	2	2.8	∞
区间分指数 5	0.69	0.92	1.11	1.07	1.05	1.07	1.09	1.08	1	0.9
24 h 变压	−5.4	−3.8	−2.6	−1.5	−0.5	0.6	1.8	3.4	5.5	∞
区间分指数 6	1.01	0.97	1.05	1.06	1.03	1.09	1.07	1	0.92	0.8
海平面气压	1021.9	1024.4	1025.9	1027.4	1028.9	1030.4	1031.8	1033.5	1035.9	∞
区间分指数 7	1.21	1.16	1.09	1.08	1.06	1.14	1.01	0.91	0.77	0.56
露点温度	−11.8	−10	−8.6	−7.6	−6.5	−5.3	−4.2	−2.7	−1.3	∞
区间分指数 8	0.23	0.55	0.71	0.96	1.11	1.14	1.25	1.3	1.36	1.34
U 风速	−2.3	−1.4	−0.9	−0.6	−0.2	0.2	0.7	1	1.3	∞
区间分指数 9	0.79	0.81	0.98	1.1	1.09	1.12	1.12	1.08	1.06	0.85
V 风速	−2	−1.5	−1.2	−0.8	−0.5	−0.2	0.4	1	1.5	∞
区间分指数 10	0.88	0.94	1	1.16	1.15	1.12	1.07	0.98	0.92	0.78

6.6.2 静稳指数效果检验

图 6.40 给出关中平原 2016 年 3 月—2019 年 8 月 46 个气象站点静稳指数与能见度线性相关系数 *R* 在不同季节的空间分布和概率统计特征。从空间分布来看，*R* 不存在明显的地域性差异，表明该指数具有良好的普适性。就季节变化而言，春、夏、秋、冬季 *R* 平均值分别为 −0.60、−0.60、−0.61 和 −0.68，冬季相关性显著高于其他季节，表明静稳指数对气象条件变化有较好的反映能力。四个季节相关系数的绝对值大于 0.6 的比例分别为 50%、43.5%、50%和 100%，均超过 40%。

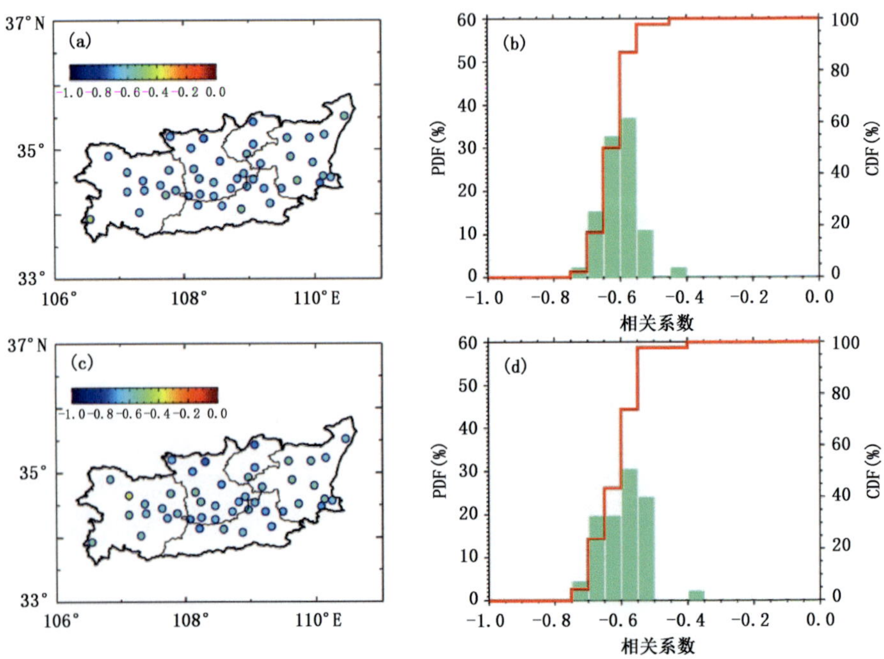

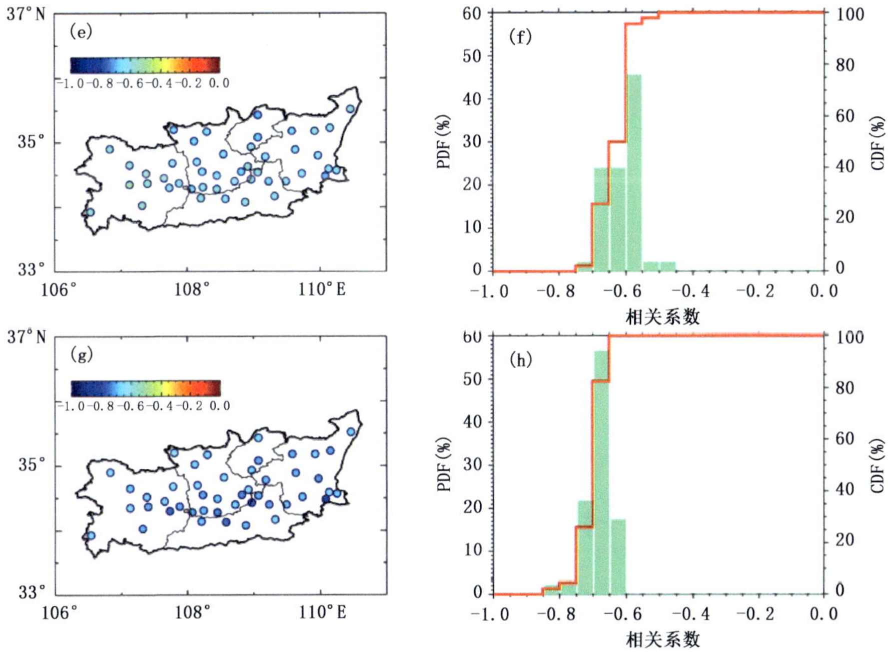

图 6.40　静稳指数与能见度相关系数的空间分布(a:春季,c:夏季,e:秋季,g:冬季)和概率统计特征(b:春季,d:夏季,f:秋季,h:冬季)

为了进一步检验静稳指数对气象条件变化的反映程度,图 6.41a 给出 2017 年 9 月—2018 年 8 月关中平原 46 个气象站逐站逐月能见度均值、静稳指数均值相较于前一年同期变化量的响应关系,可以看到,在静稳指数上升明显的月份,能见度大幅下降,反之亦然,两者间相关系数 R 为−0.689。图 6.41b 为 2018 年 9 月—2019 年 8 月与其前一年同期相比较的结果,两者相关系数 R 为−0.704,与图 6.41a 相当,表明相邻两年能见度月均值变化量对静稳指数变化量的响应关系基本稳定,并且气象条件对污染的年际波动有重要影响。

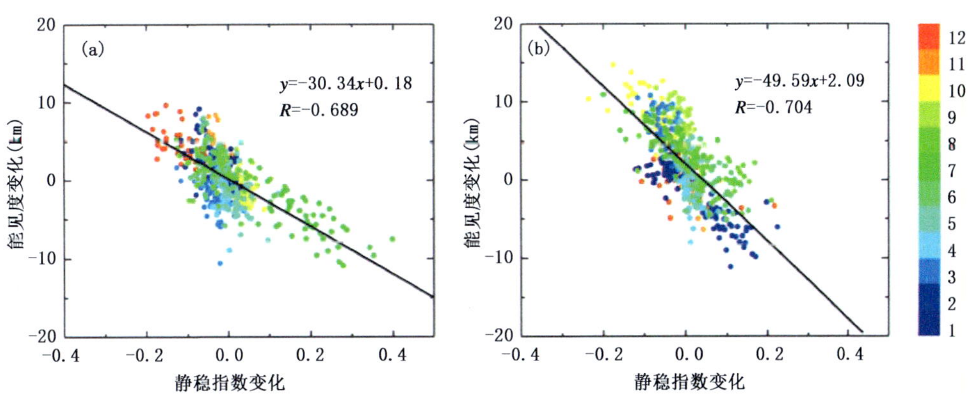

图 6.41　静稳指数月均值和能见度月均值相较于去年同期变化量的散点关系图
(a)2017 年 9 月—2018 年 8 月;(b)2018 年 9 月—2019 年 8 月
(图中实心点的颜色代表月份)

图 6.42 给出了 2020 年 2 月陕西省 99 个气象站逐站能见度均值、静稳指数均值相较于前一年同期的空间变化，可以看到，在静稳指数下降明显的区域，能见度以上升为主，反之亦然。图 6.43 进一步给出两者间的响应关系，其线性相关系数 R 为－0.474。

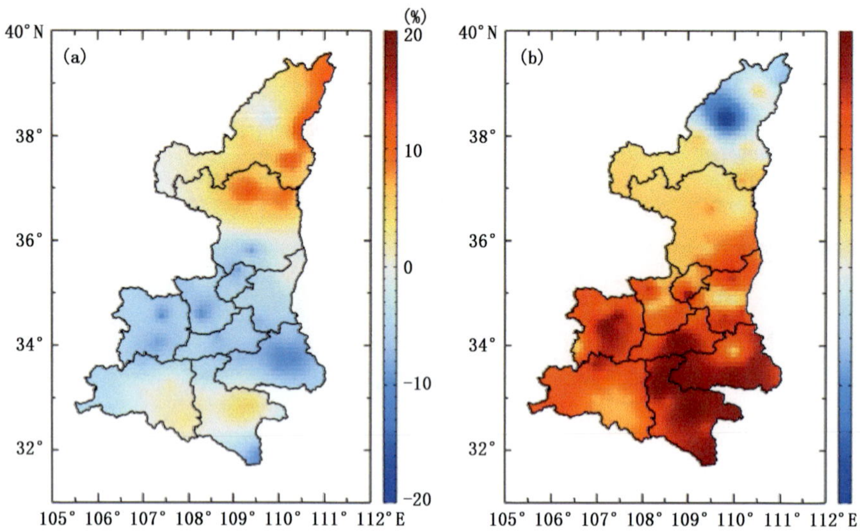

图 6.42　2020 年 2 月陕西省静稳指数(a)和能见度(b)相较于 2019 年同期的变化

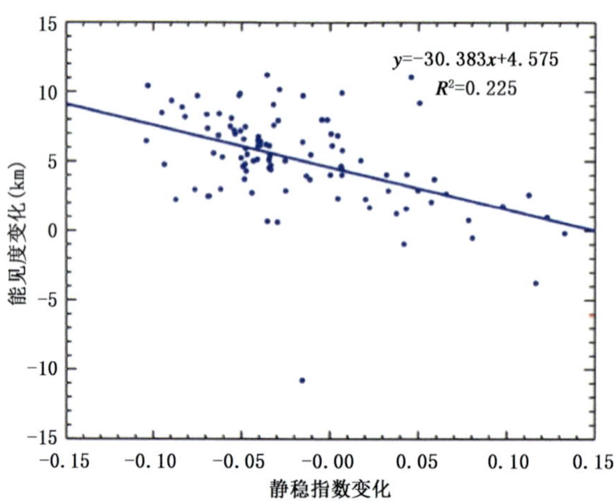

图 6.43　2020 年 2 月静稳指数月均值和能见度月均值相较于上年同期变化量的散点关系图

6.6.3　关中地区静稳指数的长期变化与大气污染变化

为了剔除迁站等原因对气象要素长期变化的影响，仅选择关中地区 1980—2013 年未迁站且数据完整的 14 个气象站点数据做长期变化趋势分析及其对大气污染的影响分析。图 6.44 给出了 1980—2013 年 14 个站点静稳指数距平的平均值与标准偏差的时间序列，可以看到，春季和夏季静稳指数在过去 34 年中表现为下降趋势，表明春、夏季两季大气扩散条件改善，其中，春季大气扩散条件改善的更为明显，且达到 99%的显著性水平。秋季静稳指数在过去 43 年中微弱上升，大气扩散条件略有转差。冬季静稳指数总体呈上升趋势，并且可以大致划分为 3 个不同阶段：1980—1989 年静稳指数波动上升，大气扩散条件转差；1989—1998 年静稳指数显著下降，大气扩散条件改善；1998—2000 年静稳指数迅速上升，此后直至 2012 年静稳指数持续下降。相应地，图 6.45 给出能见度距平的长期变化趋势，其中，春季能见度明显上升，夏、秋季能见度显著下降，并且夏季下降幅度相对更大，冬季能见度总体呈下降趋势，并且也可以划分为 3 个不同阶段：1980—1989 年波动下降，1989—1998 年显著上升，1998—2000 年迅速下降后，保持波动上升至 2012 年。对比不同季节静稳指数（图 6.44）和能见度（图 6.45）长期变化趋势可以发现，除夏季以外，其他季节静稳指数和能见度大致表现出相反的变化趋势。从不同季节能见度的变化趋势来看，关中地区夏、秋、冬季三个季节能见度变化形态与华北地区大致相同（Chen et al.，2015），其中，夏季和秋季都表现出稳定的下降趋势，冬季能见度虽然下降，但波动较大，春季关中地区则略有上升。

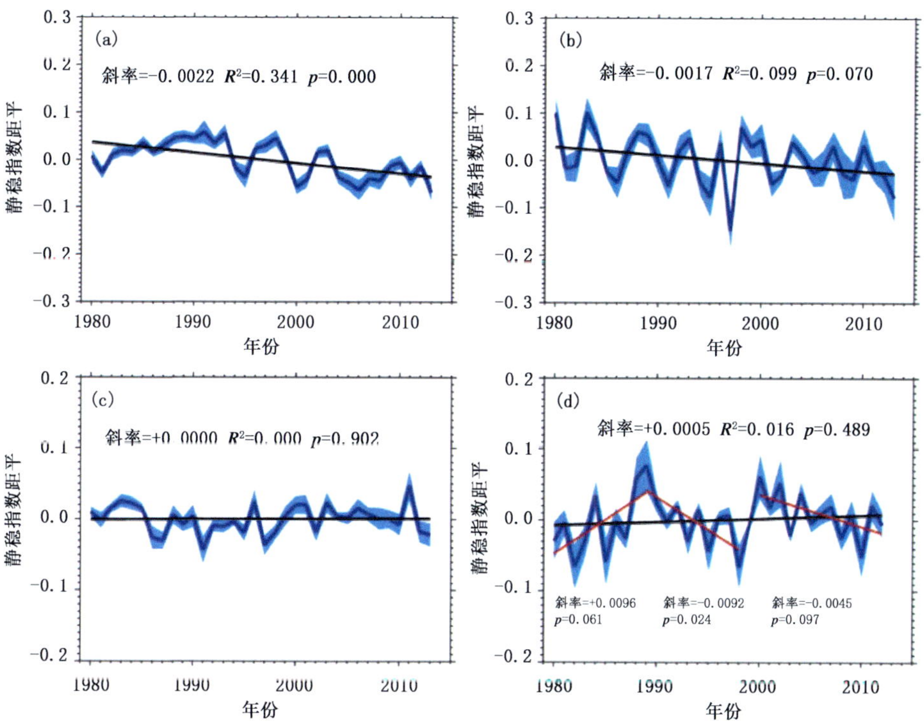

图 6.44　不同季节静稳指数距平及标准偏差（蓝色阴影）时间序列
(a)春季；(b)夏季；(c)秋季；(d)冬季

6.6.4　静稳指数应用

（1）2020 年 12 月 18—29 日大气污染概况和气象条件分析。2020 年 12 月 18—29 日，陕西省大气静稳指数区域均值较 2019 年同期偏低 4.98%（图 6.46），其中，关中、陕北、陕南分别偏低 4.22%、7.32%和 4.14%，表明 2020 年 12 月 18—29 日陕西省大气扩散条件好于 2019 年同期。

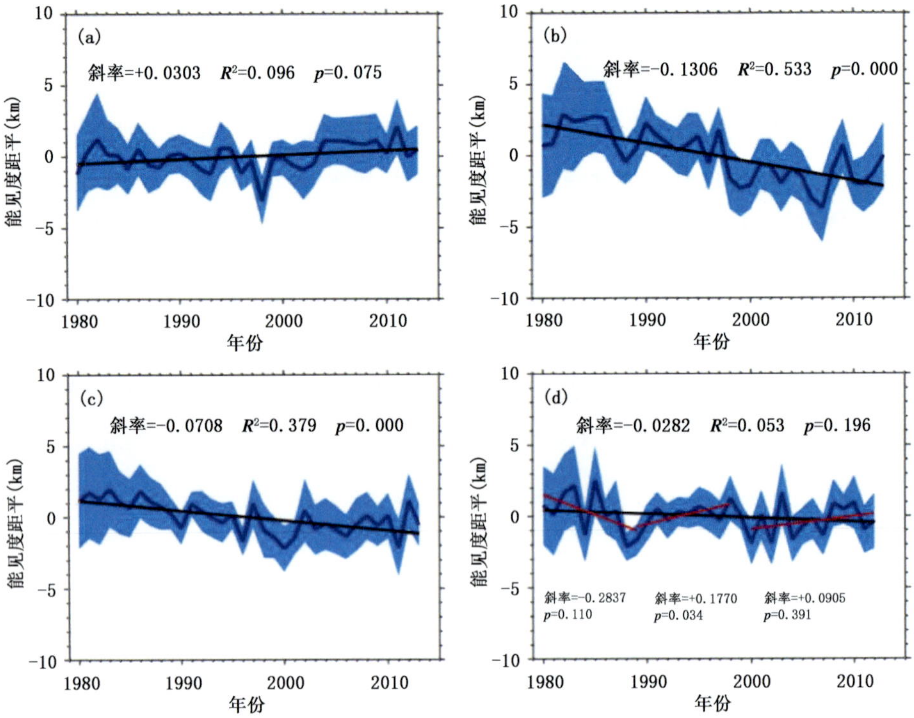

图 6.45 不同季节能见度距平及标准偏差(蓝色阴影)时间序列

(a)春季;(b)夏季;(c)秋季;(d)冬季

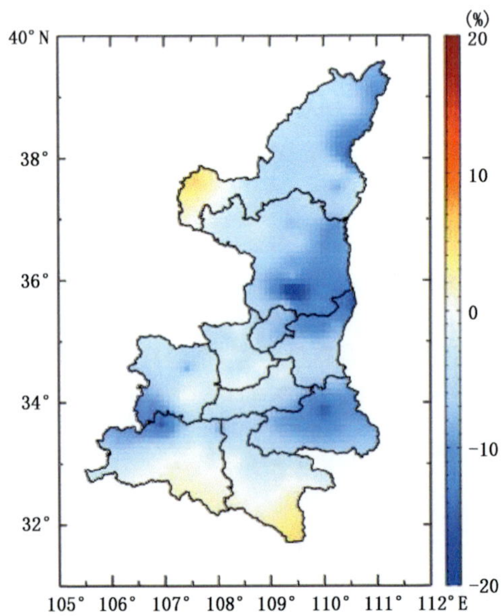

图 6.46 2020 年 12 月 18—29 日全省静稳指数相较于上年同期的变化分布图

在关中地区，大气扩散条件变化是引起 $PM_{2.5}$ 和能见度变化的重要因素，静稳指数变化量与 $PM_{2.5}$ 变化量的相关系数 R^2 在 0.49～0.64 之间，与能见度变化量的相关系数 R^2 在 0.64～0.80 之间（表 6.11）；

在陕北地区，由于大气相对清洁，大气扩散条件变化对污染变化的影响较小，静稳指数变化量与 $PM_{2.5}$ 变化量的相关系数 R^2 在 0.35～0.40 之间，与能见度变化量的相关系数 R^2 在 0.44～0.50 之间；

在陕南地区，静稳指数变化量与汉中市 $PM_{2.5}$ 和能见度变化量的相关系数 R^2 分别为 0.63 和 0.73，是引起污染变化的主要因素；与安康市 $PM_{2.5}$ 和能见度变化量的相关系数 R^2 分别为 0.19 和 0.43，对污染变化的影响较小。

从上述 3 个不同地区静稳指数与 $PM_{2.5}$、能见度变化关系来看，在关中和汉中等大气污染相对较重的地区，不利的气象条件极易造成污染物累积，进而形成重度污染天气，而在大气相对清洁的安康和陕北地区，气象条件的变化对污染的影响不大。

表 6.11　静稳指数变化对大气污染变化方差的解释率

	西安	宝鸡	铜川	渭南	咸阳	延安	榆林	汉中	安康
静稳指数变化量与 $PM_{2.5}$ 变化量的线性相关系数 R^2	0.52	0.49	0.64	0.61	0.58	0.40	0.35	0.63	0.19
静稳指数变化量与能见度变化量的线性相关系数 R^2	0.64	0.67	0.71	0.80	0.79	0.44	0.50	0.73	0.43

（2）2018 年 12 月 30 日—2019 年 1 月 7 日大气污染过程分析。静稳指数时间变化（图 6.47）表明，此次污染过程与静稳天气关系密切，西安地区静稳指数自 2018 年 12 月 30 日 11 时开始稳步上升，至 1 月 3 日达到第一次峰值，$PM_{2.5}$ 质量浓度也逐步增加，污染物累计增长效应明显；4 日傍晚至 5 日夜间，静稳指数出现微弱下降，此后再次迅速上升，在 7 日夜间达到第二次峰值，引起此时段内 $PM_{2.5}$ 质量浓度先下降、后上升；7 日 09 时左右，静稳指数开始显著下降，地面污染物浓度在 2 h 之后亦显著下降。静稳指数和 $PM_{2.5}$ 浓度呈显著正相关，相关系数 R^2 为 0.90，静稳指数对污染物浓度的变化具有较好的指示作用。

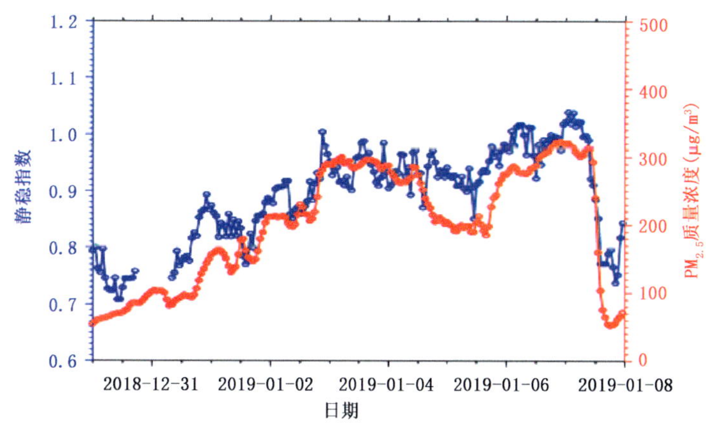

图 6.47　西安 2018 年 12 月 30 日—2019 年 1 月 7 日静稳指数与 $PM_{2.5}$ 质量浓度变化

6.7 本章小结

本章主要分析了关中地区大气边界层高度的变化特征、风速风向、相对湿度等气象要素对大气颗粒物分布与扩散的影响，臭氧污染的形成与气象条件的关系，构建了陕西省本地化静稳指数，主要结论如下。

(1)利用国标法、罗氏法、位温法计算边界层高度，发现国标法计算的边界层高度日变化与罗氏法计算的结果相似，国标法计算得到的日最大边界层高度最大，位温法最小。国标法、罗氏法、位温法计算的西安大气边界层发展最大频数出现的高度，在大气稳定度 Stable 类分别是 250 m、500 m、150 m；Neutral 类分别是 500 m、800 m、250 m；Unstable 类分别是1300 m、1000 m、700 m。国标法、罗氏法、位温法三种计算方法得到的西安日最高边界层高度分别是 1400 m(13 时)、1200 m(15 时)、1000 m(15 时)。利用位温法计算得到的西安边界层高度日最高值，春季、夏季、秋季、冬季分别是 1300 m、1200 m、820 m、800 m。西安小时平均边界层高度与颗粒物质量浓度之间存在明显的反相关关系，冬季边界层高度低，颗粒物质量浓度高，夏季边界层高度高，颗粒物质量浓度值低。

(2)利用 MODIS 卫星遥感得到的 AOD 和地面 AOD 观测资料，对陕西关中地区气溶胶对能见度的影响分析发现，关中地区 MODIS/AOD 的分布与能见度的分布具有明显的对应关系，MODIS/AOD 的高值区能见度较差，而 MODIS/AOD 的低值区能见度一般较好。

CE318 观测的 AOD 与对应时次能见度的分析表明，随着 AOD 的增大能见度下降迅速。不同粒径的气溶胶对能见度的影响不同，波长指数在 0.8～1.2 之间时，气溶胶的消光作用最明显，对能见度的影响最大。

空气中颗粒物造成的能见度下降与空气相对湿度密切相关，同样的颗粒物情况下，湿度越大能见度下降越明显。造成能见度下降的根本原因是大气颗粒物污染，清洁大气时，风速的差异与相对湿度的差异对能见度的影响较小。

(3)霾过程中地面气象要素的主要特点为：最大混合层高度低且变化小，有利于霾天气的加强或持续；相对湿度高，有利于气溶胶粒子的吸湿增长，增加粒子的散射，降低能见度；地面风速小，空气流动性差，污染物不易扩散。气象要素的垂直变化特点为：近地层有逆温，地面至 3000 m 高空水汽多，相对湿度大，大气层结稳定，地面产生的气溶胶被限制在低层。

霾天气过程中，APS 观测的 0.5～20 μm 的颗粒物数浓度粒径谱变化表明，粒径在 0.5～0.835 μm 之间的粒子的数浓度增加最明显；SMPS 观测的 10～487 nm 的颗粒物数浓度粒径谱变化表明，霾过程中细粒子的数浓度主要集中在 30～300 nm，且具有明显的日变化特征，08—14 时、18 时至次日 02 时为数浓度的大值时段；霾过程中，散射系数可以达到 1000 Mm^{-1} 以上；散射系数的增加与小于 1.0 μm 粒子的数浓度增加有关，也是霾期间能见度恶化的重要原因之一。

不同粒径段的粒子，随着相对湿度的变化，数浓度的变化不同，当 RH≤80%时，粒径在 150 nm～1.0 μm 的粒子的数浓度，随着相对湿度的增大，增加明显，对降低能见度、形成雾/霾具有重要作用。RH＞90％时，颗粒物数浓度的减少，反映出湿清除的影响。在给定的大气能见度情况下，相对湿度在不同粒子浓度时对能见度，也就是对大气消光的贡献不同，湿度越大，对降低能见度的贡献也越大。

(4)对西安臭氧浓度变化与气象条件的关系分析表明，西安市臭氧质量浓度的日变化和月变化具有明显的单峰型，研究时段内 O_3 质量浓度日变化平均值的最大值(100.7 $\mu g/m^3$)和最小值(22.2 $\mu g/m^3$)分别出现在16时和07时，O_3-8 h月平均值的最大值(148.5 $\mu g/m^3$)和最小值(30.0 $\mu g/m^3$)分别出现在7月和11月。

总辐射日最大辐照度、日总辐射曝辐量和日紫外辐射曝辐量与 O_3-8 h之间均具有显著的正相关关系，紫外辐射在臭氧形成过程的作用更为重要。在晴空条件下，高温、低湿、小风更有利于大气中臭氧的形成。在5—8月，当日最高气温大于35 ℃或者日最低相对湿度小于40％时，应警惕臭氧污染的发生。

(5)陕西本地化静稳指数可使用气象观测站气压、海平面气压、温度、相对湿度、露点温度、风速、24 h变压、24 h变温8个要素计算。本地化静稳指数对大气污染扩散气象条件变化有较好的反映能力。

对本地化静稳指数的长期变化分析表明，近34年中春季和夏季静稳指数呈下降趋势，大气扩散条件改善，其中，春季改善较为明显。秋季呈微弱上升趋势，大气扩散条件略有转差；冬季静稳指数总体呈上升趋势，但有阶段性差异：1980—1989年静稳指数波动上升，大气扩散条件转差；1989—1998年静稳指数显著下降，大气扩散条件改善；1998—2000年静稳指数迅速上升，此后直至2012年静稳指数持续下降，大气扩散条件改善。

第7章 气溶胶对气象要素长期变化的可能影响

7.1 气溶胶和城市热岛效应对秦岭地区气温序列的影响

20 世纪 80 年代以来，以全球变暖为特征的气候变化成为科学界关注焦点，也是当今全球气候变化研究的热点。IPCC(2007)(政府间气候变化专门委员会)第 4 次科学评估报告指出，过去一百年(1906—2012 年)全球平均地面气温上升了 0.74 ℃，引起地球气候系统诸多变化，例如海平面上升、云和降水及其分布的变化，并导致极端天气、气候事件频发。因此，以变暖为主的全球气候变化问题越来越被各国政府和人民所关注。

引起气候变暖主要有两方面。一是自然因素，如：地球轨道参数(Goosse et al.，2005)、太阳活动(Foukal et al.，2006；Benestad et al.，2009)、火山爆发(Robock et al.，1995，2000)等；二是人类活动，如温室气体、气溶胶、城市热岛等。

气溶胶、城市热岛对气温影响有很大不同。其中气溶胶通过吸收和反射太阳辐射降低地面气温，城市热岛效应对局地气温有加热作用。因此，通过高山站和平原站资料对比，综合分析其长期气候作用有重要意义。

7.1.1 气候背景场的变化特征

华山属于秦岭山脉，位于陕西关中盆地的东边，华山气象站就设在华山主峰西峰之上，海拔 2064.9 m，该站地处山区，远离城镇，受人类活动影响小，其气温变化主要受温室气体、云量和少量气溶胶影响，所以，将其气温变化定义为衡量温室效应的主要指标，反映气候背景场的变化。

由图 7.1a 可知，华山平均气温历年变化整体上是增加的，增加幅度在 0.178 ℃/(10 a)。最高气温和最低气温变化趋势与平均气温基本一致，其中最高气温增加幅度为 0.182 ℃/(10 a)，最低气温增加幅度为 0.184 ℃/(10 a)。也就是说，对于处在中纬度地区的华山站而言，从有记录起(1953—2012 年)，温室气体引起的增温在 0.97 ℃左右。任国玉等(2005)分析我国 1951—2004 年平均地表气温变暖幅度约为 1.3 ℃，增温速率接近 0.25 ℃/(10 a)。Vose 等(2005)对 1950—2004 年全球气温进行分析，最低和最高气温增温速率分别为 0.204 ℃/(10 a)和 0.141 ℃/(10 a)，其中 1979—2004 年分别为 0.295 ℃/(10 a)和 0.287 ℃/(10 a)。可见华山平均气温的增温速率低于全国平均值；与全球相比，最低气温增温速率低于全球平均值，最高气温增温速率高于全球平均值。这与郭军等(2011)、赵传成等(2011)的分析一致。

同样的资料，将其分段分析发现，1985 年是气温变化的一个关键点。无论是平均气温、最

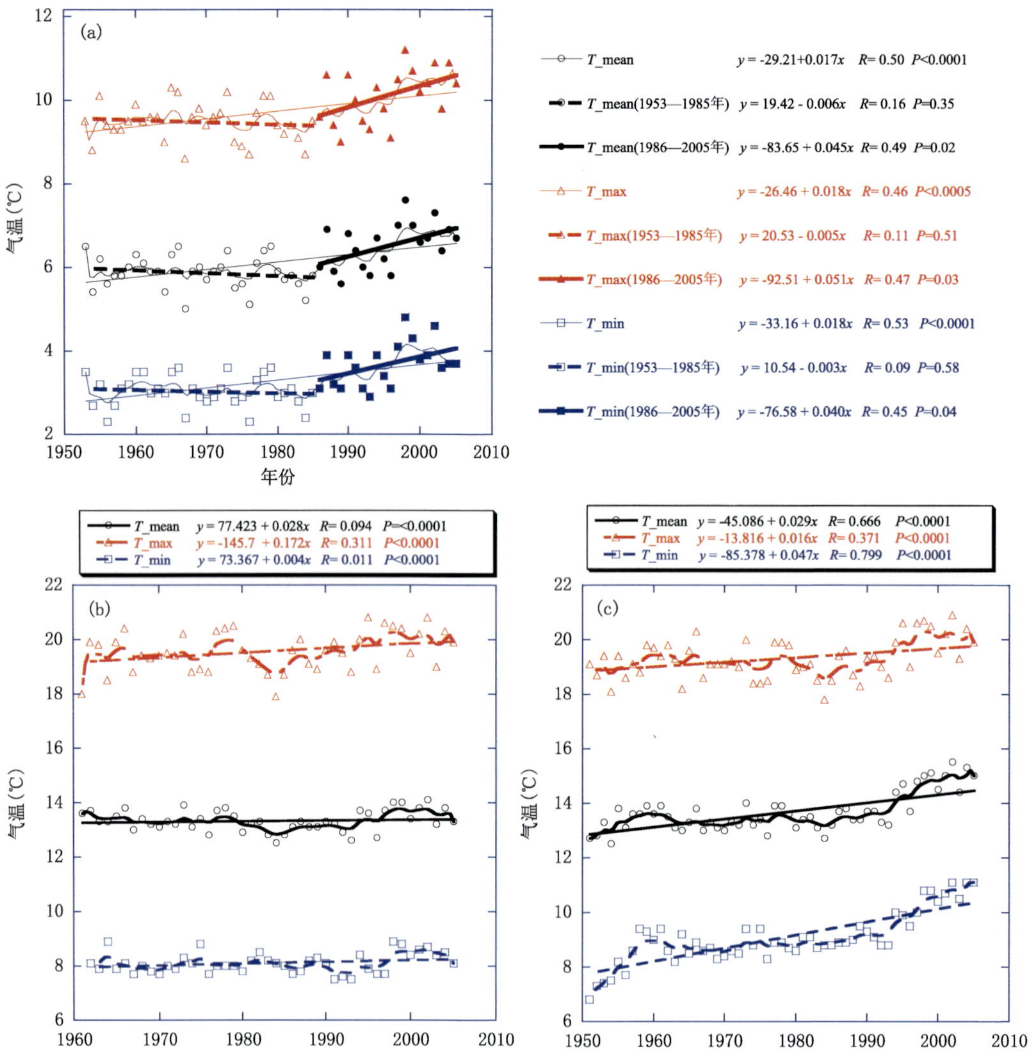

图 7.1　华山(a)、华县(b)和西安(c)自建站起气温变化

高气温以及最低气温在 1985 年以前变化是一致的，趋势基本不变，甚至还有些下降(－0.03～－0.06 ℃/(10 a))。而 1985 年以后情况发生改变，三者增温幅度远大于华山自建站以来的增温幅度，其中平均气温是 0.451 ℃/(10 a)，最高气温是 0.514 ℃/(10 a)，最低气温是 0.402 ℃/(10 a)。也就是说，1985 年以后至今这 20 多年时间里，温室效应引起的增温幅度非常显著(Vose et al.，2005)。

图 7.2 是利用 Mann-Kendall 方法对华山地面气温进行突变分析，与以上结论一致，在 1985 年附近华山气温序列发生突变，这与其他学者的结论相一致(陈少勇 等，2011)。

自 1840 年工业革命以来人类活动一直在向大气圈排放温室气体(包括二氧化碳、甲烷、氮氧化物、氯氟烃等)，自 20 世纪 60 年代以来夏威夷 Mauna Loa 监测的 CO_2 浓度持续增加，但是华山气温变化与 CO_2 浓度变化并不一致。可能的原因有两点，一是地球气候系统有巨大的热惯性(Hansen et al.，2005)；二是与全球暗化有关，主要是指气溶胶的冷却作用。由于气候

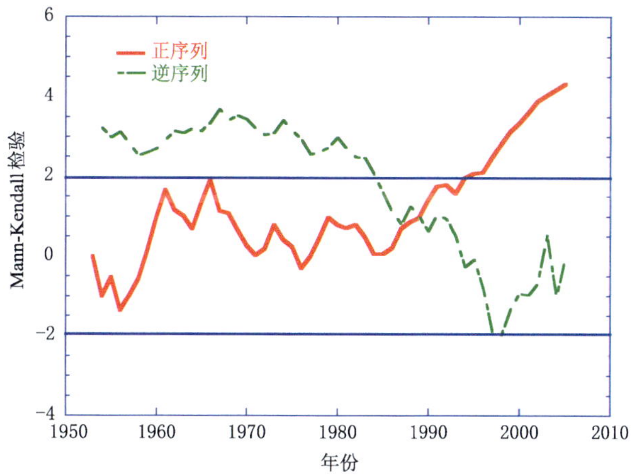

图 7.2　Mann-Kendall 方法对华山站温度序列突变检验

系统巨大的热惯性，当温室气体导致增温后，大气内部特性会迅速调节，而海洋上层响应的时间尺度是七到十年，深海和冰盖的响应时间尺度则为几百年到上千年。而一旦气候系统调整到位，在 20 世纪 80 年代以后，地表气温依然会持续上升，这点可以从华山 1985 年以后的增温速率看出。

图 7.1a 是华山四季气温变化曲线。总体而言，四季气温基本呈现增加趋势。其中，夏季气温增加最少，增加幅度在 0.043 ℃/(10 a)；春、秋两季气温增加幅度分别是 0.144 ℃/(10 a)、0.226 ℃/(10 a)；冬季气温增加最多，达到 0.29 ℃/(10 a)。温室效应的增温主要体现在冬、春、秋季三个季节，特别是冬季，但是，通过分析冬季气温分时段变化趋势(图 7.3)，发现很有意思的现象，1953—1985 年与 1986—2012 年变化趋势基本一致，即二者幅度变化幅度都很小

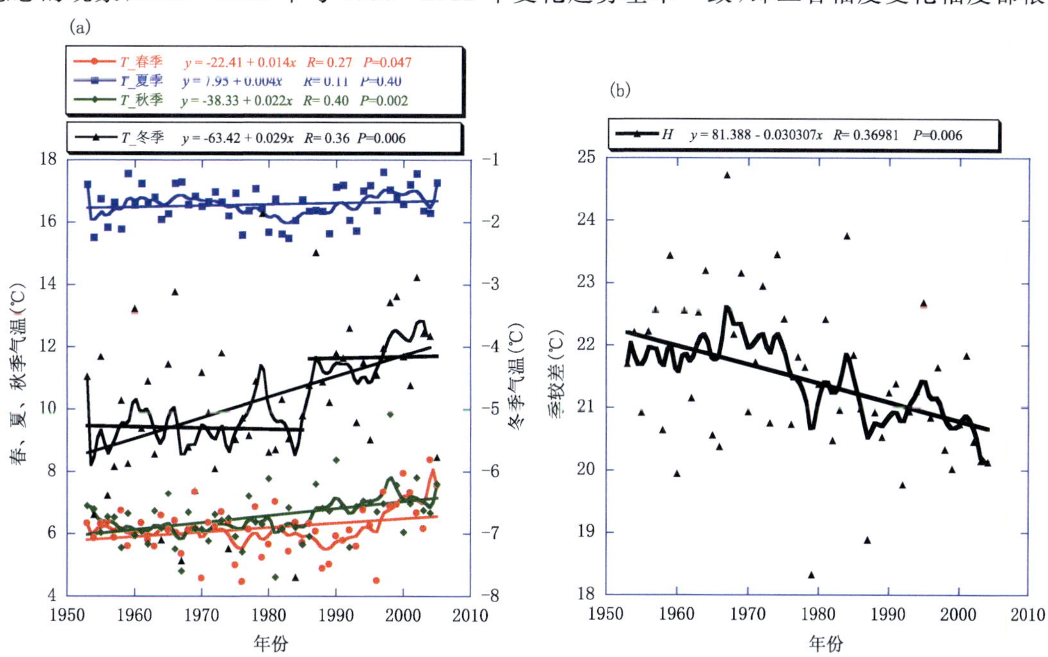

图 7.3　华山站历年各季气温变化

(a)四季温度变化；(b)季较差(夏季－冬季)

(前者－0.019 ℃/(10 a),后者为 0.021 ℃/(10 a))。1953—1985 年冬季平均气温是－5.30 ℃,而 1986—2012 年冬季平均气温是－4.20 ℃,后一阶段比前一阶段平均气温增加 1.10 ℃。同时由于地球气候系统的热惯性以及气溶胶冷却效应影响,导致地表气温阶段式增加。由于温室气体增温效应在冬季比较显著,夏季增温最不明显,使近半个世纪来季较差减小明显(图 7.1b)。

7.1.2 气溶胶对气温影响

人类活动除了向大气中排放温室气体外,还产生大量的气溶胶(包括硫酸盐、硝酸盐以及矿物沙尘等)(IPCC,2007)。这些气溶胶粒子不但对环境造成污染,还对太阳辐射产生减弱作用,造成地表气温冷却(Ramanathan et al.,2001)。华县位于东西狭长的陕西关中盆地东部,随着陕西关中地区工农业发展和城市化建设的不断进行,产生大量的气溶胶粒子。Rosenfeld 等(2007)根据能见度资料来计算西安地区气溶胶变化,发现当地气溶胶浓度是增加的,这些增加气溶胶会对当地太阳辐射产生影响(毛节泰 等,2005)。

由图 7.4 可以看出,气溶胶对气温主要起冷却作用,其中最高气温、平均气温和最低气温降温幅度分别是－0.05 ℃/(10 a)、－0.21 ℃/(10 a)、－0.22 ℃/(10 a)。可见,气溶胶的冷却作用对于白天和晚上并不一致,最高气温和最低气温的冷却程度相差很大。可能的原因是,尽管白天气溶胶对于太阳光有吸收和反射作用,减少到达地面的太阳辐射,使地面气温降低,但是由于一直有太阳的加热作用,所以对于最高气温来说,气溶胶影响的程度并不显著;但是对于全天平均和最低气温来说,到达地面的辐射是减少的,所以二者减小的程度基本一致。

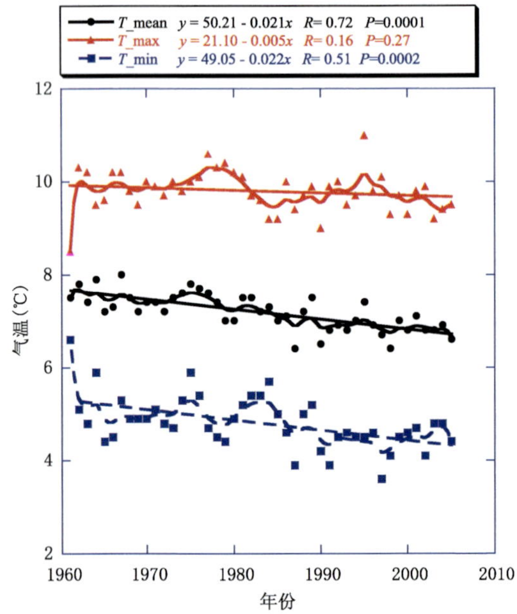

图 7.4 华县—华山站气温变化

气溶胶对于四季气温的影响也有差异(图 7.5),冷却程度由低到高分别是春(－0.11 ℃/(10 a))、夏(－0.21 ℃/(10 a))、冬(－0.22 ℃/(10 a))、秋(－0.29 ℃/(10 a)),其中气溶胶冷却程度春季最低,秋季最高。周秀骥(1998)利用区域气候模式模拟气溶胶气候效应,其冷却效应春夏大，秋冬小，冬季南方大，夏季北方大。为什么会出现不一样的情况，这跟当地的气候和农业生产也是有关的。春季北方地区容易出现沙尘天气，沙尘也是气溶胶的一种，而沙尘天气会对太阳辐射造成极大遮蔽作用，产生冷却作用(辛金元 等，2003)，而这种冷却作用与人类生产活动产生气溶胶粒子的冷却作用会产生一定的重复，即减弱其冷却作用，所以，春季气溶胶冷却作用明显小于其他季节。至于夏秋季，因为关中地区农作物生产一般两熟(小麦和玉米)，收割以后剩余秸秆一般会就地燃烧，产生大量烟雾气溶胶(曹国良 等，2007)。由于关中盆地东西狭长，盛行西风，所以华县会出现比其他季节多的气溶胶，造成的辐射冷却也会比其他季节强。

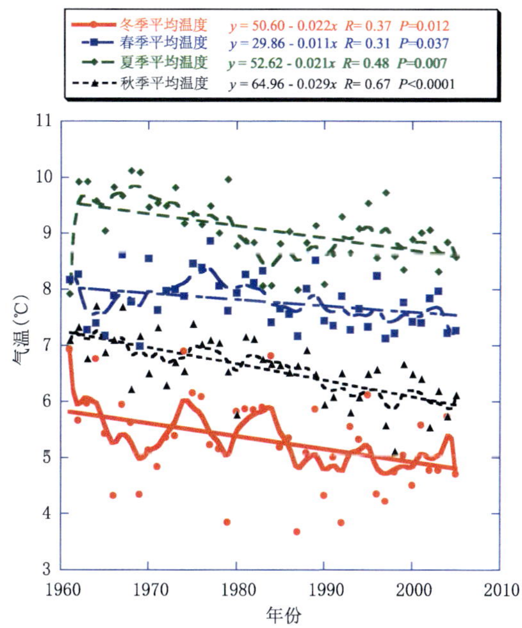

图 7.5 华县—华山站气温季节变化

7.1.3 城市热岛对气温影响

城市化的高速发展，通常伴随着生态环境的恶化，如城市气候呈现出所谓“五岛”特征(即热岛、湿岛、干岛、雨岛、混浊岛)，其中，城市热岛效应是城市气候不同于其以外地域的最明显特征之一(徐祥德 等，2002)。城市热岛是多种因素综合作用的结果，主要形成因素有以下 3 个方面：①城市下垫面的影响，包括下垫面热物理性质、不透水性以及几何形状(即街谷效应和地表粗糙度的增加)对城市热岛的影响；②人为热及污染的影响，城市人口生产生活中排放出的热量和废气均对城市近地面层的大气有加热作用；③大气候条件的影响，地理位置不同的城市表现出不同的城市气候特征，即使同一城市，在不同的气候条件下，城市热岛效应也表现不同。

西安是陕西省的省会城市，城市建设和规模同中国其他省会城市一样发展迅速，而华县位于华山脚下，城市规模和建设速度相对较小。二者之间相距较近，处于同一天气、气候系统影响，因此，根据前述说明，利用西安气温一华县气温来分析城市热岛对气温的影响(图 7.1c)。

图 7.6 是近半个世纪以来西安城市热岛效应在气温上的显著反映，按照增温幅度从小到大最高气温、平均气温、最低气温增温幅度分别是 0.09 ℃/(10 a)、0.38 ℃/(10 a)、0.46 ℃/(10 a)。可以看出，城市热岛效应夜晚比白天要强，前者是后者的 3～4 倍。这与当前一些学者研究结论量级上有些不一致。从时间尺度来看，从 1965—1990 年期间，其最低气温趋势上其实基本无变化；但是，从 1990 年以后，情况就完全不同，增温幅度是节节升高，基本上是十年一个台阶，到了 2000 年以后达到最高增温幅度。可见，随着城市化进程进一步加快，城市规模逐步扩大，城市热岛增温效应也会增加。

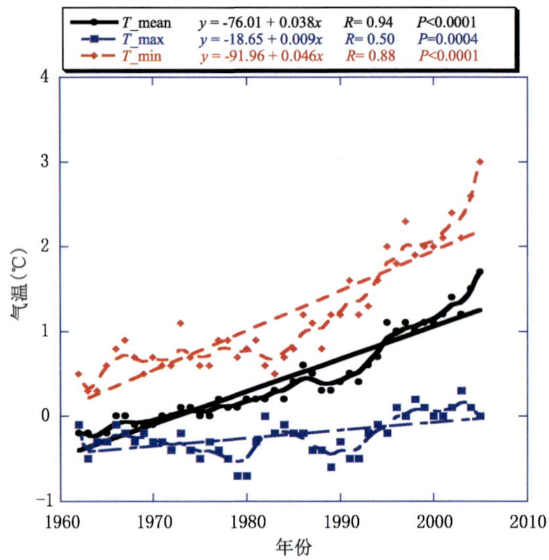

图 7.6　西安—华县气温历年变化(单位：℃)

7.1.4　不同要素对气温影响定量分析

为使研究问题简单化，尽快从复杂现象中发现问题的实质，本文对温度序列作如下定义。其中华山，主要反映气候背景场的变化(图 7.1a)；华县主要受气溶胶(以及气候背景场)影响(图 7.1b)；西安主要受气溶胶和城市热岛(以及气候背景场)的影响(图 7.1c)。假定以上三种因素对气温影响是线性的，所以，通过华县—华山，可以分析气溶胶作用；西安—华县，分析城市热岛作用；西安—华山，分析气溶胶与城市热岛共同作用。

表 7.1 是不同影响因子对温度序列影响的程度及几种因子(温室气体、气溶胶、城市热岛)综合影响作用与实际值的比较。根据以上假设，西安受温室气体、气溶胶、城市热岛这几种因子影响，因此，将以上三种因子作用相加，得到这几种要素综合作用值，对于平均温度、最高温度、最低温度影响分别是 0.034 ℃/(10 a)、0.022 ℃/(10 a)、0.042 ℃/(10 a)，与西安站相比误差分别为 14.7%、27.2%、−11.9%。平均温度、最低温度误差不大，只有最高温度误差较大。原因有可能是对西安气溶胶降温作用估计过低所致，因为华阴与西安虽然都是平原测站，但西安市人口、工厂、汽车等明显比华阴要多，故气溶胶浓度明显高于华阴，其降温作用也应该大于在华阴得到的气溶胶降温作用(−0.005 ℃/(10 a))，所以，导致白天最高温度误差大。

表 7.1　不同影响因子对温度影响及误差（单位：℃/(10 a)）

项目	温室气体	气溶胶	城市热岛	综合作用	西安站值	误差(%)
平均温度	0.017	−0.021	0.038	0.034	0.029	14.7
最高温度	0.018	−0.005	0.009	0.022	0.016	27.2
最低温度	0.018	−0.022	0.046	0.042	0.047	−11.9

在全球变暖背景下，对于以温室气体为代表的增温效应分析需要区分其他几种要素对气温的不同影响，真实地反映其对气候系统的影响后果，以便人类尽早提出有效措施予以防范。同时，随着城市进程的不断发展，尤其像中国这样的发展中国家，高速度的城市建设和庞大规模，城市尺度、人为热对环境的影响越来越大，这方面的研究需要进一步加强。

7.2 陕西省 1960—2012 年降水变化特征及其可能原因

陕西地处青藏高原东北侧的中国大陆腹地，南北横跨 10 个纬度。中国气候南北分界线秦岭位于陕西中部，南北气候差异较大。降水分布不仅随纬度变化，在很大程度上也受到地形影响。因此分析陕西降水的时空变化特征，探讨其成因，对于理解气溶胶对陕西降水的影响，提高气溶胶对降水影响的科学认识有着重要的意义。

本研究主要选取了陕西省 1960—2012 年日降水数据，对于降水数据缺测 2 年以上或时间序列较短站点进行剔除，累计得到 82 个符合要求的观测站点。将 6—9 月定义为陕西雨季，分别统计了陕西省雨季及全年降雨量和降雨日数。

根据中国气象局的降雨级别的定义，本研究将陕西降水分为：小雨（＜10 mm），中到大雨（10～49 mm）和暴雨（≥50 mm），实际分析中由于 1960—2012 年间单站暴雨日数的变率未能通过显著性检验，因此，将中到大雨和暴雨归为≥10 mm 降水进行统一分析；对于小雨，为了进一步明确气溶胶的可能影响，将之细化为＜5 mm，＜2 mm。

7.2.1 陕西省年雨量和雨季雨量变化特征

图 7.7 给出了陕西省 1960—2012 年雨季（6—9 月）和年降水总量及降水日数变化特征。陕西省雨季的雨量占全年总雨量的 64%。雨季（图 7.7a）及全年总降雨量（图 7.7b）均呈现出南多北少的趋势，雨季的降水量值为 233～830 mm，南北相差近 4 倍，年降水总量量值分布在 328～1280 mm 之间，南北相差近 4 倍。在陕西关中，雨季及全年的降水关中西部均高于关中东部，且雨季东西部的降水差异较全年更加明显。关中东部降水低于西部，应与秦岭山脉的阻挡作用有关，即气流受山脉阻挡，中低层绕流在山谷川道形成偏东回流，遇地形抬升所致（Rosenfeld et al.，2008）。

陕西省降水日数的分布也呈现出南多北少的趋势，雨季降水日数（图 7.7c）量值分布在 51.4～78.6 d 之间，最大值和最小值相差 1.5 倍，全年降水日数（图 7.7d）在 99.6～200.4 d 之间，相差

2 倍。与降水量变化相同，在关中地区西部的降雨日数也明显多于关中东部地区。

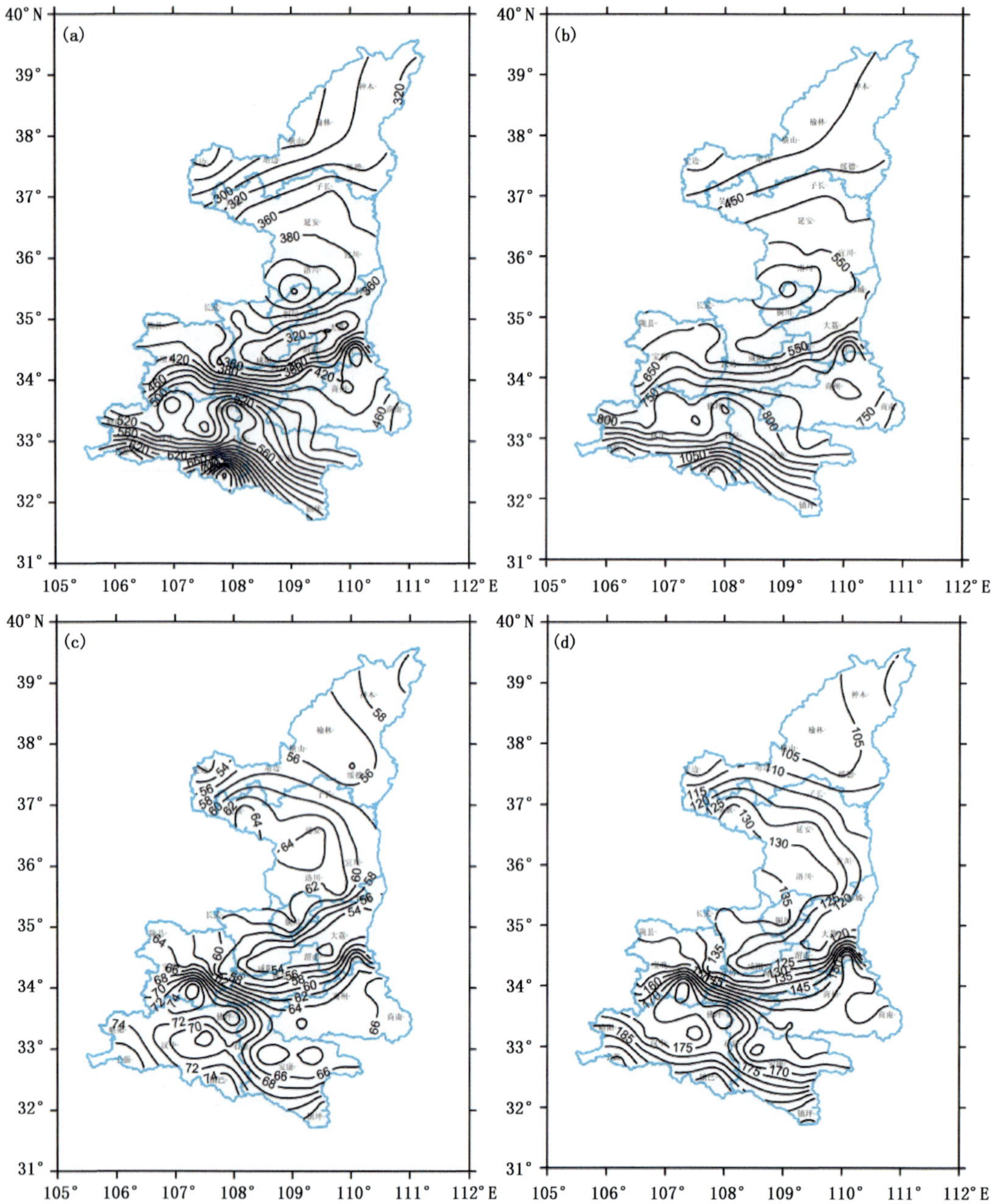

图 7.7　1960—2012 年陕西省雨季及全年降水量(单位:mm)和降水日数(单位:d)分布特征

(a)雨季降雨量;(b)年雨量;(c)雨季降雨日数;(d)年雨日数

分析雨季和年降雨总量及降雨日数的变率(图 7.8)，得到:①陕西省雨季总雨量(图 7.8a)有 60 个站呈现增加的趋势(占所选站点 72.0%)，其中陕北有 3 站，关中有 35 站，陕南有 22 站。陕西省全年降水量(图 7.8b)呈现增加趋势的站点有 19 个(占所选站点 23.1%)，其中陕北 1 站，关中 8 站，陕南 10 站。1960—2012 年，陕西省降水量有向雨季集中的趋势;②分析陕西省降雨日数的变化特征，陕西省 1960—2012 年雨季(图 7.8c)和年降雨日数(图 7.8d)均呈现出明显的下降趋势，其中雨季降雨日数全省平均以 2.3 d/(10 a)的速度下降，最大达到 4.8 d/(10 a)，年总降雨日数全省平均以 6.0 d/(10 a)的速度下降，最大达到 13.0 d/(10 a)，陕西雨季雨量增加、降雨日数下降，表明陕西雨季雨强有增强的趋势。

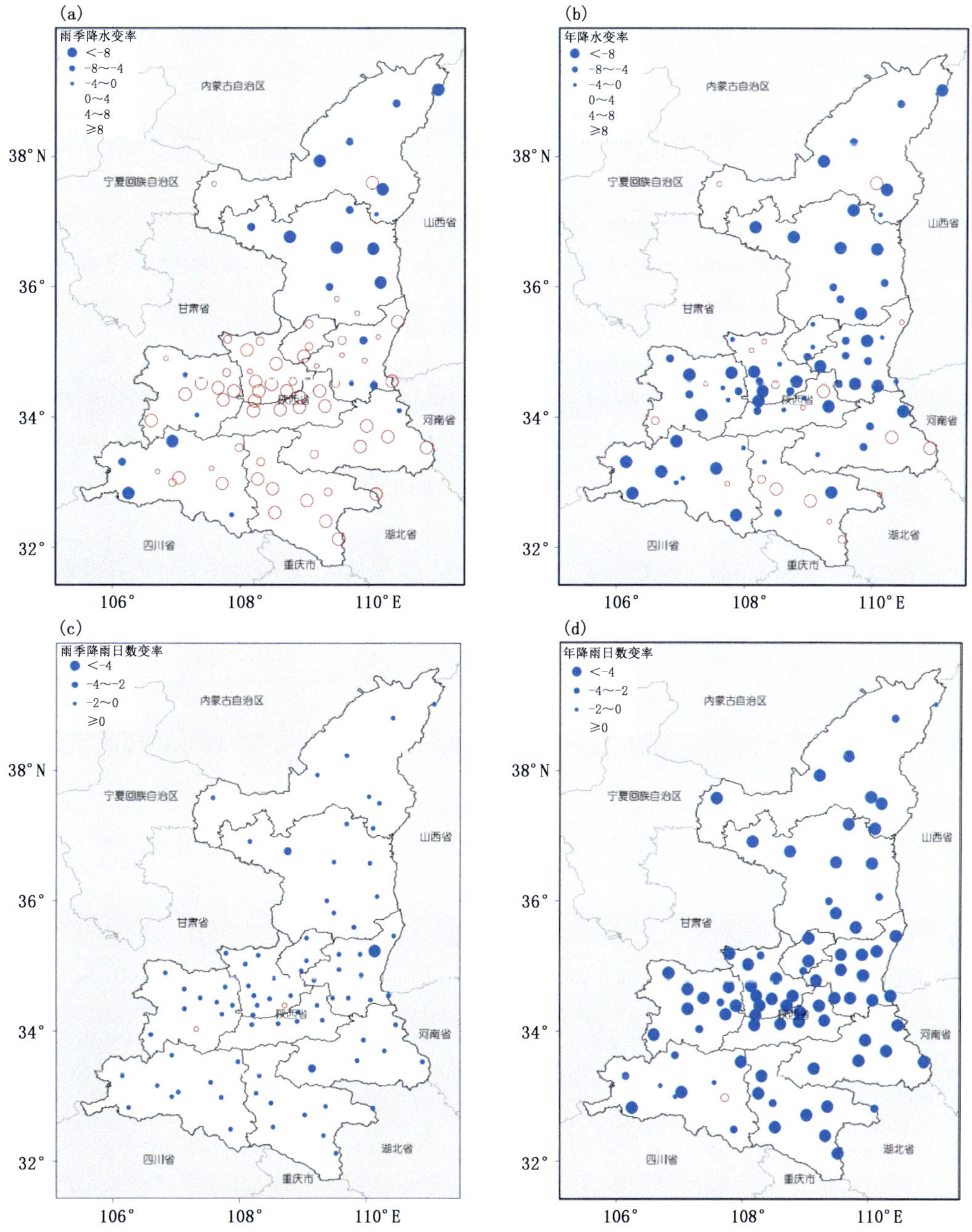

图 7.8　陕西省雨季及全年累计降水量和降水日数变率分布特征

(a)雨季降水变率(mm/(10 a))；(b)全年降水变率(mm/(10 a))；(c)雨季降雨日数变率(d/(10 a))；(d)全年降雨日数变率(d/(10 a))

7.2.2 陕西省小雨变化特征

陕西省小雨雨量(<10 mm)在雨季及全年降水中分别占 24.4%及 32.9%，小雨日数比例达 79%及 86%，因此小雨是陕西的主要降雨事件。图 7.9 分别给出了 1960—2012 年陕西省

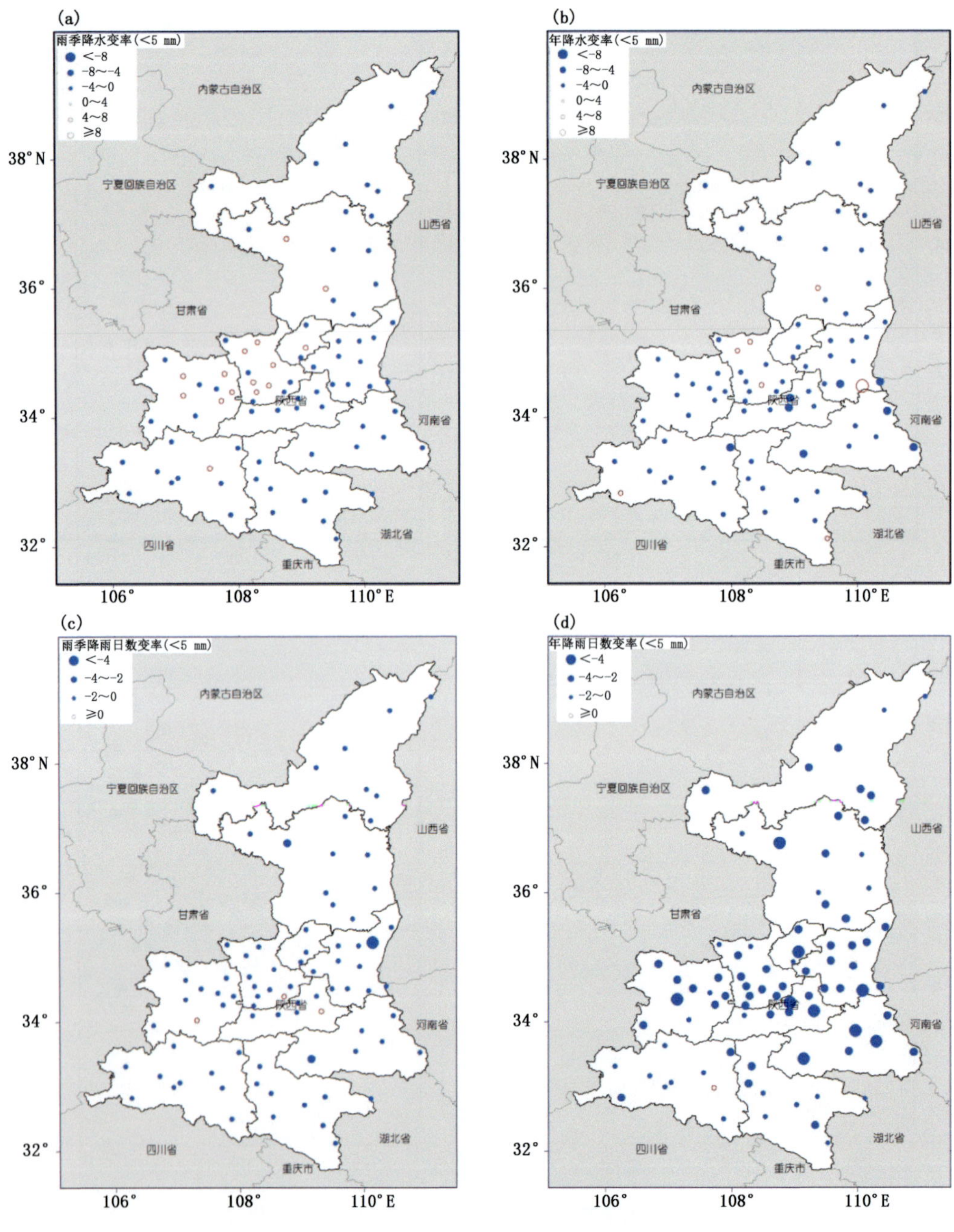

图 7.9　陕西省小于 5 mm 雨量和降雨日数的变化特征

(a)雨季降水变率(mm/(10 a))；(b)全年降水变率(mm/(10 a))；(c)雨季降雨日数变率(d/(10 a))；(d)全年降雨日数变率(d/(10 a))

雨季以及全年小于 5 mm 小雨日数和雨量的变化趋势。①对<10 mm 降水，雨季有 63 个站点呈下降趋势（占 76.8%），全年有 78 个站点呈下降趋势（占 95.1%）；②<5 mm 降水，雨季 68 个站点呈下降趋势（占 82.9%），全年 76 个站点呈下降趋势(92.7%)；③分析<2 mm 降水，雨季有 70 个站点呈降低趋势，全年有 76 个站点呈降低趋势；④分析小雨日数变化，得到雨季和全年小雨日数均呈现出明显的下降趋势，对于雨季，<10 mm、<5 mm、<2 mm 降雨日数下降变率分别为：1.8 d/(10 a)、2.1 d/(10 a)、2.2 d/(10 a)，对于全年，<10 mm、<5 mm、< 2mm 降雨日数下降变率分别为 4.7 d/(10 a)、5.2 d/(10 a)、5.3 d/(10 a)；⑤分析陕西省 5～10 mm 以及 2～5 mm 降水量和降水日数的变化，其中 5～10 mm 降水量和降水日数并未出现明显增加或减少趋势，因此陕西省小雨的减少主要是由于 5 mm 以下降水减少所致。该结果与 Qian 等(2009)对中国区的降水研究较为一致。

7.2.3　陕西省≥10 mm 降水变化特征

为了明确陕西省降水特征，进一步分析了≥10 mm 降水的变化（图 7.10），有以下特征：①全年≥10 mm 降水量有 45 个站点呈现降低趋势（占全部站点的 54.9%），雨季仅有 20 个站点呈现下降趋势（占全部站点的 24.4%），表明陕西雨季≥10 mm 降水以增加趋势为主，雨季总雨量增加主要为≥10 mm 降水增加的贡献；②全年≥10 mm 降雨日数有 71 个站点呈下降趋势，雨季有 30 个站点呈现下降趋势，由此陕西雨季降雨日数的下降主要为小雨日数下降的贡献。

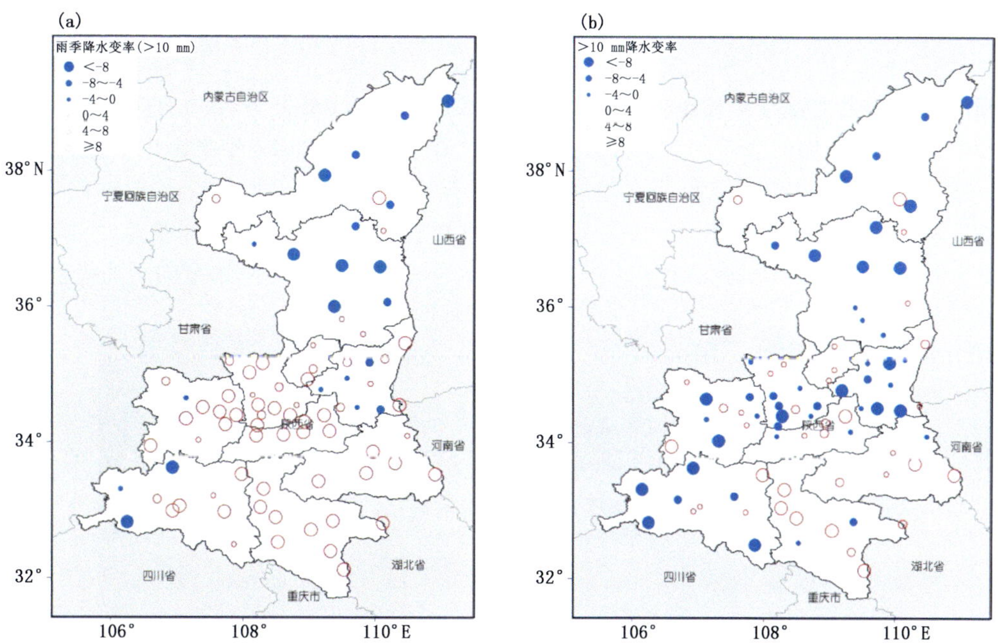

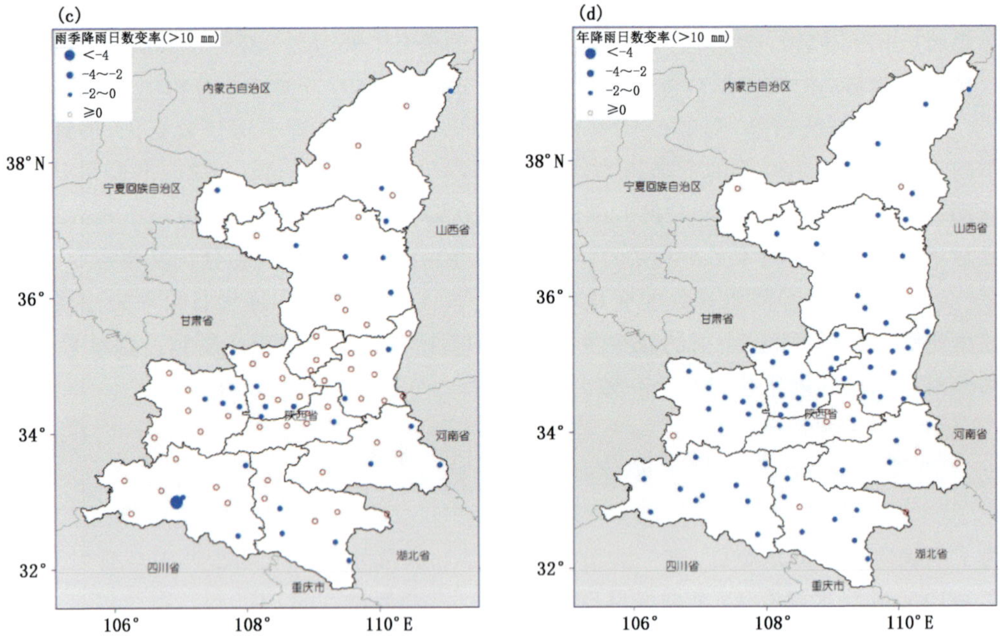

图 7.10　陕西省大于 10 mm 降雨量和降雨日数变化特征

(a)雨季降水变率(mm/(10 a))；(b)全年降水变率(mm/(10 a))；(c)雨季降雨日数变率(d/(10 a))；(d)全年降雨日数变率(d/(10 a))

7.2.4　大气可降水量变化趋势

降水量的变化主要与大气环流以及大气可降水量(Precipitable Water)有关。图 7.11，利用 NCEP/NCAR 提供的 2.5°×2.5°再分析资料，计算了 1960—2012 年我国中西部部分地区(25°～45°N，95°～120°E)年总可降水量和 6—9 月累计可降水量时间变化的线性趋势分布。在所选区域内，年总可降水量和 6—9 月累计可降水量均呈现出明显的下降趋势，下降速度分别为－0.3～－0.54 mm/(10 a)和 0.32～0.68 mm/(10 a)。大气可降水量的下降将直接导致

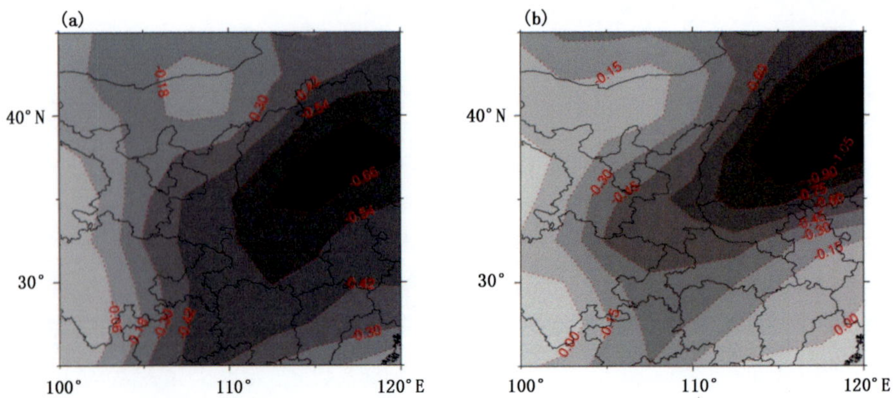

图 7.11　我国中西部部分地区 1960—2012 年总可降水量(a)和 6—9 月累计可降水量(单位：mm/(10 a))时间变化的线性趋势分布(25°～45°N，95°～120°E)(b)

降水的减少，因此陕西全年雨量的减少应与整层大气可降水量减少直接相关，而雨季降水减少的区域很少，与大气可降水量的减少是相矛盾的，因此考虑雨季陕西降水的增加应有其他的原因。

7.2.5　气溶胶对降水的可能影响

由第 4 章图 4.1、4.2 陕西 MODIS 卫星气溶胶光学厚度及波长指数的分布可知，陕西气溶胶光学厚度有三个高值区，分别位于关中东部和陕南的汉中和安康盆地，均是陕西经济发达地区；波长指数分布与变化显示陕西北部主要以粗模态粒子为主，向南则逐步转为细模态，在关中盆地出现一个波长指数的低值区，气溶胶的高值区与雨季≥10 mm 降水的增加区以及雨季和全年<5 mm 降水的减少区比较吻合。

图 7.12 给出了 2000—2012 年陕西各站点雨季≥10 mm 降水变率和 MODIS/AOD 关系分布。由图 7.12，雨季，对于 AOD<0.4 时，AOD 对≥10 mm 降水无明显的影响，当 AOD≥0.4 时，≥10 mm 降水基本呈现增加的趋势，即：对于≥10 mm 降水，在气溶胶光学厚度大于 0.4 时，气溶胶对降水有一定的促进作用。

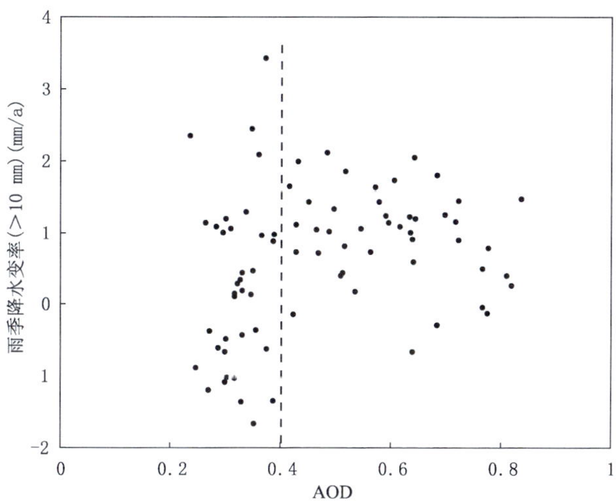

图 7.12　雨季≥10 mm 降水和 AOD 关系分布

陕西 1960—2012 年雨季≥10 mm 降水增多应该与气溶胶对降水促进作用有关，而陕西省小雨的减少应与可降水量的减少以及气溶胶对降水的抑制作用均有关。

7.3
1951—2008 年西安日照时数变化特征及其影响因子

日照是气候形成的重要因素，是太阳辐射最直观的表现，它与人类生产活动和动植物生长发育密切相关。开展西安日照时数长期变化特征分析，探讨影响西安日照时数下降的主要因子，为进一步掌握西安及其周边地区气候变化提供依据。

本研究选择西安、渭南、华县、华山 4 个观测站的每日日照时数、每日总云量、每月降雨总量、能见度、雾日数等常规气象观测数据对4个城市日照时数变化特征及其影响因子进行分析。对于日照时数统计为月总量和年总量，多年平均值为各测站资料平均值，4个观测站的地理信息和资料长度如表7.2。其中，云量资料截止年限为2007年。

表7.2 所选站点地理信息和资料长度

站名	海拔高度(m)	资料长度
西安	396.9	1951—2008年
渭南	348.8	1959—2008年
华县	342.3	1961—2008年
华山	2064.9	1953—2008年

7.3.1 西安日照时数下降事实

图7.13给出了西安市1951—2008年日照时数年总量距平分布特征，其中零线为多年平均值1814.7 h，实线为5年滑动平均值。由图7.13，西安60年日照时数的变化特征分为三个阶段：1955—1980年，日照时数均在多年平均值以上，其中日照时数最多的年份为1966年，年日照总量达到2403.5 h；1981—2001年，为日照时数明显下降时段，1984、1992、2000年日照年总量下降最为明显，其数值分别为1203.3、943.2、1091.9 h，分别较多年平均值下降了33.7%、48.0%、39.8%，其中1992年日照年总量为有历史记录以来的最低值，年总量仅为943.2 h；2002—2008年，为日照时数缓慢回升阶段，年日照时数除2003年低于多年平均之外，其余均在多年平均值以上。

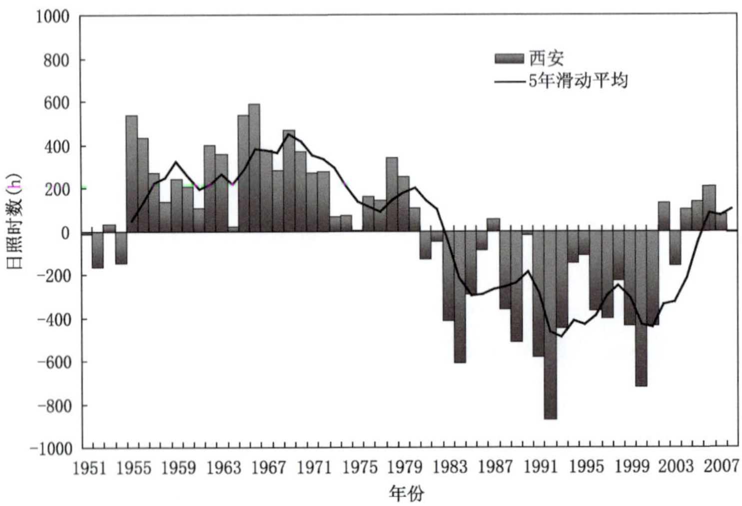

图7.13 西安日照时数距平年变化特征

图7.14给出了西安不同季节日照时数总量的变化特征。由图7.14可见：①西安四个季节的日照时数总量均存在明显的下降过程，以春季、夏季最为明显，秋冬季次之；②四个季节日照时数下降时段存在一定差异：春季、秋季日照时数下降时段为1983—2001年，与年总量下降时段较为一致，夏季日照时数下降时段为1980—2008年，冬季日照时数下降时段为1988—

2008 年，由此日照时数年总量 1981—1982 年之间的减少主要贡献为夏季，1983—1987 年之间日照减少的贡献为春、夏、秋三个季节日照时数的减少；③春季和秋季的日照时数总量在 2002—2008 年均存在上升的过程，但春季上升明显强于秋季，由此日照时数年总量 2002—2008 年的上升趋势主要为春季日照上升贡献。

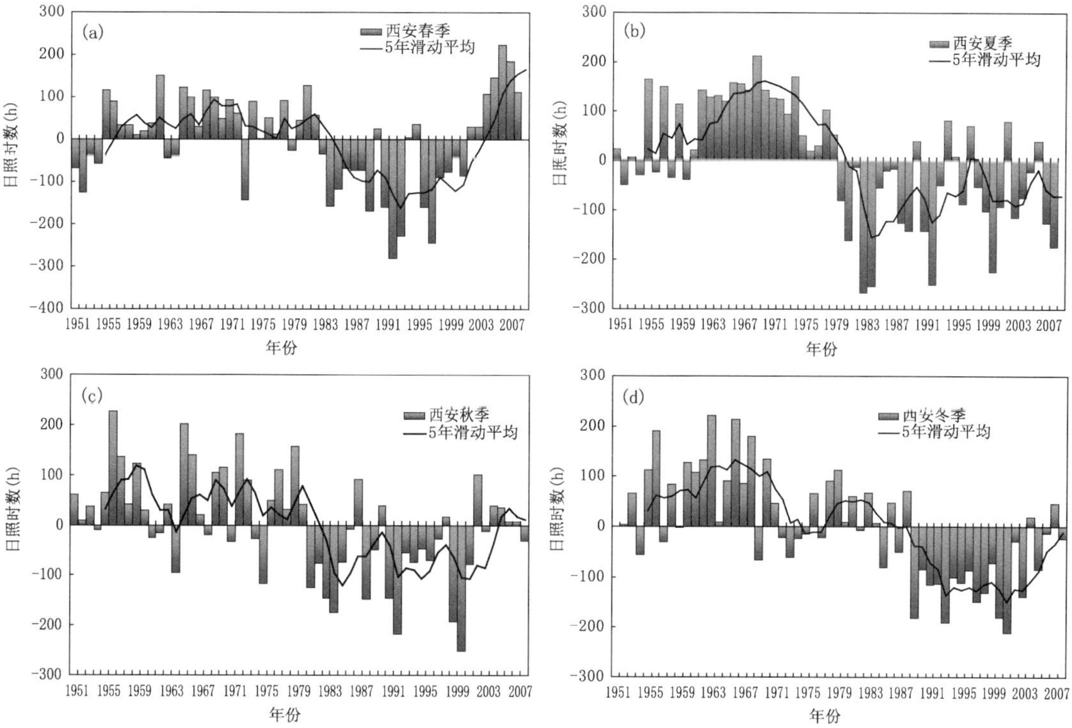

图 7.14 西安不同季节日照时数距平变化特征

(a)春季；(b)夏季；(c)秋季；(d)冬季

图 7.15 给出了渭南、华县和华山建站至 2008 年日照时数年总量的变化特征。与西安日照时数年总量变化相似，渭南、华县日照时数年总量在 1980—2001 年之间存在一个明显的下降过程，2002—2008 年均存在一个弱的上升过程。华山 1953—2008 年日照时数无明显的上升或下降趋势。西安、渭南、华县和华山同属于关中东部地区，基本处于同一天气系统影响，华山 1953—2008 年日照时数无明显下降的观测事实表明，关中东部地区日照时数下降的主要影响因子，很可能低于华山观测站的海拔高度，即：应位于近地面 2 km 以下。

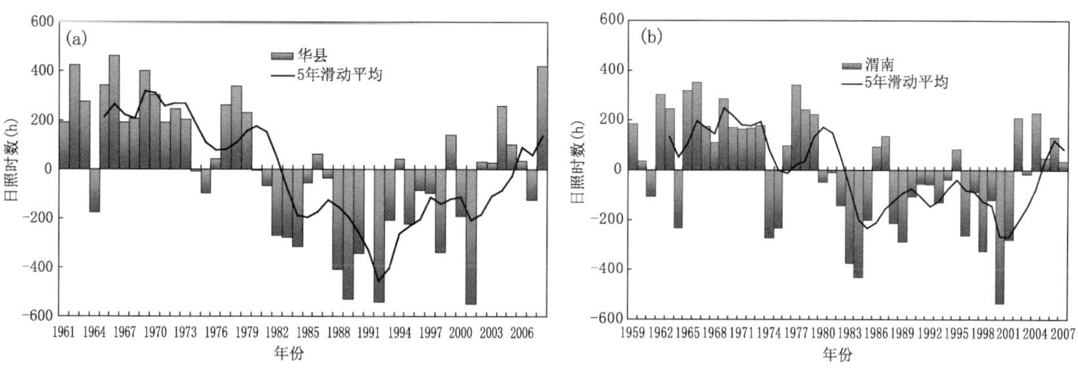

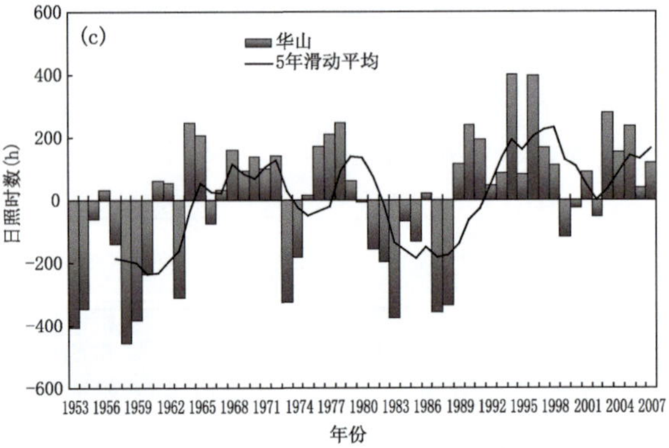

图 7.15　华县(a)、渭南(b)、华山(c)日照时数距平年变化特征

图 7.16 给出了西安、华县、渭南三个城市日照时数下降百分率的相关关系。其中分别采用 1961—1970 年的平均值作为基础值，计算 1970 年之后西安、华县、渭南日照时数相对于 1961—1970 年下降的百分率。西安与华县、西安与渭南以及渭南与华县日照时数下降百分率的相关系数分别为：0.73、0.79、0.68，三个城市日照时数下降存在着显著的相关性，由此，影响西安日照时数年总量下降的原因存在一定区域性，且其影响因子应基本相同。

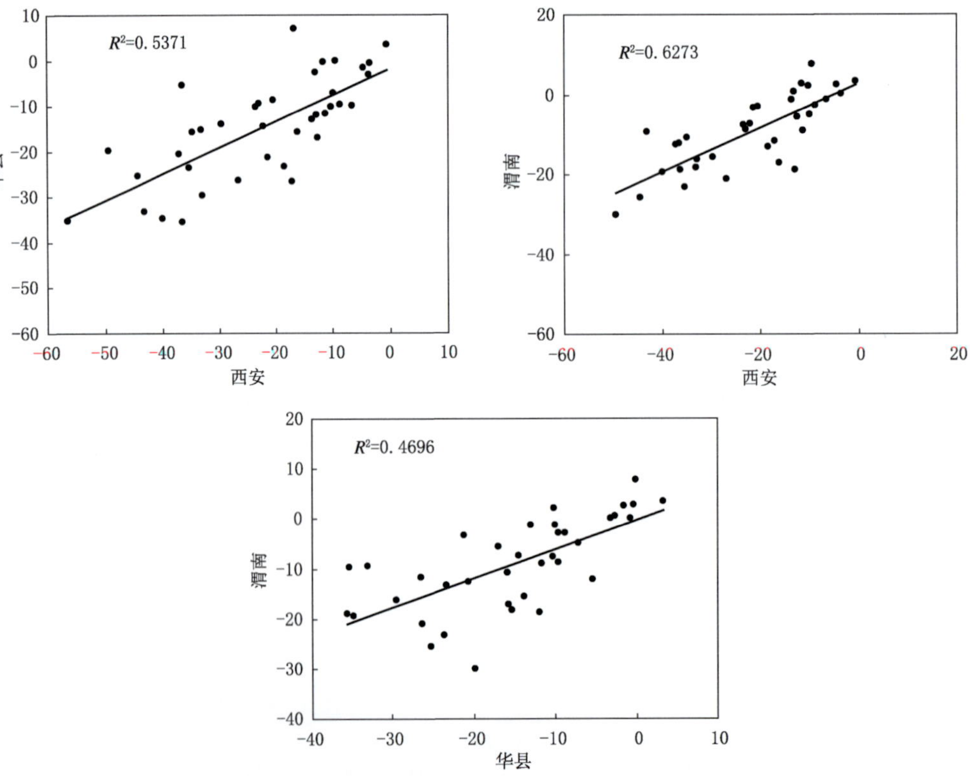

图 7.16　西安日照时数下降百分率与渭南、华县日照时数下降百分率的相关关系

(其中以 1961—1970 年的平均值为基础值，计算 1970 年后每年下降的百分率)

7.3.2　西安日照时数下降原因分析

日照时数变化主要受云量、大气透明度等变化的影响，其中，云量和大气透明度的影响较为重要。而云量和大气透明度的变化，又会受到大气中气溶胶变化的影响。研究表明，能见度的好坏能够间接地反映出一个地区的大气气溶胶的变化(赵庆云 等，2003；赵秀娟 等，2005)，由于目前缺乏长时间序列的气溶胶观测资料，因此，通过分析能见度的长期变化趋势间接讨论气溶胶的变化。图7.17给出了关中东部地区1980—2009年能见度变化曲线(能见度为14:00观测数据，并剔除了有降水、雾、大风、沙尘暴、扬沙天气现象和相对湿度>80%的资料；关中东部能见度为西安、渭南、华县和蓝田4个气象观测站能见度的均值)，关中东部地区能见度呈现明显的下降趋势，说明关中东部地区的污染有逐年加重的趋势。

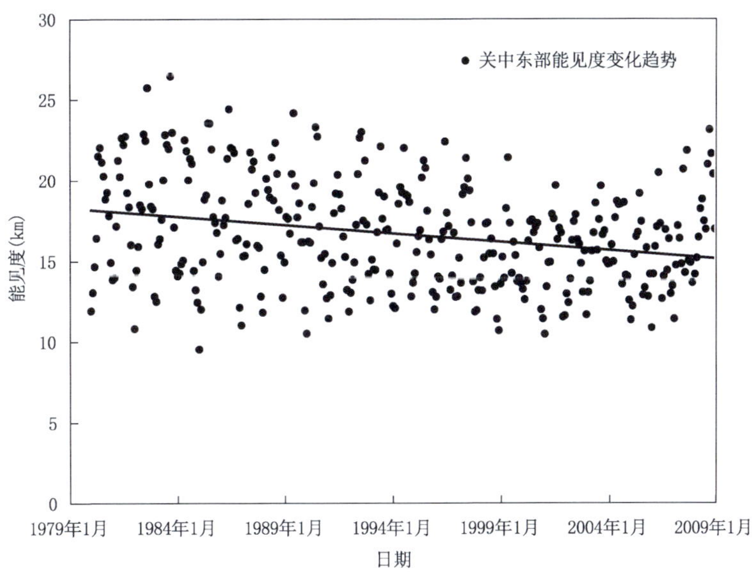

图7.17　关中东部地区能见度变化趋势

图7.18给出了西安、渭南、华县三个城市总云量和低云量的变化特征。由图7.18a，西安、渭南、华县三个城市总云量变化较小，三个城市20世纪总云量呈现较弱的下降趋势，2000年开始，三个城市的总云量呈现出不同程度的上升趋势，其中以西安总云量的上升最为明显，2007年较2000年总云量上升了近1.1成，渭南和华县2007年均较2000年上升了0.3成；由图7.18b，西安、渭南、华县三个城市低云量变化特征，西安、渭南在20世纪80年代中期之前，低云量变化较小，20世纪80年代中期开始西安、渭南和华县低云量均呈现出明显的下降趋势，20世纪80年代(1980—1989年)西安、渭南、华县的平均低云量分别为1.3、1.1、1.3，21世纪初期(2000—2007年)，西安和渭南的平均低云量降至0.5、0.4、0.6成。总云量和低云量不同程度的降低，可能与大气环流、水汽等变化有关。由此可见，西安、渭南、华县存在区域性日照时数的下降并非由于区域性云量的改变所致。

图7.19给出了西安年总降雨量距平分布曲线。由图7.19，分析西安年降雨距平5年滑

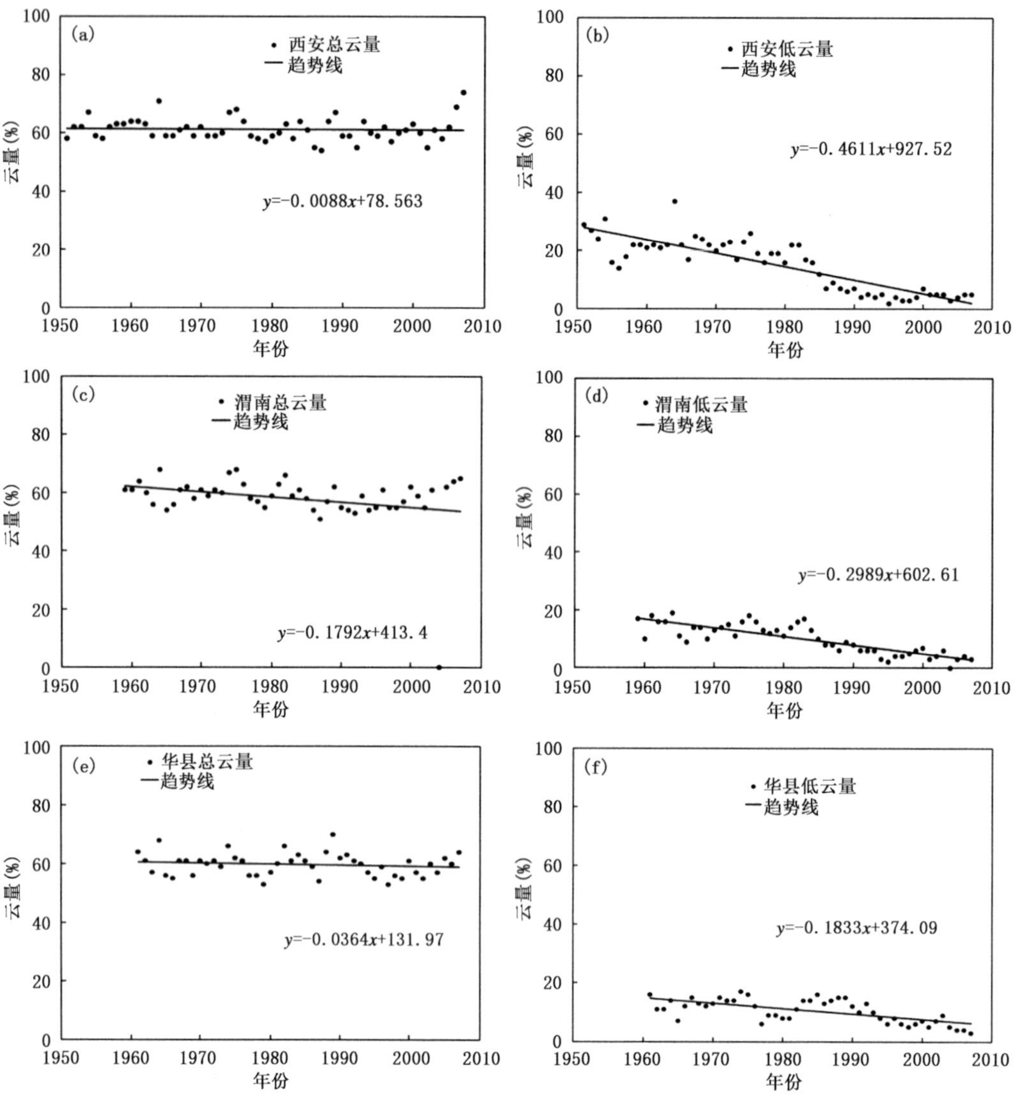

图 7.18　西安(a,b)、渭南(c,d)、华县(e,f)总云量和低云量变化特征

动平均值的分布,西安的降雨量存在两个较明显的下降阶段,20 世纪 60 年代末期到 70 年代以及 20 世纪 80 年代末期到 90 年代,其中 20 世纪 80 年代末期—90 年代降雨量距平下降较明显,1995 年年降雨量较多年平均值(572 mm)下降 260 mm。

由以上分析,关中东部气溶胶的增加,并未引起关中东部云量和降水产生明显的变化,因此,西安日照时数下降的不是气溶胶间接效应所致,很可能是其直接辐射效应引起,即:在关中地区地形作用和盛行风向的共同作用下,关中城市群所产生的气溶胶污染在关中东部地区近地层大气中堆积,形成一个浓度较高的气溶胶分布,从而使该区域大气透明度降低,削弱了到达地面的太阳辐射,使西安及关中东部地区日照时数出现明显下降,关中东部地区春夏两季气溶胶光学厚度值明显高于秋冬季节,致使春季和夏季日照时数的下降也明显高于秋冬季节。

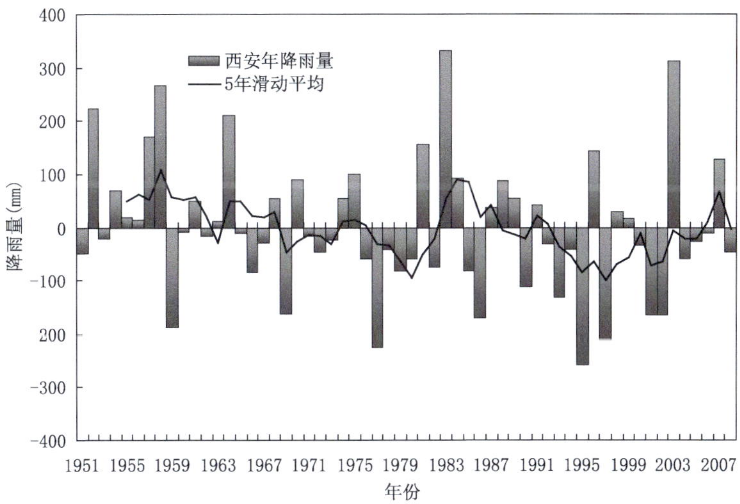

图 7.19　西安年总降雨量距平变化特征

7.4 1961—2008 年西安太阳辐射变化特征及其影响因子

近年来，西安城市化的快速发展已经对局地气候产生了不可忽视的影响(车慧正 等，2006)。本研究通过对西安总太阳辐射长期变化特征及相关影响因子的分析，给出西安1961—2008 年总辐射变化特征，初步分析影响西安太阳辐射变化的主要因子，为进一步掌握西安及其周边地区天气与气候变化提供依据。

本研究主要选取西安地区每日总辐射资料、每日总云量、低云量、相对湿度、水汽压、能见度、雾日数以及蓝田观测站能见度等常规气象观测数据。数据经过严格的筛选，其中总辐射统计为月总量和年总量，多年平均值根据各观测站资料长度取平均。总辐射资料起止时间为1961—2008 年，云量资料起止时间为 1951—2007 年，水汽压和相对湿度资料起止时间为1951—2007 年，能见度资料起止时间为 1980—2009 年。2005 年西安市国家基准气候站由西安市北郊肖家村迁移到西安市泾河工业园泾渭一路，老站址和新站址分别位于 34.18°N，108.56°E 和 34.26°N，108.58°E，海拔高度分别为 397.5 m 和 410.0 m，2006 年 1 月起，西安观测站的数据为新址泾河站数据。

7.4.1　西安太阳总辐射年变化特征

近年来的研究表明，我国大部分地区的地面太阳辐射量在 1961—2008 年中呈总体下降的趋势，变化幅度随空间变化而有所不同，总辐射下降最多的地方超过了 10%/(10 a)(杨胜朋等，2007；Shi，2008)，全国平均的下降幅度为 2%/(10 a)以上(不同研究者给出的结果不尽相同)(申彦波 等，2008)；但在 1989 年之后又有一个比较明显的从减少到增加的转折，全国平均的增加幅度为 1.8%/(10 a)(杨胜朋 等,2007)。

图 7.20 给出了 1961—2008 年西安太阳总辐射的年总量距平变化特征。由图 7.20,西安地区 1961—2008 年总辐射长期变化经历了“持续”“变暗”“变亮”“再变暗”4 个阶段:1961—1973 年为“持续”阶段,西安太阳辐射年总量变化较小,基本值均在多年平均值之上;1974—1984 年为西安太阳辐射年总量第一个“变暗”阶段,其下降幅度为 18.2%/(10 a),远高于全国平均的下降幅度,1984 年西安太阳辐射年总量达到最低,为 3501.1 MJ/m²,较多年平均值下降了 21.3%,较太阳辐射年总量最多年(1966 年)下降了 32.3%;1985—1995 年为西安太阳总辐射“变亮”阶段,西安太阳总辐射上升开始的时间较全国平均太阳总辐射开始增加的时间略早(王雅婕 等,2009),与湖北宜昌开始增加的时间基本相同,且增幅明显高于全国平均增幅,达到 14.9%/(10 a),其中 1994 和 1995 年太阳辐射年总量已达多年平均值以上,西安地区太阳总辐射上升开始时间较全国平均时间略早可能与季风环流以及不同地区沙尘天气和空气污染治理措施开始的时间有关;1996—2005 年太阳辐射年总量第二个“变暗”阶段,其下降幅度为 15.2%/(10 a),除 1997 年太阳辐射年总量略高于多年平均值外,其余均在多年平均值以下,以 2005 年下降最为明显,太阳辐射年总量仅为 3346.6 MJ/m²,达到了有历史记录以来的最低值;2006—2008 年,西安太阳辐射出现了较弱的回升过程,可能与西安观测站迁址有关,需进一步证实。

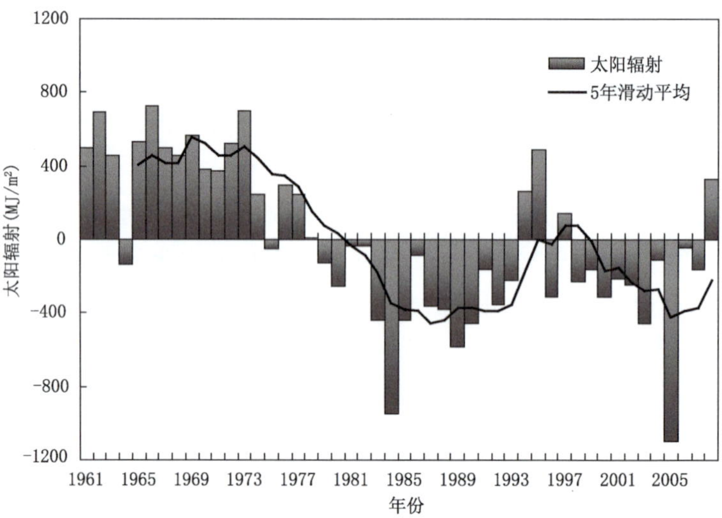

图 7.20 西安太阳辐射年总量距平变化和 5 年滑动平均

7.4.2 西安不同季节太阳辐射总量变化特征

图 7.21 给出了西安不同季节总辐射距平特征,其中冬季为 12、1、2 月、春季为 3、4、5 月,夏季为 6、7、8 月,秋季为 9、10、11 月。西安四个季节总辐射由大到小依次为:夏季、春季、秋季、冬季,其多年平均值分别为 1598.8 MJ/m²、1322.5 MJ/m²、843.6 MJ/m²、682.1 MJ/m²,夏季占全年总辐射 36.0%,冬季仅占全年总辐射的 15.3%。

由图 7.21,与年变化相似,西安四个季节总辐射在不同程度亦经历了“变暗”“变亮”的特征,但是不同季节在从“暗”到“亮”的转折发生时间、持续时间、变化幅度均有所不同,其中春季总辐射的变化只经历了“变暗”到“变亮”两个阶段，春季总辐射从 1963 年开始出现波动的下降，直至 80 年代末期才开始出现缓慢的上升，春季总辐射的变暗过程持续了将近 25 年；夏季总辐射的变化趋势和年变化趋势较相似，经历了“维持”“变暗”“变亮”“再变暗”4 个阶段，其变化幅度也明显高于另外三个季节；秋季总辐射的变化趋势经历了“变暗”“变亮”“再变暗”3 个阶段，每个阶段开始和结束的时间基本和多年变化一致；冬季总辐射自 1963 年开始，呈现波动变暗的趋势，1991—2005 年有一个较小的向上的波动，但是总辐射的量值仍处于多年平均值以下。

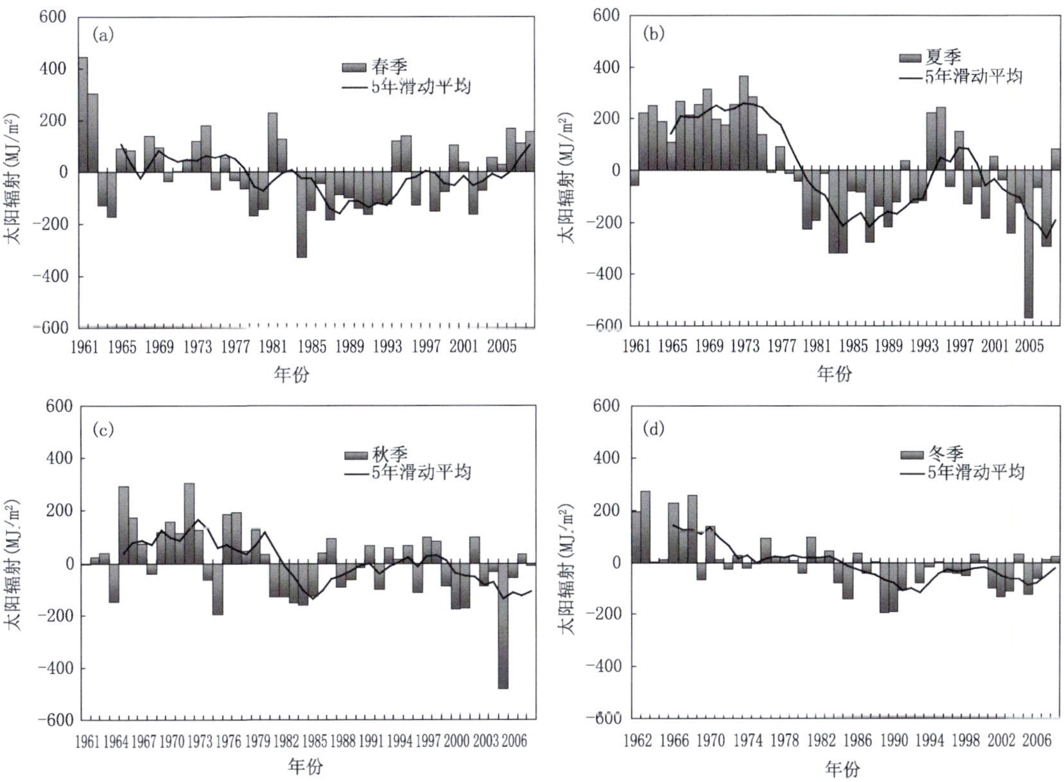

图 7.21　西安不同季节太阳总辐射距平变化及其 5 年滑动平均值

(a)春季；(b)夏季；(c)秋季；(d)冬季

7.4.3　西安总辐射变化影响因子分析

总辐射的变化主要受云量、大气透明度、太阳常数等变化的影响，其中，云量和大气透明度的影响较为重要。而云量和大气透明度的变化，又会受到大气成分和大气中水汽、气溶胶变化的影响。

7.4.3.1　西安云量变化对总辐射的影响

云的变化对到达地面的太阳辐射有重要影响。云量的增加（减少），将会引起总辐射的减少（增加）。在研究云量变化对总辐射影响时，首先要排除因近地层气溶胶增加所导致的雾日数的变化。分析西安市 1951—2007 年雾日数的变化特征，西安自 1972 年开始雾日数呈现明显的逐年下降趋势，1972 年雾日数为每年 56 d，而到 2007 年则下降到每年 13 d。

图 7.22 给出了西安总云量和低云量的变化特征。由图 7.22a，1951—2007 年西安总云量呈现较弱的下降趋势，2005、2006 和 2007 年西安总云量出现明显的增加，可能与西安气象站迁址有关，一般而言，云量的增加（减少）会引起地面太阳辐射的减少（增加），西安地区 1961—2008 年地面总辐射总体呈现出下降趋势，同时总云量亦呈现出下降趋势，因此，对于总辐射整体下降趋势不是由于总云量变化引起的。

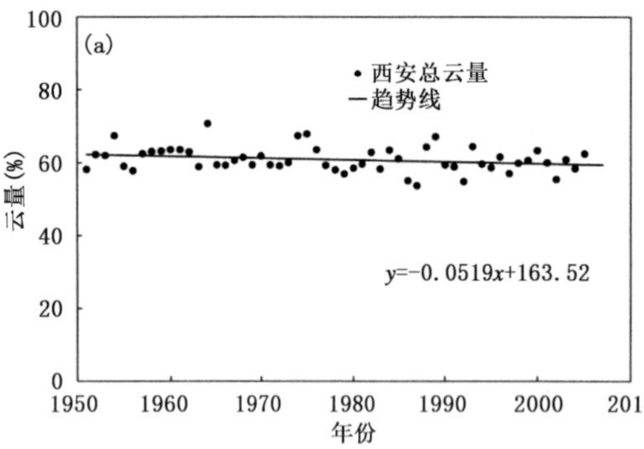

图 7.22　西安总云量(a)、低云量(b)变化特征

图 7.23 给出了西安不同季节总云量的变化特征。分析西安不同季节总云量变化，有：①四个季节总云量均呈现波动下降的趋势，其中春季和秋季的线性变化趋势分别经过了 95%

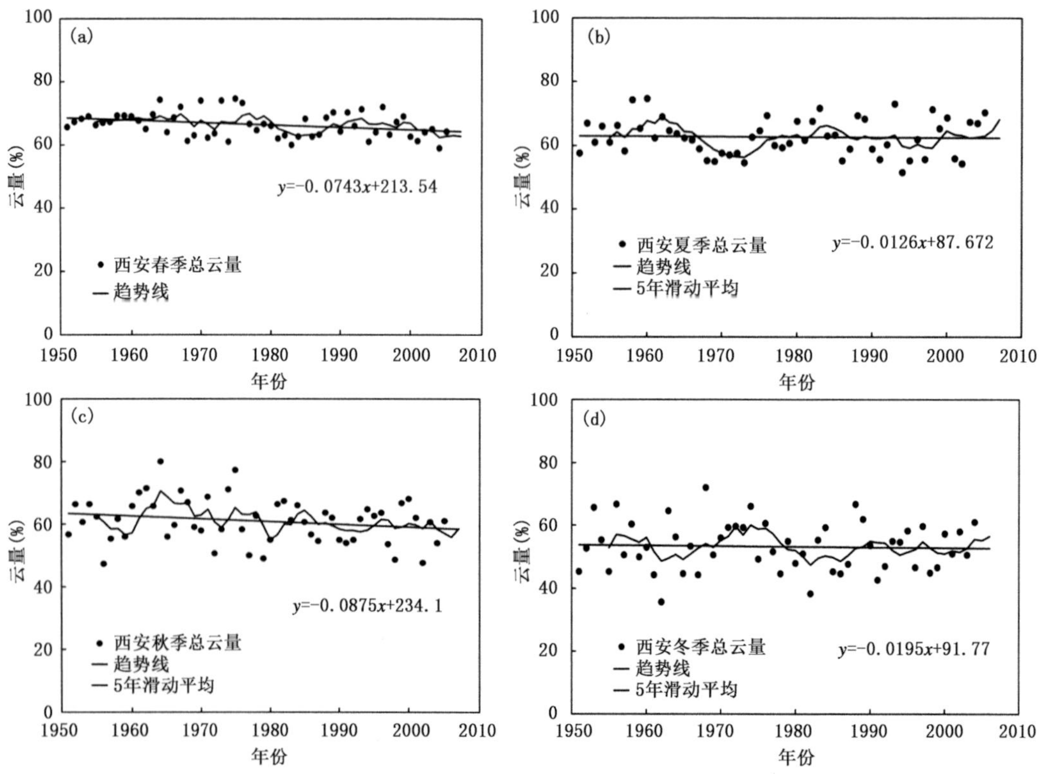

图 7.23　西安不同季节总云量变化特征

(a)春季；(b)夏季；(c)秋季；(d)冬季

和 90%的置信度检验，夏季和冬季总云量的变化趋势未通过 90%的置信度检验；②春季 1976—1983 年西安春季总云量存在一个波动减少的过程，而此阶段太阳总辐射则并未出现明显增加趋势，1984 年之后，总云量的变化与总辐射变化对应较好，1984—1993 年为春季总云量增加阶段，总辐射相应出现下降，1994 年之后春季总云量出现下降，春季总辐射也呈现较弱上升；③1975 年之后，西安夏季总云量变化与总太阳辐射变化对应较好，1975—1983 为总云量增加阶段，对应总辐射下降，1984—1997 为总云量下降阶段对应总辐射增加；④秋季和冬季总云量的变化与总辐射的变化无明显对应关系，秋、冬季节总辐射的下降应是受其他因子影响。

7.4.3.2　气溶胶变化对总辐射的影响

气溶胶对太阳辐射有重要影响，由于缺乏长时间序列的气溶胶观测资料，因此通过分析能见度的长期变化趋势间接讨论气溶胶的变化。图 7.24 给出了西安地区 1980—2009 年能见度变化曲线，由图 7.24，西安地区能见度呈现明显的下降趋势，根据能见度和污染的负相关关系（王雅婕 等，2009），1980—2019 年西安地区的污染有逐年加重的趋势。

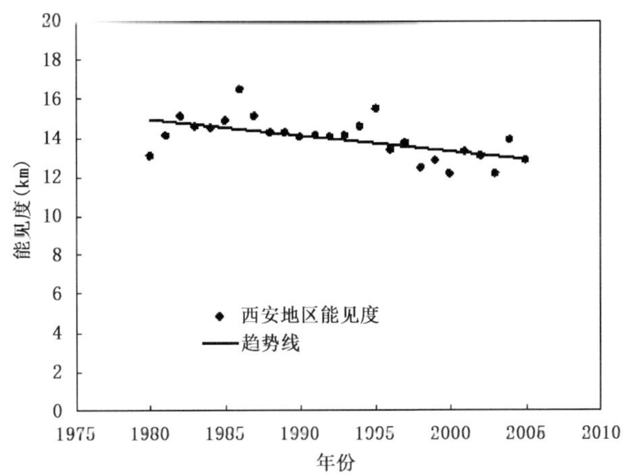

图 7.24　西安地区能见度分布趋势

为了进一步明确西安地区气溶胶的变化，根据 MODIS 卫星气溶胶光学厚度数据产品给出了 2001—2009 年陕西关中地区气溶胶光学厚度年平均分布特征（图 7.25）。由图 7.25，西安地区东部及渭南南部存在一个明显的气溶胶光学厚度高值区，中心最大值在 0.8～0.9 之间，关中地区气溶胶光学厚度东高西低的分布趋势表明：关中城市群发展所造成的人为污染，在近地面盛行风向（偏西风）作用（鲁渊平 等，2006）下向关中东部扩散，而关中东部的盛行风向为东风，不利于关中东部的污染物向外扩散和传输，这样就导致关中西部和关中东部的污染物均在关中东部一带积聚，从而使西安及其东部地区存在一个明显的气溶胶光学厚度高值区。

大气气溶胶增加对气候的影响主要有直接影响和间接影响。直接影响指大气中的气溶胶粒子散射和吸收太阳辐射和长波辐射，从而影响地—气辐射收支；间接影响是指气溶胶浓度的变化会影响云的特性（包括光学特性、云量、云的寿命等）。西安不同季节总云量变化趋势表明，近年来气溶胶的增加并未使西安云量出现较明显的增加，虽然春、夏两季总云量的变化在某些时段与总辐射变化对应关系较好，但总云量的总体变化趋势无法明确解释总辐射总体下降趋势，同时秋冬季节总云量的变化也无法解释总辐射的变化趋势，因此考虑西安春、夏两季

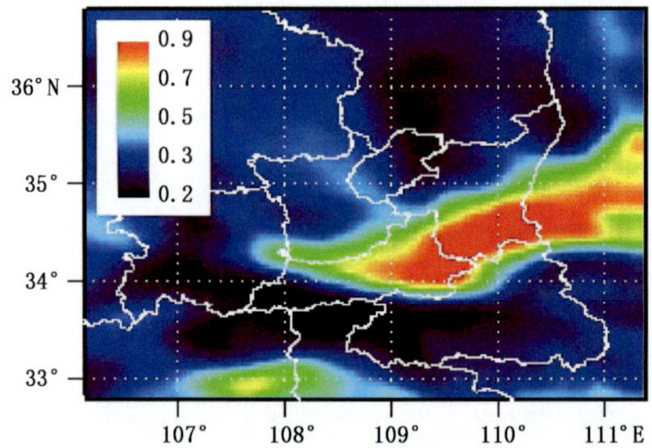

图 7.25　关中地区 2001—2009 年气溶胶光学厚度年平均值变化特征

总辐射的下降是应是云量和气溶胶增加所产生的直接辐射效应共同作用的结果，而秋冬季节总辐射的下降，应与气溶胶增加所产生的直接辐射效应有关。

7.4.3.3 水汽变化对总辐射的影响

水汽是影响大气透明度的又一个重要因子，水汽对于太阳辐射有吸收作用。研究表明，要使水汽对太阳短波辐射的吸收增加 1%，数值模拟和回归方法的研究分别认为需要增加 3 mm 和 6 mm 的水汽含量（Arking，1996；Ramamnathan et al.，1997）。根据西安观测站水汽压和相对湿度的变化特征（图 7.26），西安 1951—2007 年水汽压和相对湿度均呈现出波动减少的趋势，水汽压和相对湿度的减少对于大气透明度的增加是有利的，因此，不能够解释西安地面总辐射波动下降的趋势。

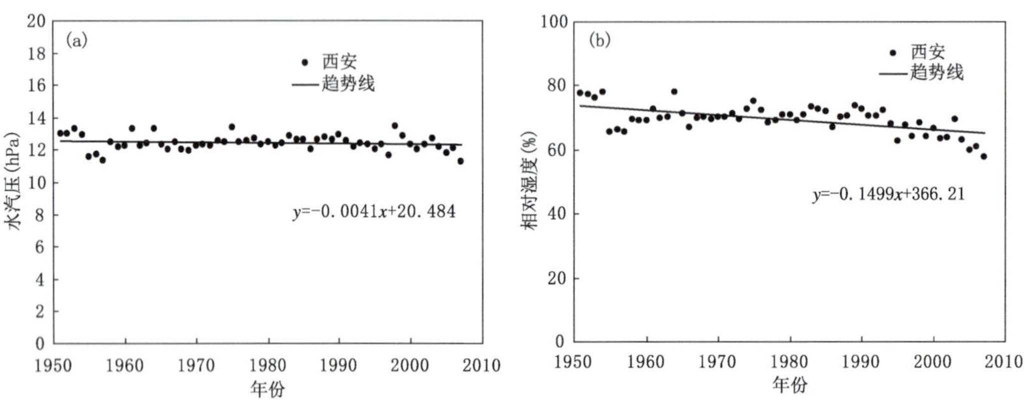

图 7.26　西安市水汽压（a）和相对湿度（b）变化特征

由以上分析，从影响因子的角度，虽然云量变化在春季和夏季的某一时段可以解释总辐射"变暗""变亮"的变化过程，但是对于四个季节总辐射总体的下降趋势，用总云量的变化趋势无法明确解释，通过对水汽和气溶胶的分析，考虑春、夏两季总辐射变化趋势应是云量和气溶胶增加所产生的直接辐射效应共同作用的结果，秋、冬季节总辐射的变化应为气溶胶增加所产生的直接辐射效应引起，其结果需要进行大量实际观测进一步证明。

7.5 中国秦岭地区云量变化及原因分析

在全球变暖气候背景下，云量变化在中国各地区存在明显差异。秦岭地区为我国南北的地理分界和气候带分界，也是气候变化的敏感区域，从全国范围来看，该区域的季平均低云量存在一个低值中心(施晓晖 等，2008)，与全国其他地区明显不同，对该地区云量的变化特征分析揭示该区域内云量变化特征及原因，可为研究中国内陆地区气候变化提供科学参考。

7.5.1 云量观测结果的可靠性验证

地面观测的云量不是云体实际面积与天空面积的比例，而是指云遮蔽天空视野的成数(云覆盖天空的百分率)，其物理意义是"视云量"，也就是云在观测者"视角"中占的比例。由于这种资料是目测的结果，所以，对低云的描述会更好一些，但可能低估很薄的高云云量(刘洪利等，2003)。虽然云量不是器测项目，存在一定的人为因素影响，但从长期的统计意义上来讲，可以反映主要的气候变化特征，因此在使用之前有必要从多方面证实其可靠性(陈勇航 等，2007；郑小波 等，2010)。

(1)云量与日照时数

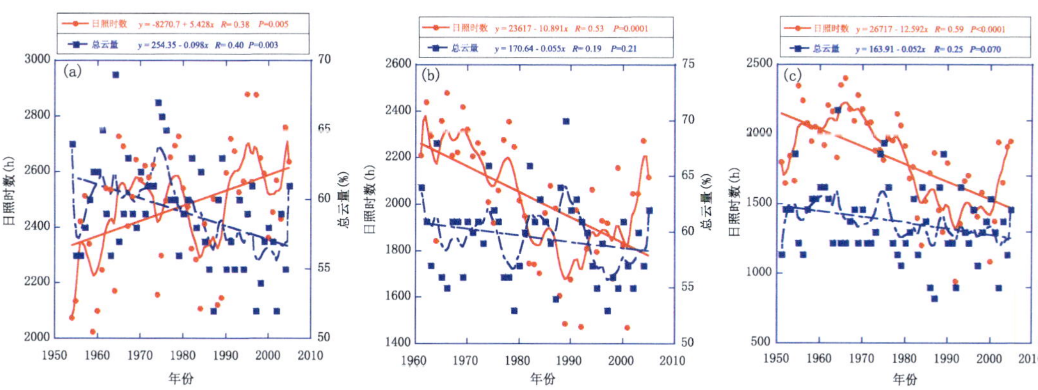

图 7.27　秦岭地区年日照时数与年平均总云量的变化

(a)华山；(b)华县；(c)西安

日照时数主要受云量、雾及气溶胶(包括沙尘)等因素的影响。对高山站(华山海拔 2064.9 m)而言，受气溶胶影响甚微，云量和雾为影响日照时数的主要因子，对平原站(西安、华县)而言，云量、雾及气溶胶都会影响日照时数。图 7.27 是日照时数、总云量随时间演变图，由图 7.27a 可见，云量持续减少，日照时数持续增加，二者的相关系数为 -0.5328($P<0.0001$)，具有较好的趋同性，一定程度上说明了人工观测的云量真实反映了实际状况。由图 7.27b、图 7.27c 可见，对平原站而言(西安、华县)，尽管云量趋势是下降，但由于受气溶胶的影响，日照时数不增反降，直到 1980 年左右，日照时数才逐渐增加(与全球由暗化到变亮时间相

一致)，二者相关系数华县站为－0.3852(P＝0.008)，西安站为－0.095(P＝0.4887)。2个平原站海拔高度相差46.2 m，受气溶胶影响状况大体相当，云量变化华县和西安分别为－5.5%/(10 a)和－5.2%/(10 a)，故日照时数两站变化相差不大(华县为108.9 h/(10 a)，西安为125.9 h/(10 a))。(表7.3)

表7.3 日照时数与总云量相关系数 R 及 P 值

站名	相关系数	P 值
华山	－0.5328	＜0.0001
华县	－0.3852	0.008
西安	－0.095	0.4887

(2)云量与降水

利用降水量来验证云量观测数据的可靠性。从高山站、平原站年降水量变化趋势上看都是减少的，但是高山站与平原站降水量减少程度不同，高山站比平原站减少的多(图7.28)。与同期云量变化相比较，可以看出降水量与云量变化趋势基本一致，云量的减少导致降水减少；另外，二者变化的位相也基本一致，即云量多的年份降水量大，云量少的年份降水量小。华山、华县和西安年降水量与年平均云量相关关系分别为0.528(P＜0.0001)、0.446(P＝0.002)和0.478(P＝0.0001)。

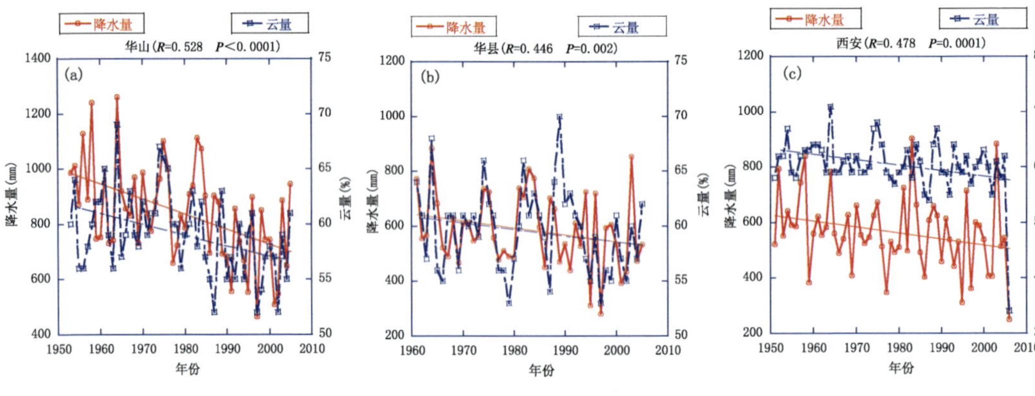

图7.28 秦岭地区年平均总云量与年降水量

(a)华山；(b)华县；(c)西安

为了进一步分析云量与雨量的关系，对3个测站四季云量与雨量进行相关分析。对于低云量，在地域上3个测站的云量与雨量相关排序为华山＞华县＞西安站，从时间上来看，相关排序为秋季＞冬季＞春季＞夏季。对于总云量，3个测站的相关系数相差不大，从时间上来看，总云量与雨量的相关系数依次为秋季＞冬季＞春季＞夏季。可以看出，无论是低云量还是总云量，夏季云量与雨量相关均为最低，秋季最高(表7.4)。

表7.4 3个测站各季云量与雨量的相关系数

季节	华山站	华县站	西安站
春季(低云量/雨量)	0.52(P＜0.0001)	0.44(P＜0.002)	0.44(P＝0.0006)
夏季(低云量/雨量)	0.20(P＝0.146)	0.29(P＜0.045)	0.19(P＝0.150)
秋季(低云量/雨量)	0.62(P＜0.0001)	0.55(P＜0.0001)	0.52(P＜0.0001)

续表

季节	华山站	华县站	西安站
冬季(低云量/雨量)	0.58(P<0.0001)	0.46(P=0.001)	0.28(P=0.038)
春季(总云量/雨量)	0.46(P=0.002)	0.36(P=0.013)	0.34(P=0.010)
夏季(总云量/雨量)	0.06(P=0.630)	0.25(P=0.093)	0.12(P=0.354)
秋季(总云量/雨量)	0.55(P<0.0001)	0.57(P<0.0001)	0.56(P<0.0001)
冬季(总云量/雨量)	0.47(P=0.0004)	0.47(P=0.001)	0.51(P<0.0001)

云量为人工观测，不可避免会受人为因素影响，但以上分析可看出，日照时数、雨量、云量都存在着较好的相关性，从这个意义上来讲，人工观测的云量还是可以反映当地云量变化的主要特征。

7.5.2　云量变化特征

上述分析表明，高山站与平原站的总云量都在减少，说明局地因素不是导致云量减少的唯一原因。为了了解导致秦岭地区云量减少的主要原因，有必要从时间上对云量进行分类，从不同角度来分析其变化

(1)云量日、夜变化特征

对于低云量(图 7.29a，b)华山、华县和西安晚间(20 时、02 时观测云量平均)与白天(08 时、14 时观测云量平均)相比，减少趋势没有明显差异(晚间为－1.74％/(10 a)、－1.56％/(10 a)和－4.23％/(10 a)，白天为 －0.73％/(10 a)、－1.94％/(10 a)和－4.62％/(10 a))。从地理位置上来看，西安由于气溶胶和城市热岛的影响明显，无论白天还是晚间低云量减少都达4％/(10 a)以上；华县是个县级市，城市偏小，受上游气溶胶影响，白天比晚间低云量减少多；华山站在华山顶峰，位于边界层顶，受气溶胶影响很少，晚间低云量减少比白天多。对于总云量(图 7.29c，d)，变化趋势与低云量不一样。晚间总云量华县与西安减小趋势不明显(<－0.1％/(10 a))，高山站(华山站)比平原站(华县、西安站)减少明显(－1％/(10 a))。白天 3 个测站的总云量减少程度相当(<－0.6％/(10 a))。

(2)云量季节变化特征

对于低云量(图 7.30a～c)，华山、华县及西安春、夏、秋、冬四季变化趋势是减少的，其中华山四季减少趋势分别为－1.41％/(10 a)、－0.86％/(10 a)、－1.74％/(10 a)和－0.48％/(10 a)，华县四季减少趋势分别为－1.60％/(10 a)、－1.53％/(10 a)、－2.46％/(10 a)和－0.67％/(10 a)，西安四季减少趋势分别为－4.55％/(10 a)、－3.24％/(10 a)、－5.09％/(10 a)和－4.89％/(10 a)。可以看出，3 个站季节变化趋势一致、但程度不同。华山站四季低云量减少趋势依次为秋季>春季>夏季>冬季，华县站四季低云量减少趋势依次为秋季>春季>夏季>冬季，西安站四季低云量减少趋势依次为秋季>冬季>春季>夏季，只有西安站冬季比春、夏季减少偏多。3 个测站减少的程度依次为华山<华县<西安。对于总云量(图 7.30d～f)，华山站四季趋势分别为－0.95％/(10 a)、－0.37％/(10 a)、－1.33％/(10 a)和－1.13％/(10 a)，华县站四季趋势分别为－1.21％/(10 a)、0.26％/(10 a)、－1.28％/(10 a)和－0.08％/(10 a)，西安站四季趋势分别为－0.83％/(10 a)、0.38％/(10 a)、－0.90％/(10 a)和－0.36％/(10 a)。

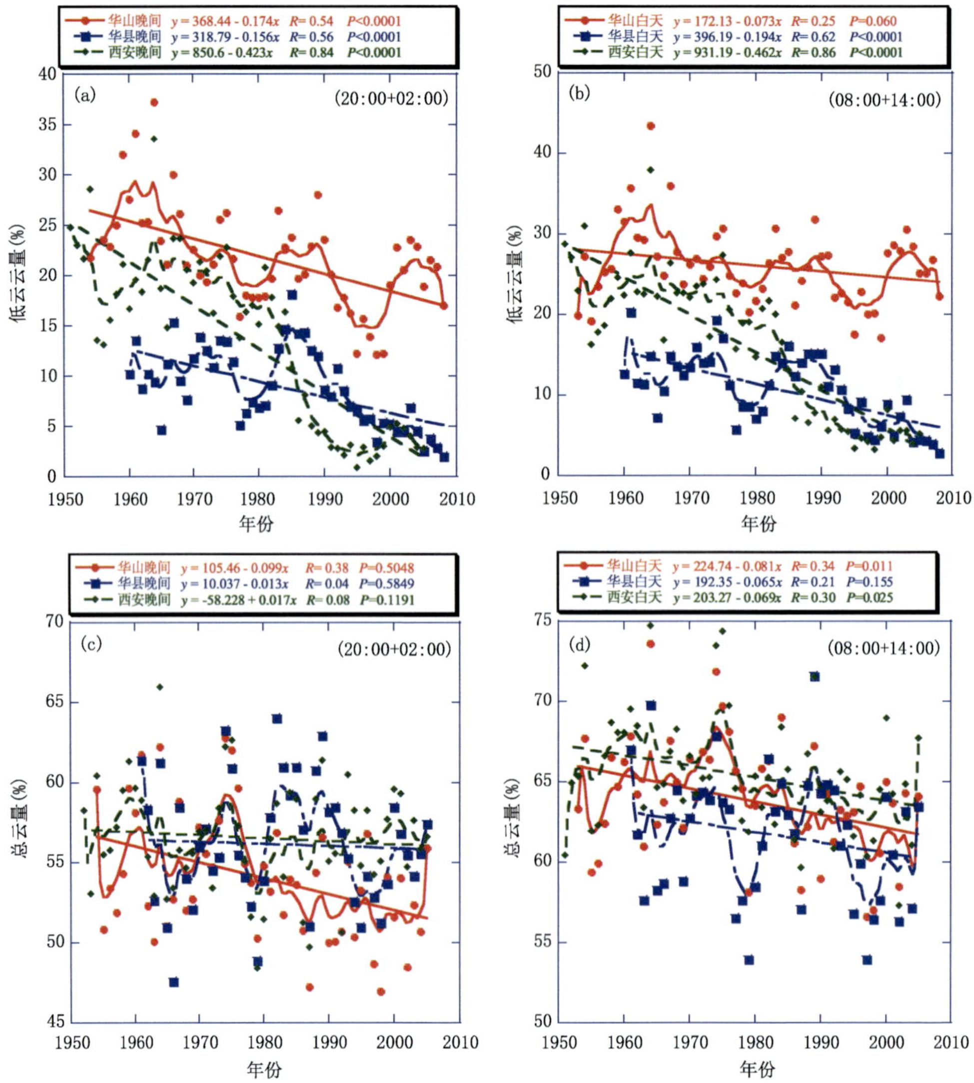

图 7.29 秦岭地区云量低云量(a,b)和总云量(c,d)日夜变化

从四季来看,3 个测站总云量季节变化不同,华山站四季总云量减少量依次为秋季>冬季>春季>夏季,华县站四季总云量减少量依次为秋季>春季>冬季,夏季增加,西安四季总云量减少量由大到小分别为秋季>春季>冬季,夏季为增加,其中华县与西安站夏季云量与其他三季不同,夏季总云量有所增加,另外,冬季总云量趋势虽然是减少,但是减少量不明显。

7.5.3 云量变化原因

影响云量原因很多,如太阳周期性活动会影响云量变化(Erlykin et al.,2010),大气环流变化(丁守国 等,2005)及气溶胶都能导致云量增加或减少(Kaufman et al.,2006;Norris et al.,2007)。Harvey(1995)认为平流层臭氧含量的减少,可能强烈影响对流层中、上部的温度变化趋势,进而导致的垂直温度层结变化会反过来改变中高层云量。这些因素都会导致大气

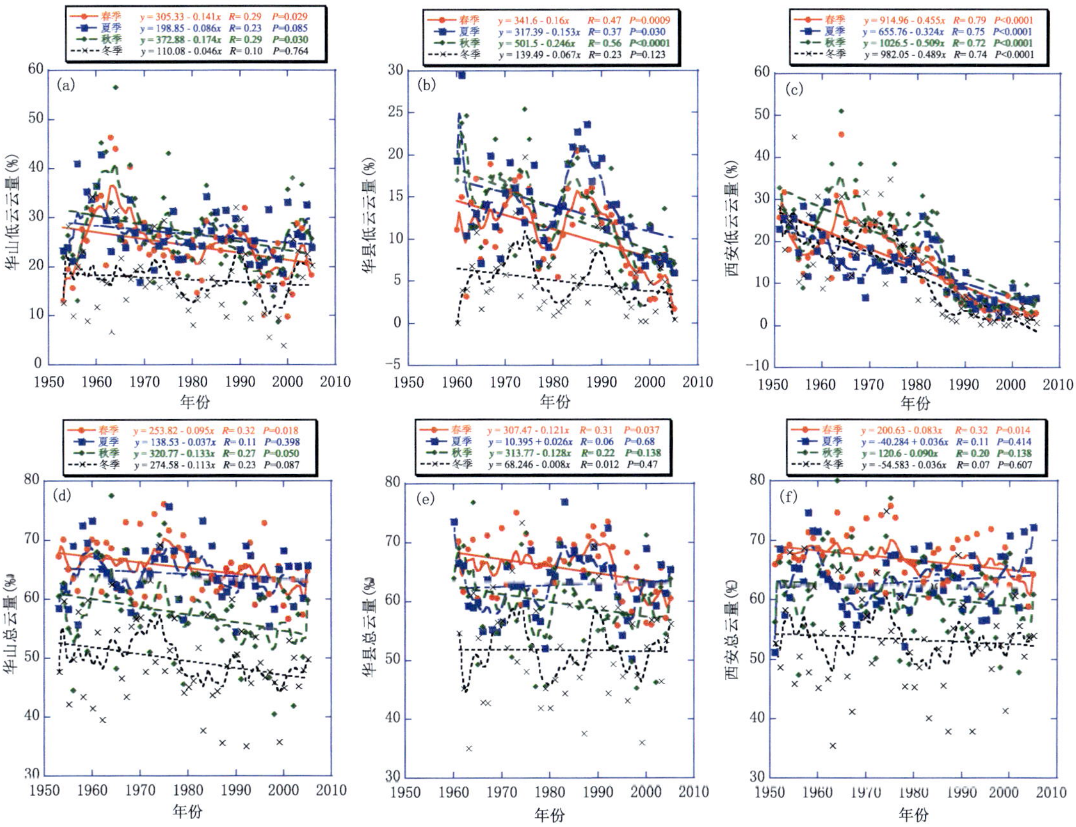

图 7.30　秦岭地区低云量(a,b,c)和总云量(d,e,f)季节变化

的辐射变化,使地面辐射平衡发生改变,从而影响云量变化。尤其是人类活动产生的气溶胶(主要包括硫酸盐、有机碳、黑碳、硝酸盐及沙尘等),这些不但可以散射和吸收太阳辐射,从而直接造成大气吸收的太阳辐射能、到达地面的太阳辐射能,以及大气顶反射回外空的太阳辐射能的变化,还可以改变云的物理和微物理特征,进而改变云的辐射特征,影响太阳能在地气系统中的分配(石广玉 等,2008)。那么气溶胶到底是如何影响云量,并导致秦岭地区云量减少?下面从局地和海—陆温差变化导致大气环流变化两方面进行分析。

7.5.3.1　局地对流原因

由于气溶胶增加可以导致地面冷却,减弱局地对流和垂直交换,导致高层湿度减小、低层湿度增加,局地对流减弱。因此,在同一天气背景下,到达华山观测站暖湿气流减少,相对湿度减小,相对地华山脚下测站(华县)则会湿度增加。

图 7.31a 可知,华山站相对湿度从 20 世纪 50 年代开始一直在下降,减少的趋势非常明显,直到 20 世纪 90 年代以后,才开始增加,最低点在 20 世纪 90 年代;相反,华县相对湿度从 20 世纪 60 年代开始一直在增加,增加的趋势也很明显,其最高点也在 20 世纪 90 年代。可见,华山站与华县站相对湿度变化趋势相反,也与日照时数变化吻合。由于我国在 20 世纪 90 年代大力实施的环保减排措施,气溶胶浓度减少,日照时数增加,使局地对流也相应加强,华山站与华县站相对湿度对应关系相反,即华山站相对湿度增加,华县站相对湿度减小。另外,局地对流与低云量关系比较紧密,华山站相对湿度与低云量的相关关系达到 0.649($P<$

0.0001)，二者周期变化特征基本一致。华县站相对湿度与低云量变化趋势相反，即相对湿度增加而低云量减少，但是二者周期变化特征是一致的，即局地对流强弱影响低云量。

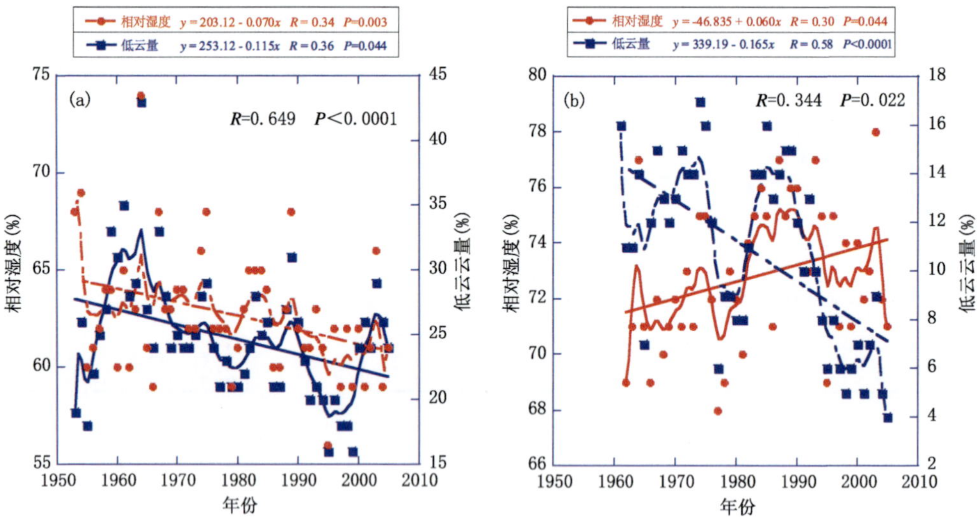

图 7.31 相对湿度与低云量年际变化

(a)华山；(b)华县

为了进一步说明局地对流减弱导致低云量减少，选择对流最强的季节和时间利用地面风速进行分析。华山与西安之间相距 123 km，由于太阳辐射导致地面加热使局地对流增强，使低层(西安站)气流(温度低)上升，并由高层(华山站)的空气(温度高)补充，其过程类似于山谷风作用，所以，低层地面加热越强，对流越强，地面风速增大，高层补充地面空气越多，地面风速减小，反之亦然。由于气溶胶对于地面辐射的冷却作用，使得局地对流减弱，近地面风速会减小 8%以上(Jacobson et al.，2006)。所以，通过地面风速趋势分析，可以作为气溶胶影响局地低云量的又一证据。

图 7.32 是西安站(低层)和华山站(高层)夏季 14:00 地面风速变化。西安风速减小了 0.136 m/(s・10 a)，对应的华山顶上风速增加了 0.124 m/(s・10 a)。可见，由于平原地区气溶胶影响，导致西安地区对流减弱，从而造成地面风速减弱，而高山顶上风速增加，实际上就是气溶胶冷却效应减弱局地的垂直能量交换。

对于华山站与华县站来讲，二者最大的区别就是气溶胶的影响。由于日照时数直接反映云量、气溶胶对地面辐射影响程度，而华山站与华县站云量变化趋势基本一致，因此两站日照差值可以间接的反映气溶胶影响。

图 7.33 是华山站与华县站日照时数与总云量对比分析图，图中纵坐标大小反映平原站气溶胶污染程度，横坐标指由于气溶胶冷却效应造成平原站与高山站之间总云量变化大小。当日照时数差值最大为 800～1000 h(即污染最严重)时，华山站总云量比地面站总云量少 6%；当日照时数差值在 500 h 左右时(中度污染)，华山站总云量比华县站总云量减少在 0%～3% 之间；当日照时数差值在 400 h 以下时，华山站总云量比华县站总云量增加 1%～2%。另外，日照时数差值在 400～500 h 之间时，还会使华山站总云量比华县站总云量增加 2% ～4%，也就是说，适当的气溶胶可能导致云量增加。

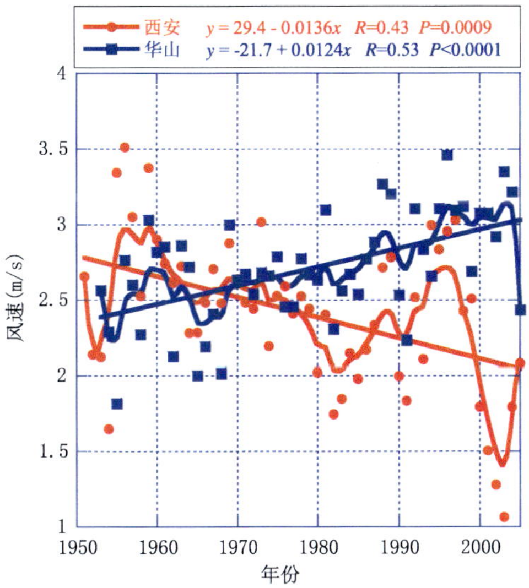

图 7.32　夏季 14:00 华山与西安站地面风速变化

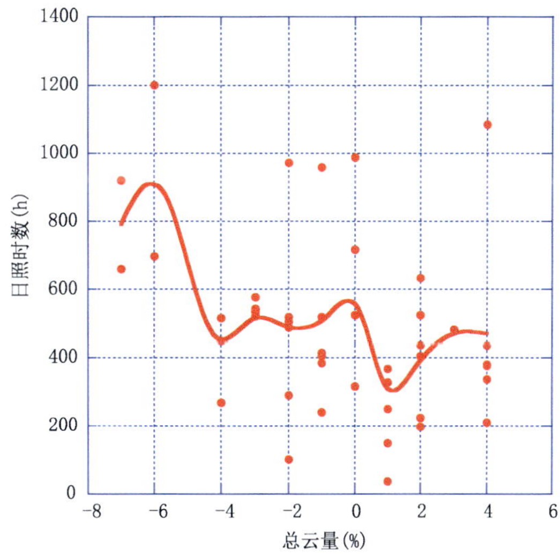

图 7.33　华山站和华县站日照时数与总云量关系(华山站减去华县站)

7.5.3.2　环流原因

众所周知,气温及降水的异常与大气环流异常联系紧密,西太平洋副热带高压(以下简称"西太副高")作为东亚季风环流系统的重要成员,其活动和异常直接影响着东亚地区,特别是我国大部分地区(钱代丽 等,2009)。西太副高的面积、强度、南北位置(北部边缘或脊线)和东西进退(西伸脊点)决定着东亚季风,尤其是秦岭地区天气、气候变化(何金海 等,2005)。

表 7.5 是华山站总云量与国家气候中心 74 项环流指数的相关分析,由表 7.5 可见,华山云量主要与西太副高面积指数(110°～180°E)、西太副高西伸脊点、亚洲纬向环流、亚洲经向环流指数相关,与其他指数无显著相关。可见,华山站总云量与西太副高的强度呈反相关关系,即西太副高面积扩大、强度增强时,华山站云量减少,反之则增加。西太副高强度强,即 500 hPa 等压面上 588 dagpm 线所包围的面积大,使西太副高往往西伸北进,促使副热带高空锋区北移,控制秦岭地区,是冷暖空气在华山交汇次数减少,所以云量与副高特征量呈负相关。

表 7.5　华山总云量与环流特征量相关系数 *R* 及 *P* 值

站名	相关系数	*P* 值
副高面积指数华山	−0.435	0.001
副高西伸脊点	0.378	0.006
亚洲纬向环流指数西安	−0.322	0.019
亚洲经向环流指数	0.243	0.082

西太副高面积与秦岭地区云量变化关系如此紧密(钱代丽 等,2009),而西太平洋副高面积自 20 世纪 50 年代以来持续增加(图 7.34),由表 7.5 可见,西太副高面积与秦岭地区云量呈反相关关系,由于西太副高面积在 1951—1970 年、1971—1991 年和 1991—2007 年这几个阶段不断扩大,使西太副高西伸北挺,副热带高空锋区北移,控制秦岭地区,冷暖空气在华山交汇次数减少,造成该地区云量减少。

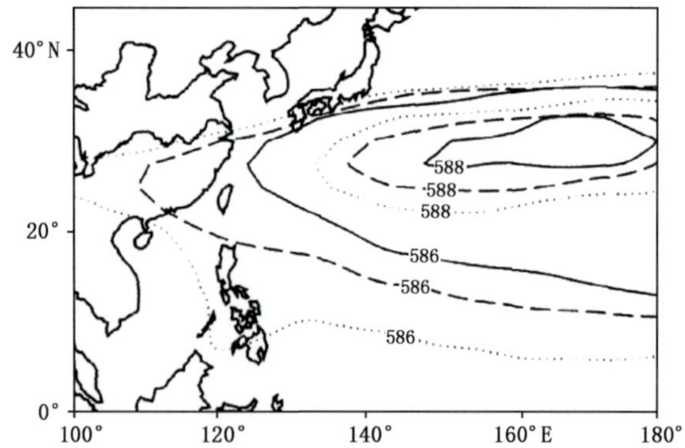

图 7.34　1951—2007 年不同时段平均的夏季副热带高压特征线分布(单位:dagpm)
(实线:1951—1970 年,长虚线:1971—1990 年,短虚线:1991—2007 年)

7.6 关中城市群大气能见度变化与大气污染

能见度是大气透明度的一种表现形式,大气中的悬浮颗粒物越多,空气越浑浊,能见度就越差,能见度的好坏能够直接反映出一个地区的大气环境质量。

大气能见度在一定程度能够反映空气污染状况。采用长时间序列的能见度观测资料,通过分析关中地区能见度变化趋势,可以间接讨论地形影响下关中地区空气污染分布与变化。

7.6.1 长序列能见度资料处理

常规气象观测资料能见度分四个时次,分别是 02、08、14、20 时。02 时和 20 时的能见度观测属于夜间和傍晚的观测,由于选取目标物和白天不同,会造成观测资料的不一致。08 时的能见度观测值受到两方面的影响:一是早晨出现的辐射雾,二是由于夜间形成的接地逆温未被破坏,导致此时大气中颗粒物浓度升高。通常这些现象都会在中午消散。因此,08 时的能见度观测值不能准确的代表日间的能见度状况。因此,主要选取的是 14 时能见度资料,因为该时刻的观测值比其他时刻更能代表所在区域的大气能见度水平。

关中地区的能见度观测资料分为两个时段,1980 年之前记录单位为级,1980 年之后单位为 km。为了统一,以 1980 年为界,1951—1979 年能见度按照表 7.6 中能见度距离的平均值进行转换。

表 7.6　1980 年前能见度级和能见度距离的对应关系

能见度等级	能见度距离 Vis(km)
0	Vis<0.05
1	0.05< Vis <0.2

续表

能见度等级	能见度距离 Vis(km)
2	0.2< Vis <0.5
3	0.5< Vis <1.0
4	1.0< Vis <2.0
5	2.0< Vis <4.0
6	4.0< Vis <10.0
7	10.0< Vis <20.0
8	20.0< Vis <50.0
9	Vis >50.0

7.6.2　能见度月季分布特征

图7.35给出了关中地区9个站建站到2009年各能见度月平均值变化曲线，由图7.35，能见度在1980年前和1980年后均存在明显的年变化，1980年前，所选的7个城市能见度基本呈现双峰型变化，第一个峰值出现在6、7月，第二个峰值出现在8、9月。华山和太白两个高山站能见度呈多高多低型变化。9个观测站能见度由好到差的排列为：华山、太白、白水、蓝田、渭南、宝鸡、华阴、咸阳、西安。其中以高山站能见度为最好，部分乡镇能见度优于城市。

1980年后(图7.35b)，7个城镇除华阴能见度分布呈单峰型外，其余6个观测站能见度均呈双峰型分布，华阴能见度峰值出现在6月，其余6个观测站第一个峰值出现在6月，第二个峰值出现在9、10月，此结果与马雁军等(2005)和洪全(2003)的研究结果有一定的差异；华山站能见度呈谷型分布，能见度峰值分布在1月、12月，能见度最小值出现在7月；太白能见度呈多高多低型分布。9个观测站中，除太白、华山和蓝田与其余观测站能见度值有较大差异外，其余6个观测站能见度数值基本相当。

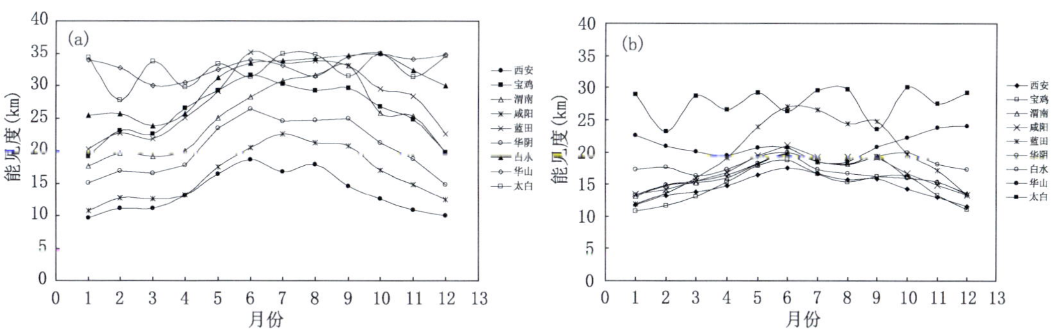

图7.35　关中地区能见度月平均值变化特征

(a)建站到1979年；(b)1980—2009年

表7.7给出了关中地区9个城市1980—2009年不同季节能见度的平均值分布特征，对于所选的9个观测站，除华山外，其余8个能见度以夏季为最好，春、秋季次之，冬季能见度最差，华山站冬季能见度最好，秋、春季次之，夏季能见度最差，华山和太白同属高山站，但二者的能见度季节分布有明显差异。能见度影响因子较多，尽管分析时删除了存在降水、雾、大风、沙尘

暴、扬尘和高湿(相对湿度>79%)的资料,但是由于高山站能见度观测所受影响因子与平原不同,因此二者能见度季节分布的差异可能与其他影响因子有关。

表 7.7　关中地区各季节能见度平均值分布特征(km)

季节	西安	宝鸡	渭南	咸阳	蓝田	白水	华阴	太白	华山
冬季	12.2	11.1	13.8	13.8	12.9	17.4	13.9	27.1	22.5
春季	15.0	15.4	16.5	17.2	19.6	17.6	16.8	28.2	20.0
夏季	16.7	16.9	18.8	19.8	26.0	18.8	17.8	28.4	19.2
秋季	1434	15.1	16.6	17.3	20.2	18.9	15.8	26.8	21.9

7.6.3　能见度与污染指数关系分析

图 7.36 给出了西安、宝鸡、渭南三个城市 2006—2009 年每日污染指数和能见度月平均值变化关系。由图 7.36 可以看出,西安、宝鸡、渭南三个城市污染指数和能见度均呈反向分布,即:高能见度数值对应低污染指数,低能见度数值对应高污染指数,西安、宝鸡、渭南能见度和污染指数的相关系数分别为:−0.614、−0.487、−0.492。由于关中地区主要城市能见度与空气污染指数存在较显著的负相关关系,因此,可以考虑用长时间序列的能见度变化趋势,探讨研究关中地区大气污染的变化。

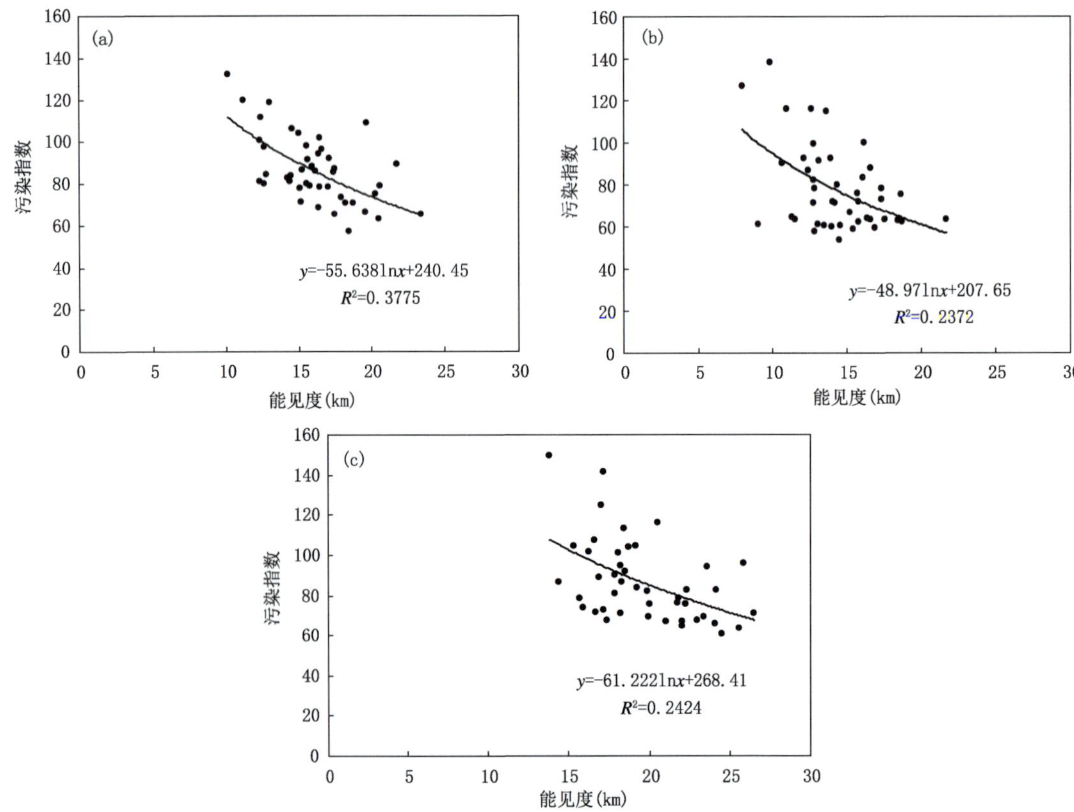

图 7.36　关中地区三个主要城市能见度与大气污染指数相关关系

(a)西安;(b)宝鸡;(c)渭南

7.6.4　不同城市类型能见度变化趋势

图 7.37 给出了西安、宝鸡、渭南、咸阳能见度变化时间序列。分析四个城市能见度时间变化序列，有：①1980 年前和 1980 年后因能见度观测记录方法不同，存在较明显的系统误差；②渭南、咸阳能见度在 1980 年前和 1980 年后都呈现出明显的下降趋势，反映了大气气溶胶的逐年增加趋势（Qiu et al，2000；宗雪梅 等，2005），西安、宝鸡能见度在 1980 年前呈现明显的下降趋势，反映了 1980 年前大气气溶胶的逐年增加趋势，1980 年后能见度呈较弱的上升趋势，反映 1980 年后，西安、宝鸡大气气溶胶有逐年减少的趋势；③渭南、咸阳 1980 年后、前能见度斜率分别为 -1.0×10^{-5}、-0.0011，-4.0×10^{-5}、-0.0019，其比值分别为 0.01 和 0.02，反映出 1980 年后渭南、咸阳能见度递减有减慢的趋势，西安、宝鸡 1980 年后、前能见度的斜率分别为：0.0003、-0.0007，6×10^{-5}、-0.0016，其比值分别为 -0.43 和 -0.04，表明 1980 年以后西安、宝鸡大气气溶胶减少的速度较 1980 年前大气气溶胶增加的速度慢；④能见度减缓速度降低反映出渭南和咸阳 1980 年后空气污染和气溶胶浓度增加的速度较 1980 年前有所下降，但仍呈现增加的趋势，西安、宝鸡 1980 年后能见度增加则反映出该地区空气污染和气溶胶浓度较 1980 年前有所下降，空气质量有逐年改善的趋势，与罗云峰等（2000）在文献中阐述西安的气溶胶光学厚度有所减少的分析结果较为一致。

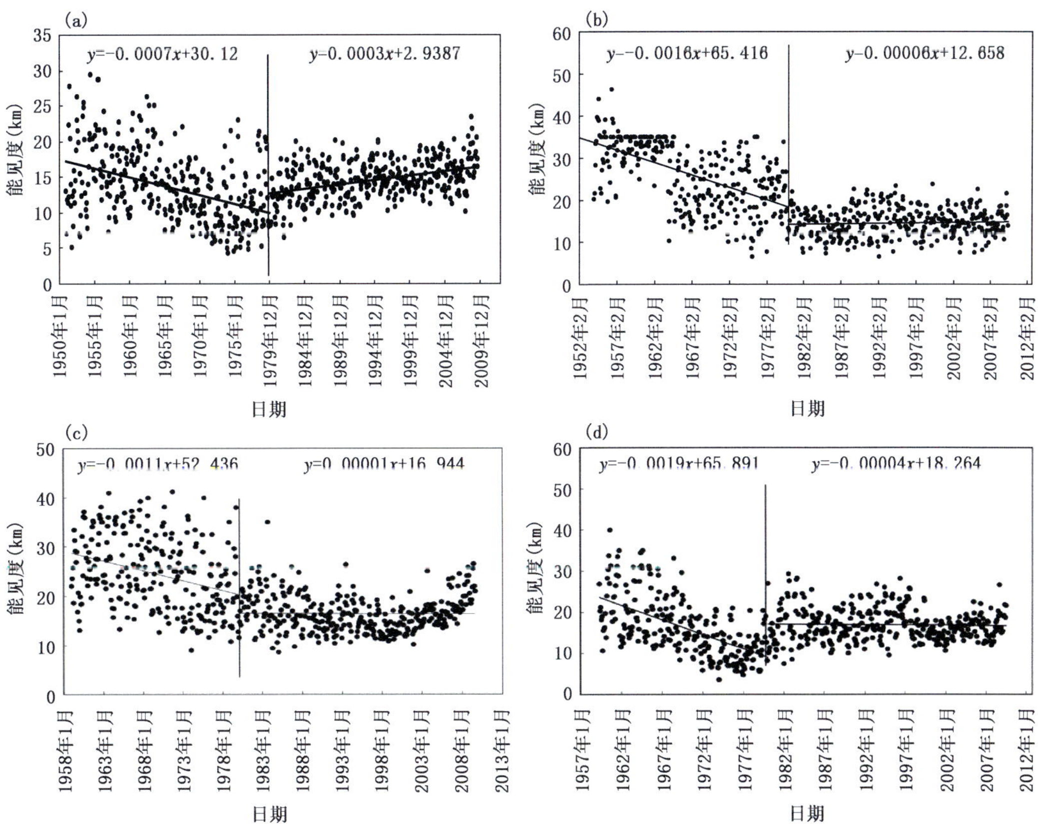

图 7.37　西安(a)、宝鸡(b)、渭南(c)、咸阳(d)能见度变化趋势

图 7.38 给出蓝田、白水、华阴能见度变化时间序列。对比分析蓝田、白水、华阴三个城市能见度变化的时间序列，有：①1980 年前和 1980 年后因能见度观测方法不同，产生一定的系统误差；②蓝田、白水、华阴能见度在 1980 年前和 1980 年后都呈现出明显的下降趋势，反映了蓝田、白水、华阴大气气溶胶的增加趋势；③蓝田、白水、华阴 1980 年后、前能见度斜率分别为 −0.0009、−0.0002，−0.0006、−0.0021，−0.0006、−0.001，其比值分别为 4.5、0.29、0.6，反映出 1980 年后白水、华阴能见度递减有减慢的趋势，蓝田能见度递减迅速，1980 年后蓝田能见度递减速度为 1980 年之前的 4.5 倍；④能见度减缓速度降低反映出白水、华阴 1980 年后空气污染和气溶胶浓度增加的速度较 1980 年前有所下降，但仍呈现逐年增加的趋势，蓝田 1980 年后能见度降低速度加快反映该地区空气污染程度加大、气溶胶浓度增加速度加快。

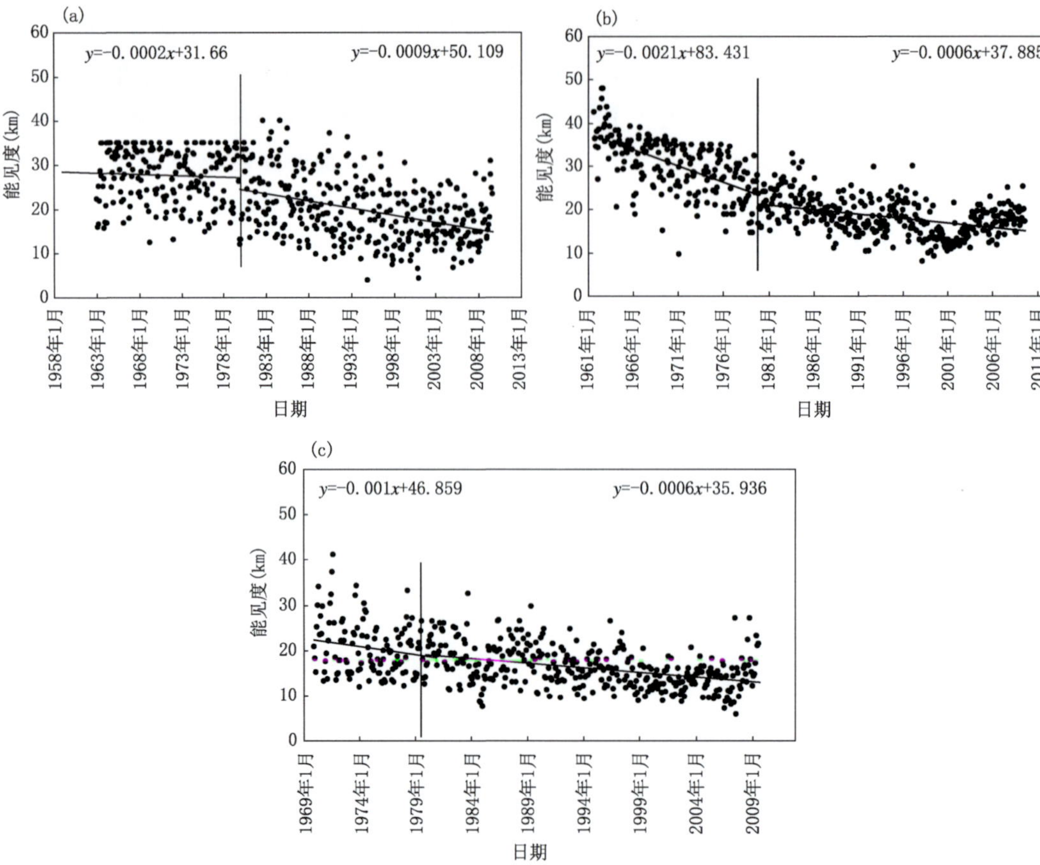

图 7.38　蓝田(a)、白水(b)、华阴地区(c)能见变化趋势

7.6.5 高山能见度变化趋势

图 7.39 给出了华山(关中东部，海拔 2064.9 m)和太白(关中西部，海拔 1543.7 m)两个高山观测站能见度变化特征。对比分析太白和华山能见度时间序列，得到：①华山能见度在 1980 年前和 1980 年后都呈现出明显的下降趋势，反映了华山附近大气气溶胶的增加趋势(戴进 等，2008)；太白在 1980 年前和 1980 年后除因观测方法不同产生的系统误差外，能见度变

化较平稳，反映了太白附近大气气溶胶基本无明显变化；②华山地区 1980 年后、前未订正的能见度斜率分别为－0.0005 和－0.0003，其比值为 1.67，反映出 1980 年后华山能见度递减有加快趋势；③能见度的递减反映出华山附近 1980 年后空气污染程度增加、气溶胶浓度增大，而太白附近空气污染程度和气溶胶浓度则在几十见年内基本趋于稳定；④地形的强迫抬升作用，使气流在迎风坡爬升的过程中，易将低层堆积的气溶胶粒子带到与山脉海拔高度相当的高度或更高，增加该处空气中大气气溶胶的含量，致使该地区水平能见度水平下降，位于关中地区西部的太白山气象观测站，1957—2009 年能见度水平趋于稳定，而位于关中东部华山气象观测站，1953—2009 年能见度却呈现出明显的下降趋势，表明，由于地形限制位于喇叭口地形东侧的华山受关中城市群发展的影响较西侧的太白站明显，特殊的喇叭口地形，将会抑制污染物在南北方向的输送（王钊 等，2008），污染物的“迁移”过程“减速”或“堆积”现象，造成该区域污染事件的加剧，关中地区西部盛行风向为偏西风，东部盛行风向为偏东风（鲁渊平 等，2006），关中西部的污染物向东迁移，而偏东风对关中地区东部的污染物向外迁移是不利的，因此，关中城市群发展所造成的大气污染主要区域位于关中地区东部。

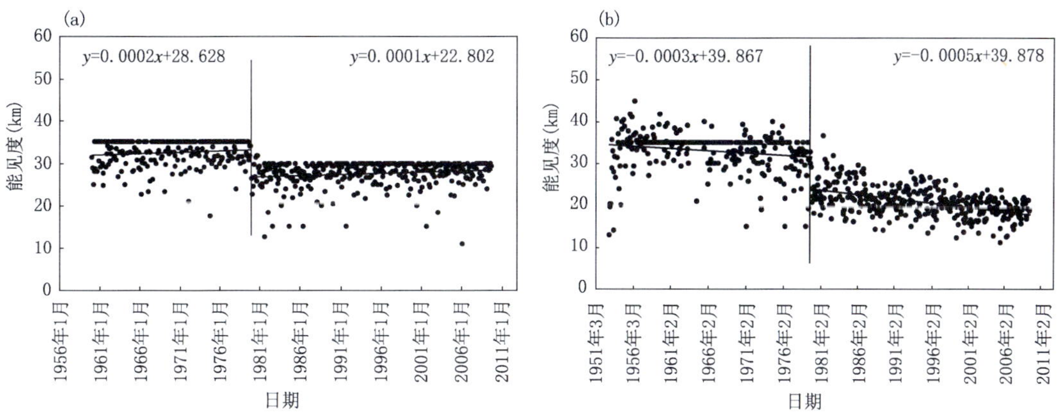

图 7.39　太白(a)、华山地区(b)能见度变化趋势

7.6.6　关中地区能见度区域分布特征

图 7.40 给出了 1960—1969 年、1970—1979 年、1980—1989 年、1990—1999 年、2000—2009 年每十年关中地区能见度分布特征，由图 7.38，得到：①以 1980 年为界，之前的两个十年，关中地区能见度基本呈两高一低分布，两个高值中心分别位于西部的太白和东部的白水、华山，20 世纪 60 年代能见度低值中心位于西安附近，70 年代能见度低值中心较 60 年代有所扩大；②1980 年后的三个十年，关中地区能见度基本是呈现西高东低的分布特征，以 108°E 为界，其西部能见度分布由太白向宝鸡和扶风递减，等值线梯度在三个十年中变化较小，108°E 以东，等值线梯度则呈现出逐年减小的趋势，表明东部地区大中型城市和小型乡镇能见度差异呈减弱的趋势，同时，东部和西部的能见度差异呈加大的趋势。

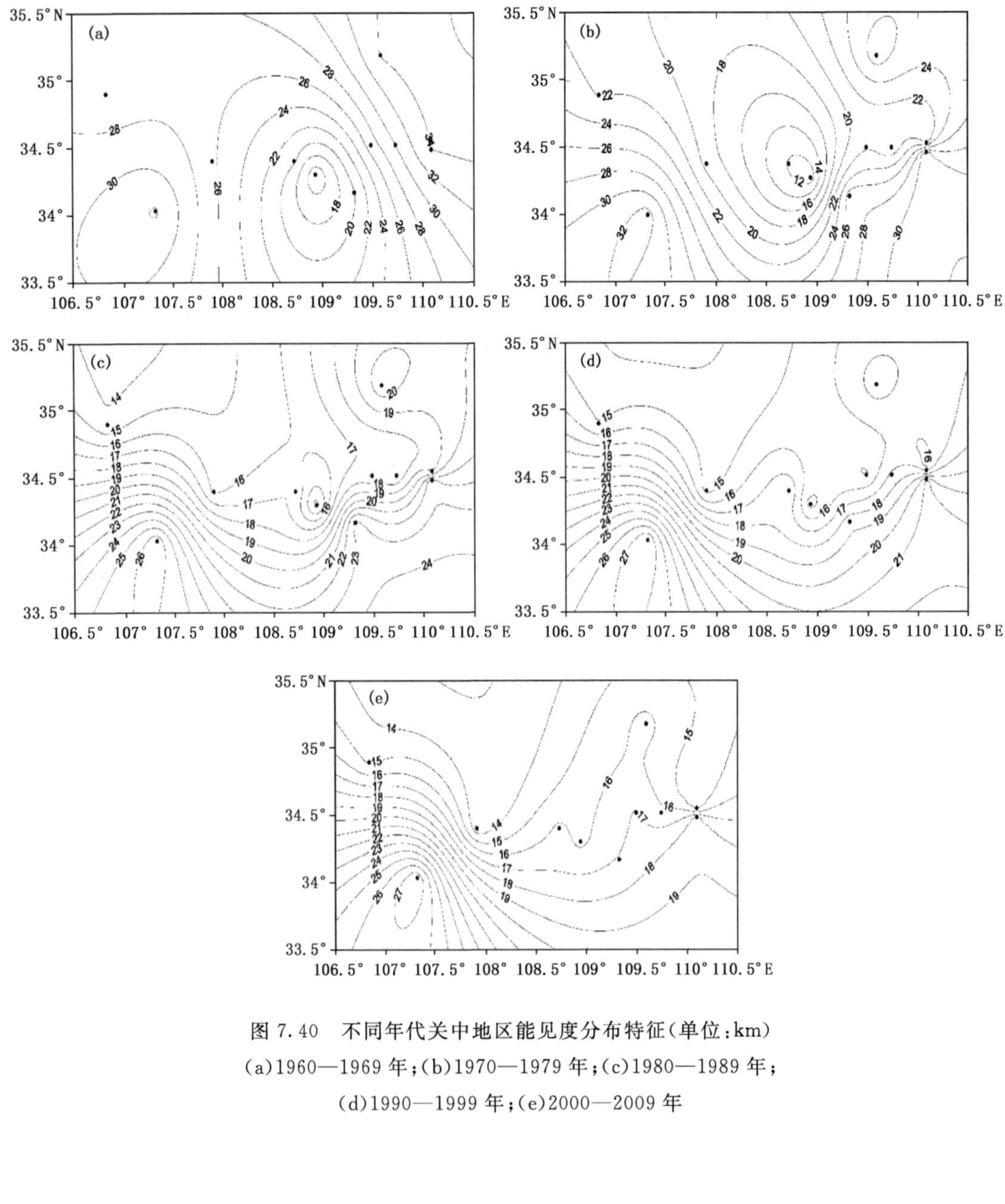

图 7.40　不同年代关中地区能见度分布特征(单位:km)

(a)1960—1969 年;(b)1970—1979 年;(c)1980—1989 年;

(d)1990—1999 年;(e)2000—2009 年

7.7 本章小结

本章主要分析了气溶胶对陕西省气温、降水、日照、太阳辐射、云量及能见度等气象要素长期变化的可能影响,主要结论如下。

(1)对华山历年气温分析发现,华山平均气温历年变化整体上是增加的,增温幅度为 0.178 ℃/(10 a),最高气温和最低气温增温幅度为 0.182 ℃/(10 a)和 0.184 ℃/(10 a)。气溶胶对于华山最高气温、平均气温和最低气温的冷却幅度分别为－0.05 ℃/(10 a)、－0.21 ℃/(10 a)、－0.22 ℃/(10 a)。气溶胶对于四季气温冷却程度由低到高分别是春(－0.11 ℃/(10 a))、夏(－0.21 ℃/(10 a))、冬(－0.22 ℃/(10 a))、秋(－0.29 ℃/(10 a)),其中气溶胶冷却程度春季最低,秋季最高。

通过西安与华县气温变化对比得出,城市热岛效应对最高气温、平均气温、最低气温的增温效应分别为 0.09 ℃/(10 a)、0.38 ℃/(10 a)、0.46 ℃/(10 a)。城市热岛增温效应夜晚比白天要强,前者是后者的 3～4 倍。

(2)对陕西省降雨变化分析表明,陕西省降雨量分布不均,雨季及全年降雨量和降雨日数均呈现出南多北少的趋势,关中东部降雨日数和降雨量均低于关中西部。陕西省年降雨量和降雨日数均呈现下降趋势,雨季降雨量呈增加趋势而降雨日数呈下降趋势,雨季雨强在增加,降水向雨季集中。

陕西雨季和全年小雨雨量和小雨日数均呈现出下降的趋势,主要是小于 5 mm 的降雨量和降雨日数减少的贡献;大于 10 mm 降雨量和降雨日数呈增加趋势,且雨季增加趋势较全年明显,降雨量增加的站点占所选站点的 75.6%,雨季降水的增加主要是大于 10 mm 降水增加的贡献。

陕西全年总雨量的减少可能与整层大气可降水量的减少有关。全年和雨季小于 5 mm 降水的减少应该与气溶胶对降水的抑制有关,雨季大于 10 mm 降水增加与气溶胶对降水的促进作用有关,当 AOD≥0.4 时,在雨季气溶胶对降水有促进作用。

(3)对西安日照时数变化分析表明,西安日照时数下降时段主要位于 1981 年到 2001 年之间,日照时数的下降不仅在西安存在,在其东部的中小型城市渭南、华县也很明显,且三个城市日照时数下降百分率存在较明显相关。西安及其东部城市日照时数下降的主要因子位于近地面 2 km 以下。

西安及其东部部分城市存在日照时数区域性下降,很可能是由于城市发展所产生的大量气溶胶在关中东部地区近地面 2 km 以下积聚,降低了关中东部大气透明度,削弱了到达地面的太阳辐射,使日照时数降低。2002—2008 年日照时数的弱回升过程,可能与 2000 年后关中地区采取的与大气污染防治相关减排措施有关。

(4)对西安太阳辐射变化及其影响因子的分析表明,西安地区 1961—2008 年总辐射变化经历了“持续”“变暗”“变亮”“再变暗”4 个阶段。西安总辐射的变化幅度较全国平均变化幅度大,其“变亮”过程开始时间较全国平均时间早。西安四季太阳总辐射总体均呈现出下降趋势,夏季和秋季的变化与年变化相似,春季存在一个“变暗”到“变亮”的过程,冬季则持续“变暗”。

通过对云量、气溶胶、水汽压和相对湿度等因子的分析,得到水汽压和相对湿度对总辐射变化影响不明显,云量和气溶胶的变化对西安总辐射的变化存在较显著的影响。春、夏季总辐射的变化主要受云量和气溶胶直接辐射强迫的影响,其中总云量的变化在一定程度上决定了总辐射变化的振幅,气溶胶的直接辐射强迫作用则决定了总辐射的下降趋势,秋、冬季节总辐射的下降趋势主要与气溶胶的直接辐射强迫有关。

(5)对秦岭地区华山、华县、西安云量变化特征及其原因分析表明,总云量与低云量变化都呈减少趋势。其中,低云量华山、华县、西安变化趋势夜晚与白天差异不大(夜晚减小趋势为－1.74%/(10 a)、－1.56%/(10 a)、－4.23%/(10 a),白天减小趋势为－0.73%/(10 a)、－1.94%/(10 a)、－4.62%/(10 a));总云量夜晚高山站比平原站减少明显,白天总云量三站的减少趋势基本一致。总云量与低云量四季变化有所不同,低云量华山、华县、西安三站春、夏、秋、冬四季变化趋势是减少的,减少程度由小到大分别为华山、华县、西安;总云量华山四季都是减少的,华县和西安除了夏季增加,其他季节都是减少的。

云量减少的原因主要有两个,一是局地对流原因,气溶胶冷却效应导致地面蒸发减少,局地对流减弱,使位置相对较高的华山站相对湿度减小,从而造成低云量减少;二是环流影响,西太平洋副高面积指数与云量相关较强,副高面积多年来持续增加,导致秦岭地区云量持续减少。

(6)对陕西关中城市群能见度变化特征分析表明,关中地区 9 个观测站中,除两个高山站外,其余 7 个站能见度均有明显的年、季变化特征,能见度最好出现在夏季,春秋季次之,冬季最差;1980 年前后,能见度均呈双峰变化,第一个峰值出现在 6、7 月,第二个出现在 9、10 月。关中东部地区城乡间能见度差异呈减弱趋势,同时,东部和西部的能见度差异呈加大趋势。西安、宝鸡、渭南的空气污染指数和能见度存在较明显的负相关关系,其相关系数分别为:-0.614、-0.487、-0.492,可以用长时间序列的能见度变化趋势,探讨研究关中地区大气污染的变化。

第8章 2015年以来陕西省主要霾天气概况及评估

8.1 阶段性霾概况及其气象条件分析

8.1.1 2015年霾天气与大气污染扩散气象条件

(1)霾天气概况

2015年1—6月陕西全省平均霾日数30.7 d,较2014年同期减少了4 d,减少近12 %。其中,关中地区减少最多,平均减少了6 d,陕北地区平均减少1.7 d,陕南地区平均减少2.8 d,特别是4—6月全省霾日数减少最为明显(图8.1)。

9月以来(9月1日—11月30日),陕西省雾/霾平均日数8.2 d,雾/霾影响范围44站次。与2014年同期相比,雾/霾日数较有所减少(2014年同期为9.8 d),影响范围较2014年同期(42站次)略有增大(图8.1)。其中,9—11月全省共监测到9次30站以上的霾天气过程,涉及全省68个县(区)。10月12—20日陕西省出现一次较严重的雾/霾天气过程,涉及关中和渭北地区的45个县(区),户县、永寿等4站出现能见度小于1 km的重度霾。11月29日—12月1日,陕西大部出现持续3 d的严重雾/霾天气,范围覆盖陕北南部、关中大部及陕南大部,重度雾/霾主要分布于西安市所有区县、宝鸡东部、咸阳南部、铜川南部及渭南南部,多地能见度不足50 m。

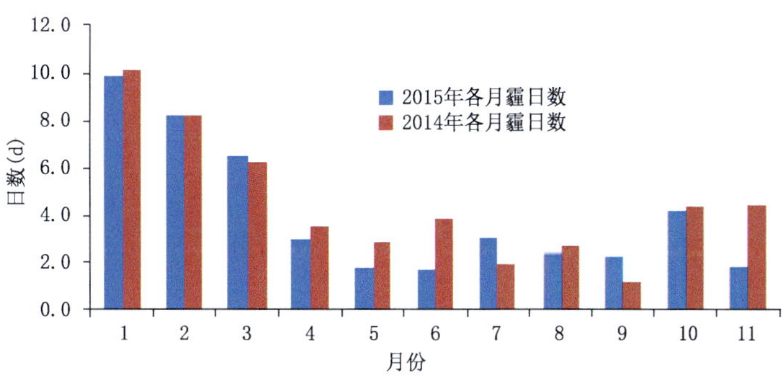

图8.1 2015年1—11月陕西省霾日数与2014年同期比较

(2)大气污染扩散气象条件

2015年1—10月,陕西省大气扩散能力总体略强,对污染物的稀释扩散和清除作用较为明显。上半年平均出现12次较强冷空气活动,其中,榆林、延安分别出现冷空气活动20次和14次,较常年同期分别偏多3次和5次;关中(泾河站9次)和陕南(汉中站5次)冷空气活动次数与常年同期持平或略有减少。

以关中的西安为例，西安 1—3 月平均风速 2.4 m/s 较 2014 年同期 2.2 m/s 明显偏大，大气水平扩散能力较强。4—6 月西安出现 19 d 降水，降水对污染物湿清除作用较为明显。

7—8 月全省降水偏少，气温偏高，大气配置呈“下湿上干”型，存在逆温逆湿现象，白天日照偏多，辐射偏强，有利于发生光化学反应，形成臭氧污染。

8.1.2　2015 年 12 月—2016 年 3 月关中大气污染气象条件分析评估

关中地区 2015 年 12 月—2016 年 3 月大气污染物浓度高于上年同期，与此相关的气象原因主要有以下几个方面：一是受冬季大气环流影响，2015 冬季冷空气活动次数较 2014 年冬季减少，污染物不易扩散；二是 2015 年该时段降水日数和有效降水日数（日降水量≥2.0 mm）较 2014 年略偏少，区域大气污染物雨水沉降能力相对较弱；三是边界层高度偏低，污染物垂直扩散条件差于上年；四是大气相对湿度较上年偏高，大气颗粒物容易吸湿增长，造成污染物质量浓度增大；五是不利于大气污染物扩散的主导风向较上年有所增加，空气自净能力较低。

(1)2015 年冬季 12 月—2016 年 1 月近地面大气污染程度较上年同期明显偏高，污染物集中于大气低层

比较西安 2014 和 2015 年冬季 12 月—2016 年 1 月气溶胶光学厚度（AOD）、$PM_{2.5}$ 和 PM_{10} 的变化状况（图 8.2—图 8.3，PM_{10} 图略），其中 AOD 能够较好地表征整个大气柱从地面到高空的污染状况，$PM_{2.5}$ 和 PM_{10} 主要表征近地面的污染状况。由图 8.2—图 8.3 可以看出，2014 年和 2015 年冬季 12 月—2016 年 1 月西安地区均存在 3 d～2 周不等的大气污染生消过程，并且 2015 年冬季 12 月—2016 年 1 月污染累积过程更加明显、污染程度更为严重。2014 年冬季 12 月—2015 年 1 月 AOD、$PM_{2.5}$ 和 PM_{10} 均值分别为 0.59、80.7 $\mu g/m^3$ 和 169.9 $\mu g/m^3$，2015 年冬季 12 月—2016 年 1 月 AOD、$PM_{2.5}$ 和 PM_{10} 均值分别为 0.68、112.4 $\mu g/m^3$ 和 209.3 $\mu g/m^3$，2015 年 AOD、$PM_{2.5}$ 和 PM_{10} 比上年同期分别高出 15.2%、39.2% 和 23.1%。可以看到，2015 年冬季 12 月—2016 年 1 月近地面大气污染程度明显高于上年同期，而整个大气柱的污染差异小于近地面污染的差异（图 8.2），污染物更多地集中于大气低层。

中国气象局秦岭气溶胶与云微物理野外科学试验基地空气动力学粒径谱仪观测（图 8.4）表明，2015 年 12 月—2016 年 1 月颗粒物数浓度较上年同期明显偏高，且 2015 年冬季持续性污染天气过程更强更多，持续时间最长的一次污染过程从 2015 年 12 月 28 日—2016 年 1 月 12 日，长达 16 d，平均颗粒物数浓度为 788 个/cm^3，最高数浓度达到 1828 个/cm^3。总体上，2015 年冬季颗粒物数浓度为 2014 年冬季的 1.9～2.6 倍。

(2)关中大气污染加剧的主要气象成因分析

① 受大气环流影响，冷空气影响天数明显偏少

受冬季经向环流和纬向环流波动的共同影响，2015 年 12 月—2016 年 3 月较上年同期冷空气活动次数偏少 1 次，影响天数偏少 12 d。2014 年出现中等以上强度的冷空气活动 14 次，影响天数达 52 d；而 2015 年出现中等强度的冷空气活动 10 次，强冷空气活动 3 次，影响天数 40 d（表 8.1）。

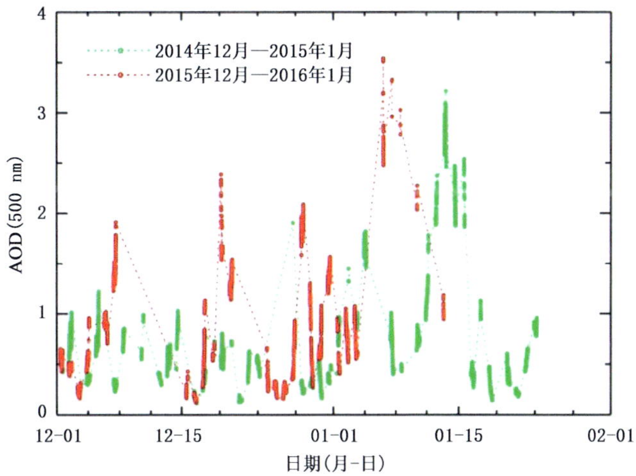

图 8.2　长安多滤波旋转遮光带辐射仪观测的 2014 年 12 月—2015 年 1 月与 2015 年 12 月—2016 年 1 月气溶胶光学厚度变化

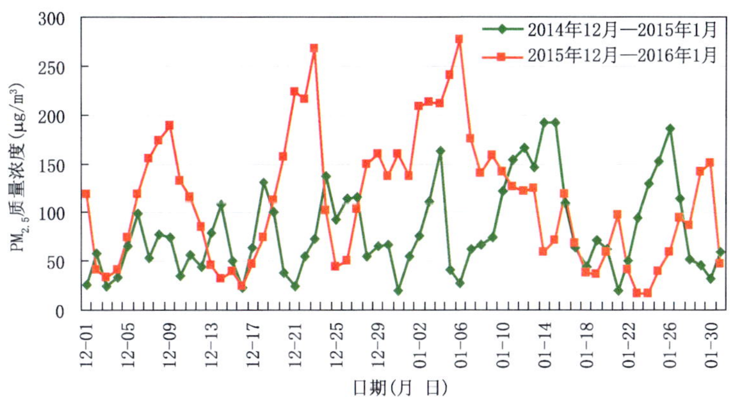

图 8.3　2014 年 12 月—2015 年 1 月与 2015 年 12 月—2016 年 1 月西安 $PM_{2.5}$ 浓度变化(环保局数据)

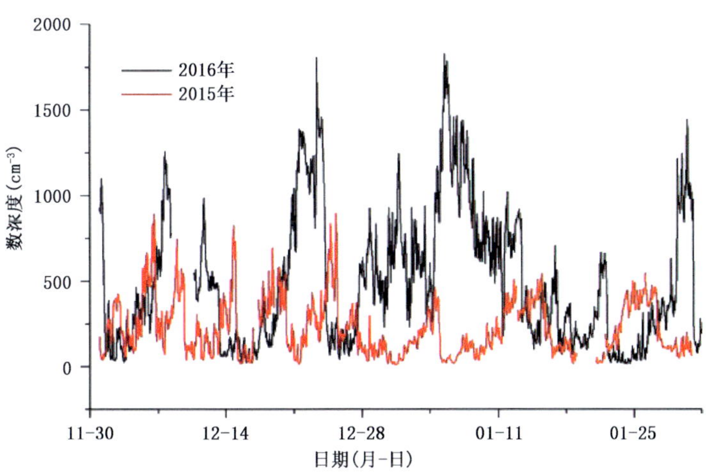

图 8.4　2014 年 12 月—2015 年 1 月与 2015 年 12 月—2016 年 1 月长安颗粒物数浓度变化

表 8.1　2014 年及 2015 年 11 月 15 日—次年 3 月 15 日冷空气活动情况一览表

时间	11 月 15—30 日	12 月	1 月	2 月	3 月 1—15 日	合计次数(次)	影响天数(d)
2014 年	20—21 日 30—12 月 2 日	3—6 日、16—19 日、23—25 日、30 日—1 月 3 日	5—7 日、16—17 日、20—23 日、27—28 日	12—14 日、17—20 日、21—24 日	3—6 日、8—10 日、14—15 日	14	52
2015 年	15—16 日、22—24 日、25—26 日	1—4 日、6—8 日、26—28 日	4—6 日、7—9 日、23—27 日	13—15 日、20—21 日、28 日—3 月 1 日	8—10 日	13	40
备注	2015 年出现降温幅度达 4～6 ℃的中等强度冷空气活动 10 次，降温超过 6 ℃的强冷空气活动 3 次；2014 年均为中等强度冷空气活动						

②降水日数和有效降水日数较上年同期略偏少，降水对区域大气污染物的沉降能力相对较弱

2015 年 11 月—2016 年 3 月降水日数较 2014 年同期略偏少。2015 年该时段降水日数 14 d，较上年同期的 16 d 偏少 2 d。从时间分布来看，2015 年 11 月降水日数最多，1 月次之，12 月最少，除 1 月和 3 月多于 2014 年外，其余各时段均偏少。降水日数空间变化不大，多为大范围过程降水(表 8.2)。

表 8.2　2014 年与 2015 年 11 月—次年 3 月日数(单位:d)

城市	2015 年						城市	2014 年					
	11 月	12 月	1 月	2 月	3 月	合计		11 月	12 月	1 月	2 月	3 月	合计
宝鸡	5	3	2	2	3	15	宝鸡	8	2	4	4	1	19
西安	3	2	3	2	4	14	西安	7	1	3	2	1	14
铜川	5	1	4	2	1	13	铜川	6	1	4	4	2	17
渭南	4	2	3	3	2	14	渭南	6	2	3	3	1	15
咸阳	4	1	4	2	3	14	咸阳	5	1	3	3	2	14
关中区域	4.2	1.8	3.2	2.2	2.6	14	关中区域	6.4	1.4	3.4	3.2	1.4	16

有效降水日数略偏少。2015 年 11 月—2016 年 3 月有效降水日数 4 d，较上年同期的 5 d 偏少 1 d。从时间分布来看，2015 年 11 月有效降水日数最多，2 月次之，1 月第三，12 月和 3 月无大范围系统性降水，除 2 月略多于 2014 年外，其余各时段均偏少(表 8.3)。表明降水对区域大气污染物的沉降能力相对较弱。

表 8.3　2014 年与 2015 年 11 月—次年 3 月有效降水日数(单位:d)

城市	2015 年						城市	2014 年					
	11 月	12 月	1 月	2 月	3 月	合计		11 月	12 月	1 月	2 月	3 月	合计
宝鸡	3	1		2	1	7	宝鸡	4		1		1	6
西安	3		1			4	西安	2					2
铜川	1			1		2	铜川	3	1	1	1	1	7
渭南	3		1	1		5	渭南	3		1			4
咸阳	3		1			4	咸阳	2		1		1	4
关中区域	2.6	0.2	0.6	0.8	0.2	4	关中区域	2.8	0.2	0.8	0.2	0.6	5

③边界层高度较上年同期偏低，垂直扩散条件相对较差

图 8.5 给出了西安泾河站 2014 年和 2015 年冬季 12 月—2016 年 1 月的边界层高度变化，2015 年冬季边界层高度明显低于 2014 冬季同期，2015 年冬季 12 月—2016 年 1 月和 2014 冬季同期泾河站边界层高度平均值分别为 393.63 m 和 465.97 m，2015 年冬季边界层高度比上年同时段低 15.5％(72.3 m)，表明 2015 年冬季 12 月—2016 年 1 月气象条件不利于大气污染的垂直扩散。由此，虽然 2015 年冬季 12 月—2016 年 1 月和 2014 冬季同期气溶胶光学厚度相差较小，但由于 2015 年冬季边界层高度相对较低，污染物更多的积聚在近地面，因而 2015 年冬季近地面污染较 2014 年同期严重。

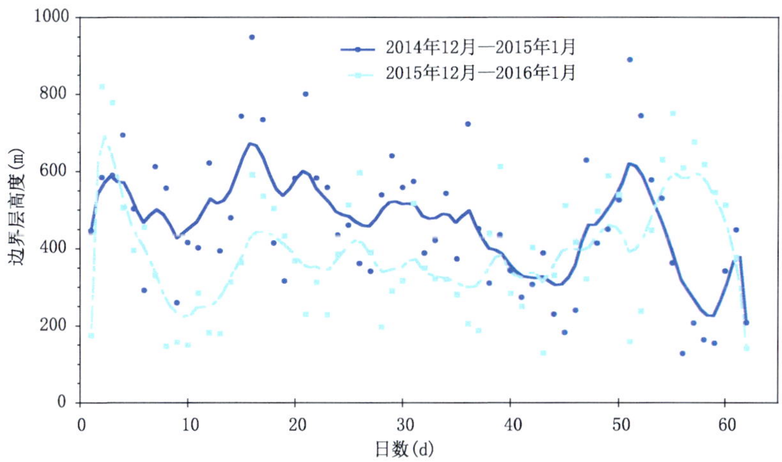

图 8.5　西安泾河 2015 年冬季 12 月—2016 年 1 月和上年同期边界层高度变化对比

应用近地面颗粒物质量浓度和气溶胶光学厚度的比值可以表示污染的垂直分布特征，2014 年冬季 12 月—2015 年 1 月和 2015 年冬季同期 $PM_{2.5}$/气溶胶光学厚度的值分别为 0.137 和 0.165，2015 年比 2014 年高出 20.4％，也进一步表明更多的大气污染物积聚在近地面。

④2015 年冬季相对湿度较上年同期偏高 8.2％，造成了颗粒物质量浓度增高

研究表明，当空气中水汽较多时，某些亲水性强的气溶胶粒子会吸湿增长，使得气溶胶质量浓度增大。2015 年西安冬季 12 月—2016 年 1 月与 2014 年冬季同期平均相对湿度分别为 47.08％和 38.85％，两者平均值相差 8.2％，高相对湿度也是 2015 冬季(12 月—次年 1 月)颗粒物质量浓度偏高的一个原因。

⑤2016 年 3 月关中地区主导风向不利于污染物水平扩散

2016 年 3 月与上年同期风速相当，但不利于污染物扩散的主导风向(东南风＋静风)比例偏高 10％，水平扩散条件亦偏差，是造成 2016 年 3 月地面污染物浓度高于上年的可能原因之一。$PM_{2.5}/PM_{10}$ 的比值能够反映出细粒子在 PM_{10} 中占的比重，同时也反映出粗粒子的多少。还应注意的是 2016 年 3 月 $PM_{2.5}/PM_{10}$ 的值低于 0.4 的天数为 13 d(42.0％)，高于上年的 7 d(22.5％)。

8.1.3　2016 年 11 月—12 月 20 日严重污染天气气象条件分析

2016 年 11 月—12 月 20 日，陕西省遭遇多次严重霾天气，霾严重程度已达 2014—2016 年同期最重，主要体现在四个方面：一是霾出现频次和覆盖范围明显增加；二是能见度显著偏低；

三是大气边界层高度低，逆温加剧；四是地面风速明显偏小。

(1)霾出现频次和覆盖范围明显增加

11 月—12 月 20 日，陕西省出现 3 次连续大范围霾天气过程，分别出现在 11 月 1—5 日、11 月 9—21 日和 11 月 24—12 月 18 日。全省共监测到霾 993 站次，涉及 89 个县(市、区)，呈现出强度大、范围广、持续时间长的特点。霾主要出现在关中地区，其中蒲城、宝鸡最多达 32 d、31 d。与 2015 年同期相比，霾出现的范围由 29 个县(市、区)扩大到 89 个县(市、区)，霾出现的频次由 2015 年的 233 站次增加到 993 站次。

(2)能见度显著偏低

2016 年 11 月—12 月 20 日，陕西关中地区多次出现严重雾/霾，14 时能见度平均值仅 7.6 km；关中地区 2016 年 11 月 14 时平均能见度(西安泾河站)为 5.5 km，明显低于 2015 年 11 月的 9.0 km；2016 年 12 月 1—18 日平均能见度为 5.5 km，也明显低于 2015 年同期的 8.9 km。2016 年 11 月—12 月 20 日，西安市 14 时小于 10 km 的低能见度日数达 37 d，其中小于 5km 的低能见度日数达 21 d；尤其是 12 月 1—18 日，小于 5 km 的低能见度日数达 8 d(其中有 4 d 小于 3 km)；与 2014—2016 年同期比较，西安小于 10 km 的低能见度日数远超过 2014 年同期的 23 d 和 2015 年同期的 27 d(图 8.6、图 8.7)。

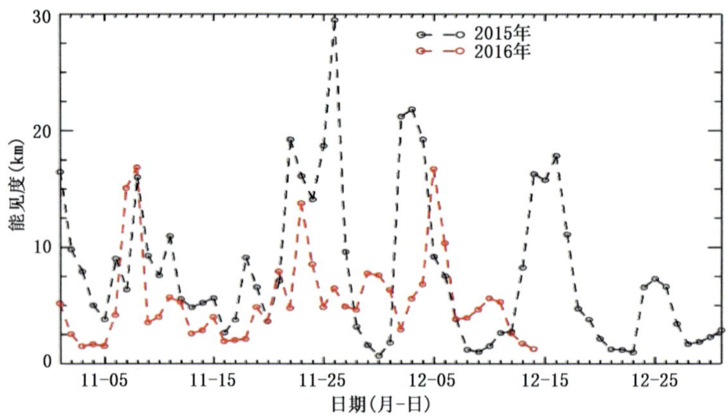

图 8.6　2015、2016 年 11 月 1 日—12 月 18 日西安泾河站能见度日均值对比图

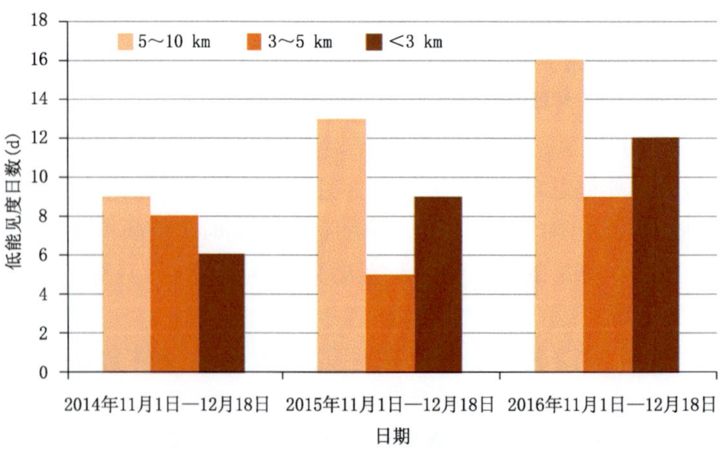

图 8.7　2014—2016 年 11 月 1 日—12 月 18 日 14 时西安泾河站低能见度日数对比图

(3)大气边界层高度显著偏低，逆温加剧

图 8.8 给出了利用泾河气象站 2015 年和 2016 年 08 时和 20 时探空数据计算得到的大气边界层高度的对比情况，2015 年 11 月和 2016 年 11 月的 PBL 高度均值分别为 226.65 m 和 138.87 m，后者比前者低 38.7%；2015 年 12 月 1—18 日和 2016 年 12 月 1—8 日的 PBL 高度均值分别为 163.86 m 和 133.89 m，后者比前者低 18.3%，表明 2016 年 11 月 1 日—12 月 18 日的大气污染扩散条件明显不及 2015 年同期。

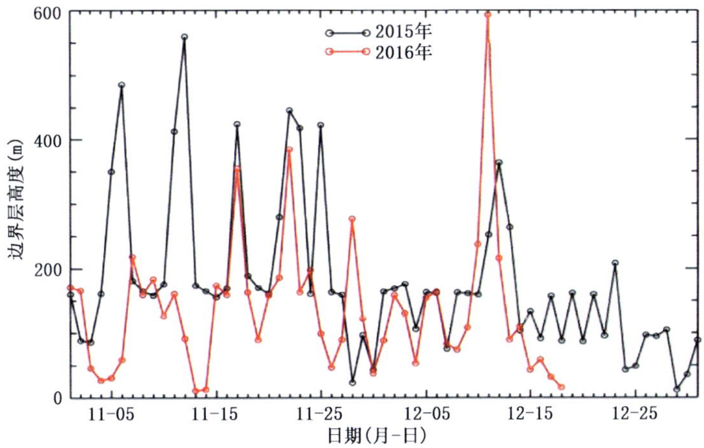

图 8.8　2015 和 2016 年 11—12 月边界层高度对比图

图 8.9 为 2015 和 2016 年 11—12 月逆温的分布与变化，分析表明 2016 年近地面逆温层高度、出现频率和强度均超过 2015 年同期，近地面逆温频繁出现的时段与实际监测的 $PM_{2.5}$ 浓度上升时段也十分对应，这一变化充分说明，气象条件在 2016 年 11—12 月大气污染生成、加重过程中起着极其重要的作用。

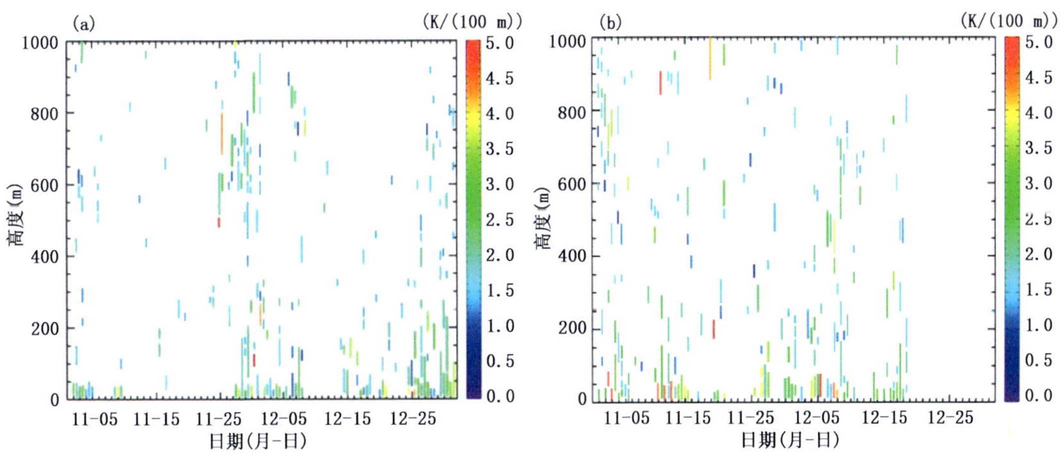

图 8.9　2015 年(a)和 2016 年(b)11—12 月逆温层分布与变化

(注：每一条色带代表了该次逆温的底高和顶高，颜色代表了逆温强度)

(4)地面风速显著偏小

地面风速监测数据表明：关中地区(以西安泾河站观测为代表)2016 年 11 月近地面平均

风速为 1.85 m/s,12 月 1—18 日近地面平均风速为 2.0 m/s,均显著低于 2014 年和 2015 年历史同期水平。同时,能见度和相对湿度等气象要素分析也表明,2016 年 11 月、12 月冷空气活动均较 2015 年同期明显偏弱。近地面低风速、低温、高相对湿度,再辅以高空持续干暖气层存在,导致混合层高度显著下降,大气水平和垂直交换减弱,使污染天气不断加剧(表 8.4)。

表 8.4 2014、2015 和 2016 年 11—12 月 1—18 日泾河站地面风速、能见度、相对湿度对比

时段	日平均风速(m/s)	能见度(km)			相对湿度(%)		
		02 时	14 时	日最小能见度	02 时	14 时	日均
2014 年 11 月	1.94	5.42	11.81	2.61	73.9	51.1	66.5
2015 年 11 月	2.08	7.99	11.28	3.78	86.0	71.0	81.4
2016 年 11 月	1.85	4.85	7.56	2.20	80.0	53.7	70.4
2014 年 12 月 1—18 日	2.22	9.03	14.54	4.31	50.0	31.9	44.2
2015 年 12 月 1—18 日	2.12	7.48	15.46	2.73	65.7	47.1	59.2
2016 年 12 月 1—18 日	2.00	3.80	7.67	2.27	71.7	44.1	61.8

8.1.4 2017 年 1—9 月污染天气气象条件分析

2017 年 1 月 1 日—9 月 26 日,陕西省城市空气质量优良天数 112～244 d,与 2016 年同期相比空气质量较差,其中 1—3 月和 6—7 月大气污染比较严重,主要出现在关中。1—3 月,平均风速偏小,小风日数增多,冷空气活动次数少且强度偏弱,混合层高度偏低,稳定类天气居多,气象条件不利于大气污染物扩散和清除;6—7 月气温显著偏高,日照充足,相对湿度较小,有利于光化学反应生成臭氧,造成臭氧污染过程增多。

(1)各城市环境空气质量情况

2017 年 1 月 1 日—9 月 26 日,全省城市空气质量优良天数在 112～244 d 之间(表 8.5),商洛优良天数最多,陕南城市空气质量最好,陕北次之,关中最差,西安、咸阳和渭南分别出现了 10 d 以上的严重污染天气,与 2016 年同期相比全省城市空气质量较差。

表 8.5 2017 年 1 月 1 日—9 月 26 日全省各市不同等级空气质量日数(单位:d)

城市	优良	轻度污染	中度污染	重度污染	严重污染
西安市	131	86	20	18	13
宝鸡市	182	58	11	16	2
咸阳市	112	90	37	13	16
铜川市	176	69	13	8	3
渭南市	122	97	24	14	11
延安市	228	35	4	1	1
榆林市	201	63	2	1	2
汉中市	212	37	14	6	0
安康市	242	20	5	2	0
商洛市	244	21	2	1	1

2017 年 1—3 月全省污染天气首要污染物以颗粒物为主，6—7 月首要污染物以臭氧为主。颗粒物主要污染时段为 1 月 1—9 日、1 月 22 日—2 月 7 日、2 月 11—20 日、2 月 25—28 日、3 月 16—24 日；臭氧的主要污染时段为 5 月 24—28 日，6 月 15—28 日，7 月 9—15 日、7 月 20—23 日。其中 1 月 1—9 日关中大部分城市出现持续严重污染天气。

2017 年 5—8 月全省平均臭氧污染日数共 35 d，较上年同期 24 d 增加 11 d(表 8.6)。主要分布在陕北和关中，咸阳、西安臭氧污染日分别为 68 d 和 62 d，远大于上年同期 42 d 和 30 d；榆林出现 49 d，较上年增加 21 d。臭氧污染天气主要出现在 6 月和 7 月。

表 8.6　全省各市 2016 年、2017 年 5—8 月臭氧污染日数对比(单位：d)

年份	榆林	延安	渭南	西安	咸阳	宝鸡	铜川	汉中	商洛	安康	平均
2016	28	14	43	30	42	27	41	3	8	2	24
2017	49	13	61	62	68	30	42	17	3	6	35

2017 年 9 月关中各市环境空气质量较上年同期明显好转，除宝鸡外其余 4 市优良天数增加 6～11 d，渭南增加最多。

(2)霾出现次数及范围

2017 年 1—3 月全省共出现霾 2283 站次，涉及 91 个县(市、区)。从各月分布上来看，1 月出现霾 955 站次最多，涉及 91 个县(市、区)最多，霾影响范围最大且持续时间最长，其次为 2 月，共出现霾 774 站次，涉及 87 个县(市、区)，3 月开始霾影响范围开始减少且持续时间和强度明显减轻。持续大范围霾天气过程主要为 1 月 1—4 日、1 月 15—18 日、1 月 23—27 日，2 月 1—6 日、2 月 13—19 日。霾天气过程期间关中大部分城市出现持续严重污染天气。

1—3 月陕西省霾主要分布在关中，西安、杨凌、潼关、宝鸡、蒲城等城市霾日数均超过 40 d。

(3)冬春季污染气象条件分析

① 平均风速偏小，小风日数增多

对比分析 2017 年和 2016 年平均风速和小风日数(表 8.7)，2017 年 1—3 月全省平均风速较上年同期偏小 0.13 m/s，1—3 月小风日数较上年同期平均增多 2.4 d，关中增多 1～11 d，陕北增多 1～4 d，其中西安增加最多为 11 d。1—3 月全省各地市平均风速均在 2.8 m/s 以下，且小风频率较大，此情况下空气流动缓慢，近地面附近的各种污染物不易向外扩散，造成了污染物不断积聚，使污染天气得以长时间维持。

表 8.7　全省各市 2016 年、2017 年 1—3 月平均风速和小风日数

城市	小风日数(d)		城市	平均风速(m/s)	
	2016 年	2017 年		2016 年	2017 年
西安市	19	30	西安市	2.3	2.2
铜川市	3	4	铜川市	2.6	2.5
咸阳市	28	28	咸阳市	2.0	1.9
渭南市	25	30	渭南市	1.9	1.8
宝鸡市	73	70	宝鸡市	1.1	1.1
延安市	16	20	延安市	2.4	2.1

续表

城市	小风日数(d)		城市	平均风速(m/s)	
	2016 年	2017 年		2016 年	2017 年
榆林市	3	4	榆林市	2.8	2.8
汉中市	83	85	汉中市	0.9	0.8
安康市	76	79	安康市	1.1	1.0
商洛市	15	15	商洛市	2.6	2.2

② 冷空气活动次数减少，强度偏弱

2017 年 1—3 月陕西省共出现 4 次中等以上强度冷空气活动(表 8.8)，较上年同期明显偏少，分别为 1 月 19—20 日、1 月 29—31 日、2 月 20—21 日和 3 月 10—13 日。其中 2 月的冷空气过程为入冬以来强度最强的一次，20 日泾河站 24 h 降温 2.1 ℃，48 h 降温 10.1 ℃；安康站 24 h 降温 2.7 ℃，48 h 降温 9.6 ℃；延安站 24 h 降温 6.2 ℃，48 h 降温 11.8 ℃；全省空气质量得到明显改善。

2017 年 1—3 月陕西省冷空气活动较去年同期偏少 3 次，强度偏弱。冷空气活动次数偏少且势力偏弱，不利于污染物扩散。

表 8.8 2016 年、2017 年 1—3 月全省冷空气活动情况

年份	1月	2月	3月	合计次数(次)
2016	17—19 日、22—24 日	12—14 日、20—21 日、29 日—3 月 1 日	7—10 日、20—25 日	7
2017	19—20 日、29—31 日	19—21 日	10—13 日	4

③ 混合层高度低、稳定类天气多、逆温多、大气扩散能力差

对比分析 2017 年和 2016 年陕西省混合层高度分布特征(图 8.10)，2017 年 1—3 月全省平均混合层高度为 898 m，与上年同期相比降低 22 m。延安、泾河和安康平均混合层高度分别为 957 m、965 m 和 671 m，与上年同期相比分别降低 50 m、39 m 和 30 m。平均混合层高度偏低，大气垂直扩散能力较差。

2017 年 1—3 月关中地区稳定类、不稳定类和中性类天气分布频率分别为 49.3%、20.7% 和 29.9%。稳定类天气明显居多，中性类天气略多，不稳定类天气最少，表明区域湍流和垂直扩散条件较差，不利于污染物的稀释扩散。

统计分析 1—2 月西安市 1000 m 以下逆温出现频次数据，发现 2016 年出现频次为 83 次，而 2017 年则达到 93 次，逆温多，大气垂直扩散能力不足，也是造成 2017 年 1—2 月大气扩散条件差的重要原因。

④大气环流背景特征

2017 年陕西省冬春季出现污染天气的主要大气环流背景为：对流层中层纬向气流为主，盛行西风气流，冷空气强度偏弱；对流层低层水汽输送明显，并且伴随南方暖湿气流，有利于大气低层的污染物聚集；陕西省大部风速距平为负，风速偏小，不利于污染物的扩散；逆温层明显，大气层结异常稳定。在整个对流层内几乎为一致的增暖，尤其对流层中低层的逆温最为明显，这种对流层存在的逆温层会使得大气变得稳定。

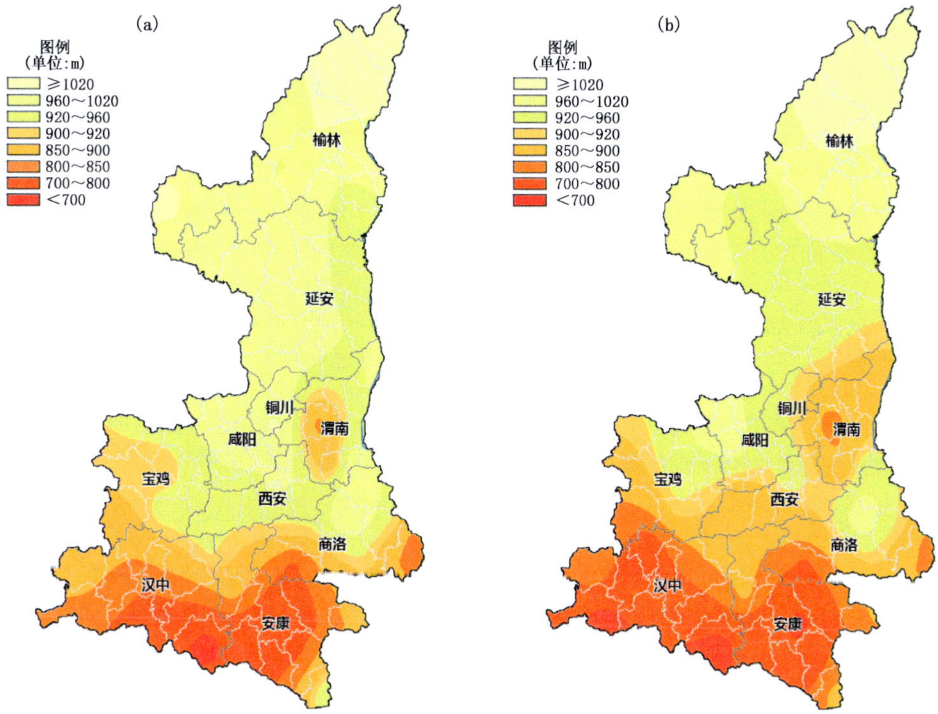

图 8.10　2016 年、2017 年陕西省混合层高度分布图

(a)2016 年 1 月 1 日—3 月 31 日;(b)2017 年 1 月 1 日—3 月 31 日

(4)臭氧污染气象条件分析

①高温有利于臭氧生成

臭氧平均浓度和臭氧超标率随日平均气温、日最高气温升高而升高,当日平均气温在 25～30 ℃或日最高气温 30～35 ℃时,臭氧平均浓度和臭氧超标频率较高,高温对臭氧浓度影响显著(图 8.11)。相对于 2016 年,2017 年关中最高气温和平均气温均有较大升高,5—7 月平均气温增高 0.7 ℃,最高气温平均增高 1.2 ℃。西安日最高气温大于 30 ℃和大于 35 ℃日数也明显增多,分别为 89 d 和 42 d,较 2016 年同期增多 11 d 和 10 d。

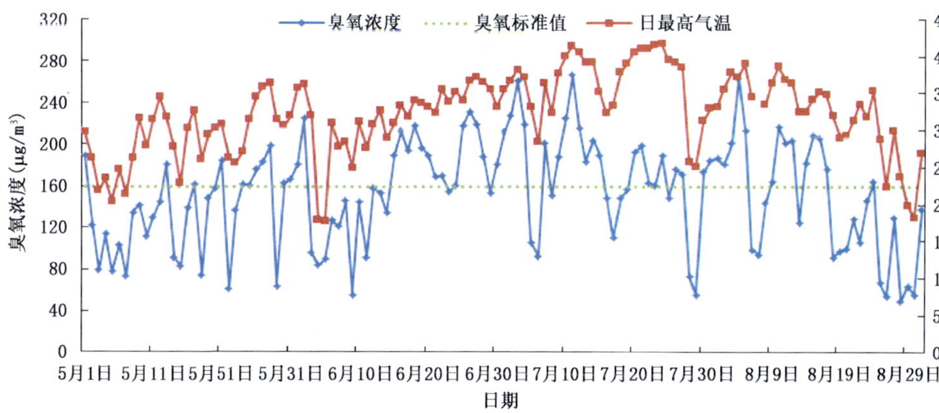

图 8.11　西安 2017 年 5—8 月臭氧浓度和日最高气温逐日变化曲线

②日照时数增多、太阳辐射强，有利于臭氧生成

2017 年 5—8 月关中平均日照时数 848 h，其中西安最多为 898 h，分析关中 5 地市 5—8 月臭氧超标日和非超标日日照时数的特征，关中五市臭氧超标日与非超标日日照时数存在显著差异，超标日和非超标日差异在 40%，在每天日照时数 $H \geqslant 6$ h 时，各城市臭氧平均浓度和臭氧超标频率均较高，每天日照时数 $H \geqslant 10$ h 时臭氧超标频率最高。如西安 2017 年 5—7 月总日照时数为 739.6 h，比 2016 年同期 691.2 h 偏多 48.4 h，特别是 6 月 15 日—7 月 31 日的 47 d 中，日照大于 6 h 的日数有 41 d，明显多于 2016 年同期的 32 d；从与日照密切相关的短波总辐射日最大值来看，西安 2017 年 5—6 月的短波辐射辐照度最大值明显高于 2016 年同期，2017 年 7 月略低于 2016 年 7 月。

③平均相对湿度低，有利于臭氧形成

2017 年 5—8 月关中平均相对湿度 61%，较上年同期有较大幅度降低，其中西安相对平均湿度最低仅 58%，较去年同期下降 4%，渭南降低幅度最大达 −9.1%。西安、咸阳、渭南和铜川污染日平均相对湿度较非污染日低近 20%。相对湿度低、天气干燥，有利于大气光化学反应发生。

(5)降水日数增多，有利于大气污染物的清除

2017 年 9 月关中地面风速较大，日平均风速 2.0 m/s 大于上年同期 1.8 m/s，同时降水日数明显增多。西安、渭南、咸阳、铜川和宝鸡的降水日数分别为 11、10、11、8 和 12 d。其中西安站 9 月 1—5 日、8—10 日、25—26 日出现三次明显的降水过程，合计降水日数 11 d。受副高外围西南暖湿气流和北部冷空气共同影响，9 月 25 日关中地区出现明显降水天气，城市空气质量明显好转，西安空气质量从 24 日的轻度污染（AQI=124）转为 26 日的优（AQI=40）。9 月降水持续时间长、有效降水日数多是关中地区城市环境空气质量持续改善的重要原因。

8.1.5 2017 年 11 月 1 日—12 月 18 日陕西省空气质量概况及大气扩散条件

(1)陕西省各市环境空气质量较好

2017 年 11 月 1 日—12 月 18 日，陕西省城市空气质量优良天数在 15～45 d 之间，各市主要以 $PM_{2.5}$ 和 PM_{10} 为首要污染物。陕北和陕南空气质量较好，其中商洛优良天数最多，达 45 d；关中优良天数 15～32 d，11 月中旬以来出现中度及以上污染日较多。

与 2014—2017 年同期相比，2017 年关中和陕南城市优良天数较 2016 年明显增多，较 2014 及 2015 年有所减少；陕北城市优良天数较 2014—2017 年均明显增多，空气质量有明显好转（表 8.9）。

表 8.9　2014—2017 年 11 月 1 日—12 月 18 日全省各市不同等级空气质量日数(单位:d)

年份	空气质量级别	延安	榆林	西安	咸阳	渭南	宝鸡	铜川	汉中	安康	商洛
2017	优良	42	44	15	15	16	28	32	22	36	45
	轻度污染	5	4	19	17	20	11	12	19	12	3
	中度污染	1		11	10	7	5	4	5		
	重度及以上			3	6	5	4		2		

续表

年份	空气质量级别	延安	榆林	西安	咸阳	渭南	宝鸡	铜川	汉中	安康	商洛
2016	优良	30	36	5	6	5	16	12	15	35	35
	轻度污染	13	10	10	7	10	19	23	18	12	10
	中度污染	4	1	10	12	13	4	7	12		2
	重度及以上			22	22	19	8	5	2		
2015	优良	37	34	16	30	27	32	34	38	37	37
	轻度污染	9	10	4	6	11	7	6	10	9	6
	中度污染	2	4	5	4	2	6	4		2	
	重度及以上			5	8	7	4	4			2
2014	优良	30	—	25	22	30	32	23	—	—	—
	轻度污染	16	—	12	16	10	11	16	—	—	—
	中度污染		—	7	7	5	3	6	—	—	—
	重度及以上		—	2	1	1		1	—	—	—

注:2014 年榆林、汉中、安康和商洛无空气质量数据。

(2)霾天气过程主要出现在关中地区,影响程度小于 2016 年同期

11 月 1 日—12 月 18 日,全省出现多次霾天气过程,主要出现在 11 月 4—9 日、12—17 日、11 月 25 日—12 月 4 日和 12 月 11—18 日,共计 547 站次,涉及 67 个县(市、区)。霾主要分布在关中地区,宝鸡出现持续 7 d 霾,武功、陇县、蓝田、周至和咸阳均出现持续 6 d 霾;其中 11 月 25—12 月 4 日持续 10 d,为入冬以来持续时间最长的霾天气过程,12 月 14 日有 47 个县(市、区)均监测到霾,影响范围最大。

与 2014—2016 年同期相比,2017 年 11 月以来,霾天气站次、过程数、涉及县(市、区)数和霾天气出现日数均小于 2016 年同期,大于 2014 和 2015 年同期。

表 8.10　2014—2017 年 11 月 1 日—12 月 18 日霾天气概况

年份	2014	2015	2016	2017
站次	211	108	1103	547
县(市、区)(个)	23	27	89	67
天数(d)	36	21	44	42
过程(次)	3	1	5	4

注:时间均为 11 月 1 日—12 月 18 日。

11 月,陕西省气象局利用卫星数据反演了关中地区发生的 6 次霾过程的大气光学厚度变化,结果如下。

①11 月 4 日沿着汾渭平原出现灰色霾区域,在关中盆地中部光学厚度值较高,大部区域在 0.8 以上,以关中为主,污染程度较重。

②11 月 8 日霾区主要集中在秦岭以北的关中地区,包括西安大部和咸阳南部,程度以轻度为主。

③11 月 13—14 日,陕西省关中地区出现霾天气过程,13 日霾区主要集中在秦岭以北的关中地区,包括西安、咸阳、渭南的大部地区,以及铜川、宝鸡的部分地区,程度为中度到重度。14 日霾区主要集中在宝鸡大部、咸阳北部、西安南部地区,程度以中度和重度为主。

④11 月 20 日，关中地区出现轻度到重度霾，霾区主要集中在关中北部地区，包括渭南北部、咸阳北部和铜川南部。

⑤11 月 23 日，关中地区出现轻度霾，霾区集中在渭南和西安大部、咸阳和铜川南部、宝鸡东部。

⑥11 月 28—30 日，关中地区出现中度到重度霾，霾区主要集中在秦岭以北的关中地区，包括西安、渭南的大部地区，宝鸡东部和咸阳南部地区。

12 月(截止到 18 日)，陕西省气象局利用卫星数据反演了 3 次霾过程的大气光学厚度变化，结果如下。

①12 月 2—5 日，关中地区出现由中度到重度再到轻度的霾天气过程，其中 2—3 日出现中度到重度霾天气过程，包括西安、渭南、咸阳的大部地区；4—5 日出现轻度霾天气过程，包括渭南大部、西安大部和咸阳南部。

②12 月 9—12 日，关中地区出现轻度到中度霾天气过程，其中 9 日关中地区和汉中盆地出现轻度霾，霾区主要集中在渭南大部、西安大部、咸阳南部和铜川南部以及汉中盆地；11—12 日出现中度霾天气过程，霾区主要集中在秦岭以北的关中平原地区，包括西安、渭南的大部，咸阳、铜川的南部，以及宝鸡东部地区。

③12 月 15—18 日，关中地区出现中度到重度再到轻度的霾天气过程，其中 15 日出现中度到重度霾，霾区主要集中在西安、咸阳、渭南、铜川、宝鸡的大部地区；17—18 日关中地区出现轻度霾天气过程，霾区主要集中在渭南、西安、咸阳的大部地区，以及铜川南部和宝鸡东部地区，此外，陕南汉中和安康也监测到霾天气。

(3)11 月以来冷空气活动频繁，大气扩散能力较强

11 月以来陕西省出现 7 次冷空气活动，分别为 11 月 2—5 日、8—11 日、18—19 日、11 月 29 日—12 月 1 日，12 月 4—6 日、13—14 日，16—17 日。冷空气活动期间，风速变大，混合层高度增加，污染物浓度迅速下降，西安在 11 月 10 日 AQI 仅 68，空气质量为良；在没有冷空气活动期间，风速较小，混合层高度较低，大气扩散条件变差，污染物浓度有所积累。西安 11 月在 13—17 日出现持续中度以上污染过程，其中 16—17 日持续重度污染，17 日 AQI 最大达 291，随着 18 日冷空气影响，泾河站风速从 1.0 m/s 增至 2 m/s 以上，空气质量迅速好转，AQI 从 291 迅速降至 18 日的 76，18—20 日空气质量均为良。

8.1.6 2018 年 1—8 月陕西省大气污染气象条件较 2015—2017 年同期有所改善

2018 年 1—8 月陕西省共监测到霾日数 119 d，较 2015—2017 年同期偏少 13 d，霾主要集中在关中地区，阶段性变化特征明显，冬季最多，春季次之，夏季最少。其中，冬季降水天气过程对污染物湿清除作用明显；春季冷空气活动频繁，平均风速加大对改善大气污染状况作用明显；夏季持续高温天气导致臭氧污染快速加剧。

(1)2018 年 1—8 月大气污染气象条件较 2015—2017 年同期有所改善，西安改善尤为明显

2018 年 1 月 1 日—8 月 20 日以来，全省共监测到霾日数 119 d，较 2015—2017 年同期偏少 13 d(2015—2017 年平均为 132 d)。霾主要集中在关中地区，其中富平、咸阳均为 44 d，三原、华阴和宝鸡次之，分别为 43、42 和 39 d。霾日数阶段性变化特征明显，冬季最多，春季次

之，夏季最少，各季节霾日数均少于2015—2017年同期。2018年1—8月，陕西省共监测到31 d 69站次扬沙浮尘天气，较1981—2010年同期平均(127.6 d)偏少96.6 d，为1961年以来同期第一偏少年，扬沙浮尘主要出现时段集中在2—6月，主要影响区域为陕北、关中地区。

1月1日—8月20日，西安泾河站平均气温17.6 ℃，较常年同期偏高0.2 ℃；降水量297.7 mm，较常年同期(259.2 mm)偏多14.9%；平均风速2.4 m/s，较常年同期(2.3 m/s)略偏大；霾日数18 d，较2015—2017年同期明显偏少(2015—2017年平均为53.3 d)；秦岭气溶胶与云微物理野外科学试验基地观测数据表明，2018年1—8月西安气溶胶光学厚度平均值0.45，较2015—2017年同期偏低11.8%(2015—2017年平均为0.51)，大气污染状况改善明显。

(2)冬、春、夏三季大气污染气象条件分析

① 冬季降水天气过程对污染物湿清除作用明显

1—2月陕西省冷空气活动频繁，降水日数多，降水量大，全省共监测到霾日数52 d，较2015—2017年同期(57 d)略偏少。其中1—2月西安市霾日数为12 d，较2015—2017年同期(35.7 d)明显偏少；西安气溶胶光学厚度均值0.51较2015—2017年同期(0.72)偏低29.2%(表8.11)。2018年1—2月全省出现1次中等强度冷空气，西安出现4次较明显的降水过程，降水量达25.6 mm，较2015—2017年同期 (10.1 mm)明显偏多，降水对污染物湿清除作用显著。

表8.11 2018年冬季西安气象条件及气溶胶光学厚度与2015—2017年同期对比

年份	霾日(d)	降水日数(d)	降水量(mm)	平均相对湿度(%)	气溶胶光学厚度
2015	32	11	4.7	51	0.79
2016	41	5	10.9	47	0.56
2017	34	5	14.7	53.5	0.81
2018	12	5	25.6	55.5	0.51
2015—2017年平均值	35.7	5	10.1	50.5	0.72
2018年较过去3年变化幅度(%)	−66.4	120.0	153.5	+9.9	−29.2

②春季冷空气活动频繁，平均风速大，对改善大气污染状况作用明显

春季(3—5月)全省霾日数45 d，较2015—2017年同期(50 d)略偏少，其中西安霾日数仅为6 d，较2015—2017年同期减少63.3%。分析2018年春季西安气象条件特征，西安2018年春季平均风速2.5 m/s，较2015—2017年同期偏大8.4%，小风日数(<2 m/s)34 d，较2015—2017年同期偏少20.3%；大气环境容量、混合层高度基本与2015—2017年同期持平，总体气象条件好转(表8.12)。2018年春季西安霾日数明显偏少，一方面与西安2018年春季总体气象条件偏好，平均风速偏大有关，另一方面也与西安地区实行强有力的治污减霾措施有关。

表8.12 2018年春季西安气象条件与2015—2017年同期对比

年份	霾日数(d)	平均风速(m/s)	<2.0 m/s小风日数(d)	降水日数(d)	环境容量(t/(d·km²))	混合层高度(m)
2015	12	2.3	44	24	42.8	1058.0
2016	28	2.5	37	17	40.7	1078.0

续表

年份	霾日数(d)	平均风速(m/s)	<2.0 m/s 小风日数(d)	降水日数(d)	环境容量(t/(d·km²))	混合层高度(m)
2017	9	2.2	47	17	36.4	1036.0
2018	6	2.5	34	22	39.6	1054.0
2015—2017 年平均值	16.3	2.3	42.7	19.3	39.9	1057.3
2018 年较过去 3 年变化幅度(%)	−63.3	8.4	−20.3	13.8	−0.9	−0.3

③夏季持续高温天气导致臭氧污染快速加剧

2018 年夏季(6 月 1 日—8 月 20 日),全省霾日数为 22 d,较 2015—2017 年同期(25 d)略偏少,其中西安未监测到霾。夏季随着气温逐步升高,紫外辐射量增多,空气湿度减小,大气首要污染物由颗粒物转变为臭氧。以西安市为例,入夏以来累计出现 35 ℃高温天气 39 d,较 2015—2017 年同期增加 39.3%(表 8.13),其中 8 月 2—15 日出现持续 14 d 的高温天气,紫外辐射日均值达 1.115 MJ/m^2,明显高于 2016 年的 0.894 MJ/m^{2}和 2017 年的 0.831 MJ/m^2。

表 8.13　2018 年夏季西安气象条件与 2015—2017 年同期对比

年份	降水≥3 mm 日数(d)	降水日数(d)	降水量(mm)	平均气温(℃)	高温日数(d)
2015	15	26	182.8	26.2	14
2016	10	19	204.1	28.1	31
2017	12	21	180.8	28.4	39
2018	11	17	188.7	28.2	39
2015—2017 年平均值	12.3	22	189.2	27.6	28
2018 年较过去 3 年变化幅度(%)	−10.6	−22.7	−0.3	2.2	39.3

8.1.7　2018 年秋季汾渭平原环境气象评估

2018 年秋季(9 月 1 日—11 月 15 日,下同),汾渭平原霾影响范围与 2017 年同期基本持平,霾日数少于 2017 年同期,辖区 11 个市空气质量以优良为主。气象条件评估显示,2018 年秋季,汾渭平原 11 个市平均风速较 2016、2017 年同期偏大,气温偏低,冷空气相对活跃,有利于污染物的扩散;降水日数总体少于 2016、2017 年同期,但 9 月和 11 月降水日数较多,利于污染物清除;相对湿度低于 2016、2017 年同期,对降低大气污染物浓度较为有利;边界层高度总体较 2016、2017 年同期变化不大,但 9 月和 11 月边界层高度均高于 2016、2017 年同期,逆温频率少,利于污染物扩散。

(1)2018 年秋季汾渭平原霾天气概况

①霾影响范围与 2017 年同期基本持平,霾日数少于 2017 年同期

2018 年秋季,汾渭平原辖区(109 站)共监测到 47 个霾日 387 站次。其中 10 月 15—21

日、11 月 1—4 日、11 月 10—14 日出现 3 次较大范围的持续性霾天气过程，辖区有 11 个区县出现 10 d 以上霾，河南省新安县出现 24 d，为区域内霾日数最多的城市，其次为山西省柳林县和汾阳市，分别出现了 18 d 和 17 d。10 月 15—21 日过程持续时间最长，10 月 17、18 日均有 37 个区县监测到霾，影响范围为秋季以来最大。

2018 年秋季汾渭平原辖区霾影响范围与 2017 年同期基本持平；平均霾日数 3 d，较 2017 年同期(3.6 d)减少约 17%。

②11 个市空气质量以优良为主

2018 年秋季以来(截至 11 月 15 日)，汾渭平原辖区 11 个市平均能见度(14.94 km)优于 2016、2017 年同期，较 2016 年同期(8.96 km)高出 66.7%，较 2017 年同期(9.86 km)高出 51.5%，空气质量以优良为主。

(2)气象条件评估

①平均风速偏大，大气水平扩散条件较好

2018 年秋季以来，汾渭平原 11 个市(除宝鸡、渭南外)平均风速 1.8 m/s，较 2016 年(1.6 m/s)和 2017 年(1.6 m/s)同期均偏大 12.5%，且主导风向频率与 2016 和 2017 年同期相比无显著变化(图 8.12，以西安为例)，辖区总体大气水平扩散条件相对较好。

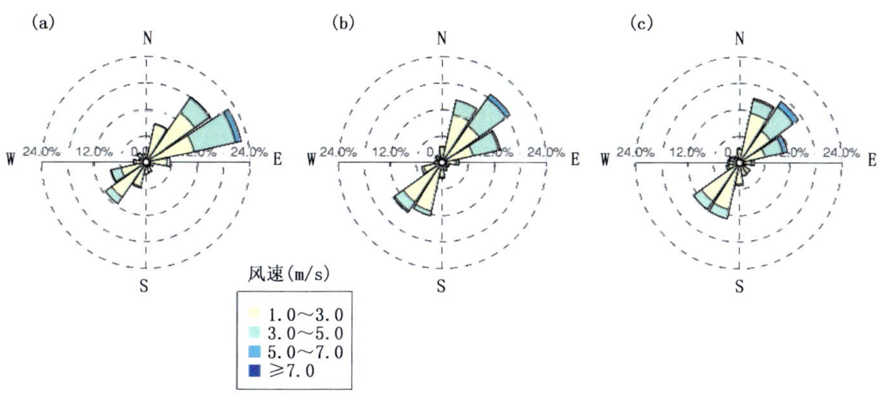

图 8.12　2016—2018 年西安 9 月 1 日—11 月 15 日风速风频分布特征

(a)2016 年；(b)2017 年；(c)2018 年

②气温偏低，冷空气活跃，利于污染物扩散

2018 年秋季以来(截至 11 月 15 日)，汾渭平原 11 市平均气温均低于 2016、2017 年同期，其中渭南和洛阳比 2016 年同期偏低 0.8 ℃，吕梁比 2016 年同期偏低 2 ℃，其余地区比 2016 年同期偏低 1.0～1.6 ℃。汾渭平原 11 市平均最高气温略低于 2016 年同期，其中晋中、临汾较 2016 年偏低 2.2 ℃，但高于 2017 年同期。汾渭平原 11 市平均最低温度均低于 2016、2017 年同期，其中吕梁偏低 2.0 ℃，其余地区偏低 1.5～1.9 ℃。汾渭平原整体气温偏低，冷空气相对活跃，有利于污染物的扩散。

③降水日数总体偏少，但 9 月和 11 月降水日数较多，利于污染物清除

2018 年秋季以来(截至 11 月 15 日)，汾渭平原地区平均降水日数较 2016、2017 年同期偏少，降水日数较少的时段主要发生在 10 月，但 9 月、11 月的降水日数多于 2016 和 2017 年同期，9 月、11 月降水对颗粒物污染的清除作用较强。

④湿度偏低，不利于气溶胶吸湿增长

2018 年秋季，汾渭平原 11 市平均相对湿度 65%，为 2016—2018 年以来同期最低，较 2016 年同期(72.3%)偏低 10.1%，较 2017 年同期(77.5%)偏低 16.1%，相对湿度偏低。不利于气溶胶吸湿增长，对降低大气污染物浓度较为有利。

⑤9 月和 11 月大气边界层高度高、逆温频率少，利于污染物扩散

利用西安泾河探空资料计算表明，2018 年秋季，汾渭平原大气边界层高度与 2016、2017 年同期相比无明显差异，但 2018 年 9 月大气边界层高度比 2016、2017 年同期分别偏高 12.7% 和 19.9%，11 月大气边界层高度比 2016、2017 年同期分别偏高 18.3%和 8.9%，较高的大气边界层高度有利于大气污染物向高空扩散，从而使地面污染物浓度维持在较低水平。

逆温统计结果表明，2018 年 9 月和 11 月 500 m 以下逆温发生频率在 2016—2018 年中最少，10 月逆温发生频率在三年中最多。

8.1.8 2019 年秋冬季汾渭平原大气环境概况及气象条件

2019 年秋冬季(9 月 1 日—12 月 23 日，下同)，汾渭平原共出现 4 次明显霾天气过程，大气环境较 2018 年同期总体偏差，大气静稳指数、逆温天数、环境气象指数等重要指标均偏高，扩散条件不及 2018 年同期。

(1)2019 年秋冬季汾渭平原共出现 4 次明显霾天气过程

2019 年秋冬季，汾渭平原 113 监测站共出现霾 86 d，累计 991 站次(图 8.13)，其中 15 站出现 20 d 以上霾，最大河南新安 39 d，其次为山西侯马和山西盐湖，分别出现 36 和 32 d 霾。11 月 21—23 日、12 月 6—9 日、12 月 13—14 日、12 月 20—23 日，汾渭平原出现 4 次影响范围较大的霾天气过程(表 8.14)，其中 12 月 20—23 日共 176 站次出现霾，影响范围为秋冬季以来最大。

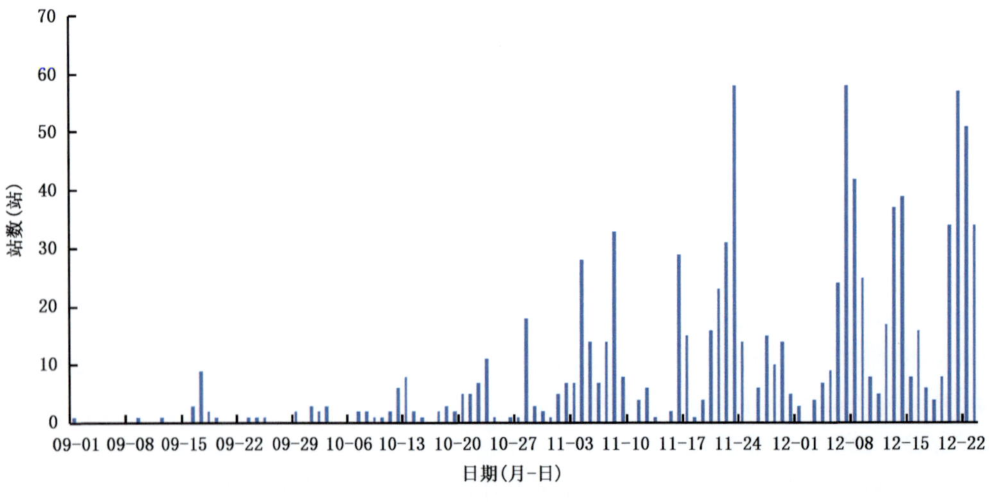

图 8.13 汾渭平原 2019 年 9 月 1 日—12 月 23 日逐日霾站数

表 8.14 汾渭平原 2019 年 9 月 1 日—12 月 23 日主要霾天气过程

霾过程时段	持续时间(d)	影响范围
11 月 21—23 日	3	112 站次
12 月 6—9 日	4	149 站次
12 月 13—14 日	2	76 站次
12 月 20—23 日	4	176 站次

(2)大气扩散气象条件分析

①静稳指数较 2018 年同期偏高,大气稳定性增强

2019 年 10 月 1 日—12 月 23 日,汾渭平原大气静稳指数区域均值较 2018 年同期偏高 5.4%,静稳指数上升的站点占 98.2%(图 8.14),表明 2019 年 10 月以来大气扩散条件较 2018 年同期明显偏差。

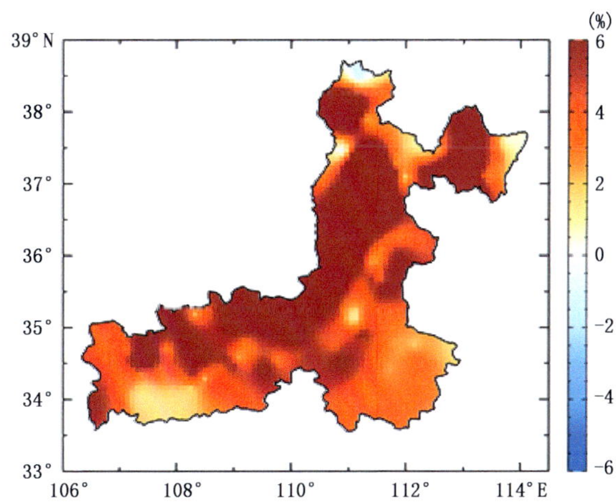

图 8.14 汾渭平原 2019 年 10 月 1 日—12 月 23 日静稳指数相较于 2018 年同期变化

②边界层高度较 2018 年同期偏高 10.1%,逆温天数偏多 11.3%

基于西安市泾河气象站 08 和 20 时加密探空资料计算获得的大气边界层高度显示,10 月 1 日—12 月 23 日,西安市大气边界层高度均值为 170.23 m,比 2017 年同期(175.99 m)偏低 3.3%,比 2018 年同期(153.73 m)偏高 10.1%。2019 年 10 月以来西安市 1 km 以下大气层内发生逆温的天数有 79 d(图 8.15),比 2017 同期(72 d)和 2018 年同期(71 d)分别偏多 9.7%和 11.3%。

③环境气象指数整体偏高,扩散条件不及 2018 年同期

环境气象指数(EMI)表征在排放源不变的情况下,由于传输、扩散和沉降等气象条件变化所导致的 $PM_{2.5}$ 质量浓度变化幅度,EMI 越大,表示气象条件越不利于污染物清除。通过对比汾渭平原 2019 年 10、11 月与 2018 年 10、11 月的环境气象指数(EMI)及其变率,10 月汾渭平原气象条件整体较 2018 年同期偏差,偏差幅度在 14%以上,其中汾河平原气象条件偏差最为严重,为 21.56%,极其不利于污染物扩散。11 月汾渭平原气象条件整体较 2018 年同期略偏好,其中关中平原和豫西两市偏好程度较高,分别为 5.28%和 9.29%,而汾河平原大气扩散气象条件偏差 3.69%。

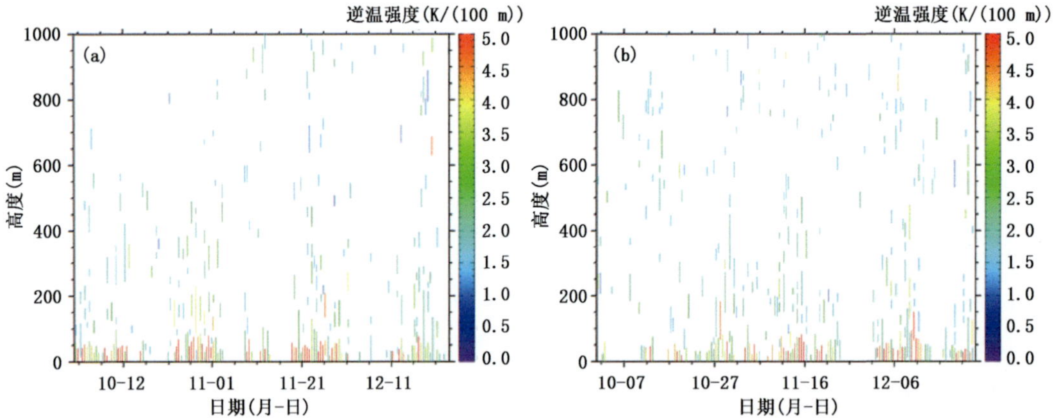

图 8.15　2018 年(a)和 2019 年(b)10 月 1 日—12 月 23 日低层大气逆温层位置及强度

8.1.9　2019 年汾渭平原大气环境气象评估

2019 年汾渭平原共发生 6 次大范围霾天气过程(比 2018 年有所减少),其中 1 月发生 3 次;平均霾日 44.3 d,比 2018 年多 2 d。2019 年汾渭平原 11 城市空气质量优良天数为 174～281 d,与 2018 年相比平均增加 22.2 d,首要污染物为颗粒物,O_3对空气质量的影响仅次于颗粒物。2019 年汾渭平原大气污染扩散气象条件总体略差于 2018 年,但阶段性差异显著;其中 1—2 月大气扩散能力比 2018 年同期明显偏差,11—12 月大气扩散能力较 2018 年同期偏好,2019 年夏季(5—9 月)气象条件不利于光化学反应和臭氧浓度增加。

(1)2019 年汾渭平原大气环境状况

① 霾和霾日数概况

2019 年汾渭平原共出现 6 次大范围霾天气过程(表 8.15),比 2018 年(9 次)少 3 次,平均霾日 44.3 d,比 2018 年多 2 d。2019 年霾过程集中出现在 1—2 月,影响到汾渭平原大部分地区,其中 1 月 1—14 日霾天气影响范围最广、持续时间最长,涉及 111 个站,共出现 1104 站次霾。冬季霾日最多,夏季最少。

表 8.15　2019 年霾天气过程纪要表

编号	起止时间	主要影响区域	涉及站数(站)
201901	1 月 1—14 日	汾渭平原大部分地区	111
201902	1 月 18—20 日	汾渭平原大部分地区	67
201903	1 月 23—30 日	汾渭平原大部分地区	107
201904	2 月 5—8 日	汾渭平原大部分地区	84
201905	2 月 17 日—3 月 1 日	汾渭平原大部分地区	107
201906	12 月 20—23 日	汾渭平原大部分地区	79

注:持续 3 d 超过 34 站出现霾记为一次霾天气过程。

②城市空气质量状况

2019 年汾渭平原 11 城市空气质量优良天数在 174～281 d，比 2018 年同期平均增加 22.2 d。2019 年 1—4 月、10—12 月汾渭平原各市首要污染物均以颗粒物为主，5—9 月以臭氧为主。相比于 2017 年和 2018 年，汾渭平原 11 城市空气质量均有较明显提升（图 8.16）。

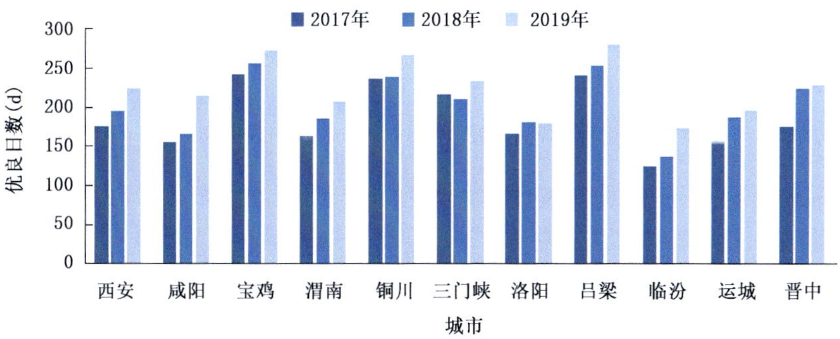

图 8.16　2017—2019 年汾渭平原各市优良天数对比

③首要污染物浓度状况

2019 年汾渭平原 11 城市 PM_{10} 平均浓度为 99 μg/m³，相比于 2018 年降低了 11.6%；2019 年汾渭平原 11 城市 $PM_{2.5}$ 平均浓度为 55 μg/m³，相比于 2018 年降低了 50.5%，$PM_{2.5}$ 平均浓度明显降低；臭氧平均浓度为 99 μg/m³（最高临汾（121 μg/m³）），相比于 2018 年降低了 4.3%；NO_2 平均浓度为 39 μg/m³，比 2018 年降低了 7.5%；CO 平均浓度为 0.9 μg/m³，比 2018 年降低了 22%。

(2)2019 年大气污染气象条件分析

① 大气污染扩散气象条件分析

2019 年汾渭平原大气污染扩散气象条件总体略差于 2018 年，平均风速与 2018 年基本持平（图 8.17），小风日数较 2018 年偏多 8.8%，混合层高度较 2018 年偏低 3.1%，大气自净能力较 2018 年略偏小 6.0%；通风量 2526.2 m²/s，较 2018 年偏小 5.0%。2019 年初（1、2 月）平均小风日数较 2018 年同期明显偏多，平均风速、混合层高度、大气自净能力和通风量较 2018 年

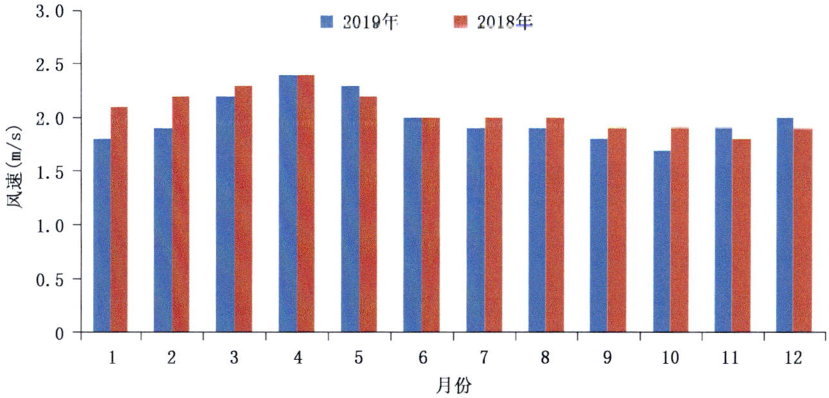

图 8.17　汾渭平原 2018 年与 2019 年逐月平均风速变化图

同期均偏小，而 2019 年末(11、12 月)平均风速、小风日数与 2018 年同期基本相当，平均混合层高度、大气自净能力和通风量较 2018 年同期均偏大。

总体看来 2019 年初汾渭平原总体大气污染扩散能力比 2018 年同期偏差，静稳天气明显偏多，气象条件不利于大气污染物扩散，2019 年末则相反，大气扩散能力相对较好，有利于大气环境的改善。

②影响臭氧浓度的气象条件分析

日最高气温和日照时数分别反映了太阳辐射强度和持续时间，是影响地面臭氧浓度的最重要气象因素，较高的气温和较长的日照有利于光化学反应和臭氧浓度增加。

2019 年 5—9 月，汾渭平原平均最高气温为 28.6 ℃，与 2018 年同期(28.5 ℃)基本持平(图 8.18)。2019 年 5—9 月豫西北和晋西南平均最高气温分别为 29.8 ℃和 29.0 ℃，分别比 2018 年同期偏高 1.4%和 2.3%；关中平原平均最高气温为 27.8 ℃，比 2018 年同期偏低 2.1%。

2019 年 5—9 月汾渭平原平均累积日照时数为 829.0 h，较 2018 年同期偏少 14.8%。2019 年 5—9 月豫西北、晋西南和关中平原累积日照时数分别为 784.5 h、864.1 h 和 800.4 h，分别比 2018 年同期偏低 13.5%、14.9%和 14.9%(图 8.18)。

总体来讲，2019 年汾渭平原大气污染扩散气象条件总体略差于 2018 年但阶段性差异显著。其中年初(1—2 月)大气扩散能力比去年同期明显偏差不利于颗粒物的扩散和清除，夏季(5—9 月)气象条件不利于光化学反应和臭氧浓度增加，年末(11—12 月)大气扩散能力较去年同期偏好，颗粒物浓度较 2018 年同期降低。

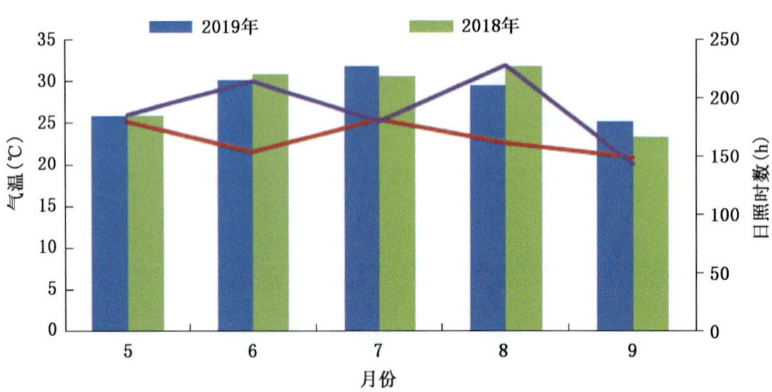

图 8.18　2019 与 2018 年 5—9 月汾渭平原各月最高气温与日照时数

8.1.10　2020 年 1—3 月霾及其气象条件分析

(1)2020 年 1—3 月霾日数概况

1—3 月陕西省有 77 个气象监测站，663 站次出现霾，平均霾日数 6.7 d，大荔、潼关等 9 站霾日数超过 20 d。与上年同期相比霾出现站次偏少 48.5%，影响范围明显减小。1—3 月陕西省共出现 3 次区域性霾天气，分别为 1 月 2—5 日，1 月 23 日，2 月 5 日，最长连续霾日数出现在永寿，1 月 1—6 日持续 6 d。

(2)1—3 月大气扩散条件分析

①大气扩散条件总体偏好,但有阶段性差异

2020 年 1—3 月全省大部地区混合层高度较上年同期偏高,全省平均混合层高度偏高 2.9%;全省平均静稳指数偏小 14.5%,除延安北部静稳指数较上年同期略偏大外,其余大部地区静稳指数较上年同期偏小。全省平均大气自净能力和平均通风系数较上年同期偏大 14.7%和 7.9%,除陕南部分地方大气自净能力和通风系数较上年同期略偏小外,全省大部地区大气自净能力和通风系数较上年同期偏大。全省平均风速较上年同期偏大 4.0%。可见,1—3 月大气污染物在水平和垂直方向扩散条件较好,大气不稳定性较高,总体扩散条件比上年同期明显偏好,但阶段性差异显著,其中 1 月扩散条件偏差,2 月、3 月扩散条件较好。

②环境气象指数(EMI)较 2019 年同期偏低

图 8.19 给出了全省平均及各城市 2020 年 1—3 月 EMI 相对于上年同期的变化率。1—3 月全省平均 EMI 变化率为-13.4%,表明气象条件比上年同期偏好,利于污染物清除;除延安和商洛气象条件比上年同期略偏差外,其余城市气象条件均偏好,其中宝鸡、咸阳和汉中气象条件偏好幅度在 20%以上。1 月全省平均偏差 6.0%,除西安、渭南、汉中、安康气象条件偏好外,其余城市均偏差,其中延安偏差幅度达 41.8%。2 月全省气象条件偏好幅度超过 20%,其中宝鸡和咸阳偏好幅度超过 40%,汉中、安康偏好幅度超过 20%。3 月全省平均偏好幅度为 18.9%,除商洛气象条件略偏差外,其余城市气象条件均偏好,其中宝鸡偏好幅度超过 40%,咸阳、渭南、汉中偏好幅度超过 20%。总体来说,2020 年 1—3 月气象条件相比于上年同期偏好,其中 1 月相对于上年同期偏差,2 月和 3 月相对于上年同期偏好。

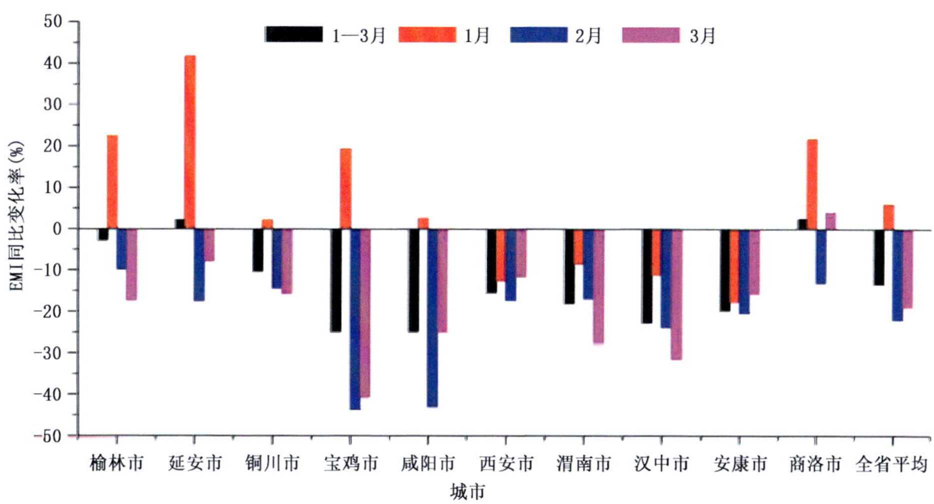

图 8.19　2020 年 1—3 月 EMI 相对于上年同期的变化率

8.2 霾天气过程分析评估

8.2.1 2018年11—14日汾渭平原大范围霾天气过程情况

2018年11月11—14日，汾渭平原遭遇2018年入秋以来覆盖范围最广、影响程度最重的污染天气过程。此次污染天气具有范围广、污染物浓度增长快、雾与霾混合、能见度低等特点。大气静稳和空气湿度大是造成此次重污染天气过程的主要气象因素。

(1)11月11—14日汾渭平原霾天气概况

11月11—14日，汾渭平原出现大范围雾/霾天气过程，区内共57站次监测有霾，其中13日27个县(市、区)监测有霾，影响范围最大。卫星监测显示，12日11时霾区主要集中在陕西省的西安、咸阳、渭南、铜川市，山西省的运城、临汾、吕梁、晋中市，河南省的三门峡、洛阳市，普遍以轻到中度霾为主，局地达到重度霾。此次霾天气过程主要有以下三个特点。

一是中度以上霾范围广。11月10日起，山西南部、河南东部、陕西关中等地陆续出现轻、中度至重度霾，其中13—14日为霾较重时段，山西临汾，河南洛阳、三门峡，陕西渭南、西安、咸阳出现中度至重度霾。山西晋中、吕梁，陕西宝鸡、铜川，仅13日出现了中度霾。

二是污染物浓度增长快。11日汾渭平原污染整体较轻，仅洛阳出现中度污染；12日下午开始，汾渭平原大部分城市出现轻度霾；13日夜间至14日污染物浓度快速达到峰值，各地$PM_{2.5}$浓度普遍超过150 $\mu g/m^3$。洛阳和咸阳重度污染持续时间最长，洛阳从13日09时至23时$PM_{2.5}$浓度持续维持在150 $\mu g/m^3$以上，持续14 h。咸阳从13日20时至14日07时$PM_{2.5}$浓度持续维持在150 $\mu g/m^3$以上，持续11 h。

三是湿度大，雾与霾混合，能见度低。本次过程的一个显著特征是湿度大，雾与霾混合出现，能见度低。其中，11—14日雾、霾较重的西安、咸阳、洛阳等地能见度持续偏低，山西南部、关中东部和河南西部地区除了出现较重霾天气外，部分地区还伴有能见度不足1 km的大雾。

(2)主要气象因素分析

① 大气边界层高度低，近地层逆温明显，地面风速小，大气静稳。西安激光雷达观测结果显示，10—11日大气扩散条件较好，污染物可扩散至1.5 km。12—13日，扩散条件显著减弱，污染物主要集中在0.8 km以下。14日西安边界层高度不足0.5 km，扩散能力非常差。根据气象探空资料，11日、12日西安均存在贴地逆温，近地面风速小，平均风速仅1.6 m/s，主要风向以偏东风为主，不利于污染物扩散。

② 湿度大、气溶胶吸湿增长快。低空暖湿气流持续向汾渭平原输送水汽，导致低层大气持续维持高湿度。11—14日1 km以下空气相对湿度大部都在85%以上，高湿造成$PM_{2.5}$浓度迅速增加，能见度迅速下降。

8.2.2　2018 年 11 月 23—27 日汾渭平原出现较重霾和沙尘天气

2018 年 11 月 23—27 日，汾渭平原出现大范围霾和沙尘天气，本次空气污染过程前期以霾为主，后期受较强冷空气及甘肃、宁夏沙尘入侵影响，形成霾和沙尘混合型污染。前期大气静稳、后期西北气流东移南下是造成此次霾和沙尘天气过程的主要气象原因。

(1)2018 年 11 月 23—27 日汾渭平原出现较重霾和沙尘天气

11 月 23—27 日，汾渭平原出现大范围霾和沙尘天气过程，辖区内共监测到 163 站次霾，其中 26 日 74 个县(市、区)受到霾和沙尘天气影响。卫星监测显示，25 日汾渭平原霾区主要集中在宝鸡、咸阳、西安、渭南、铜川、运城、临汾、吕梁、晋中、三门峡、洛阳等地，程度以中度为主，西安、运城、临汾局地一度达到重度；26 日汾渭平原南部和陕北、陕南东部出现较重沙尘天气，沙尘区主要出现在汾渭平原的宝鸡、咸阳、西安、渭南、铜川、运城、三门峡、洛阳等地，沙尘区覆盖面积约 9×10^4 km^2，陕西省沙尘区覆盖面积约 9.9×10^4 km^2。

本次污染过程前期以霾为主，主要分布在临汾以南、宝鸡以西(除铜川外)的大部分地区，23 日起临汾、运城、洛阳、渭南、西安、咸阳开始出现以 $PM_{2.5}$ 为首要污染物的污染，到 25 日临汾、运城、咸阳均达到重度污染(临汾 $PM_{2.5}$ 最大值达到 245 $\mu g/m^3$)。26 日 $PM_{2.5}$ 浓度较前一日有所下降，但受较强冷空气及甘肃、宁夏两股沙尘入侵影响，从 26 日中午起汾渭平原出现霾和沙尘的混合型污染，关中大部、晋中、吕梁等地 PM_{10} 污染严重；到 27 日运城、三门峡、洛阳等地成为受沙尘影响较重的地区，其他地区 PM_{10} 开始陆续下降。

(2)前期大气静稳、后期西北气流东移南下是造成此次霾和沙尘天气的主要气象原因

①近地层逆温强度高，大气边界层高度低，地面风速小。此次污染过程前期，夜间至早晨时段(20 时至次日 08 时)，辖区各地近地面均有逆温出现，西安平均逆温强度达 1.34 ℃/(100 m)，明显强于 2018 年 11 月 11—14 日的污染过程(0.57 ℃/(100 m))，23—25 日早晨 500 m 以下均存在多层逆温，不利于气溶胶垂直扩散，致使污染物在近地面快速累积。污染发展过程中，辖区各地平均边界层高度均显著偏低，西安夜间至早晨平均边界层高度仅为 171 m，较 2018 年 11 月 11—14 日过程的平均边界层高度偏低 38.8%。逆温强、边界层高度低成为抑制大气垂直扩散能力的主要因素。地面风速监测表明，23—26 日汾渭平原 11 个城市平均风速 1.6 m/s，低于 2018 年 11 月 11—14 日平均风速(1.8 m/s)，水平方向扩散条件较弱。

②冷空气东移南下，甘肃、宁夏沙尘入侵。污染过程后期，受北方较强冷空气东移南下影响，我国西北地区自西向东出现了两股较强沙尘天气过程。沙尘主体随冷空气东移南下过程中，偏西北气流将上游沙尘向偏东南方向快速输送，使得汾渭平原 26—27 日出现较强沙尘天气。

8.2.3　2018 年 11 月 30 日—12 月 4 日汾渭平原雾、霾及沙尘天气分析评估

2018 年 11 月 30 日—12 月 4 日，汾渭平原出现大范围雾、霾和沙尘天气过程，过程前期以雾、霾混合影响为主，后期以霾和沙尘天气影响为主。本次污染过程雾、霾、沙尘交替出现，影响范围广，前期以 $PM_{2.5}$ 为首要污染物，中后期受沙尘传输影响以 PM_{10} 为首要污染物。前期边界层较低、湿度大，风速小，大气静稳是造雾霾的主要原因，后期冷空南下携带大量沙尘，是污染主要原因。

(1)雾、霾和沙尘天气概况

11 月 30 日—12 月 4 日，汾渭平原出现大范围雾、霾和沙尘天气过程，过程前期以雾与霾混合为主，后期以霾和沙尘为主。

本次过程雾、霾、沙尘交替出现，影响范围广，前期以 $PM_{2.5}$ 为首要污染物，中后期受沙尘传输影响，区域内以 PM_{10} 为首要污染物。11 月 30 日—12 月 2 日白天汾渭平原以雾、霾影响为主，$PM_{2.5}$ 为首要污染物；12 月 2 日下午到 4 日，受上游过境沙尘影响，区域内污染以霾和沙尘为主，首要污染物为 PM_{10}，空气质量达到严重污染程度。12 月 4 日白天，汾渭平原 11 市 $PM_{2.5}$ 质量浓度逐步降至 75 $\mu g/m^3$ 以下，PM_{10} 虽有小幅下降但陕西关中、河南东部、山西运城地区仍处于中度污染。卫星监测显示：12 月 1 日卫星监测的霾区主要位于山西省运城、临汾，河南省三门峡、洛阳，程度以重度为主；12 月 3 日陕西省榆林北部和山西省吕梁北部出现较明显的沙尘天气；12 月 4 日沙尘区主要集中在陕西的延安、宝鸡、铜川、渭南，山西的运城、临汾、吕梁、晋中等地。

汾渭平原 113 个国家气象观测站中，11 月 30 日有 102 个站观测到霾，占比达 90.3%，95 个站观测到雾；12 月 1 日有 98 个站观测到霾，占比 86.7%，102 个站观测到雾；2 日有 102 个站观测到霾，占比 90.3%，101 个站观测到雾；3 日有 86 个站观测到霾，占比 76.1%，9 个站观测到雾，2 个站观测到扬沙；4 日仅有 39 个站观测到霾，占比 34.5%。

(2)气象条件分析

① 前期边界层较低，湿度大，风速小，大气静稳是造污染的主要原因。11 月 30 日—12 月 1 日汾渭平原近地面平均风速在 1.40～1.93 m/s 之间，水平方向扩散条件较弱，加之低层有暖湿输送，相对湿度较大，11 月 30 日—12 月 2 日区域内平均相对湿度分别为 62.7%、70.5%、59.8%，汾渭平原地区以雾与霾混合为主，区域内霾与雾交替出现；西安探空显示，此次污染过程前期西安夜间至早晨时段(20 时至次日 08 时)平均边界层高度为 152 m，近地层相对湿度大于 60%，尤其是 2 日早晨，500 m 以下相对湿度达 90%以上，出现大雾。高湿静稳天气不利于污染物扩散。

② 后期冷空气南下，沙尘影响，区域内出现沙尘天气。2 日下午以后受沙尘天气影响，相对湿度逐步下降，3 日区域内相对湿度下降至 35.1%，4 日下降至 31.0%；区域平均风速在 2.17～2.49 m/s 之间，西安夜间至早晨平均边界层高度比前期高 42.8%，扩散条件较前期好转，但受沙尘影响，污染物浓度仍较高。

8.3 本章小结

本章主要概述了 2015 年 1 月—2020 年 3 月陕西省阶段性霾天气及气象条件概况，分析了不同时段霾日数情况及与霾相关的能见度、边界层高度、风速、风向、逆温及相对湿度等气象条件及其对霾形成的影响。给出了 2018 年汾渭平原典型的 11 月 11—14 日大范围霾天气过程、11 月 23—27 日霾和沙尘天气、11 月 30—12 月 4 日雾、霾及沙尘天气分析评估，为环境气象业务服务提供参考。

参考文献

安俊琳,2007.北京大气臭氧浓度变化特征及其形成机制研究[D].南京:南京信息工程大学.

白春礼,2017.中国科学院大气灰霾追因与控制研究进展[J].中国科学院院刊(3):215-218.

包艳英,徐洁,张明明,等,2017.大连市臭氧污染特征及典型污染日成因[J].中国环境监测,33(4):167-178.

毕研盟,杨忠东,李元,2011.应用全球定位系统、太阳光度计和探空仪探测大气水汽总量的对比分析[J].气象学报,69(3):528-533.

曹国良,张小曳,王亚强,等,2007.中国区域农田秸秆露天焚烧排放量的估算[J].科学通报,52(15):1826-1831.

曹治强,吴兑,吴晓京,2008.1961—2005年中国大雾天气气候特征[J].气象科科技,36(5):556-560

车慧正,张小曳,李扬,等,2006.近50年来城市化对西安局地气候影响的研究[J].干旱区地理,29(1):53-58.

陈少勇,王劲松,任燕,等,2011.近49年中国西北地区极端低温事件的演变特征[J].高原气象,30(5):1266-1273

陈勇航,陈艳,黄建平,等,2007.中国西北地区云的分布及其变化趋势[J].高原气象,26(4):741-748.

程萌田,金鑫,温天雪,2013.天津市典型城区大气碳质颗粒物的粒径分布特征和来源[J].环境科学研究,26(2):115-121.

戴进,余兴,Daniel Rosenfeild,等,2008.秦岭地区气溶胶对地形云降水的抑制作用[J].大气科学,32(6):1319-1332.

丁守国,赵春生,石广玉,等,2005.近20年全球总云量变化趋势分析[J].应用气象学报,16(5):670-677.

杜川利,唐晓,李星敏,等,2014.城市边界层高度变化特征与颗粒物浓度影响分析[J].高原气象,33(5):1383-1392.

杜传耀,于丽萍,王缅,等,2015.对雾-霾过程的综合探测[J].气象,41(12):1525-1530.

范伟,韩永,王毅,等,2006.内陆和沿海地区大气气溶胶标高的测量分析[J].红外与激光工程,35:532-535.

高蓓,栗珂,李艳丽,2006.陕西近40年气候变化特征的分析[J].成都信息工程学院学报,21(2):290-295.

国家技术监督局,国家环境保护局,1992.制定地方污染物排放标准的技术和方法:GB/T13201—91[S]:13-14,17-18.

郭军,任国玉,任雨,2011.近100年天津平均气温与极端气温变化[J].高原气象,30(5):1399-1405.

郭蕊,段浩,马翠平,等,2016.河北中南部连续12天重霾污染天气过程特征及影响因素分析[J].气象,42(5):589-597.

韩永,饶瑞中,王英俭,2009.沿海和内陆地区多波长光谱气溶胶标高的比较分析[J].光谱学与光谱分析,29:33-37.

何金海,刘芸芸,常越,2005.西北地区夏季降水异常及其水汽输送和环流特征分析[J].干旱气象,23(1):10-16.

贺皓,吕红,徐虹,2004.陕西省大雾的气候特征[J].高原气象,23(3):407-411.

贺千山,毛节泰,2005.北京城市大气混合层与气溶胶垂直分布观测研究[J].气象学报,6(3):374-384.

洪全,2003.重庆市大气能见度变化趋势及影响因子[J].重庆大学学报,26(5):151-154.

胡琳,张侠,苏静,等,2019.陕西省霾天气变化特征及气候成因分析[J].干旱区地理,42(4):707-714.

胡淘,蔡旭晖,宋宇,等,2020.关中盆地近地面风场和大气输送特征分析[J].气候与环境研究,25(6):637-648.

花丛,张恒德,张碧辉,2016.2013—2014冬半年北京重污染天气气象传输条件分析及预报指数初建[J].气象,42(3):314-321.

黄鑫,李亚丽,王靖中,等,2019.1980—2016年陕西省冬季霾日数时空变化及增多成因初探[J].中国环境科学,39(9):89-99.

雷向杰,胡春娟,田武文,等,2003.陕西沙尘天气的气候特征及影响分析[J].气象,29(12):38-44.

李成才,毛节泰,刘启汉,2003a.利用MODIS遥感大气气溶胶及气溶胶产品的应用[J].北京大学学报(自然科学版),39(增刊):108-117.

李成才,毛节泰,刘启汉,等,2003b.利用MODIS研究中国东部地区气溶胶光学厚度的分布和季节变化特征[J].科学通报,48:2094-2100.

李霄阳,李思杰,刘鹏飞,等,2018.2016年中国城市臭氧浓度的时空变化规律[J].环境科学学报,38(4):1263-1274.

李星敏,董自鹏,陈闯,等,2014.陕西关中气溶胶对大气能见度的影响研究[J].高原气象,3(5):1289-1296.

李星敏,陈闯,董自鹏,等,2018.关中颗粒物粒径谱特征及其气象影响因子分析[J].气象,44(7):928-935.

李杨,曹军骥,张小曳,等,2005.2003年秋季西安大气中黑碳气溶胶的演化特征及其来源解析[J].气候与环境研究,10(2):229-237.

林莉文,卞建春,李丹,等,2018.北京城区大气混合层内臭氧垂直结构特征的初步分析——基于臭氧探空[J].地球物理学报,61(7):2667-2678.

刘洪利,朱文琴,宜树华,等,2003.中国地区云的气候特征分析[J].气象学报,61(4):466-473.

鲁渊平,杜继稳,侯建忠,等,2006.陕西省风速风向时空变化特征[J].陕西气象,26(1):1-3.

罗云峰,吕达仁,李维亮,等,2000.近30年来中国地区大气气溶胶光学厚度的变化特征[J].科学通报,45:549-554.

马立亚,姚小红,2020.北京新粒子生成事件期间颗粒物数浓度变化及颗粒增长特征[J].中国海洋大学学报(自然科学版),50(12):22-32.

马雁军,左洪超,张云海,等,2005.辽宁中部城市群大气能见度变化趋势及影响因子分析[J].高原气象,24(4):623-628.

毛节泰,李成才,2005.气溶胶辐射特性的观测研究[J].气象学报,63(5):622-635.

孟庆珍,朱炳胜,1999.重庆市大气混合层厚度的计算和分析[J].成都气象学院学报,14(2):163-171.

宁海文,王式功,杜继稳,2005.西安沙尘天气特征及其对空气质量的影响[J].中国沙漠,25(006):886-890.

潘本锋,程麟钧,王建国,等,2016.京津冀地区臭氧污染特征与来源分析[J].中国环境监测,32(5):17-23.

钱代丽,管兆勇,王黎娟,2009.近57年夏季西太平洋副高面积的年代际振荡及其与中国降水的联系[J].大气科学学报,32(5):677-685.

邱金桓,吕达仁,陈洪滨,等,2003.现代大气物理学研究进展[J].大气科学,27:628-652.

仇广乐,刘娜,冯新斌,等,2011.贵阳市大气黑碳污染特征[J].生态学杂志,30(5):1018-1022.

瞿元昊,马井会,许建明,等,2018.气污染气象指数在上海地区的应用[J].气象,44(5):704-712.

任国玉,徐铭志,初子莹,等,2005.近54年中国地面气温变化[J].气候与环境研究,10(104):717-727.

陕西省农牧厅,陕西省农业区划委员会,1987.陕西种植业资源与区划[M].西安:陕西科学技术出版社.

陕西省气象局《陕西气候》编写组,2009.陕西气候[M].西安:陕西科学技术出版社:160-164.

陕西省统计局,国家统计局陕西调查总队,2012.陕西统计年鉴[M].北京:中国统计出版社.

陕西省统计局,国家统计局陕西调查总队,2020.陕西统计年鉴[M].北京:中国统计出版社.

施晓晖,徐祥德,谢立安,2008.暖季中国东部气溶胶"影响显著区"的气候变化特征[J].中国科学:D辑,38(4):519-528.

申彦波,赵宗慈,石广玉,2008.地面太阳辐射的变化、影响因子及其可能的气候效应最新研究进展[J].地球科学进展,23(9):915-923.

石广玉,王标,张华,等,2008.大气气溶胶的辐射与气候效应[J].大气科学,32(4):826-840.

史宝忠,郑方成,1997.对大气混合层高度确定方法的比较分析[J].西安建筑科技大学学报:自然科学版,29(2):138-141.

宋广宁,杨小银,付培健,2013.兰州市大气气溶胶的太阳光度计观测分析[J].兰州大学学报(自然科学版),49(4):470-473,482.

苏辉,秋建军,樊玉华,2003.汉中大雾的天气气候特征[J].陕西气象,10(4):10-12.

孙景群,1985.能见度与相对湿度的关系[J].气象学报,43(2):230-234.

陶昕宇,黄建平,谢晓金,等,2020.气溶胶辐射效应对边界层结构及夹卷特征影响的观测分析[J].大气科学,44(6):61-71.

王炳忠,莫月琴,杨云,2008.现代气象辐射测量技术[M].北京:气象出版社:1-118.

王继康,花丛,桂海林,等,2017.2016 年 1 月我国中东部一次大气污染物传输过程分析[J].气象,43(7):804-812.

王京丽,刘旭林,2006.北京市大气细粒子质量浓度与能见度定量关系初探[J].气象学报,64(2):221-228.

王丽萍,陈少勇,董安祥,2005.中国雾区的分布及其季节变化[J].地理学报,60(4):689-697.

王丽萍,陈少勇,董安祥,2006.气候变化对中国大雾的影响[J].地理学报,61(5):527-536.

王莉莉,辛金元,王跃思,等,2007.CSHNET 观测网评估 MODIS 气溶胶产品在中国区域的适用性[J].科学通报,52(4):477-486.

王式功,姜大膀,杨德保,2000.兰州市区最大混合层厚度变化特征分析[J].高原气象,19(3):363-370.

王雅婕,黄耀,张稳,2009.1961—2003 年中国大陆地表太阳总辐射变化趋势[J].气候与环境研究,14(4):405-413.

王耀庭,李威,张小玲,等,2012.北京城区夏季静稳天气下大气边界层与大气污染的关系[J].环境科学研究,25(10).1092-1098.

王钊,彭艳,张书誉,2008.MODIS资料反演 AOD 及其在区域大气污染监测中的应用[J].高原气象,27(4):911-917.

王钊,彭艳,车慧正,等,2013.近 10 年关中盆地 MODIS 气溶胶的时空变化特征[J].高原气象,32(1):234-242.

魏欣,毕晓辉,董海燕,2012.天津市夏季灰霾与非灰霾天气下颗粒物污染特征与来源解析[J].环境科学研究,25(11):1193-1200.

吴兑,吴晓京,朱小祥,2009a.雾与霾[M].北京:气象出版社.

吴兑,毛节泰,邓雪娇,等,2009b.珠江三角洲黑碳气溶胶及其辐射特性的观测研究[J].中国科学:D 辑,39(11):1542-1553.

辛金元,张文煜,袁九毅,等,2003.沙尘气溶胶对直接太阳辐射的衰减研究[J].中国沙漠,23(31):311-315.

辛金元,王跃思,李占清,等,2006.中国地区太阳分光辐射观测网的建立与仪器标定[J].环境科学,27(9):1697-1702.

徐祥德,汤绪,2002.城市化环境气象学引论[M].北京:气象出版社:62-80.

杨胜朋,王可丽,吕世华,2007.近 40 年来中国大陆总辐射的演变特征[J].太阳能学报,28(3):227-232.

杨志峰,张小曳,车慧正,等,2008.CE318 型太阳光度计标定方法初探[J].应用气象学报,19(3):297-306.

杨溯,张武,史晋森,等,2010.半干旱地区黑碳气溶胶特征初步分析[J].气候与环境研究,15(6):756-764.

姚婷婷,黄晓锋,何凌燕,等,2010.深圳市冬季大气消光性质与细粒子化学组成的高时间分辨率观测和统计关系研究[J].中国科学:化学,40(8):1163-1171.

银燕,陈晨,陈魁,等,2010.黄山大气气溶胶微观特性的观测研究[J].大气科学学报,33(2):129-136.

于庚康,王博妮,陈鹏,等,2015.2013 年初江苏连续性雾-霾天气的特征分析[J].气象,41(5):622-629.

张恒德,张碧辉,吕梦瑶,等,2017.北京地区静稳天气综合指数的初步构建及其在环境气象中的应用[J].气象,43(8):998-1004.

张红娟,曾英,2017.自动能见度数据类型及其质量控制方法[J].陕西气象,2:33-35.

张凯,高会旺,2003.东亚地区沙尘气溶胶的源和汇[J].安全与环境学报,3:7-12.

张强,吕世华,张广庶,2003.山谷城市大气边界层结构及输送能力[J].高原气象,22(4):346-353.

张小曳,孙俊英,王亚强,等,2013.我国雾-霾成因及其治理的思考[J].科学通报,58(13):1178-1187.

张玉香,李晓静,顾行发,2006.利用太阳光度计测值估算北京上空水汽含量[J].遥感学报,10(5):749-755.

章秋英,牛生杰,沈建国,等,2009.半干旱区冬春季黑碳气溶胶吸收特性的观测研究[J].中国沙漠,29(1):183-188.

赵传成,王雁,丁永建,等,2011.西北地区近50年气温及降水的时空变化[J].高原气象,30(2):385-390.

赵庆云,张武,王式功,2003.空气污染与大气能见度及环流特征的研究[J].高原气象,22(4):393-395.

赵秀娟,陈长和,张武,等,2005.利用MODIS资料反演兰州地区气溶胶光学厚度[J],高原气象,24(1):97-103.

郑小波,罗宇翔,段长春,等,2010.云贵高原近45年来日照及能见度变化及其成因初步分析[J].高原气象,29(4):992-998.

中国气象局,2010.霾的观测和预报等级:QX/T 113—2010[S].北京:气象出版社.

周秀骥,1998.中国地区大气气溶胶辐射强迫及区域气候效应的数值模拟[J].大气科学,22(4):418-427.

朱蓉,徐大海,孟燕君,等,2001.城市空气污染数值预报系统CAPPS及其应用[J].应用气象学报,12(3):267-278.

宗雪梅,邱金桓,王普才,2005.近10年中国16个台站大气气溶胶光学厚度的变化特征分析[J].气候与环境研究,10(2):201-208.

ALEXANDROV M D, LACIS A A, CARLSON B E, et al, 2002. Remote sensing of atmospheric aerosols and trace gases by means of multi-filter rotating shadow-band radiometer. part I: Retrieval algorithm[J]. Journal of the Atmospheric Sciences, 59: 524-543.

ALEXANDROV M D, MARSHAK A, CAIRNS B, et al, 2004. Automated cloud screening algorithm for MFRSR data[J]. Geophysical Research Letters, 31: L04118.

ALEXANDROV M D, CAIRNS B, LACIS A A, et al, 2006. Remote sensing of absorbing aerosols and precipitable water vapor using MFRSR measurements[J]. Proceedings of SPIE-The International Society for Optical Engineering, 6362: 636202.

ALEXANDROV M D, LACIS A A, CARLSON B E, et al, 2008. Characterization of atmospheric aerosols using MFRSR measurements[J]. Journal of Geophysical Research, 113: D08204.

ALEXANDROV M D, SCHMID B, TURNER D D, et al, 2009. Columnar water vapor retrievals from multifilter rotating shadow band radiometer data[J]. Journal of Geophysical Research, 114: D02306.

ALLWINE K J, WHITEMAN C D, 1994. Single station integral measures of atmospheric stagnation, recirculation and ventilation[J]. Atmos Environ, 28(4):713-721.

ANDREAE M O, 2013. The aerosol nucleation puzzle[J]. Science, 339(6122): 911-912.

ANTÓN M, LÓPEZ M, VILAPLANA J M, et al, 2009. Validation of OMI-TOMS and OMI-DOA total ozone column using five Brewer spectroradiometers at the Iberian Peninsula[J]. Journal of Geophysical Research, 114: D14307.

ARKING A, 1996. Absorption of solar energy in the atmosphere: discrepancy between model and observations[J]. Science, 273:779-782.

BABU S S, SATHEESH S K, MOORTHY K K, 2002. Aerosol radiative forcing due to enhanced black carbon at an urban site in India[J]. Geophysical Research Letters, 29(18): 1880.

BALIS D, KROON M, KOUKOULI M E, et al, 2007. Validation of Ozone Monitoring Instrument total ozone column measurements using Brewer and Dobson spectrophotometer ground－based observations[J]. Journal of Geophysical Research, 112: D24S46.

BARNES W L, 1998. Paghe Moderate Resolution Imaging Spectrometer (MODIS). In: IEEE Transactions on Geano T S, Salomonson V V, 1998. Prelaunch characteristics of the Moderate Resolution Imaging Spectroradiometer (MODIS) on EOS2AM1. In: IEEE Transactions on Geoscience and Remote Sensing, 36: 1088-1100.

BARNARD J C, POWELL D M, 2002. A Comparison Between Modeled and Measured Clear-Sky Radiative Shortwave Fluxes in Arctic Environments, with Special Emphasis on Diffuse Radiation[J]. Journal of Geophysical Research, 107(D19):4383.

BEI N, LI G, HUANG R J, et al, 2016. Typical synoptic situations and their impacts on the wintertime air pollution in the Guanzhong basin, China[J]. Atmos Chem Phys, 16(11):7373-7387.

BENESTAD R E, SCHMIDT G A, 2009. Solar trends and global warming[J]. Journal of Geophysical Research, 114:D14101.

BEVINGTON P R, ROBINSON D K, 2003. Data reduction and error analysis for the physical sciences (3rd edition) [M]. New York: McGraw-Hill: 40-41.

BI J, HUANG J, FU Q,et al, 2013. Field measurement of clear-sky solar irradiance in Badain Jaran Desert of Northwestern China[J]. J. Quant. Spect. Rad. Trans. , 122(6):194-207.

BOND T C, STREETS D G, YARBER K F, et al, 2004. A technology-based global inventory of black and organic carbon emissions from combustion[J]. Journal of Geophysical Research, 109(D14): 203.

BOX M A,1981. Finite bandwidth and scattered light effects on the radiometric determination of atmospheric turbidity and the solar constant[J]. Applied Optics, 20(13): 2215-2219.

CAO J J, LEE S C, ZHANG X Y, et al, 2005b. Characterization of airborne carbonate over a site near Asian dust source regions during spring 2002 and its climatic and environmental significance[J]. Journal of Geophysical Research: Atmospheres, 110: D03203.

CHE H Z, ZHANG X Y, XIA X A, et al, 2015. Ground-based aerosol climatology of China: aerosol optical depths from the China Aerosol Remote Sensing Network (CARSNET) 2002—2013[J]. Atmospheric Chemistry and Physics, 15: 7619-7652.

CHE H Z, QI B, ZHAO H J,et al, 2018. Aerosol optical properties and direct radiative forcing based on measurements from the China Aerosol Remote Sensing Network (CARSNET) in eastern China[J]. Atmospheric Chemistry and Physics, 18:405-425.

CHEN H P, WANG H J, 2015. Haze Days in North China and the associated atmospheric circulations based on daily visibility data from 1960 to 2012[J]. J Geophys Res Atmos, 120(12): 5895-5909.

CHEN Z H, CHENG S Y, LI J B, et al, 2008. Relationship between atmospheric pollution processes and synoptic pressure patterns in northern China[J]. Atmos Environ, 42(24): 6078-6087.

CHEUNG H C, MORAWSKA L,RISTOVSKI Z D, 2011. Observation of new particle formation in subtropical urban environment[J]. Atmospheric Chemistry and Physics, 11(8): 3823-3833.

CHU B W, KERMINEN V M, BIANCHI F, et al, 2019. Atmospheric new particle formation in China[J]. Atmos Chem Phys, 19:115-138.

CHU B W, DADA L B, LIU Y C, et al, 2021. Particle growth with photochemical age from new particle formation to haze in the winter of Beijing, China[J]. Science of the Total Environment, 753 :142207.

COULTER R L, 1979. A Comparison of three methods for measuring mixing-layer height[J]. J. Appl. Meteorol. ;(United States), 18(11): 1495-1499.

CORR C A, KROTKOV N, MADRONICH S, et al, 2009. Retrieval of aerosol single scattering albedo at ultraviolet wavelengths at the T1 site during MILAGRO[J]. Atmospheric Chemistry and Physics, 9:

5813-5827.

CRIPPA P, SULLIVAN R C, THOTA A, et al, 2016. Evaluating the skill of high-resolution WRF-Chem simulations in describing drivers of aerosol direct climate forcing on the regional scale[J]. Atmospheric Chemistry and Physics, 16: 397-416.

DAVIDI A, KORENI, REMER L, 2009. Direct measurements of the effect of biomass burning over the Amazon on the atmospheric temperature profile[J]. Atmos. Chem. Phys, 9: 8211-8221.

DING Y H, WANG Z Y, 2008. A study of rainy seasons in China[J]. Meteorol. Atmos Phys, 100: 121-138.

DING Y H, LIU Y J, 2014. Analysis of long-term variations of fog and haze in China in recent 50 years and their relations with atmospheric humidity[J]. Sci. China: Earth Sci, 57: 36-46.

DING J, ZHANG Y F, HAN S Q, et al, 2018. Chemical, optical and radiative characteristics of aerosols during haze episodes of winter in the North China Plain[J]. Atmospheric Environment, 181:164-176.

DONG Z P, YU X, LI X M, et al, 2013. Analysis of variation trends and causes of aerosol optical depth in Shaanxi Province using MODIS data[J]. Chinese Sci Bull, 58(35):4486-4496.

DRAXLER R R, ROLPH G D, 2012. HYSPLIT (HYbrid Single-Particle Lagrangian Integrated Trajectory) Model. NOAA Air Resources Laboratory, Silver Spring, MD (access via NOAA ARL READY Website (http://ready. arl. noaa. gov/HYSPLIT. php)).

ERLYKIN A D, WOLFENDALE A W, 2010. Global Cloud Cover and the Earth's Mean Surface Temperature[J]. Surveys in Geophysics, 31(4): 399-408.

FERNALD F G,1984. Analysis of atmospheric lidar observations: some comments[J]. Applied Optics, 23: 652-653.

FOUKAL P, FROHLICH C, SPRUIT H, et al, 2006. Variations in solar luminosity and their effect on the Earth's climate[J]. Nature, 443(7108): 161-166.

FUCHS N A, SUTUGIN A G, 1971. Topics in current aerosol research (Part 2)[M]. New York: Pergamon Press.

GAO J, WANG J, CHENG S H, et al, 2007. Number concentration and size distributions of submicron particles in Jinan urban area: Characteristics in summer and winter[J]. Journal of Environmental Sciences, 19: 1466-1473.

GAO J, WANG T, ZHOU XH, et al, 2009. Measurement of aerosol number size distributions in the Yangtze River delta in China: Formation and growth of particles under polluted conditions [J]. Atmospheric Environment, 43:829-836.

GAO J, CHA F H, WANG T, et al, 2011. Particle number size distribution and new particle formation (NPF) in Lanzhou, Western China[J]. Particuology, 9:611-618.

GAO L N, CAO L J, ZHANG Y, et al, 2020. Re-evaluating the distribution and variation characteristics of haze in China using different distinguishing methods during recent years[J]. Science of The Total Environment, 732:138905.

GERASOPOULOS E, ANDREAE M O, ZEREFOS C S, et al, 2003. Climatological aspects of aerosol optical properties in Northern Greece[J]. Atmos Chem Phys, 3: 2025-2041.

GONG C S, XIN J Y, WANG S G, et al, 2014. The aerosol direct radiative forcing over the Beijing metropolitan area from 2004 to 2011[J]. Journal of Aerosol Science, 69: 62-70.

GOOSSE H, CROWLEY T J, ZORITA E, et al, 2005. Modelling the climate of the last millennium: What causes the differences between simulations? [J]. Geophys Res Lett, 32(L06710): 1-4.

GUO J P, MIAO Y, ZHANG Y, et al, 2016. The climatology of planetary boundary layer height in China derived from radiosonde and reanalysis data[J]. Atmos Chem Phys,16(20): 13309-13319.

HALTHORE R N, SCHWARTZ S E, 2000. Comparison of model-estimated and measured diffuse downward irradiance at surface in cloud-free skies[J]. Journal of Geophysical Research, 105(D15): 20165-21077.

HALTHORE R N, SCHWARTZ S E, MICHALSKY J J, et al, 1997. Comparison of model estimated and measured direct—normal solar irradiance[J]. Journal of Geophysical Research, 102(D25): 29991-30002.

HALTHORE R N, MILLER M A, OGREN J A, et al, 2004. Further developments in closure experiments for surface diffuse irradiance under cloud-free skies at a continental site[J]. Geophysical Research Letters, 31: L07111.

HALTHORE R N, CRISP D, SCHWARTZ S E, et al, 2005. Intercomparison of shortwave radiative transfer codes and measurements[J]. Journal of Geophysical Research, 110: D11206.

HAN J C, ZHOU J, WANG Z E, et al, 1997. Precipitable water measurements with sun-photometer[J]. Acta Meteorological Sinica, 11(1): 95-104.

HANSEN J, NAZARENKO L, RUEDY R, et al, 2005. Earth's energy imbalance: Confirmation and implications[J]. Science, 308(5727): 1431-1435.

HARVEY L D D, 1995. Warm days, hot nights[J]. Nature, 377(6544): 15-16.

HAYWOOD J M, RAMASWAMY V, 1998. Global sensitivity studies of the direct radiative forcing due to anthropogenic sulfate and black carbon aerosols[J]. Journal of Geophysical Research, 103(D6): 6043-6058.

HAYWOOD J, BOUCHER O, 2000. Estimates of the direct and indirect radiative forcing due to tropospheric aerosols: a review[J]. Reviews of Geophysics, 38(4): 513-543.

HE Q, ZHANG M, HUANG B, 2016. Spatio-temporal variation and impact factors analysis of satellite-based aerosol optical depth over China from 2002 to 2015[J]. Atmos. Environ, 129: 79-90.

HOLBEN B N, ECK T F, SLUTSKER I, et al, 1998. AERONET—A Federated Instrument Network and Data Archive for Aerosol Characterization[J]. Remote Sensing of Environment, 66(1): 1-16.

HUANG J P, WANG T H, WANG W C, 2014. Climate effects of dust aerosols over East Asian arid and semiarid regions[J]. Journal of Geophysical Research: Atmospheres, 119: 11398-11416.

HYVÖNEN S, JUNNINEN H, LAAKSO L, et al, 2005. A look at aeionrosol format using data mining techniques[J]. Atmos Chem Phys, 5: 3345-3356.

IALONGO I, CASALE G R, SIANI A M, et al, 2008. Comparison of total ozone and erythemal UV data from OMI with ground-based measurements at Rome station[J]. Atmospheric Chemistry and Physics, 8(12): 3283-3289.

IPCC, 2007. Climate change 2007: The physical science basis[M]. Cambridge, UK: Cambridge University Press.

JACOBSON M Z, 2002. Control of fossil-fuel particulate black carbon and organic matter, possibly the most effective method of slowing global warming[J]. Journal of Geophysical Research, 107(D19): 4410.

JACOBSON M Z, KAUFMAN Y J, 2006. Wind reduction by aerosol particles[J]. Geophys. Res. Lett, 33(L24814): 1-6.

JANG M, KAMENS R M, 2001. Atmospheric secondary aerosol formation by heterogeneous reactions of aldehydes in the presence of a sulfuric acid aerosol catalyst[J]. Environ. Sci. Technol., 35: 4758-4766.

JUNG J, MIYAZAKI Y, KAWAMURA K, 2013. Different characteristics of new particle formation between urban and deciduous forest sites in Northern Japan during the summers of 2010—2011[J]. Atmos Chem Phys, 13: 51-68.

KAHN R, 2012. Reducing the Uncertainties in Direct Aerosol Radiative Forcing[J]. Surveys in Geophysics, 33: 701-721.

KAHN R A, GAITLEY B J, MARTONCHIK J V, et al, 2005. MISR global aerosol optical depth validation based on two years of coincident AERONET observations[J]. Journal of Geophysical Research: Atmospheres, 110 (D10): D10S04.

KASSIANOV E I, BARNARD J C, ACKERMAN T P, 2005. Retrieval of aerosol microphysical properties using surface MultiFilter Rotating Shadowband Radiometer (MFRSR) data: Modeling and observations[J]. Journal of Geophysical Research, 110(D9): D09201.

KAUFMAN Y J, KOREN I, 2006. Smoke and Pollution Aerosol Effect on Cloud Cover[J]. Science, 313 (5787): 655-658.

KERMINEN V, CHEN X, VAKKARI V, et al,2018. Atmospheric new particle formation and growth: review of field observations[J]. Environmental Research Letters, 13(10): 103003.

KING M D, KAUFMANYJ, MENZEL, et al, 1992. Remote Sensing of Cloud, Aerosol, and Water Vapor Properties from toscience and Remote Sensing, 30: 2-27.

KINNE S, ACKERMAN T P, SHIOBARA M,et al, 1997. Cirrus cloud radiative and microphysical properties from ground observations and in situ measurements during FIRE 1991 and their application to exhibit problems in cirrus solar radiative transfer modeling[J]. Journal of the Atmospheric Sciences, 54(18): 2320-2344.

KITTELSON D B, WATTS W F, JOHNSON J P, 2004. Nanoparticle emissions on Minnesota highways[J]. Atmos. Environ, 38: 9-19.

KIVEKÄS N, SUN J, ZHAN M, et al, 2009. Long term particle size distribution measurements at Mount Waliguan, a high altitude site in inland China[J]. Atmos Chem Phys, 9:5461-5474.

KROON M, PETROPAVLOVSKIKH I, SHETTER R, et al, 2008. OMI total ozone column validation with Aura-AVE CAFS observations[J]. Journal of Geophysical Research, 113: D15S13.

KUHLBUSCH T A, 1998. Black carbon and the carbon cycle[J]. Science, 280(5371): 1903-1904.

KULMALA M, DALMASO M, MÄKELÄ M, et al, 2001. On the formation, growth and composition of nucleation mode particles[J]. Tellus, 53: 479-490.

KULMALA M, VEHKAMÄKI H, PETÄJÄT, et al, 2004. Formation and growth rates of ultrafine atmospheric particles: A review of observations[J]. Journal of Aerosol Sci, 35: 143-176.

KULMALA M, PETÄJÄ T, NIEMINEN T, et al, 2012. Measurement of the nucleation of atmospheric aerosol particles[J]. Nature Protocols, 7:1651—1667.

KULMALA M, LUOMA K, VIRKKULA A, et al, 2016. On the mode-segregated aerosol particle number concentration load: contributions of primary and secondary particles in Hyytiala and Nanjing[J]. Boreal Environ Res, 21, 319-331.

KULMALA M, KERMINEN V M, PETAJA T, et al, 2017. Atmospheric gas-to particle conversion: why NPF events are observed in megacities? [J]. Faraday Discuss, 200: 271-288.

LAU K M, KIM K M, 2006. Observational relationships between aerosol and Asian monsoon rainfall, and circulation[J]. Geophys Res Lett, 33: L21810.

LEE K, CHUNG C E, 2013. Observationally-constrained estimates of global fine-mode AOD[J]. Atmospheric Chemistry and Physics, 13(5):2907-2921.

LEE K H, LI Z Q, WONG M S, et al, 2007. Aerosol single scattering albedo estimated across China from a combination of ground and satellite measurements[J]. J Geophys Res, 112: D22.

LEE K H, LI Z Q, CRIBB M C, et al, 2010. Aerosol optical depth measurements in eastern China and a new calibration method[J]. Journal of Geophysical Research, 115: D00K11.

LI S H, GORDON H, YU H, et al, 2019. New particle formation in the atmosphere: from molecular clusters to global climate[J]. Journal of Geophysical Research: Atmosphere, 124(13):7098-7146.

LI Z Q, XIA X A, MAUREEN C, et al, 2007a. Aerosol optical properties and their radiative effects in norhern China[J]. J Geophys Res, 112: D22S01.

LI Z Q, CHEN H, CRIBB M, et al, 2007b. Preface to special section on east Asian studies of tropospheric aerosols: An international regional experiment (EAST-AIRE)[J]. Journal of Geophysical Research: Atmospheres, 112(D22): D22S00.

LI Z Q, LEE K H, WANG Y, et al, 2010. First observation—based estimates of cloud-free aerosol radiative forcing across China[J]. Journal of Geophysical Research, 115: D00K18.

LIN J T, PAN D, ZHANG R X, 2013. Trend and interannual variability of Chinese air pollution since 2000 in association with socioeconomic development: A brief overview[J]. Atmos. Oceanic Sci Lett, 6: 84-89.

LIU J J, ZHENG Y F, LI Z Q, et al, 2012a. Seasonal variations of aerosol optical properties, vertical distribution and associated radiative effects in the Yangtze Delta region of China[J]. Journal of Geophysical Research: Atmospheres, 117: D00K38.

LIU S, LIANG X Z, 2010. Observed Diurnal Cycle Climatology of Planetary Boundary Layer Height[J]. Journal of Climate, 23: 5790-5809.

LIU S, HU M, WU Z J, et al, 2008a. Aerosol number size distribution and new particle formation at a rural/coastal site in Pearl River Delta (PRD) of China[J]. Atmospheric Environment, 25: 6275-6283.

LIU X G, CHENG Y F, ZHANG Y H, et al, 2008b. Influences of relative humidity and particle chemical composition on aerosol scattering properties during the 2006 PRD campaign[J]. Atmos Environ, 42: 1525-1536.

LIU X G, ZHANG Y H, JUNG J S, et al, 2009. Research on the hygroscopic properties of aerosols by measurement and modeling during CARE Beijing-2006[J]. J Geophys Res, 114: D00G16.

LIU X G, ZHANG Y H, CHENG Y F, et al, 2012b. Aerosol hygroscopicity and its impact on atmospheric visibility and radiative forcing in Guangzhou during the 2006 PRIDE-PRD campaign [J]. Atmos Environ, 60:59-67.

LIU X G, LI J, QU Y, et al, 2013. Formation and evolution mechanism of regional haze: A case study in the megacity Beijing, China[J]. Atmospheric Chemistry Physics, 12(7):16259-16292.

LOHMANN U, FEICHTER J, 2005. Global indirect aerosol effects: a review[J]. Atmos Chem Phys, 5(3): 715-737.

MAI B, DENG X, XIA X, et al, 2018. Column-integrated aerosol optical properties of coarse- and fine-mode particles over the Pearl River Delta region in China[J]. Science of the Total Environment, 622-623: 481-492.

MALM W C, 1992. Characteristics and origins of haze in the continental United-States[J]. Earth Sci Rev, 33:1-36.

MCPETERS R, KROOM M, LABOW G, et al, 2008. Validation of the AURA Ozone Monitoring Instrument total column ozone product[J]. Journal of Geophysical Research, 113: D15S14.

MELONI D, DI Sarra A, DI I T, et al, 2005. Influence of the vertical profile of Saharan dust on the visible direct radiative forcing[J]. J. Quant. Spectros. Radiat. Transfer, 93: 397-413.

MISHCHENKO M, TRAVIS L, KAHN R, et al, 1997. Modeling phase functions for dustlike tropospheric aerosols using a shape mixture of randomly oriented polydisperse spheroids[J]. Journal of Geophysical Research, 102(D14): 16831-16847.

MISHRA A K, KLINGMUELLER K. FREDJ E, et al, 2014. Radiative signature of absorbing aerosol over the eastern Mediterranean basin[J]. Atmos Chem Phys, 14: 7213-7231.

MITCHELL R M, FORGAN B W, 2003. Aerosol Measurement in the Australian Outback: Intercomparison of Sun Photometers[J]. Journal of Atmospheric and Oceanic Technology, 20(1): 54-66.

MÖNKKÖNEN P, KOPONEN I K, LEHTINEN K E J, et al, 2005. Measurements in a highly polluted Asian mega city: Observations of aerosol number size distribution, modal parameters and nucleation events[J]. Atmos Chem Phys, 5:57-66.

NORRIS J R, WILD M, 2007. Trends in aerosol radiative effects over Europe inferred from observed cloud cover, solar "dimming," and solar "brightening"[J]. J Geophys Res, 112(D08214): 1-13.

NOVAKOV T, RAMANATHAN V, HANSEN J E, et al, 2003. Large historical changes of fossil-fuel black carbon aerosols[J]. Geophys Res Lett, 30(6): 1324.

NOZAKI K Y, 1973. Mixing Depth Model Using Hourly Surface Observations[R]. Report 7053, Scott AFB, IL, USA: USAF Environmental Technical Application Center.

OBERDÖRSTER G, SHARP Z, ATUDOREI V, et al, 2004. Translocation of inhaled ultrafine particles to the brain[J]. Inhalation Toxicology, 16: 437-445.

PACE G, SARRA A, MELONI D,et al, 2006. Aerosol optical properties at Lampedusa (Central Mediterranean). 1. Influence of transport and identification of different aerosol types[J]. Atmospheric Chemistry and Physics, 6: 697-713.

PANG X, MU Y, LEE X, et al, 2009. Influences of characteristic meteorological conditions on atmospheric carbonyls in Beijing, China[J]. Atmospheric Research, 93(4):913-919.

PEI L, YAN Z W, SUN Z B, et al, 2018. Increasing persistent haze in Beijing: potential impacts of weakening East Asian winter monsoons associated with northwestern Pacific Sea surface temperature trends[J]. Atmos Chem Phys, 18(5Pt. 1):3173-3183.

PENG Y, LIU X D, DAI J, et al, 2017. Aerosol size distribution and new particle formation events in the suburb of Xi'an, northwest China[J]. Atmospheric Environment, 153: 194-205.

PETTERS M D, KREIDENWEIS S M, 2007. A single parameter representation of hygroscopic growth and cloud condensation nucleus activity[J]. Atmospheric Chemistry and Physics, 7(8):1961-1971.

QIU J H, YANG L Q, 2000. Variation characteristics of atmospheric aerosol optical depths and visibility in North China during 1980—1994[J]. Atmos Environ, 34: 603-609.

QUAN J, LIU Y, LIU Q, et al, 2017. Anthropogenic pollution elevates the peak height of new particle formation from planetary boundary layer to lower free troposphere[J]. Geophysical Research Letters, 44(14): 7537-7543.

RAMAMNATHAN V, VOGELMANN A M, 1997. Greenhouse effect, atmospheric solar absorption and the Earths radiation budget: From the arrhenius langley era to the 1990s[J]. AMBIO, 26:38-46.

RAMANATHAN V, CARMICHAEL G, 2008. Global and regional climate changes due to black carbon[J]. Nature Geoscience, 1(4): 221-227.

RAMANATHAN V, CRUTZEN P J, KIEHL J T, et al, 2001. Aerosols, climate, and the hydrological cycle [J]. Science, 294(5549): 2119-2124.

RICCHIAZZI P, YANG S, GAUTIER C, et al, 1998. SBDART: A research and teaching software tool for plane-parallel radiative transfer in the earth's atmosphere[J]. Bull Amer Meteor Soc, 79(10): 2101-2114.

RICCOBONO F, SCHOBESBERGER S, SCOTT C E, et al, 2014. Oxidation products of biogenic emissions contribute to nucleation of atmospheric particles[J]. Science, 344(6185): 717-721.

ROBOCK A, 2000. Volcanic eruptions and climate[J]. Reviews Geophys, 38(2): 191-219.

ROBOCK A, MAO J, 1995. The volcanic signal in surface temperature observations[J]. Journal of Climate, 8 (1086): 1086-1103.

ROSENFELD D, DAI J, YU X, et al, 2007. Inverse relations between amounts of air pollution and orographic precipitation[J]. Science, 315(5817): 1396-1398.

ROSENFELD D, LOHMANN U, RAGA G B, et al, 2008. Flood or drought: How do aerosols affect precipitation? [J]. Science, 321(5894): 1309-1313.

RUSSELL P B, LIVINGSTON J M, DUBOVIK O, et al, 2003. Sunlight transmission through desert dust and marine aerosols: Diffuse light corrections to Sun photometry and pyrheliometry[J]. Journal of Geophysical Research, 109: D08207.

SANCHEZ R A, GONZÁLEZ J A, CALBÓA J, et al, 2016. Aerosol optical depth in a western Mediterranean site: An assessment of different methods[J]. Atmospheric Research, 174-175: 70-84.

SEINFELD J H, PANDIS S N, 1998. Atmospheric chemistry and physics of air pollution[M]. John Wiley and Sons, Inc, New York. USA.

SHAW G E, REAGAN J A, HERMAN B M, 1973. Investigations of Atmospheric Extinction Using Direct Solar Radiation Measurements Made with a Multiple Wavelength Radiometer[J]. Journal of Applied Meteorology and Climatology, 12(2): 374-380.

SHEN X J, SUN J Y, ZHANG Y M, 2011. First long-term study of particle number size distributions and new particle formation events of regional aerosol in the North China Plain[J]. Atmos Chem Phys, 11(4): 1565-1580.

SHI J P, HARRISON R M, 1999. Investigation of ultrafine particle formation during diesel exhaust dilution [J]. Environment Science Technology, 33:3730-3736.

SHI GUANG-YU, HAYASAKA T, OHMURA A, et al, 2008. Data quality assessment and the long-term trend of ground solar radiation in China[J]. J Applied Meteor Climatology, 47(4): 1006-1016.

SHIOBARA M, ASANO S, 1994. Estimation of Cirrus Optical Thickness from Sun Photometer Measurements[J]. Journal of Applied Meteorology, 33(6): 672-681.

STANIER C O, KHLYSTOV A Y, PANDIS S N, 2004. Ambient aerosol size distributions and number concentrations measured during the Pittsburgh Air Quality Study (PAQS) [J]. Atmos Environ, 38(20):3275-3284.

TIAN P F, ZHANG L, MA J M, 2018. Radiative absorption enhancement of dust mixed with anthropogenic pollution over East Asia[J]. Atmospheric Chemistry and Physics, 18(11): 7815-7825.

TUCH T, BRAND P, WICHMANN H E, et al, 1997. Variation of particle number and mass concentration in various size ranges of ambient aerosols in eastern Germany[J]. Atmospheric Environment, 31(24): 4193-4197.

VOSE R S, EASTERLING D R, GLEASON B, 2005. Maximum and minimum temperature trends for the globe: An update through 2004[J]. Geophysical Research Letters, 32(L23822): 1-5.

WANG J Z, GONG S L, ZHANG X Y, et al, 2012. A Parameterized Method for Air-Quality Diagnosis and Its Applications[J]. Advances in meteorology, (6):238589.

WANG Y Q, ZHANG X Y, Sun J Y, et al, 2015a. Spatial and temporal variations of the concentrations of PM_{10}, $PM_{2.5}$ and PM_1 in China[J]. Atmospheric Chemistry and Physics, 15: 13585-13598.

WANG H, SHI G, ZHANG X, et al, 2015b. Mesoscale modeling study of the interactions between aerosols and PBL meteorology during a haze episode in China Jing-Jin-Ji and its near surrounding region - Part 2: Aerosols' radiative feedback effects[J]. Atmos Chem. Phys, 15: 3277-3287.

WEHNER B, BIRMILI W, GNAUK T, et al, 2002. Particle number size distributions in a street canyon and their transformation into the urban-air background: Measurements and a simple model study[J]. Atmos. Environ, 36(13): 2215-2223.

WEI T, HE S, YAN Q, et al, 2018. Decadal shift in West China autumn precipitation and its association with sea surface temperature[J]. J Geophys Res Atmos, 123: 835-847.

WILLIS M D, BURKART J, THOMAS J L, et al, 2016. Growth of nucleation mode particles in the summertime Arctic: A case study[J]. Atmospheric chemistry and Physics, 16:7663-7679.

WOO K S, 2003. Measurement of atmospheric aerosols: Size distributions of nanoparticles, estimation of size distribution moments and control of relative humidity[D]. Twin Cities: University of Minnesota.

WU Z J, HU M, LIU S, et al, 2007. New particle formation in Beijing, China: Statistical analysis of a 1-year data set[J]. J Geophys Res, 112, D09209.

WU Z J, HU M, LIN P, et al, 2008. Particle number size distribution in the urban atmosphere of Beijing, China[J]. Atmos Environ, 42(34): 7967-7980.

XIA X A, CHEN H B, GOLOUB P, et al, 2007a. A compilation of aerosol optical properties and calculation of direct radiative forcing over an urban region in northern China[J]. J Geophys Res, 112: D12203.

XIA X, LI Z, HOLBEN B, et al, 2007b. Aerosol optical properties and radiative effects in the Yangtze Delta region of China[J]. J Geophys Res, 112: D12S-D22S.

XIA X, CHEN H, LI Z, 2007c. Significant reduction of surface solar irradiance induced by aerosols in a suburban region in northeastern China[J]. Journal of Geophysical Research, 112: D22S02.

XIA X, LI Z, WANG P, 2007d. Estimation of aerosol effects on surface irradiance based on measurements and radiative transfer model simulations in northern China [J]. Journal of Geophysical Research, 112: D22S10.

XIA X, CHE H, ZHU J, et al, 2016. Ground-based remote sensing of aerosol climatology in China: Aerosol optical properties, direct radiative effect and its parameterization[J]. Atmospheric Environment, 124: 243-251.

XIN J Y, WANG Y S, LI Z Q, et al, 2007. AOD and Angstrom wavelength exponent of aerosols observed by the Chinese Sun Hazemeter Network from August 2004 to September 2005[J]. Journal of Geophysical Research, 112: D05203.

XIN J Y, GONG C S, LIU Z R, et al, 2016. The observation-based relationships between $PM_{2.5}$ and AOD over China[J]. Journal of Geophysical Research: Atmospheres, 121(18): 10701-10716.

YE X, SONG Y, CAI X, et al, 2016. Study on the synoptic flow patterns and boundary layer process of the severe haze events over the North China Plain in January 2013[J]. Atmos. Environ, 124:129-145.

YUE D L, HU M, WU Z J, et al, 2009. Characteristics of aerosol size distributions and new particle formation in the summer in Beijing[J]. J Geophys Res, 114: D00G12.

YUE D, HU M, WANG Z, et al. 2013. Comparison of particle number size distributions and new particle formation between the urban and rural sites in the PRD region, China[J]. Atmos Environ, 76:181-188.

ZHANG K M, WEXLER A S, 2002. A hypothesis for growth of fresh atmospheric nuclei[J]. J Geophys Res, 107(21): 4577.

ZHANG J, REID J S, 2010. A decadal regional and global trend analysis of the aerosol optical depth using a data-assimilation grade over-water MODIS and Level 2 MISR aerosol products[J]. Atmos Chem Phys, 10: 10949-10963.

ZHANG R Y, SUH I, ZHAO J, et al, 2004. Atmospheric new particle formation enhanced by organic acids [J]. Science, 304(5676):1487-1490.

ZHANG R Y, WANG L, ALEXEI F. KHALIZOV, et al, 2009. Formation of nanoparticles of blue haze enhanced by anthropogenic pollution[J]. Proc Natl Acad Sci USA,106(42):17650-17654.

ZHANG H, WANG Z L, WANG Z Z, et al, 2012a. Simulation of direct radiative forcing of aerosols and their effects on East Asian climate using an interactive AGCM-aerosol coupled system[J]. Climate Dynamics, 38:

1675-1693.

ZHANG R, KHALIZOV A, WANG L, et al, 2012b. Nucleation and growth of nanoparticles in the atmosphere[J]. Chem Rev, 112(3):1957-2011.

ZHANG L, LI Q B, GU Y, et al, 2013. Dust vertical profile impact on global radiative forcing estimation using a coupled chemical-transport- radiative-transfer model[J]. Atmospheric Chemistry and Physics, 13 (14):7097-7114.

ZHANG R Y, WANG G, GUO S, et al, 2015. Formation of urban fine particulate matter[J]. Chemical Reviews, 115(10):3803-3855.

ZHANG M, MA Y Y, GONG W, et al, 2018. Aerosol optical properties and radiative effects: Assessment of urban aerosols in central China using 10-year observations[J]. Atmospheric Environment, 182:275-285.

ZHANG Y, GAO L, CAO L, et al,2020. Decreasing atmospheric visibility associated with weakening winds from 1980 to 2017 over China[J]. Atmos Environ, 224:117314.

ZHAO F, LI Z, 2007. Estimation of aerosol single scattering albedo from solar direct spectral radiance and total broadband irradiances measured in China[J]. Journal of Geophysical Research, 112: D22S03.

ZHAO S, TIE X, CAO J, et al, 2015a. Impacts of mountains on black carbon aerosol under different synoptic meteorology conditions in the Guanzhong region, China[J]. Atmos Res, 164: 286-296.

ZHAO S, TIE X, CAO J, et al, 2015b. Seasonal variation and four-year trend of black carbon in the Mid-west China: The analysis of the ambient measurement and WRF-Chem modeling[J]. Atmos Environ, 123: 430-439.

ZHONG J T, ZHANG X Y, DONG Y S, et al, 2018. Feedback effects of boundary-layer meteorological factors on cumulative explosive growth of $PM_{2.5}$ during winter heavy pollution episodes in Beijing from 2013 to 2016[J]. Atmos Chem Phys, 18:247-258.

ZHOU N, LIU M, 2011. Total column water vapor retrieval methods and results comparison by using sun photometer[J]. Journal of Remote Sensing, 15(3): 568-577.

ZHOU C Y, LIU Q H, TANG Y, et al, 2009. Comparison between MODIS aerosol product C004 and C005 and evaluation of their applicability in the north of China[J]. J Remote Sens, 13: 854-862.

ZHU B, WANG H L, SHEN L J, et al, 2013. Aerosol Spectra and New Particle Formation Observed in Various Seasons in Nanjing[J]. Adv Atmos Sci, 30(6):1632-1644.

ZHU Y J, YAN C Q, ZHANG R Y, et al, 2017. Simultaneous measurements of new particle formation at 1 s time resolution at a street site and a rooftop site[J]. Atmos Chem Phys, 17:9469-9484.

ZHU Y, LI K, SHEN Y, et al,2019. New particle formation in the marine atmosphere during seven cruise campaigns[J]. Atmos Chem Phys, 19(1): 89-113.